智能制造领域高素质技术技能型人才培养"十五五"系列教材

Shukong Jiagong Gongyi yu Shijian (Han Jichuang Jia

数控加工工艺与实践
（含机床夹具设计）

主　编 ◎ 朱卫峰　杨　宇

副主编 ◎ 李艳华　邵全兵　詹美武　欧阳睿凌

参　编 ◎ 许光驰　杨　琦

主　审 ◎ 詹华西

华中科技大学出版社
http://press.hust.edu.cn
中国·武汉

内 容 简 介

本书是针对装备制造大类人才培养需求，面向智能制造中数控加工工艺的实际应用能力提升需求而编写的。全书涵盖了数控加工工艺理论知识与工艺工装设计的实际应用，分为理论篇和实践篇两个部分。理论篇包括机械加工工艺设计基础、机床夹具设计基础、数控车削加工工艺基础和数控铣削加工工艺基础；实践篇介绍了搓丝机产品零件加工工艺与工装设计、车铣复合零件加工工艺与工装设计，以项目引领、任务驱动的模式，让学生在实践应用中巩固理论知识，提高数控工艺实际应用能力。

本书既可作为职业院校数控技术专业的专业课教材，也可作为机械制造及自动化、数字化设计与制造技术、工业机器人应用技术等专业的选修课教材。

图书在版编目（CIP）数据

数控加工工艺与实践：含机床夹具设计 / 朱卫峰，杨宇主编. -- 武汉 ：华中科技大学出版社，2025. 4. -- ISBN 978-7-5772-1730-7

Ⅰ. TG659；TG750.2

中国国家版本馆 CIP 数据核字第 2025R9C256 号

数控加工工艺与实践（含机床夹具设计）　　　　　　　　　　　　　　朱卫峰　杨　宇　主编

Shukong Jiagong Gongyi yu Shijian(Han Jichuang Jiaju Sheji)

策划编辑：张　毅

责任编辑：郭星星

封面设计：孢　子

责任监印：朱　玢

出版发行：华中科技大学出版社（中国·武汉）　　　　电话：（027）81321913

　　　　　武汉市东湖新技术开发区华工科技园　　　　邮编：430223

录　　排：武汉三月禾文化传播有限公司

印　　刷：武汉市洪林印务有限公司

开　　本：787mm×1092mm　1/16

印　　张：17.5

字　　数：437 千字

版　　次：2025 年 4 月第 1 版第 1 次印刷

定　　价：68.00 元

教育、科技、人才是全面建设社会主义现代化国家的基础性、战略性支撑。近年来,我国一些关键核心技术实现突破,战略性新兴产业发展壮大,我国稳步进入创新型国家行列。随着现代制造业的飞速发展,国家对数控加工技术人才的需求日益增长。为了更好地贯彻教育部现阶段技能型人才的培养方案的指导思想,培养出具备扎实数控加工工艺与工装夹具设计能力的高素质技能型人才,我们组织编写了这本《数控加工工艺与实践(含机床夹具设计)》教材。

本教材在内容编排上,注重理论知识与实际应用的融会贯通,内容全面且深入浅出,理论部分涵盖了机械加工工艺设计、机床夹具设计,还详细讲解了数控车削、数控铣削等常见工艺方法;实践部分包括搓丝机产品零件加工工艺与工装设计和车铣复合零件加工工艺与工装设计两个综合实践项目,以任务驱动的模式让学生在完成一个个具体任务活动过程中,切实提高自己的工艺应用能力。两部分内容共同构成了数控加工工艺实施的完整体系,有助于读者全面掌握数控加工的理论,提升其实践应用能力。

本书建议的教学时数为64学时,各章节的学时分配可参考如下:

序号	教学内容	参考学时
1	项目1　机械加工工艺设计基础	8
2	项目2　机床夹具设计基础	10
3	项目3　数控车削加工工艺基础	10
4	项目4　数控铣削加工工艺基础	10
5	项目5　综合实践:搓丝机产品零件加工工艺与工装设计	14
6	项目6　综合实践:车铣复合零件加工工艺与工装设计	12

本书由朱卫峰(武汉职业技术大学)、杨宇(武汉职业技术大学)担任主编,李艳华(武汉职业技术大学)、邵全兵(武汉职业技术大学)、詹美武(武汉华中数控股份有限公司)、欧阳睿凌(武汉华工激光工程有限责任公司)担任副主编,许光驰(黑龙江农业工程职业技术大学)、杨琦(武汉华中数控股份有限公司)参编。其中:项目4、项目5和项目6任务一由朱卫峰编写,项目2、项目3由杨宇编写,项目1的1.1由李艳华编写,项目1的1.2由邵全兵编写,项目1的1.3和1.4由欧阳睿凌编写,项目6的任务二由詹美武编写,项目6的任务三由许光驰和杨琦共同编写。朱卫峰负责全书的统稿工作。武汉职业技术大学詹

华西教授担任本书主审,中国航天中国长江动力集团有限公司李向辉工程师对本书提出了宝贵的修改意见。

本书在编写过程中参考了许多文献和研究成果,在此一并对原作者表示衷心的感谢。

由于编者水平和经验有限,书中难免存在一些错误及不妥之处,敬请老师和同学们批评指正,联系人邮箱:41585083@qq.com。

编　者

理 论 篇

实 践 篇

理论篇

项目 1

机械加工工艺设计基础

◀ 1.1 机械加工工艺规程 ▶

一、工艺规程的作用

将比较合理的工艺过程确定下来,写成工艺文件,作为组织生产和进行技术准备的依据,这种规定产品或零部件制造工艺过程和操作方法等的工艺文件,称为工艺规程。

1. 机械加工工艺规程的作用

机械加工工艺规程是零件生产中的关键性指导文件,它主要有以下几个方面的作用:

1)是指导生产的主要技术文件

生产工人必须严格按照工艺规程进行生产,检验人员必须按照工艺规程进行检验,一切有关生产人员必须严格执行工艺规程,不容擅自更改,这是严肃的工艺纪律,否则可能造成废品,或者产品质量和生产效率下降,甚至会引起整个生产过程的混乱。

但是,工艺规程也不是一成不变的,要注意及时把广大工人和技术人员的创造发明和技术革新成果吸收到工艺规程中来,同时,还要不断吸收国内外已成熟的先进技术。

2)是生产组织管理和生产准备工作的依据

生产计划的制定,生产投入前原材料和毛坯的供应,工艺装备的设计、制造和采购,机床负荷的调整,作业计划的编排,劳动力的组织,工时定额及成本核算等,都是以工艺规程作为基本依据的。

3)是新设计和扩建工厂(车间)的技术依据

新设计和扩建工厂(车间)时,生产所需的设备的种类和数量、机床的布置、车间的面积、生产工人的工种、生产工人的等级和数量以及辅助部门的安排等都是以工艺规程为基础,根据生产类型来确定的。

除此之外,先进的工艺规程起着推广和交流的作用,典型的工艺规程可指导同类产品的生产和工艺规程制定。

2. 对工艺规程的要求

工艺规程设计的原则是:在一定的生产条件下,以保证产品的质量要求为前提,尽量提高生产率和降低成本,使其获得良好的经济效益和社会效益。在工艺规程设计时应注意以下四个方面的问题：

1）技术先进性

所谓技术先进性，是指产品高质量、生产高效益的获得不是建立在提高工人劳动强度和操作手艺的基础上，而是依靠采用相应的技术措施来保证的。因此，在工艺规程设计时，要了解国内外本行业工艺技术的发展，通过必要的工艺试验，尽可能采用先进的工艺手段和工艺装备。

2）经济合理性

在一定的生产条件下，可能会有几个能满足产品质量要求的工艺方案，此时应通过成本核算或评比，选择经济上最合理的方案，使产品成本最低。

3）良好的劳动条件，避免环境污染

在工艺规程设计时，要注意保证工人具有良好而安全的劳动条件，尽可能地采用先进的技术措施，将工人从繁重的体力劳动中解放出来。同时，要符合国家环境保护法的有关规定，避免环境污染。

4）格式规范性

工艺规程应做到正确、完整、统一和清晰，所用术语、符号、计量单位、编号等都要符合相应标准。

二、工艺规程的格式

将工艺规程的内容，填入一定格式的卡片，即成为生产准备和加工所依据的工艺文件。这些文件常包括：

1. 机械加工工艺过程卡片

这种卡片主要列出了零件加工所经过的工艺路线（包括毛坯、机械加工和热处理等），主要用来了解零件的加工流向，是制定其他工艺文件的基础，也是生产技术准备、编制作业计划和组织生产的依据。

加工工艺过程卡片是以工序为单位详细说明整个工艺过程的工艺文件。内容包括零件的材料、质量、毛坯的制造方法、各工序的具体内容及加工后要达到的精度和表面粗糙度等。它是用来指导工人生产和帮助车间管理人员和技术人员掌握整个零件加工过程的一种主要技术文件。它广泛地应用于成批生产和小批量生产的重要零件。

在这种卡片中，各工序的说明不具体，多作为生产管理文件使用。在单件小批量生产中，通常不编制其他更详细的工艺文件，而以这种卡片指导生产。其格式见表 1-1。

表 1-1 机械加工工艺过程卡片

（工厂名）	机械加工工艺过程卡	产品型号		零（部）件图号			共 页
		产品名称		零（部）件名称			第 页
材料名称	材料牌号	毛坯种类	毛坯尺寸	每毛坯件数	每台件数	零件重量	毛重
							净重

工序号	工序名称	工序内容	车间	工段	设备名称及编号	工艺装备及编号			工时	
						夹具	刀具	量具	准终	单件

续表

工序号	工序名称	工序内容		车间	工段	设备名称及编号	工艺装备及编号			工时	
							夹具	刀具	量具	准终	单件
							编制	会签		审核	批准
标记	处记	更改文件号	签字	日期	标记	处记	更改文件号	签字	日期		

2. 机械加工工序卡片

这种卡片更详细地说明了零件的各个工序如何进行加工。在这种卡片上，要画出工序简图，说明该工序的加工表面及应达到的尺寸和公差、零件的装夹方法、刀具的类型和位置、进刀方向和切削用量等。一般只在大批量生产中使用这种卡片。其格式见表1-2。

表1-2　机械加工工序卡片

（工厂名）	机械加工工序卡片		产品型号		零件图号		共　页
			产品名称		零件名称		第　页
材料牌号		毛坯种类		毛坯外形尺寸		每毛坯件数	每台件数

（工序简图）	车间	工序号	工序名称	材质状态
	同时加工件数	工人技术等级	单件时间（min）	准终时间（min）
	设备名称	设备编号	夹具名称	夹具编号

工步号	工步内容	切削用量			刀具		量具		自检频次
		主轴转速/(r/min)	进给速度/(mm/min)	背吃刀量/mm	名称/规格	编号/刀号	名称/规格	编号	

工步号	工步内容	切削用量			刀具		量具		自检频次
		主轴转速/(r/min)	进给速度/(mm/min)	背吃刀量/mm	名称/规格	编号/刀号	名称/规格	编号	
							编制	会签	审核	批准

标记	处记	更改文件号	签字	日期	标记	处记	更改文件号	签字	日期		

3. 数控加工工序及刀具卡片

在使用数控加工方法加工批量较小的零件时,为简化工艺文件,可采用表1-3所示的数控加工工序及刀具卡片。

表 1-3 数控加工工序及刀具卡片

产品厂家	零件名称	零(部)件图号	工序名称	工序号	存档号
777	显示盒	ST8.030.089	铣显示盒内腔及侧面	2	

材料名称	铸造铝合金	
材料牌号	ZL111	
机床名称	数控铣床	
机床型号	XD40	
夹具编号		
程序号	中间:01.NC 左右两侧:02.NC	 G54　　　　X

说明:
1. G54:X 轴分中,Y 轴碰下边,Z 轴下底面对零。
2. 先加工中间部分,再加工左右两侧,注意压板的装夹方式和位置。

备注	1. 装夹时注意毛刺情况 2. 加工完后应去毛刺	刀具路径	中间:T1(D16 钻)→T2(D12 钻)→T3(D8 合)→T4(D5 钻)→T5(D3 合)→T9(D10 球刀)→T10(D8 球刀)→T6(D2 合)→T7(D1 合)→T11(D1.5 中心钻)。 左右两侧:T1(D16 钻)→T2(D12 钻)→T3(D8 合)→T4(D5 钻)→T5(D3 合)→T6(D2 合)→T11(D1.5 中心钻)。

续表

刀号	刀具名称	刀具规格	装刀长度/mm	工作内容	使用刀号	主轴转速/(r/min)	切削深度/mm	进给速度/(mm/min)
T1	钻钢刀	D16	≥20	开粗	1	2300	16	800
T2	钻钢刀	D12	≥20	半精修	2	2500	16	600
T3	合金刀	D8	≥20	精修	3	3000	16	500
T4	钻钢刀	D5	≥20	清角、开粗	4	3500	16	400
T5	合金刀	D3	≥20	精修	5	3500	16	200
T6	合金刀	D2	≥20	清角及密封槽	6	4000	6	200
T7	合金刀	D1	≥20	清角	7	4000	6	150
T9	球刀	D10R5	≥20	铣圆弧曲面	9	2200	16	500
T10	球刀	D8R4	≥20	铣圆弧曲面	10	2500	16	400
T11	中心钻	D1.5	≥20	点中心孔	11	3000	16	150
编制			审核			批准		

4. 数控加工走刀路线图

在数控加工中还可以通过走刀路线图来告诉操作者数控程序的刀具运动路线,包括编程原点、下刀点、抬刀点、刀具的走刀方向和轨迹等,以防止程序运行过程中,刀具与夹具或机床的意外碰撞。表 1-4 是一种常用的数控加工走刀路线图。

表 1-4 数控加工走刀路线图

数控加工走刀路线图	零件图号		工序号		工步号		程序号	
机床型号		程序号		加工内容		铣外形	第 页	共 页

编程说明:

编程

校对

审批

符号	⊙	⊗	◉	○→	→	←⊢	○---	○→○→	▭→
含义	抬刀	下刀	编程原点	起刀点	走刀方向	刀路相交	爬斜坡	钻孔	行切

三、工艺规程设计的步骤

（1）分析产品的装配图和零件图。

（2）选择和确定毛坯。

（3）拟定工艺路线。

（4）详细拟定工序的具体内容。

（5）进行技术经济分析，选择最佳方案。

（6）确定工序尺寸。

（7）填写工艺文件。

◀ 1.2 机械加工工艺规程的制定 ▶

一、零件工艺分析

零件的工艺分析，是指对所设计的零件在满足使用要求的前提下进行加工制造的可行性和经济性分析。它包括零件的铸造、锻造、冲压、焊接、热处理、切削加工工艺性能分析等。在制定机械加工工艺规程时，主要进行零件切削加工工艺性能分析。

1.读图和审图

首先要认真分析与研究产品的用途、性能和工作条件，了解零件在产品中的位置、装配关系及其作用，弄清各项技术要求对装配质量和使用性能的影响，找出主要的和关键的技术要求，然后对零件图样进行分析。

（1）分析零件图是否完整、正确，零件的视图是否正确、清楚，尺寸、公差、表面粗糙度及有关技术要求是否齐全、明确。

（2）分析零件的技术要求，包括尺寸精度、几何公差、表面粗糙度及热处理是否合理。过高的要求会增加加工难度，提高成本；过低的要求会影响工作性能。两者都是不允许的。例如图 1-1 所示汽车板弹簧和吊耳，吊耳两内侧面与板弹簧要求不接触，因此其表面粗糙度可由原设计的 $Ra3.2\ \mu m$ 增大至 $Ra12.5\ \mu m$，这样，在铣削时可增大进给量，提高生产率。

（3）尺寸标注应符合数控加工的特点。零件图样上的尺寸标注对工艺性有较大的影响。尺寸标注既要满足设计要求，又要便于加工。由于数控加工程序是以准确的坐标点来编制的，因而各图形几何要素间的相互关系（如相切、相交、垂直和平行等）应明确，各几何要素的条件要充分，应无引起矛盾的多余尺寸或影响工序安排的封闭尺寸等。数控加工的零件，图样上的尺寸可以不采用局部分散标注，而用集中标注的方法；或以同一基准标注，即标注坐标尺寸，这样既便于编程，又有利于设计基准、工艺基准与编程原点的统一。

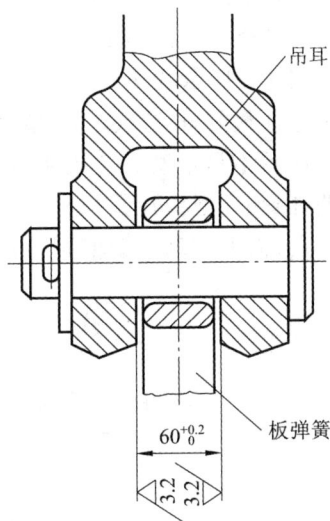

图 1-1 汽车板弹簧与吊耳

2. 数控加工的内容选择

对于某个零件而言，并非全部加工工艺过程都适合在数控机床上完成，而往往只是其中的一部分适合于数控加工。这就需要对零件图样进行仔细的工艺分析，选择那些最适合、最需要进行数控加工的内容和工序。在选择并做出决定时，应结合本企业设备的实际，立足于解决难题、攻克关键和提高生产效率，充分发挥数控加工的优势。选择数控加工的内容时，一般可按下列顺序考虑：

（1）通用机床无法加工的内容，应作为优选内容（如内腔成形面）。

（2）通用机床难加工、质量也难以保证的内容应作为重点选择的内容（如车锥面、断面时，普通车床的转速恒定，表面粗糙度难以保持一致，而数控车床具有恒线速度功能，可选择最佳线速度，使加工后的表面粗糙度小而且均匀一致）。

（3）通用机床效率低、工人劳动强度大的内容，可在数控机床尚存在富余能力的基础上选择采用。

一般来说，上述这些加工内容采用数控加工后，在产品质量、生产效率和综合效益等方面都会得到明显提高。

此外，在选择和决定加工内容时，也要考虑生产批量、生产周期、工序间周转情况等。总之，要尽量做到合理使用数控机床，达到多、快、好、省的目的；要防止把数控机床降格为通用机床使用。

3. 零件结构的工艺性

零件结构的工艺性是指所设计零件的结构在满足使用要求的前提下制造的可行性和经济性。它包括零件各个制造过程中的工艺性，如零件的铸造、锻造、冲压、焊接、热处理和切削加工等。好的工艺性会使零件加工容易，节省工时，降低消耗；差的工艺性会使零件加工困难（甚至无法加工），多耗工时，增大消耗。

应该指出的是，数控加工的工艺性问题涉及面很广，某些零件用普通机床可能难于加工，即所谓结构工艺性差，但采用数控机床加工则可轻而易举地实现。因此，在分析零件的加工工艺性时，需要结合所使用的工艺方法对结构工艺性进行具体评价。

图 1-2 所示的三类槽型，从普通车床或磨床的切削加工方式进行结构工艺性判断，a 型的工艺性最好，b 型次之，c 型最差，因为 b 型和 c 型槽的刀具制造困难，切削抗力比较大，刀具磨损后不易重磨。若改用数控车床加工，如图 1-3 所示，则 c 型工艺性最好，b 型次之，a 型最差，因为 a 型槽在数控车床上加工时仍要用成形槽刀切削，不能充分利用数控加工能走刀的特点，而 b 型和 c 型则可用通用的外圆刀具加工。

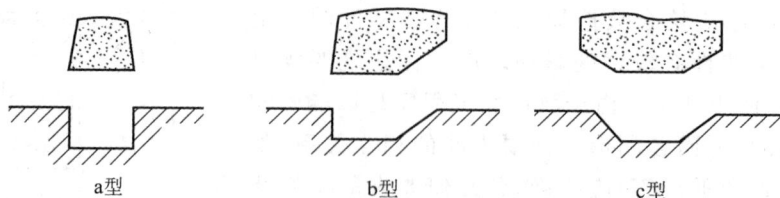

a型　　　　b型　　　　c型

图 1-2　普通车床用成形车刀加工沟槽

图 1-4 是一个端面形状比较复杂的盘类零件，其轮廓剖面由多段直线、斜线和圆弧组成。虽然形状比较复杂，但用标准的 45° 角菱形刀片可以毫无障碍地完成整个型面的切削，

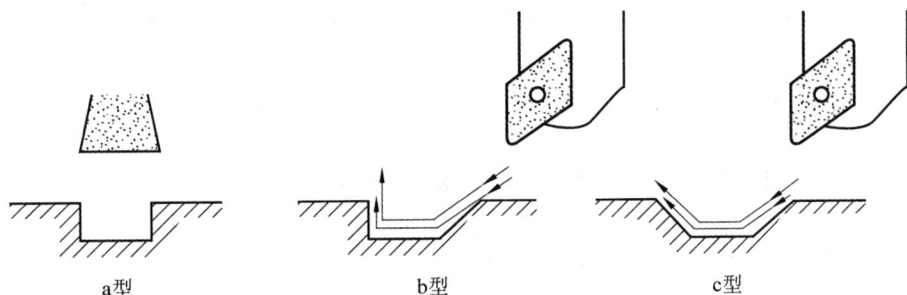

图 1-3 数控车床对不同槽型的加工

这一结构形式的数控加工工艺性是良好的。

在工艺审核时,对某些细小的部位要加以注意,以避免给数控加工带来问题。如图 1-5 所示,在圆弧上端出口处没有安排一段 45° 的斜线,而是以圆弧与端面相交,则会导致零件的数控车削工艺性极差(刀具干涉),难以加工。一般情况下,车削内孔中的型面比车削外圆和端面上的型面更困难一些。因此,当内孔有复杂型面的设计要求时,更要注意数控车削的走刀特点,尽量让普通的刀具能一次走刀成形。

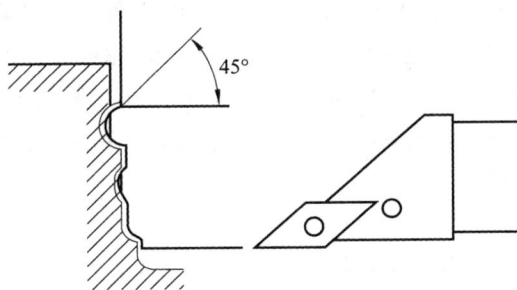

图 1-4 复杂轮廓型面的数控加工

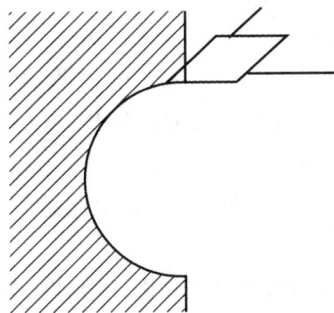

图 1-5 不利于数控车削的设计

零件设计的外形、内腔最好采用统一的几何类型和尺寸,这样不仅可以减少换刀次数,还可采用子程序以缩短程序长度。如图 1-6(a)所示的零件,由于圆角大小决定着刀具直径大小,因而内型的多个圆角应选相同的半径,并且其半径应与刀具的结构尺寸相匹配。图 1-6(b)所示为应尽量避免的设计结构。

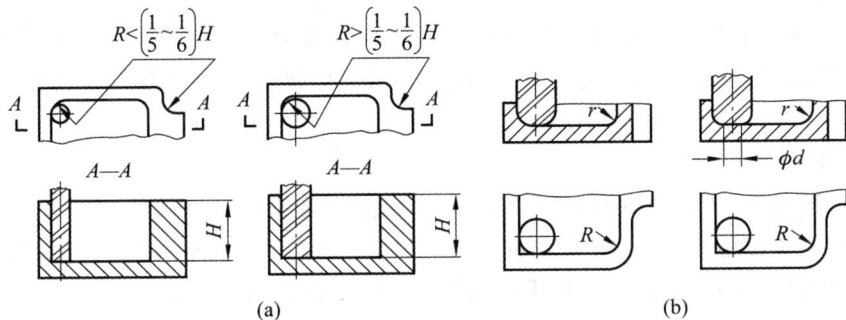

(a)   (b)

图 1-6 数控加工工艺性

对零件进行工艺分析时，工艺人员可根据发现的问题提出修改意见，经设计部门同意后方可修改。

二、毛坯选择

毛坯制造是零件生产过程的一部分，就是根据零件的技术要求、结构特点、材料、生产纲领等方面的情况，合理地确定毛坯的种类、毛坯的制造方法、毛坯的形状和尺寸等。同时还要从工艺角度出发，对毛坯的结构、形状提出要求。

1. 毛坯的种类

毛坯的种类很多，同一毛坯又有很多制造方法。机械制造中常用的毛坯有以下几种。

1）铸件

形状复杂的毛坯，宜采用铸造方法制造。按铸造材料的不同可分为铸铁、铸钢和有色金属铸造。

根据制造方法的不同，铸件又可分为以下几种类型：砂型铸造的铸件、金属型铸造的铸件、离心铸造铸件、压力铸造铸件和精密铸造铸件。

2）锻件

机械强度较高的钢制件，一般要采用锻件毛坯。锻件有自由锻造锻件、胎模锻造锻件和模具锻造锻件几种。自由锻造锻件是在锻锤或压力机上直接锻造而成形的锻件。它的精度低，加工余量大，生产率也低，适用于单件小批量的大型锻件。模锻件是在锻锤或压力机上通过专用锻模制成的锻件。它的精度和表面质量均比自由锻造好，加工余量小，锻件的机械强度高，生产率也高，但需要专用的模具，且锻造设备的吨位比自由锻造大，主要适用于批量较大的中小型零件，胎模锻造件介于前两者之间。

3）型材

型材有冷拉和热轧两种。热轧的精度低、价格便宜，用于一般零件的毛坯。冷拉的尺寸较小，精度高，易于实现自动送料，但价格贵，多用于批量较大、在自动机床上进行加工的毛坯。型材按截面形状可分为圆形、方形、六角形、扁形、三角形、槽形及其他截面形状的型材。

4）焊接件

将型材或钢板焊接成所需的结构，这种制造方法适用于单件小批量生产中制造大型零件毛坯。其优点是制造简单、生产周期短，且毛坯重量较轻；缺点是焊接件的抗振性较差，焊接变形较大。因此，在进行机械加工前，需要对毛坯进行时效处理。

5）冲压件

冲压件是在冲床上用冲模将板料冲制而成的。冲压件的尺寸精度高，可以不再进行加工或只进行精加工，生产率高。这个制造方法适用于批量较大而厚度较小的中小型板状结构零件。

6）冷挤压件

冷挤压件是在压力机上通过挤压模挤压而成的。该制造方法的优点是生产率高、毛坯精度高、表面粗糙度值小，只需进行少量的机械加工；但要求材料塑性好，一般用于有色金属和塑性好的钢材。这种制造方法适用于大批量生产的简单小型零件。

7）粉末冶金件

粉末冶金件是以金属粉末为原料，在压力机上通过模具压制成坯料后经高温烧结而成的。该制造方法的优点是生产效率高,表面粗糙度值小,一般只需进行少量的精加工,但粉末冶金成本较高。这种制造方法适用于大批量生产的形状较简单的小型零件。

2. 毛坯种类的选择

毛坯的种类和制造方法对零件的加工质量、生产率、材料消耗及加工成本都有影响。提高毛坯精度,可减少机械加工工作量,提高材料利用率,降低机械加工成本,但毛坯制造成本会增加,两者是相互矛盾的。选择毛坯时应综合考虑以下几个方面的因素,在成本和效率之间追求最佳效益。

1)零件的材料及对零件力学性能的要求

对于球墨铸铁或青铜型零件,只能选铸造毛坯,不能用锻造。若材料是钢材,当零件的力学性能要求较高时,不管形状简单与复杂都应选锻件;当零件的力学性能无过高要求时,可选型材或铸造件。

2)零件的结构形状与外形尺寸

钢质的一般用途的阶梯轴,若台阶直径相差不大,可用棒料;若台阶直径相差大,则宜用锻件或铸件,以节约材料和减少机械加工切削量。大型零件受设备条件限制,一般只能用自由锻和砂型铸造;中小型零件根据需要可选用模锻和各种先进的铸造方法。

3)生产类型

大批量生产时,应选毛坯精度和生产率都较高的先进的毛坯制造方法,使毛坯的形状、尺寸尽量接近零件的形状、尺寸,以节约材料,减少机械加工工作量。由此而节约的费用会远远超出毛坯制造所增加的费用,可获得好的经济效益。单件小批量生产时,采用先进的毛坯制造方法所节约的材料和机械加工成本,相对于毛坯制造所增加的设备和专用工艺装备费用就得不偿失了,故应选毛坯精度和生产率均比较低的一般毛坯制造方法,如自由锻和手工木模造型等方法。

4)生产条件

选择毛坯时,应考虑现有生产条件,如现有毛坯的制造水平和设备状况,外协的可能性等。应尽可能组织外协,实现毛坯制造的社会化专业生产,以获得较好的经济效益。

5)充分利用新工艺、新技术和新材料

随着毛坯制造专业化生产的发展,目前毛坯制造方面的新工艺、新技术和新材料的应用越来越多,如精铸、精锻、冷轧、冷挤压、粉末冶金和工程塑料的应用日益广泛,这些方法和新材料可大大减少机械加工工作量,节约材料,有十分显著的经济效益,我们在选择毛坯时,应予充分考虑,在可能的条件下,尽量采用。

3. 毛坯形状和尺寸的特殊处理

选择毛坯形状和尺寸的要求是:毛坯形状要力求接近成品形状,以减少机械加工的工作量。但也有以下四种特殊情况,需重点考虑。

(1)采用锻件、铸件毛坯时,因模锻时的欠压量与允许的错模量不等,铸造时也会因砂型误差、收缩量大及金属液体不能充满型腔等造成余量的不等,此外,锻造、铸造后,毛坯的挠曲与扭曲变形量的不同也会造成加工余量不均匀、不稳定,所以,不论是锻件、铸件还是型材,其加工表面均应有较充足的余量。

(2)对于尺寸小或薄的零件,为便于装夹并减少材料浪费,可将多个工件连在一起,由一个组合毛坯制出。如图 1-7 所示的活塞环的筒状毛坯,图 1-8 所示的凿岩机棘爪毛坯都是组合毛坯,待机械加工到一定程度后再分割开成为一个个零件。

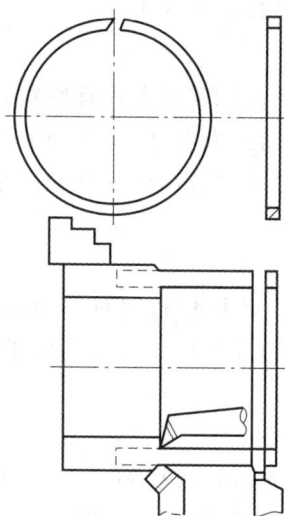

图 1-7　活塞环筒状毛坯

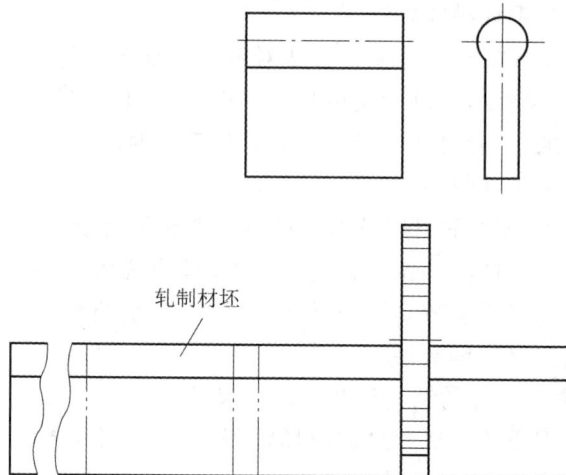

图 1-8　凿岩机棘爪毛坯

轧制材坯

(3) 装配后形成同一工作表面的两个相关零件,为保证加工质量并使加工方便,常把两件(或多件)合为一个整体毛坯,加工到一定阶段后再切开。例如,图 1-9(a)所示的开合螺母外壳、图 1-9(b)所示的发动机连杆和曲轴轴瓦盖等毛坯都是两件合制的。

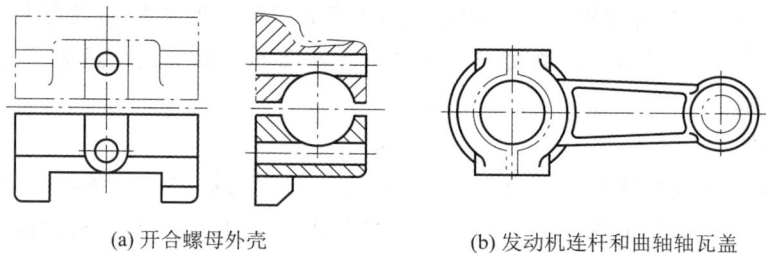

(a) 开合螺母外壳　　　　(b) 发动机连杆和曲轴轴瓦盖

图 1-9　两件合制在一起的毛坯

(4) 对于不便装夹的毛坯,可考虑在毛坯上另外增加装夹余料或工艺凸台、工艺凸耳等辅助基准。如图 1-10 所示,由于该工件缺少合适的定位基准,因而可在毛坯上铸出三个工艺凸耳,在凸耳上制出定位基准。工艺凸耳在加工后一般均应切除,如确实对零件使用没有影响,也可保留在零件上。

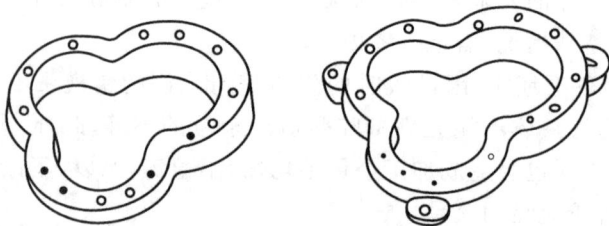

图 1-10　毛坯上增加工艺凸耳

三、工艺路线的拟定

拟定机械加工的工艺路线,是制订工艺规程的关键步骤。零件机械加工的工艺路线是指零件生产过程中,由毛坯到成品所经过的工序先后顺序。在拟定工艺路线时,除首先考虑定位基准的选择之外,还应当考虑各表面加工方法的选择,加工阶段的划分,工序集中与分散的程度和工序先后顺序的安排等问题。就上述问题阐述如下。

1. 表面加工方法的选择

1)加工方法的经济精度

各种加工方法(如车、铣、刨、磨、钻等)所能达到的加工精度和表面粗糙度是有一定范围的。任何一种加工方法,如果由技术水平高的熟练工人在精密完好的设备上仔细地慢慢操作,必然使加工误差减小,可以得到较高的加工精度和较小的表面粗糙度,但会使成本增加;反之,若由技术水平较低的工人在精度较差的设备上快速操作,虽然成本下降,但得到的加工误差必然较大,使加工精度降低。

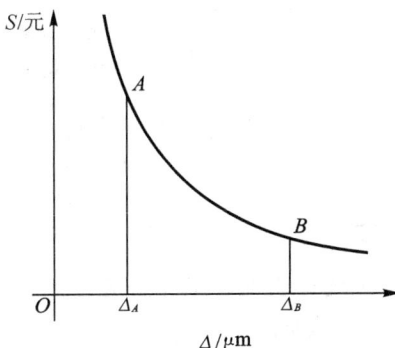

图 1-11 零件加工误差和成本的关系

统计资料表明,各种加工方法加工时,零件加工误差和成本之间的关系如图 1-11 所示。图中横坐标是加工误差 Δ,纵坐标是零件成本 S。从图中可以看出,加工精度要求越高,即允许的加工误差越小,零件成本越高。这一关系在曲线 AB 段比较正常,当 $\Delta < \Delta_A$ 时,两者之间的关系十分敏感,即加工误差减少一点,成本增加很多;当 $\Delta > \Delta_B$ 时,虽然加工误差增加很多,成本下降却很少。显然上述两种情况都是不经济的,也是不应当采用的精度范围。

曲线 AB 段所显示的加工精度范围是某种加工方法在正常加工条件下所能保证的加工精度,称为加工的经济精度。所谓正常的加工条件是指采用符合质量标准的设备、工艺装备和标准技术等级的工人,不延长加工时间的条件。各种加工方法都有一个加工的经济精度和表面粗糙度范围。选择表面加工方法时,应当使工件的加工要求与之相适应。表 1-5 介绍了各种加工方法的经济精度和表面粗糙度,供选择加工方法时参考。

表 1-5 各种加工方法的经济精度及表面粗糙度

加工表面	加工方法	经济精度等级 IT	表面粗糙度 $Ra/\mu m$
外圆柱面和端面	粗车	11～13	12.5～50
	半精车	9～10	3.2～6.3
	精车	7～8	0.8～1.6
	粗磨	8～9	0.4～0.8
	精磨	6	0.1～0.4
	研磨	5	0.012～0.1
	超精加工	5～6	0.012～0.1
	金刚车	6	0.025～0.4

加工表面	加工方法	经济精度等级 IT	表面粗糙度 $Ra/\mu m$
圆柱孔	钻孔	11～12	12.5～25
	粗镗（扩孔）	11～12	6.3～12.5
	半精镗（精扩）	8～9	1.6～3.2
	精镗（铰孔、拉孔）	7～8	0.8～1.6
	粗磨	7～8	0.2～0.8
	精磨	6～7	0.1～0.2
	珩磨	6～7	0.025～0.1
	研磨	5～6	0.025～0.1
平面	粗刨（粗铣）	11～13	12.5～50
	精刨（精铣）	8～10	1.6～6.3
	粗磨	8～9	1.25～5
	精磨	6～7	0.16～1.25
	刮研	6～7	0.16～1.25
	研磨	5	0.006～0.1

2）选择表面加工方法应考虑的因素

选择表面加工方法时，首先应根据零件的加工要求，查表或根据经验来确定哪些加工方法能达到所要求的加工精度。从表 1-5 中可以看出，满足同样精度要求的加工方法有若干种，所以选择加工方法时还必须同时考虑下列因素，才能最后确定下来。

（1）工件材料的性质。如有色金属的精加工不宜采用磨削，因为有色金属易使砂轮堵塞，所以常采用高速精细车削或金刚镗等切削加工方法。

（2）工件的形状和尺寸。对于形状比较复杂、尺寸较大的零件，其上的孔一般不宜采用拉削或磨削；直径大于 $\phi 60$ mm 的孔不宜采用钻、扩、铰等。

（3）选择的加工方法要与生产类型相适应。一般说来，大批大量生产时应选用高生产率且质量稳定的加工方法，而单件小批生产时应尽量选择通用设备并避免采用非标准的专用刀具来加工。如平面加工一般采用铣削或刨削，但刨削由于生产率低，除特殊场合（如狭长表面）之外，在成批以上生产中已逐渐被铣削所代替，而大批大量生产时，常常要考虑拉削平面的可能性。对于孔加工来说，镗削由于刀具简单，在单件小批生产中得到极其广泛的应用。

（4）车间的生产条件。选择加工方法时，必须考虑工厂现有的加工设备和它们的工艺能力、工人的技术水平，以充分利用现有设备和工艺手段，同时也要注意不断引进新技术，对老设备进行技术改造，挖掘企业的潜力，不断提高工艺水平。

3）各种表面的典型加工路线

根据上述因素确定了某个表面的最终加工方法后，还必须同时确定该表面前面的预加工方法，形成一个表面的加工路线，才能付诸实施。下面介绍几种生产中较为成熟的表面加工路线，供选用时参考。

（1）外圆表面的加工路线。

图 1-12 所示是常用的外圆表面加工路线，有以下四条：

① 粗车→半精车→精车。如果加工精度要求较低，可以只粗车或粗车→半精车。

② 粗车→半精车→粗磨→精磨。对于加工精度等于或低于 IT6、表面粗糙度等于或大

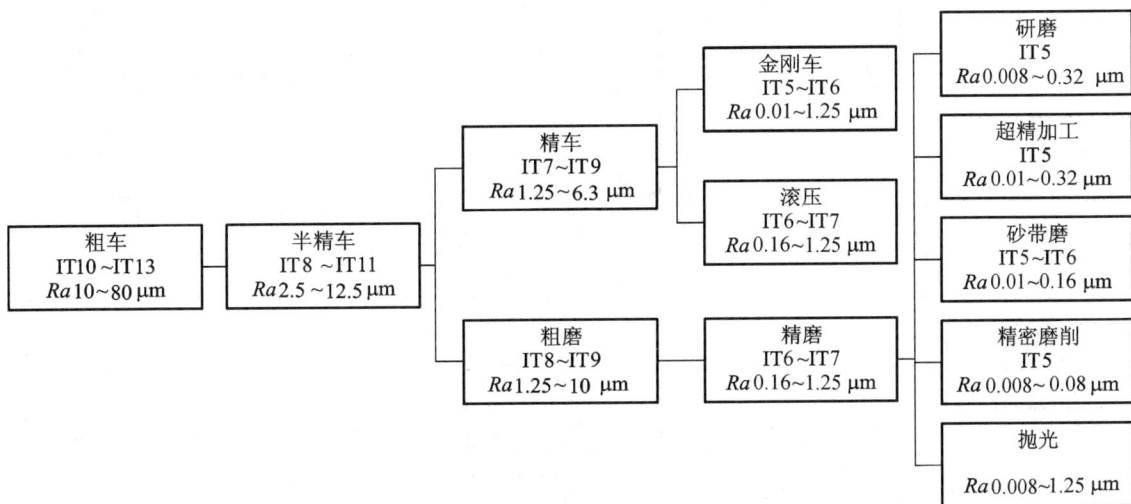

图 1-12　外圆表面的加工路线

于 $Ra0.4~\mu m$ 的黑色金属外圆表面,特别是有淬火要求的表面,通常采用这种加工路线,有时也可采取粗车→半精车→磨的方案。

③ 粗车→半精车→精车→金刚石车。这种加工路线主要适用于有色金属材料及其他不宜采用磨削加工的外圆表面。

④ 粗车→半精车→粗磨→精磨→精密加工(或光整加工)。当外圆表面的精度要求特别高或表面粗糙度值要求特别小时,在方案②的基础上,还要增加精密加工或光整加工方法。常用的外圆表面精密加工方法有研磨、超精加工、精密磨等;抛光、砂带磨等光整加工方法则是以减小表面粗糙度为主要目的的。

(2) 孔的加工路线。

图 1-13 所示是孔的加工路线框图。常用的加工路线有以下四条:

① 钻→扩→粗铰→精(细)铰。此方案广泛用于加工直径小于 $\phi40~mm$ 的中小孔。其中扩孔有纠正孔位误差的能力,而铰刀又是定尺寸刀具,容易保证孔的尺寸精度。对于直径较小的孔,有时只需铰一次便能达到要求的加工精度。

② 粗镗(或钻)→半精镗→精镗。这条加工路线适用于下列情况:直径较大的孔,位置精度要求较高的孔系,单件小批生产中的非标准中小尺寸孔或有色金属材料的孔。

在上述情况下,如果毛坯上已有铸出或锻出的孔,则第一道工序先安排粗镗(或扩),若毛坯上没有孔,第一道工序便安排钻或两次钻。当孔的加工精度要求更高时,可在精镗后再安排浮动镗或金刚镗或珩磨等其他精密加工方法。

③ 钻→拉。此方案多用于大批大量生产中加工盘套类零件的圆孔、单键孔及花键孔。拉刀为定尺寸刀具,其加工质量稳定,生产率高。加工精度要求较高时,拉削可分为粗拉和精拉。

④ 粗镗→半精镗→粗磨→精磨。该方案主要用于中小型淬硬零件的孔加工。当孔的精度要求更高时,可再增加研磨或珩磨等精加工工序。

(3) 平面的加工路线。

平面加工一般采用铣削或刨削。要求较高的表面铣或刨以后还须安排磨削、刮研、高速

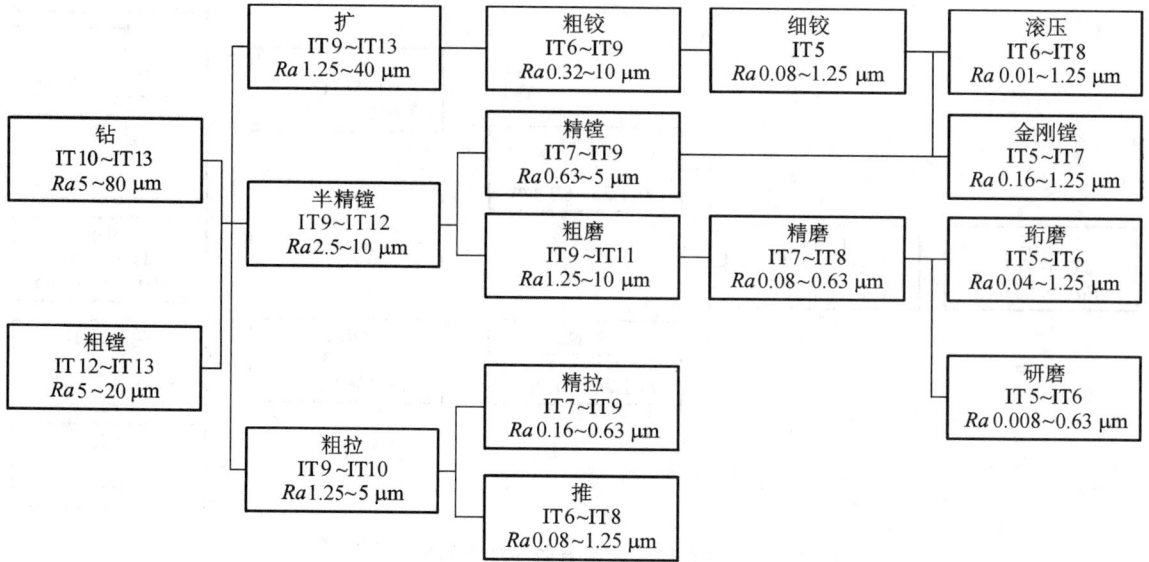

图 1-13　孔的加工路线

精铣等精加工。

2. 加工阶段的划分

工件上每一个表面的加工,总是先粗后精。粗加工去掉大部分余量,要求生产率高;精加工保证工件的精度要求。对于加工精度要求较高的零件,应当将整个工艺过程划分成粗加工、半精加工、精加工和精密加工(光整加工)等几个阶段,在各个加工阶段之间安排热处理工序。划分加工阶段有如下优点:

1) 有利于保证加工质量

粗加工时,由于切去的余量较大,切削力和所需的夹紧力也较大,因而加工工艺系统受力变形和热变形都比较严重,而且毛坯制造过程因冷却速度不均使工件内部存在着内应力,粗加工从表面切去一层金属,致使内应力重新分布也会引起变形,这就使得粗加工不仅不能得到较高的精度和较小的表面粗糙度,还可能影响其他已经精加工过的表面。粗精加工分阶段进行,就可以避免上述因素对精加工表面的影响,有利于保证加工质量。

2) 合理地使用设备

粗加工采用功率大、刚度高、精度一般的机床,而精加工应在精度高的机床上进行,这样有利于长期保持高精度机床的精度。

3) 有利于及早发现毛坯的缺陷(如铸件的砂眼、气孔等)

粗加工安排在前,若发现了毛坯缺陷,及时予以报废,以免继续加工造成工时的浪费。

综上所述,工艺过程应当尽量划分成阶段进行。至于究竟应当划分为两个阶段、三个阶段还是更多的阶段,必须根据工件的加工精度要求和工件的刚性来决定。一般说来,工件精度要求越高、刚性越差,划分阶段应越细。

粗精加工分开,使机床台数和工序数增加,当生产批量较小时,机床负荷率低、不经济。所以当工件批量小、精度要求不太高、工件刚性较好时,也可以不分或少分阶段。

重型零件由于输送及装夹困难,一般在一次装夹下完成粗精加工,为了弥补不分阶段带来的弊端,常常在粗加工工步后松开工件,然后以较小的夹紧力重新夹紧,再继续进行精加工工步。

3. 工序的集中与分散

1) 集中与分散的概念

安排零件的工艺过程时,还要解决工序的集中与分散问题。所谓工序集中,就是在一个工序中包含尽可能多的工步内容。当批量较大时,常采用多轴、多面、多工位机床、自动换刀机床和复合刀具来实现工序集中,从而有效地提高生产率。多品种中小批量生产中,越来越多地使用加工中心机床,这便是工序集中的典型例子。

工序分散与上述情况相反,整个工艺过程的工序数目较多,工艺路线长,而每道工序所完成的工步内容较少,最少时一个工序仅一个工步。

2) 工序集中与分散的特点

工序集中的优点如下:

(1) 减少了工件的装夹次数。当工件各加工表面位置精度较高时,在一次装夹下把各个表面加工出来,既有利于保证各表面之间的位置精度,又可以减少装卸工件的辅助时间。

(2) 减少了机床数量和机床占地面积,同时便于采用高生产率的机床加工,大大提高了生产率。

(3) 简化了生产组织和计划调度工作。因为工序集中后工序数目少、设备数量少、操作工人少,生产组织和计划调度工作比较容易。

但工序集中程度过高也会使机床结构过于复杂,一次投资费用高,机床的调整和使用费时费事。

工序分散的特点正好相反,由于工序内容简单,所用的机床设备和工艺装备也简单,调整方便,对操作工人的技术水平要求较低。

3) 工序集中与分散程度的确定

在制定机械加工工艺规程时,恰当地选择工序集中与分散的程度是十分重要的。必须根据生产类型、工件的加工要求、设备条件等具体情况来进行分析并确定最佳方案。当前机械加工的发展方向趋向于工序集中,在单件小批生产中,常常将同工种的加工集中在一台机床上进行,以避免机床负荷不足;在大批大量生产中,广泛采用各种高生产率设备使工序高度集中。而数控机床尤其是加工中心机床的使用使多品种中小批量生产几乎全部采用了工序集中的方案。

但对于某些零件,如活塞、轴承等,采用工序分散仍然可以体现较大的优越性。如分散加工的各个工序可以采用效率高而结构简单的专用机床和专用夹具,投资少又易于保证加工质量,同时也方便按节拍组织流水生产,故常常采用工序分散的原则制订工艺规程。

4. 工序顺序的安排

1) 工序顺序安排的原则

(1) "基面先行"的原则。

工艺路线开始安排的加工表面,应该选作为后续工序精基准的表面,然后再以该基准面定位,加工其他表面。如轴类零件第一道工序一般为铣端面钻中心孔,然后以中心孔定位加工其他表面。再如箱体零件常常先加工基准平面和其上的两个孔,再以一面两孔为精基准,加工其他表面。

（2）"先面后孔"原则。

当零件上有较大的平面可以用来作为定位基准时，总是先加工平面，再以平面定位加工孔，保证孔和平面之间的位置精度，这样定位比较稳定，装夹也方便。若在毛坯表面上钻孔，钻头容易引偏，所以从保证孔的加工精度出发，也应当先加工平面再加工该平面上的孔。

当然，如果零件上并没有较大的平面，它的装配基准和主要设计基准是其他表面，此时就可以运用上述第一个原则，先加工其他表面。如变速箱拨叉零件就是先加工深孔，再加工端面和其他小平面的。

（3）"先主后次"原则。

零件上的加工表面一般可以分为主要表面和次要表面两大类。主要表面通常是指位置精度要求较高的基准面和工作表面；而次要表面则是指那些精度要求相对较低，对零件整个工艺过程影响较小的辅助表面，如键槽、螺孔、紧固小孔等。这些次要表面与主要表面间也有一定的位置精度要求，一般是先加工主要表面，再以主要表面定位加工次要表面。对于整个工艺过程而言，次要表面的加工一般安排在主要表面最终精加工之前。

（4）"先粗后精"原则。

如前所述，对于精度要求较高的零件，加工应划分粗、精加工阶段。这一点对于刚性较差的零件，尤其不能忽视。

2）热处理工序的安排

热处理工序在工艺路线中安排得是否恰当，对零件的加工质量和材料的使用性能影响很大，因此应当根据零件的材料和热处理的目的妥善安排。以下就常见的几种热处理工艺介绍如下。

（1）退火与正火。

退火或正火的目的是消除组织的不均匀，细化晶粒，改善金属的切削加工性能。对高碳钢零件用退火降低其硬度，对低碳钢零件用正火提高其硬度，以获得适中的硬度和较好的切削加工性，同时消除毛坯制造中的内应力。退火与正火一般安排在机械加工之前进行。

（2）时效处理。

毛坯制造和切削加工都会在工件内部造成残余应力，残余应力将引起工件的变形，影响加工质量甚至造成废品。为了消除残余应力，在工艺过程中常需安排时效处理。对于一般铸件，常在粗加工前或粗加工后安排一次时效处理；对于精度要求较高的零件，在半精加工后尚需再安排一次时效处理；对于一些刚性较差、精度要求特别高的重要零件（如精密丝杠、主轴等），常常在每个加工阶段之间都安排一次时效处理。

（3）淬火和调质处理。

淬火和调质处理可以获得需要的力学性能。但淬火和调质处理后会产生较大的变形，所以调质处理一般安排在机械加工以前，而淬火一般安排在精加工阶段的磨削加工之前进行。

（4）渗碳淬火和渗氮。

低碳钢零件有时需要渗碳淬火，并要求保证一定的渗碳层厚度。渗碳变形较大，一般安排在精加工之前进行，但渗碳表面常预先安排粗磨，以便控制渗碳层厚度和减少以后的磨削余量，渗碳时对零件上不需要淬硬的部位（如装配时需要配铰的销孔等）应注意保护，或者在渗碳后安排切除渗碳层工序，然后再进行淬火和进行精加工。

渗氮处理是为了提高工件表面硬度和抗蚀性,它的变形较小,一般安排在工艺过程的最后阶段,即在该表面的最终加工之前或之后进行。

3）辅助工序的安排

（1）检验工序。

为了确保零件的加工质量,在工艺过程中必须合理地安排检验工序。一般在重要关键工序前后,各加工阶段之间及工艺过程的最后都应当安排检验工序,以保证加工质量。

除了一般性的尺寸检查外,对于重要的零件有时还需要安排 X 射线检查、磁粉探伤、密封性试验等对工件内部质量进行检查,根据检查的目的可安排在机械加工之前（检查毛坯）或工艺过程的最后阶段进行。

（2）清洗和去毛刺。

切削加工后在零件表层或内部有时会留下毛刺,它们将影响装配的质量甚至机器的性能,应当安排去毛刺处理。

工件在进入装配之前,一般应安排清洗。特别是在研磨、珩磨等光整加工工序之后,砂粒易附着在工件表面上,必须认真清洗,以免加剧零件在使用中的磨损。

（3）其他工序。

可根据需要安排平衡、去磁等其他工序。

必须指出,正确地安排辅助工序是十分重要的。如果安排不当或遗漏,将会给后续工序带来困难,甚至影响产品的质量,所以必须给予重视。

工艺路线拟定后,各道工序的内容已基本确定,接下来就要对每道工序进行设计。工序设计包括为各道工序选择机床及工艺装备、确定进给路线、确定加工余量、计算工序尺寸及公差、选择切削用量、计算工时定额等内容。

◀ 1.3 工件的定位及定位基准选择 ▶

一、工件的安装方式

根据加工的具体情况不同,工件在机床上装夹一般有三种方式:直接找正装夹、划线找正装夹和用夹具装夹。

1. 直接找正装夹

工件装夹时,用量具（如百分表、千分表）、划线盘直接在机床上找正工件的某一表面,使工件处于正确的位置,称为直接找正装夹。在这种装夹方式中,被找正的表面就是工件的定位基准（基面）。如图 1-14 所示的套筒零件,为了保证磨孔时的加工余量均匀,先将套筒外圆预夹在四爪单动卡盘中,用划针或百分表找正内孔表面,使其轴心线与机床主轴回转中心同轴,然后夹紧工件。注意,此时定位基准是内孔而不是外圆表面。

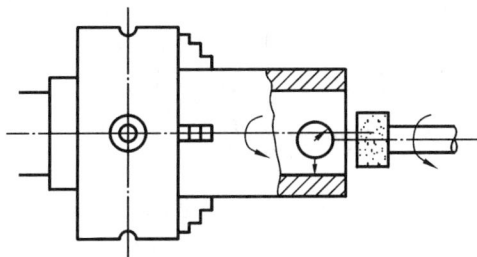

图 1-14 直接找正装夹

这种装夹方式的定位精度与所用量具的精度及操作者的技术水平有关，找正所需的时间长，结果也不稳定，只适用于单件小批生产。当工件精度加工要求特别高，而又没有专门的高精度夹具时，可以采用这种方式。此时必须由技术熟练的工人使用高精度的量具仔细地操作。

2. 划线找正装夹

这种装夹方式是先按加工表面的要求在工件上划出中心线、对称线和各待加工表面的加工线，加工时在机床上按线找正以使工件获得正确的位置。图 1-15 所示为在牛头刨床上按划线找正装夹。找正时可在工件底面垫上适当的纸片或铜片以获得正确的位置，也可将工件支承在几个千斤顶上，调整千斤顶的高低以获得工件的正确位置。此法受划线精度的限制，找正精度比较低，多用于批量较小、毛坯精度较低以及大型零件的粗加工中。

3. 用夹具装夹

机床夹具是指在机械加工工艺过程中用以装夹工件的机床附加装置，常有通用夹具和专用夹具两种类型。车床的三爪自定心卡盘和铣床用平口钳便是最常用的通用夹具，图 1-16 所示的钻模是专用夹具的一个例子。从图中可以看出，工件 4 以其内孔套在夹具定位销 2 上，用螺母和压板夹紧工件，钻头通过钻套 3 引导，在工件上完成钻孔。

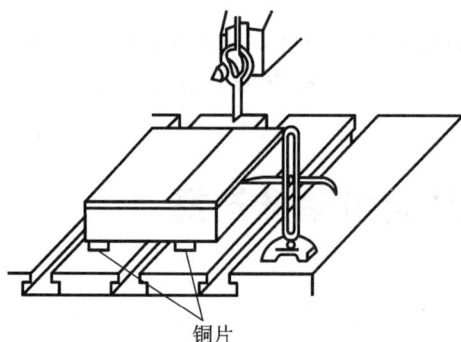

图 1-15　划线找正装夹

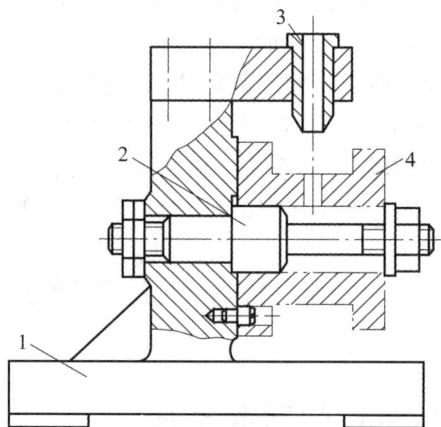

图 1-16　用夹具装夹工件
1—夹具体；2—定位销；3—钻套；4—工件

使用夹具装夹时，工件在夹具中迅速而正确地获得加工所要求的位置，不需找正就能保证工件与机床、刀具间的正确位置。这种方式生产率高、定位精度好，广泛用于成批以上生产和单件小批生产的关键工序中。

二、工件的定位

1. 工件的自由度及其限制

一个在空间处于自由状态的工件，位置的不确定性可描述如下：如图 1-17(a) 所示，将一未定位的工件放在空间直角坐标系中，工件可以沿 x、y、z 轴有不同的位置，称作工件沿 x、y、z 轴的移动自由度，用 $\vec{x}$、$\vec{y}$、$\vec{z}$ 表示；也可以绕 x、y、z 轴有不同的位置，称作工件绕 x、y、z 轴的转动自由度，用 $\hat{x}$、$\hat{y}$、$\hat{z}$ 表示。用以描述工件位置不确定性的 $\vec{x}$、$\vec{y}$、$\vec{z}$ 和 $\hat{x}$、$\hat{y}$、$\hat{z}$，称为工件的六个自由度。

确定工件相对于机床的正确加工位置,即要限制工件的六个自由度。设空间有一固定点,工件的底面与该点保证接触,那么工件沿 z 轴的位置自由度就被限制了。如图 1-17(b)所示,设有六个固定点,工件的三个面分别与这些点保持接触,工件的六个自由度就被限制了。这些用来限制工件自由度的固定点,称为定位支承点,简称支承点。

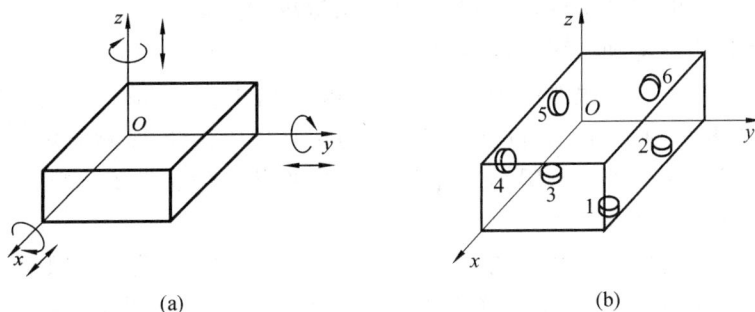

图 1-17 六点定位原理

无论工件的形状和结构怎么不同,它们的六个自由度都可以用六个支承点来限制,只是六个支承点的空间分布状态不同罢了。

用合理分布的六个支承点限制工件六个自由度的法则,称为六点定则。

支承点的分布必须合理,否则六个支承点就限制不了六个自由度,或不能有效地限制六个自由度。例如,图 1-18 中工件底面上的 1、2、3 三个支承点限制了 $\vec{z}$、$\hat{x}$、$\hat{y}$,它们应放成三角形,三角形的面积越大,定位越稳。工件侧面上的 4、5 两个支承点限制了 $\vec{y}$、$\hat{z}$,它们就不能垂直放置,否则,工件绕 z 轴的转动自由度 $\hat{z}$ 就不能限制了。

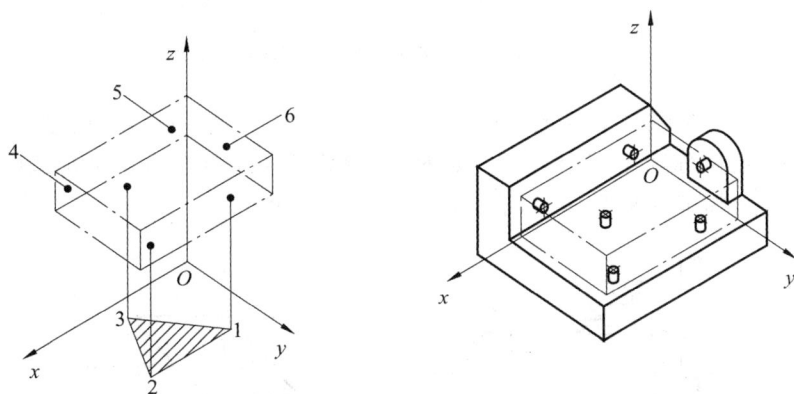

图 1-18 长方体定位支承点分布

六点定则是工件定位的基本法则,在生产实际中,起支承点作用的是一定形状的几何体。这些用来限制工件自由度的几何体就是定位元件。

2. 对工件定位的两种错误理解

分析工件在夹具中的定位时,容易产生两种错误的理解。一种认为:工件在夹具中被夹紧了,也就没有自由度而言,因此,工件也就定了位。这种把定位和夹紧混为一谈,是概念上的错误。我们所说的工件定位是指一批工件在夹紧前要在夹具中按加工要求占有一致的正确位置(不考虑定位误差的影响),而夹紧是在任何位置均可夹紧,不能保证一批工件的每个工件在夹具中处于同一位置。

另一种错误的理解认为工件定位后,仍具有沿定位支承相反方向移动的自由度,这种理解显然也是错误的。因为工件的定位是以工件的定位基面与定位元件相接触为前提条件,如果工件离开了定位元件也就不称其为定位,也就谈不上限制其自由度了。至于工件在外力的作用下有可能离开定位元件,那是要由夹紧来解决的问题。

3. 限制工件自由度与加工要求的关系

工件定位的实质就是要限制对加工有不良影响的自由度,影响加工要求的自由度必须限制;不影响加工要求的自由度,有时需要限制,有时可以不限制,要视具体情况而定。

按照加工要求确定工件必须限制的自由度,是零件装夹中首先要分析的问题。

1) 完全定位和不完全定位

如图 1-19 所示零件,在工件上铣槽,保证槽底与 A 面的平行度和 h 尺寸两项加工要求,需限制 $\vec{z}$、$\hat{x}$、$\hat{y}$ 三个自由度;保证槽侧面与 B 面的平行度及 b 尺寸两项加工要求,需限制 $\vec{y}$、$\hat{z}$ 两个自由度。若铣通槽,则 $\vec{x}$ 自由度不必限制,若槽不铣通,则 $\vec{x}$ 自由度必须限制。

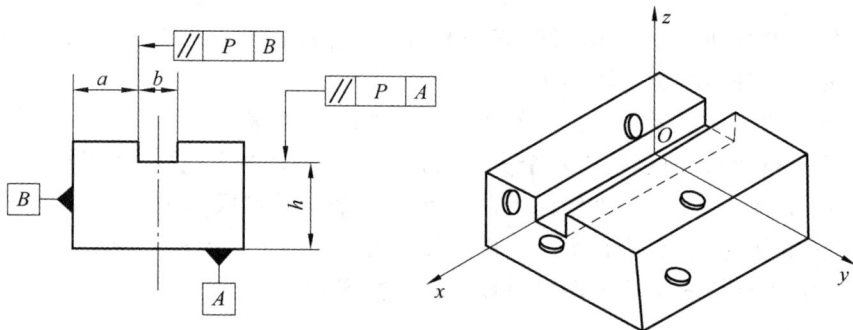

图 1-19　按加工要求确定必须限制的自由度

工件六个自由度都限制了的定位称为完全定位。工件被限制的自由度少于 6 个,但能保证加工要求的定位称为不完全定位。如图 1-20 所示,(a)图为加工内孔,限制了工件的 4 个自由度,(b)图为加工顶平面,限制了工件的 3 个自由度。

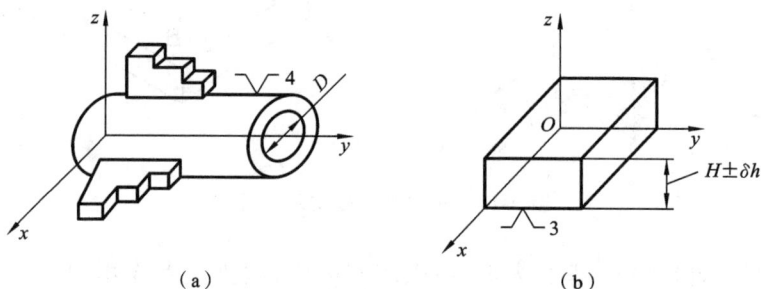

图 1-20　工件的不完全定位

2) 欠定位和过定位

根据工件加工的技术要求,应该限制的自由度而没有被限制的定位状态称为欠定位。欠定位必然不能保证工序加工的技术要求,是不允许的。如图 1-21 所示,在工件上钻孔,若

在 x 方向上未设置定位挡销,孔到端面的距离 A 就无法保证。

工件的同一自由度被两个以上不同的定位元件重复限制的定位,称为过定位。如图 1-22 所示,在插齿机上插齿时,工件 4 以内孔在心轴 1 上定位,限制了工件的 $\vec{x}$、$\vec{y}$、$\hat{x}$、$\hat{y}$ 四个自由度,又以端面在凸台 3 上定位,限制了工件的 $\vec{z}$、$\hat{x}$、$\hat{y}$ 三个自由度,其中 $\hat{x}$、$\hat{y}$ 被心轴和凸台重复限制。由于工件的内孔和心轴的间隙很小,当工件的内孔与端面的垂直度误差较大时,工件端面与凸台实际上只有一点相接触,如图 1-23(a)所示,这就会造成定位不稳定。更为严重的是,工件一旦被压紧,在夹紧力的作用下,势必引起心轴或工件的变形,如图 1-23(b)所示,这样就会影响工件的装卸和加工精度,这种过定位是不允许的。

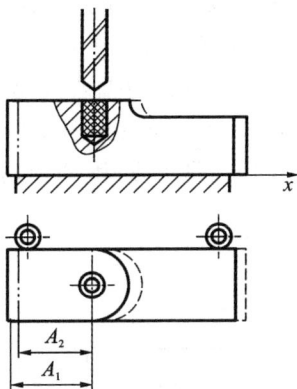

图 1-21　工件的欠定位

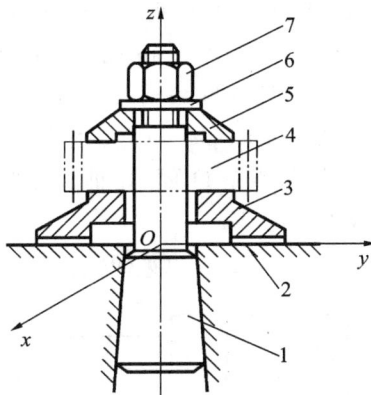

图 1-22　工件的过定位

1—心轴;2—平面;3—定位凸台;4—工件;
5—压板;6—垫圈;7—螺母

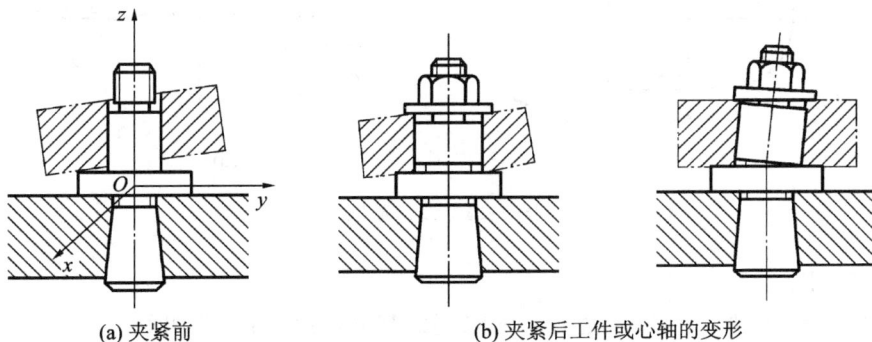

(a) 夹紧前　　　　　(b) 夹紧后工件或心轴的变形

图 1-23　过定位对装夹的影响

在有些情况下,形式上的过定位是允许的。如图 1-22 所示,当工件的内孔和定位端面是在一次装夹中加工出来的,则它们具有良好的垂直度,而夹具的心轴和凸台也具有较好的垂直度,即使两者仍然有很小的垂直度误差,但可由心轴和内孔之间的配合间隙来补偿。因此,尽管心轴和凸台重复限制了 $\hat{x}$、$\hat{y}$ 自由度,存在过定位,但由于不会引起相互干涉和冲突,在夹紧力的作用下,工件和心轴不会变形。这种定位的定位精度高、刚性好、夹具的受力状态好,在实际生产中广泛使用。

三、定位基准的选择

工件装夹时必须依据一定的基准，下面先讨论基准的概念。

1. 基准的概念及分类

基准就是根本的依据。机械制造中所说的基准是指用来确定生产对象上几何要素间的几何关系所依据的那些点、线、面。根据作用和使用场合的不同，基准可分为设计基准和工艺基准两大类，其中工艺基准又可分为工序基准、定位基准、测量基准和装配基准。

1）设计基准

零件图上用来确定零件上某些点、线、面位置所依据的点、线、面，称为设计基准。如图1-24（a）所示零件，对于尺寸20 mm而言，A、B面互为设计基准；如图1-24（b）所示零件，$\phi30$ mm和$\phi50$ mm的设计基准是轴心线，对于同轴度而言，$\phi50$ mm的轴心线是$\phi30$ mm外圆同轴度的设计基准；如图1-24（c）所示零件，D面是C槽的设计基准；如图1-24（d）所示的主轴箱体，F面的设计基准是D面，孔Ⅲ和孔Ⅳ的设计基准分别是D面和E面，孔Ⅱ的设计基准是孔Ⅲ和孔Ⅳ的轴心线。

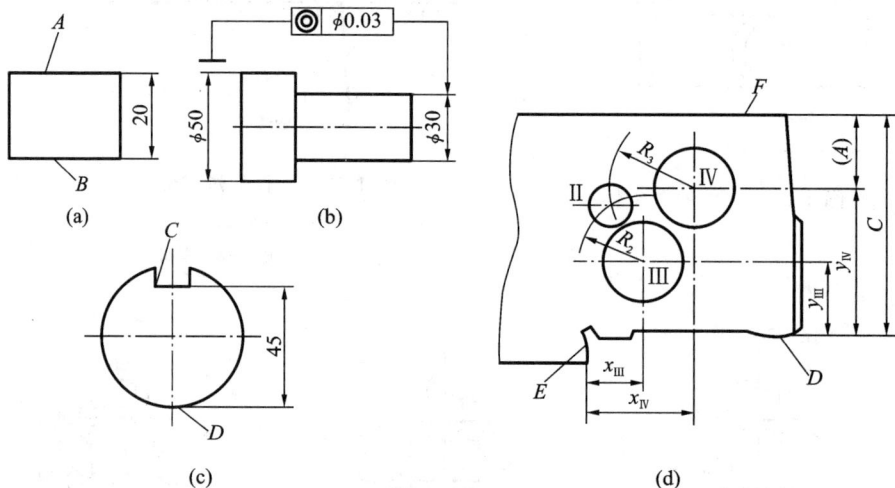

图1-24 设计基准

2）工艺基准

工艺基准是零件加工与装配过程中所采用的基准，可分为以下四种。

（1）工序基准。

工序图上用来标注本工序加工的尺寸和几何公差的基准。就其实质来说，工序基准是用来确定本工序加工表面位置的基准，从工序基准到加工表面间的尺寸即是工序尺寸。工序基准一般与设计基准重合，有时为了加工、测量方便，而与定位基准或测量基准相重合。

（2）定位基准。

加工中，使工件在机床上或夹具中占据正确位置所依据的基准，称为定位基准。

如用直接找正装夹工件，找正面就是定位基准；用划线找正装夹，所划的线就是基准；用夹具装夹，工件与定位元件相接触的面就是定位基准（定位基面）。

作为定位基准的点、线、面，可能是工件上的某些面，也可能是看不见摸不着的中心线、中心平面、球心等，往往需要通过工件某些定位表面来体现，这些表面称为定位基面。例如用三爪卡盘夹着工件外圆,体现以轴线为定位基准,外圆面为定位基面。严格地说,定位基准与定位基面有时并不是一回事,但可以代替,只是中间存在一个误差。

(3)测量基准。

工件在加工中或加工后测量时所用的基准,称为测量基准。

(4)装配基准。

装配时,用以确定零件在部件或产品中的相对位置所采用的基准,称为装配基准。

上述各类基准应尽可能使其重合。在设计机械零件时,应尽可能以装配基准作为设计基准,以便于保证装配精度。在编制零件加工工艺规程时,应尽可能以设计基准为工序基准,以便保证零件的加工精度。在加工和测量工件时,应尽量使定位基准和测量基准与工序基准重合,以便消除基准不重合误差。

2.定位基准的选择

定位基准是零件在加工过程中安装、定位的基准,工件根据定位基准在机床或夹具上获得正确的位置。对机械加工的每一道工序来说,都要求考虑其安装、定位的方式和定位基准的选择问题。

定位基准有粗基准和精基准之分,定位基准的选择就有粗基准的选择和精基准的选择。

零件开始加工时,所有的表面都未加工,只能以毛坯面作定位基准,这种以毛坯面为定位基准的称为粗基准。

在随后的工序中,用加工后的表面作为定位基准称为精基准。在加工中,首先使用的是粗基准,但在选择定位基准时,为了保证零件的加工精度,首先考虑的是选择精基准。精基准选择之后,再考虑合理选择粗基准。

1)定位精基准的选择

选择精基准时,重点考虑的是减少工件的定位误差,保证零件的加工精度和加工表面之间的位置精度,同时也要考虑零件的装夹方便、可靠、准确。一般应遵循以下原则:

(1)基准重合原则。

直接选用设计基准为定位基准,称为基准重合原则。采用基准重合原则可以避免定位基准和设计基准不重合引起的定位误差(基准不重合误差),零件的尺寸精度和位置精度更易于保证,关于基准不重合所引起的定位误差的分析计算,详见项目2定位误差的计算部分。

(2)基准统一原则。

同一零件的多道工序尽可能选择同一个(一组)定位基准,称为基准统一原则,比如柄式刀具的两端中心孔定位和箱体零件的一面双孔定位等。定位基准统一可以保证各加工表面间的相互位置精度,避免或减少因基准转换而引起的误差,并且简化了夹具的设计和制造工作,降低了成本,缩短了生产准备时间。

基准重合和基准统一是选择精基准的两个重要原则,但有时会遇到两者相互矛盾的情况。这时,对尺寸精度要求较高的表面应服从基准重合原则,以避免容许的工序尺寸实际变动范围减小,给加工带来困难,除此之外,主要考虑基准统一原则。

(3)自为基准原则。

精加工和光整加工工序要求余量小而均匀,用加工表面本身作为精基准,称为自为基准原则。加工表面与其他表面之间的相互位置精度则由先行工序保证。图1-25所示为机床导轨面自为基准实例。

（4）互为基准原则。

为使各加工表面间有较高的位置精度，或为使加工表面具有均匀的加工余量，有时可采用两个加工表面互为基准反复加工的方法，这个方法遵循的就是互为基准原则。图 1-26 所示为精密齿轮互为基准实例，精加工时先以齿面为基准定位加工内孔，再以内孔为基准定位加工齿面。

（5）装夹方便原则。

所选精基准应能保证工件定位准确、稳定，装夹方便、可靠，夹具结构简单。定位基准应有足够大的接触面积和分布面积，以使工件能承受较大的切削力，使定位稳定可靠。

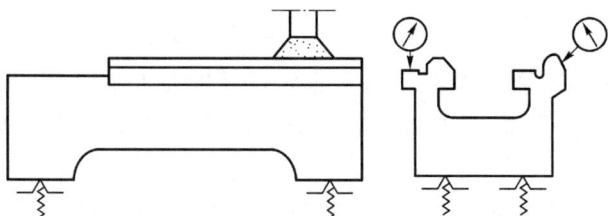

图 1-25　机床导轨面自为基准实例

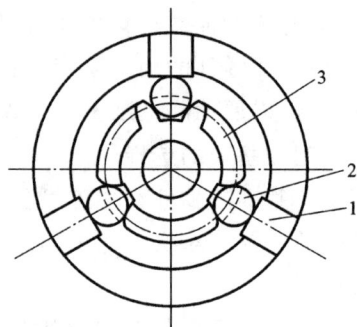

图 1-26　精密齿轮互为基准实例
1—夹紧块；2—精密圆柱；3—齿轮

2）定位粗基准的选择

粗基准的选择要重点考虑如何保证各个加工表面都能分配到合理的加工余量，保证加工面与不加工面的位置、尺寸精度，同时还要为后续工序提供可靠的精基准。一般按下列原则选择：

（1）保证相互位置精度要求的原则。

选取与加工表面相互位置精度要求较高的不加工表面作为粗基准，以保证不加工表面与加工表面的位置要求。如图 1-27（a）所示，加工套筒零件时应选择外圆表面作为粗基准来加工套筒内孔及端面，这样可以保证套筒加工后壁厚均匀。如图 1-27（b）所示，如选择内孔为粗基准来加工套筒内孔及端面，则套筒加工后壁厚会不均匀。

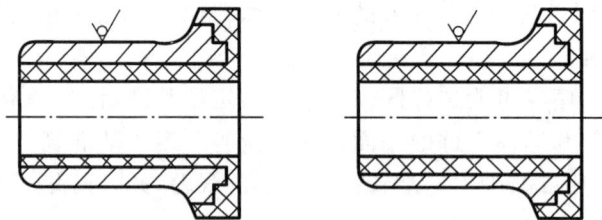

(a)　　　　　　　　　　　(b)

图 1-27　以不加工表面为粗基准

（2）以余量最小的表面作为粗基准，以保证各表面都有足够的余量。

如图 1-28 所示的锻造轴，其毛坯大小端外圆的偏心达 3 mm，若以大端外圆为粗基准，则小端外圆可能无法加工出来，所以应选择加工余量较小的小端外圆为粗基准。

（3）选择零件上重要的表面作为粗基准。

如图 1-29 所示，机床导轨加工时先以导轨面作为粗基准来加工床脚底面，然后以底面

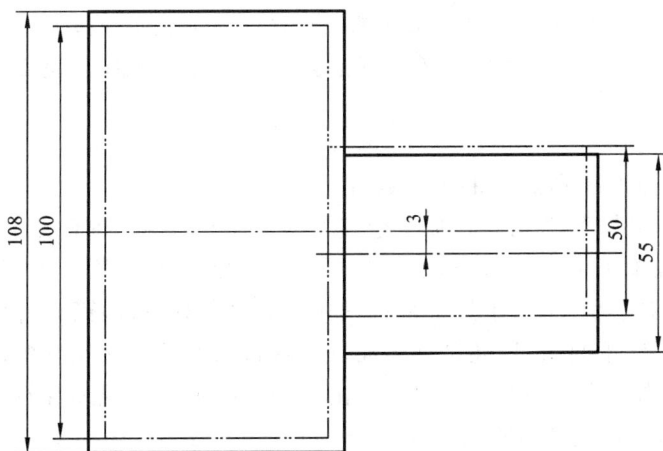

图 1-28 以加工余量小的表面为粗基准

作为精基准加工导轨面,如图 1-29(a)所示,这样才能保证床身的重要表面——导轨面加工时所切去的金属层尽可能薄且均匀,以保留组织紧密、耐磨的金属表面,而图 1-29(b)所示则为不合理的定位方案。

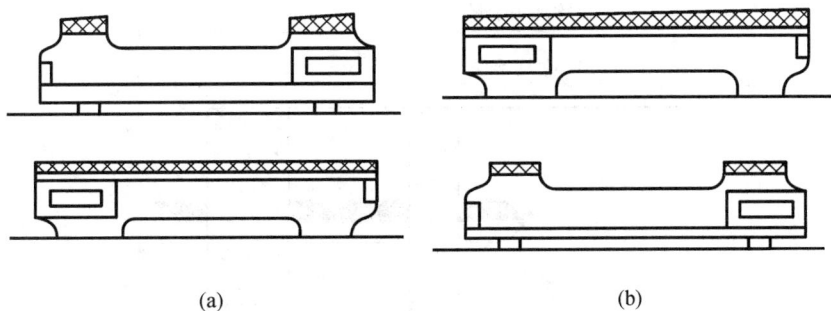

(a)　　　　　　　　　　　　　　(b)

图 1-29 机床导轨加工粗基准的比较

(4)便于工件装夹的原则。

选择毛坯上平整光滑的表面(不能有飞边、浇口、冒口和其他缺陷)作为粗基准,以使定位可靠,夹紧可靠。

(5)粗基准尽量避免重复使用的原则。

因为粗基准未经加工,表面粗糙,在第二次安装时,其在机床上(或夹具中)的实际位置与第一次安装时可能不一样。对于复杂的大型零件,从兼顾各方面的要求出发,可采用划线找正的方法来选择粗基准,以合理地分配余量。

◀ 1.4 工序尺寸的确定 ▶

一、加工余量与工序尺寸

1.加工余量及其确定

1)加工余量的概念

加工余量是加工过程中所切去的金属层的厚度。加工余量有工序加工余量和加工总余量（毛坯余量）之分。工序加工余量是相邻两工序的工序尺寸之差；加工总余量（毛坯余量）是毛坯尺寸与零件图样的设计尺寸之差。显然，总余量 $Z_总$ 与工序余量 Z_i 的关系为

$$Z_总 = \sum_{i=1}^{n} Z_i$$

式中：n 为零件某表面加工所经历的工序数目。

对于回转表面（外圆和内孔等），加工余量是直径上的余量，在直径上是对称分布的，故称为对称余量；而在加工中，实际切除的金属层厚度是加工余量的一半，因此又有双面余量和单面余量之分。对于平面，由于加工余量只在一面单向分布，因而只有单面余量。

无论是双面余量、单面余量，还是外表面、内表面，都涉及工序尺寸的问题。每道工序完成后应保证的尺寸称为该工序的工序尺寸。由于加工中不可避免地存在误差，因而，工序尺寸也有公差，这种公差称为工序公差。

工序尺寸、工序公差、加工余量三者的关系如图 1-30 所示。

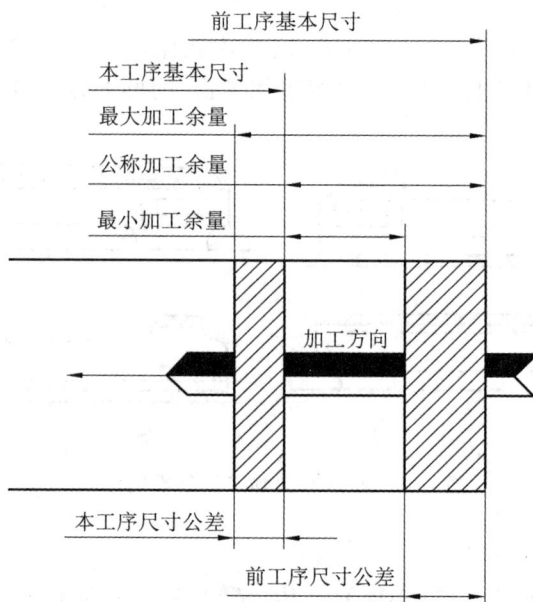

图 1-30　加工余量及其公差

由于工序加工余量是相邻两工序工序尺寸之差，则本工序的加工余量的基本值 $Z_b = a - b$，最小加工余量是前工序最小工序尺寸和本工序最大工序尺寸之差，即 $Z_{bmin} = a_{min} - b_{max}$；最大加工余量是前工序最大工序尺寸和本工序最小工序尺寸之差，即 $Z_{bmax} = a_{max} - b_{min}$。其中，$a$ 表示前道工序的工序尺寸，b 表示本道工序的工序尺寸。

2）确定加工余量的方法

在保证加工质量的前提下，加工余量越小越好。确定加工余量有以下三种方法。

（1）经验估算法。

工艺人员根据生产的技术水平，靠经验来确定加工余量。为了防止余量不足而产生废品，通常所取的加工余量都偏大。此法一般用于单件小批量生产。

（2）查表修正法。

根据各工厂长期的生产实践与试验研究所积累的有关加工余量资料，制成各种表格并汇编成手册，如机械加工工艺手册、机械工艺工程师手册、机械加工工艺设计手册等。确定

加工余量时,查阅这些手册,再根据本厂的实际情况进行适当的修正后确定。目前,这种方法运用较为普遍。

单件小批生产中,加工中、小零件时,其单边加工余量可参考表 1-6 中数据。

表 1-6 加工中、小零件时的单边加工余量

总加工余量(毛坯余量)	(手工造型)铸件	3.5～7 mm
	自由锻件	2.5～7 mm
	模锻件	1.5～3 mm
	圆钢料	1.5～2.5 mm
工序加工余量	粗车	1～1.5 mm
	半精车	0.8～1 mm
	高速精车	0.4～0.5 mm
	低速精车	0.1～0.15 mm
	磨削	0.1～0.15 mm
	研磨	0.002～0.005 mm
	粗铰	0.15～0.35 mm
	精铰	0.05～0.15 mm
	珩磨	0.02～0.15 mm

（3）分析计算法。

分析计算法根据计算公式和一定的试验资料,对影响加工余量的各项因素进行分析,并计算确定加工余量。这种方法比较合理,但必须有比较全面和可靠的试验资料,目前较少采用。

2. 工序尺寸及其公差的确定

每道工序完成后应保证的尺寸称为该工序的工序尺寸。工件上的设计尺寸及其公差是经过各加工工序加工后才得到的。每道工序的工序尺寸都不相同,它们逐步向设计尺寸接近。为了最终保证工件的设计要求,各中间工序的工序尺寸及其公差需要计算确定。

工序余量确定后,就可计算工序尺寸。工序尺寸及其公差的确定要根据工序基准或定位基准与设计基准是否重合,采取不同的计算方法。

基准重合时工序尺寸及其公差的计算比较简单。例如,对外圆和内孔的多工序加工均属于这种情况。此时,工序尺寸及其公差与工序余量的关系如图 1-30 所示。计算顺序是:先确定各工序的基本尺寸,再由后往前逐个工序推算,即由工件的设计尺寸开始,由最后一道工序向前推算,直到毛坯尺寸;工序尺寸的公差则按各工序的经济精度确定,并按"入体原则"确定上、下极限偏差,毛坯尺寸则按双向对称取上、下极限偏差,以防余量不够。

例如,一套筒零件内孔（$\phi 60^{+0.019}_{0}$）的加工路线为:毛坯孔→粗车→半精车→磨削→珩磨。求各工序尺寸。

首先,通过查表或凭经验确定毛坯总余量及其公差、工序余量以及工序的经济精度和公差值,然后,计算工序尺寸,计算结果见表 1-7。

表 1-7　工序尺寸及公差的计算　　　　　　　　　　　单位：mm

工序名称	工序余量	工序经济精度的公差	工序基本尺寸	工序尺寸及公差
珩磨	0.1	0.019	60	$\phi 60^{+0.019}_{0}$
磨削	0.4	0.03	$60-0.1=59.9$	$\phi 59.9^{+0.03}_{0}$
半精车	1.5	0.18	$59.9-0.4=59.5$	$\phi 59.5^{+0.18}_{0}$
粗车	8	0.45	$59.5-1.5=58$	$\phi 58^{+0.45}_{0}$
毛坯孔	10	± 1.5	$58-8=50$	$\phi 50 \pm 1.5$

二、工艺尺寸链与工序尺寸

工序基准或定位基准与设计基准不重合时，工序尺寸及其公差计算比较复杂，需用工艺尺寸链来分析计算。

1. 尺寸链的基本概念

在零件加工或机器装配过程中，由相互连接的尺寸按照一定的顺序排列成为封闭的尺寸组称为尺寸链。

如图 1-31 所示零件图样上标注的尺寸 A_1、A_0，设 A、B 面已加工，现采用调整法加工 C 面，若以设计基准 B 作为定位基准，定位和夹紧都不方便；若以 A 面作为定位基准，直接保证的是对刀尺寸 A_2，图样上要求的设计尺寸 A_0 将由本工序尺寸 A_2 和上工序尺寸 A_1 来间接保证，当 A_1 和 A_2 确定之后，A_0 随之确定。像这样一组相互关联的组成封闭形式的尺寸，如同链条一样环环相扣，形象地称为尺寸链。

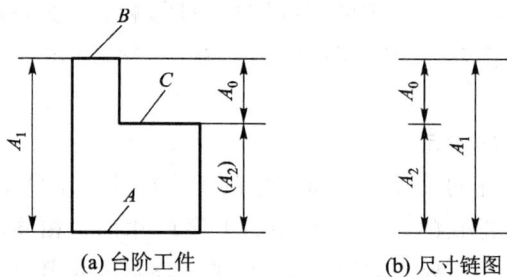

(a) 台阶工件　　　　　　(b) 尺寸链图

图 1-31　零件加工过程中的尺寸链

在零件图纸上，用来确定表面之间相互位置的尺寸链，称为设计尺寸链；在工艺文件上，由加工过程中的同一零件的工艺尺寸组成的尺寸链，称为工艺尺寸链。

2. 工艺尺寸链的组成

组成尺寸链的各个尺寸称为环，而环又有组成环和封闭环之分。在尺寸链中，凡是最后被间接获得的尺寸，称为封闭环。封闭环一般以下脚标"0"表示。如图 1-31 中的 A_0 就是封闭环。

应该特别指出：在计算尺寸链时，区分封闭环是至关重要的，封闭环搞错了，一切计算结果都是错误的。在工艺尺寸链中，封闭环随着加工顺序的改变或测量基准的改变而改变，区分封闭环的关键在于要紧紧抓住"间接获得"或"最后形成"的设计尺寸这一概念。

在加工过程中直接形成的尺寸(在零件加工的工序中出现或直接控制的尺寸),称为组成环。任一组成环的变动,必然引起封闭环的变动,根据它对封闭环影响的不同,组成环可分为增环和减环。

增环:若该环尺寸增大时封闭环随着增大或该环尺寸减小时封闭环尺寸随着减小,则该环称为增环,以 $\vec{A}_i$ 表示。

减环:若该环尺寸增大时封闭环随着减小或该环尺寸减小时封闭环尺寸随着增大,则该环称为减环,以 $\overleftarrow{A}_j$ 表示。

当尺寸链中的组成环较多时,根据定义来区别增、减环比较麻烦,可用简易的方法来判断:在尺寸链简图中,先在封闭环上任一方向画一箭头,然后沿着此方向绕尺寸链回路依次在每一组成环上画出一箭头,凡是组成环上所画箭头方向与封闭环箭头方向相同的为减环,相反的为增环。

在一个尺寸链中,只有一个封闭环。组成环和封闭环的概念是针对一定尺寸链而言的,是一个相对的概念。同一尺寸,在一个尺寸链中是组成环,在另一个尺寸链中有可能是封闭环。

3. 工艺尺寸链计算的基本公式

工艺尺寸链的计算方法有极值法和概率法两种,生产中一般采用极值法来计算工艺尺寸,其基本计算公式如下:

(1)封闭环的基本尺寸。

封闭环的基本尺寸 A_0 等于所有增环的基本尺寸之和减去所有减环的基本尺寸之和。

$$A_0 = \sum_{i=1}^{m} \vec{A}_i - \sum_{j=1}^{n} \overleftarrow{A}_j$$

式中:m——增环的数目;

n——减环的数目。

(2)封闭环的上极限偏差。

封闭环的上极限偏差 $ES(A_0)$ 等于所有增环的上极限偏差之和减去所有减环的下极限偏差之和。

$$ES(A_0) = \sum_{i=1}^{m} ES(\vec{A}_i) - \sum_{j=1}^{n} EI(\overleftarrow{A}_j)$$

(3)封闭环的下极限偏差。

封闭环的下极限偏差 $EI(A_0)$ 等于所有增环的下极限偏差之和减去所有减环的上极限偏差之和。

$$EI(A_0) = \sum_{i=1}^{m} EI(\vec{A}_i) - \sum_{j=1}^{n} ES(\overleftarrow{A}_j)$$

(4)封闭环的公差。

封闭环的公差 T_0 等于所有组成环公差之和。

$$T_0 = \sum_{i=1}^{m} T_i + \sum_{j=1}^{n} T_j$$

显然,在工艺尺寸链的计算中,封闭环的公差大于任一组成环的公差。当封闭环公差一定时,若组成环的数目较多,各组成环的公差就会过小,造成工序加工困难。因此,在分析尺寸链时,应使尺寸链组成环数最少,即遵循尺寸链最短原则。

4. 工艺尺寸链的应用

在机械加工过程中，每一道工序的加工结果都以一定的尺寸值表示出来，尺寸链反映了相互关联的一组尺寸之间的关系，也就反映了这些尺寸所对应的加工工序之间的相互关系。

从一定意义上讲，尺寸链的构成反映了加工工艺的构成。特别是加工表面之间位置尺寸的标注方式，在一定程度上决定了表面加工的顺序。在工艺尺寸链中，组成环是各工序的工序尺寸，即各工序直接得到并保证的尺寸；封闭环是间接得到的设计尺寸或工序加工余量。

在零件工艺过程制定中遇到的尺寸链的应用情况是：已知封闭环和部分组成环的尺寸，求某一个组成环的尺寸。

（1）定位基准与设计基准不重合。

零件加工中，当定位基准与设计基准不重合时，要保证设计尺寸的要求，必须求出工序尺寸来间接保证设计尺寸，因此要进行工序尺寸的换算。

例 1-1 如图 1-32（a）所示的零件，D 孔的设计尺寸是 $\phi 100 \pm 0.15$ mm，设计基准是 C 孔的轴线。在加工 D 孔前，A 面、B 孔、C 孔已加工，为了使工件装夹方便，加工 D 孔时以 A 面定位，按工序尺寸 A_3 加工，试求 A_3 的基本尺寸及极限偏差。

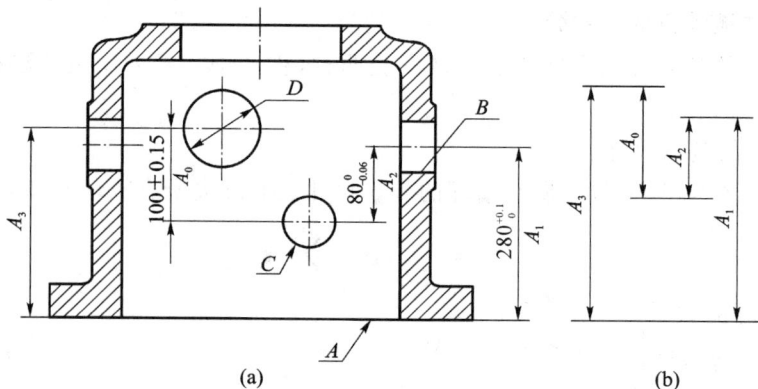

(a)   (b)

图 1-32 定位基准与设计基准不重合

解 计算步骤如下。

① 画出尺寸链简图。其尺寸链简图如图 1-32（b）所示。

② 确定封闭环。这时孔的定位基准与设计基准不重合，设计尺寸 A_0 是间接得到的，因而 A_0 是封闭环。

③ 确定增环、减环。A_2、A_3 是增环，A_1 是减环。

④ 判断 $T_0 > \sum\limits_{i=1}^{m+n-1} T_i$ 是否成立，即判断：已知组成环的公差之和是否小于封闭环的公差。

若满足上式，则可以进入下一步骤，直接用公式计算；否则，需先压缩某一组成环的公差（提高该工序尺寸的制造精度要求，并需在工序图中标注提高后的尺寸要求），再按压缩后的工序尺寸的上、下极限偏差代入公式进行计算。

对本例，由于 0.3>0.06+0.1，故可以直接用公式计算（差值即为待求组成环的公差值）。

⑤ 利用基本计算公式进行计算。

$$A_0 = \sum_{i=1}^{m} \vec{A}_i - \sum_{j=1}^{n} \vec{A}_j \Rightarrow A_0 = A_2 + A_3 - A_1 \Rightarrow 100 = 80 + A_3 - 280 \Rightarrow A_3 = 300 \text{ mm}$$

$$\mathrm{ES}(A_0) = \sum_{i=1}^{m} \mathrm{ES}(\vec{A}_i) - \sum_{j=1}^{n} \mathrm{EI}(\tilde{A}_j) \Rightarrow 0.15 = 0 + \mathrm{ES}(A_3) - 0$$

$$\Rightarrow \mathrm{ES}(A_3) = 0.15 \text{ mm}$$

$$\mathrm{EI}(A_0) = \sum_{i=1}^{m} \mathrm{EI}(\vec{A}_i) - \sum_{j=1}^{n} \mathrm{ES}(\tilde{A}_j) \Rightarrow -0.15 = -0.06 + \mathrm{EI}(A_3) - 0.1$$

$$\Rightarrow \mathrm{EI}(A_3) = 0.01 \text{ mm}$$

所以工序尺寸 $A_3 = 300^{+0.15}_{+0.01}$ mm。

（2）设计基准与测量基准不重合。

测量时，由于测量基准和设计基准不重合，需测量的尺寸不能直接测量，只能由其他测量尺寸来间接保证，也需要进行尺寸换算。

例 1-2 如图 1-33（a）所示，加工时尺寸 $10^{0}_{-0.36}$ mm 不便测量，改用深度游标尺测量孔深 A_2。通过孔深 A_2 和总长 $50^{0}_{-0.17}$ mm（A_1）来间接保证设计尺寸 $10^{0}_{-0.36}$ mm（A_0），求孔深 A_2。

解 计算步骤如下：

① 画出尺寸链简图。其尺寸链简图如图 1-33（b）所示。

② 确定封闭环。这时孔深的测量基准与设计基准不重合，设计尺寸 A_0 是通过 A_2 间接得到的，因而 A_0 是封闭环。

③ 确定增环、减环。A_1 是增环，A_2 是减环。

④ 判断。由于 0.36＞0.17，故可以直接用公式计算。

⑤ 利用基本计算公式进行计算。

$$10 = 50 - A_2 \Rightarrow A_2 = 40 \text{ mm}$$

$$0 = 0 - \mathrm{EI}(A_2) \Rightarrow \mathrm{EI}(A_2) = 0$$

$$-0.36 = -0.17 - \mathrm{ES}(A_2) \Rightarrow \mathrm{ES}(A_2) = 0.19 \text{ mm}$$

所以孔深 A_2 为：$A_2 = 40^{+0.19}_{0}$ mm，如图 1-33（c）所示。

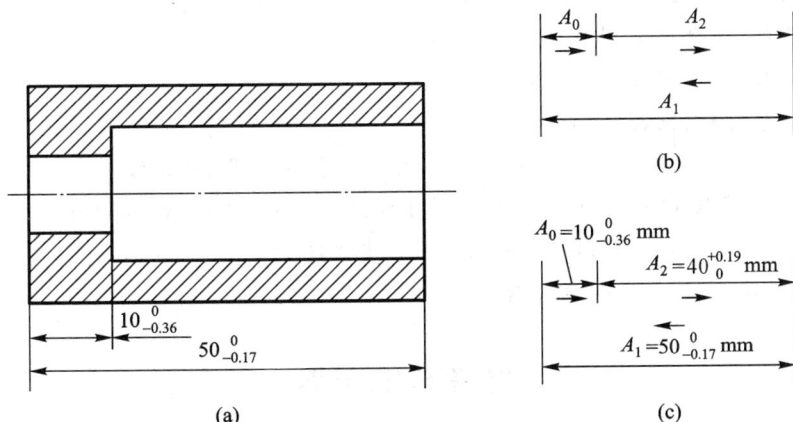

图 1-33 设计基准与测量基准不重合

（3）工序尺寸的基准有加工余量时工艺尺寸链的计算。

零件图上有时存在几个尺寸从同一基准面进行标注，当该基准面精度和表面粗糙度要求较高时，往往是在工艺过程的精加工阶段进行最后加工。这样，在进行该面的最终一次加工时，要同时保证几个设计尺寸，其中只有一个设计尺寸可以直接保证，其他设计尺寸只能间接获得，需要进行尺寸计算。下面以实例来说明。

例1-3 如图1-34(a)所示为齿轮内孔局部简图。内孔和键槽的加工顺序如下。

① 半精镗孔至 $\phi 84.8^{+0.07}_{0}$ mm；

② 插键槽至尺寸 A；

③ 淬火；

④ 磨内孔至尺寸 $\phi 85^{+0.035}_{0}$ mm，同时保证键槽深度 $90.4^{+0.2}_{0}$ mm。

求插键槽工序的深度尺寸 A。

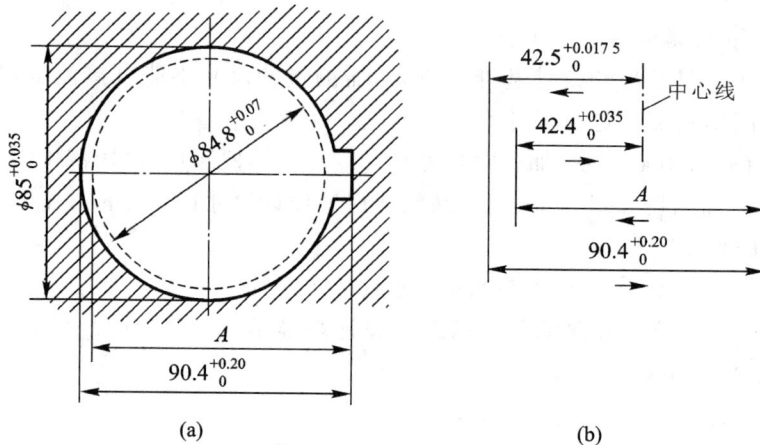

图 1-34　内孔键槽加工尺寸链

解 计算步骤如下：

① 画出尺寸链简图。在这里要注意直径的基准是轴线，其尺寸链简图如图1-34(b)所示。

② 确定封闭环。键槽深度 $90.4^{+0.2}_{0}$ 是间接得到的，因而 $90.4^{+0.2}_{0}$ 是封闭环。

③ 确定增环、减环。如尺寸链简图所示。

④ 判断。$0.2 > 0.0175 + 0.035$。

⑤ 利用基本计算公式进行计算。

$$90.4 = A + 42.5 - 42.4 \quad 即 A = 90.3 \text{ mm}$$
$$0.2 = ES(A) + 0.0175 - 0 \quad 即 ES(A) = 0.1825 \text{ mm} \approx 0.183 \text{ mm}$$
$$0 = EI(A) + 0 - 0.035 \quad 即 EI(A) = 0.035 \text{ mm}$$

所以插键槽的尺寸 $A = 90.3^{+0.183}_{+0.035}$ mm。

思考与练习题

1. 何谓工艺规程？机械加工工艺规程有何作用和要求？

2. 何谓零件的结构工艺性？图1-35所示零件的结构工艺性存在什么问题？试分析如何改进。

3. 对零件加工工艺性的分析，在普通设备加工和数控设备加工的情况下，其好或不好的评价标准是一样的吗？试举例说明。

4. 零件的加工过程为什么要划分加工阶段？一般划分为哪几个加工阶段？什么情况下

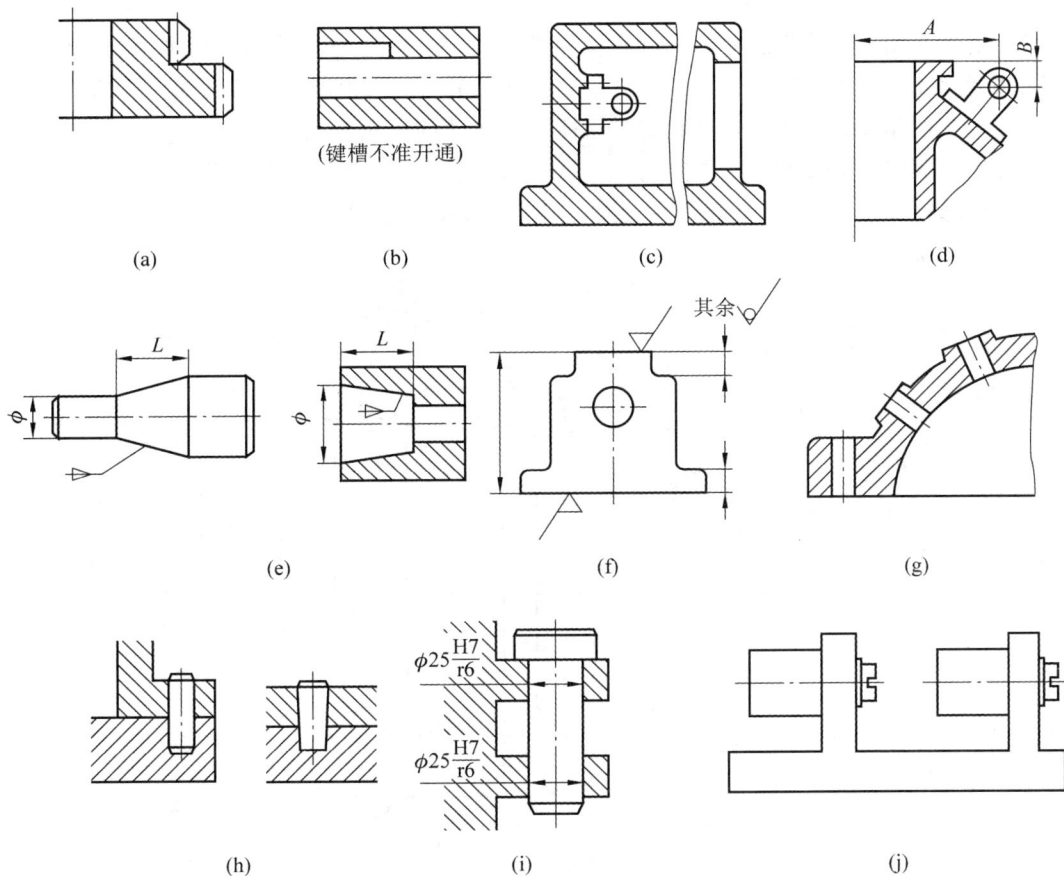

(a)　　　　　　(b)　　　　　　(c)　　　　　　(d)

(键槽不准开通)

(e)　　　　　　(f)　　　　　　(g)

(h)　　　　　　(i)　　　　　　(j)

图 1-35　题 2 图

可以不划分或不严格划分加工阶段？

5.何谓"工序集中"与"工序分散"？各有什么优缺点？各用在什么情况下？采用数控加工时工序划分宜按照何种原则？试说明其原因。

6.安排工序顺序时,一般应遵循哪些原则？

7.退火、正火、时效、调质、淬火、渗碳淬火、渗氮等热处理工序各应安排在工艺过程的哪个阶段才恰当？为什么？

8.零件加工的常用毛坯有哪些类型？选择确定毛坯种类、形状和尺寸时应该考虑哪些因素？

9.加工余量如何确定？影响工序间加工余量的因素有哪些？

10.工件的装夹方式有哪几种？试分析它们的特点和应用场合。

11.什么叫六点定位原则？什么叫完全定位、不完全定位？举例说明。

12.何谓欠定位、过定位？这两种定位方式由于都存在问题,故在生产中都是不允许存在的,对吗？试举例说明。

13.举例说明基准的种类及其定义。

14.工件装夹在夹具中,凡是有六个定位支承点,即为完全定位,凡是超过六个定位支承点就是过定位,不超过六个定位支承点,就不会出现过定位。这种说法对吗？为什么？试举例说明。

15. 由于在加工前我们总是将工件完全夹紧在机床或夹具上,工件相对于机床不能再产生任何的位置移动,故在装夹时工件最后总是被限制了全部的自由度。此说法对吗？为什么？

16. 什么叫粗基准、精基准？粗基准和精基准选择的原则各有哪些？

17. 什么叫经济加工精度？它与机械加工工艺规程的制定有什么关系？

18. 试选择图 1-36 所示端盖零件的加工粗基准,并简述理由。

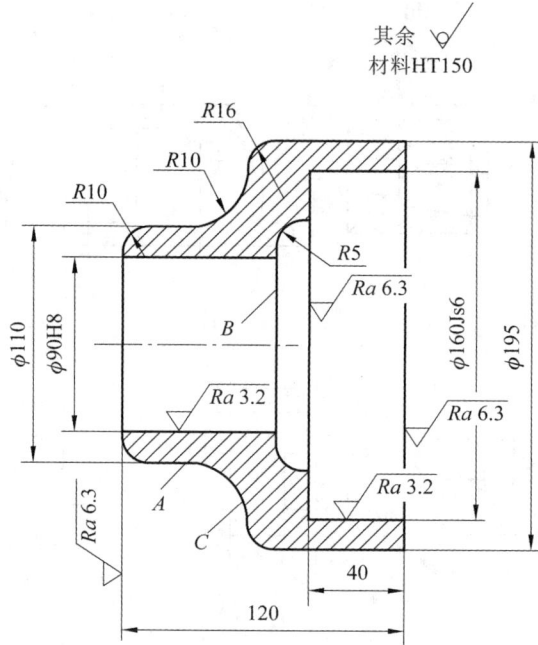

图 1-36　题 18 图

19. 如图 1-37 所示零件,现 A、B、C 面,$\phi10H7$ 孔和 $\phi30H7$ 孔均已加工好,试选择加工 $\phi12H7$ 孔时的定位基准,并分析各限制哪些自由度。

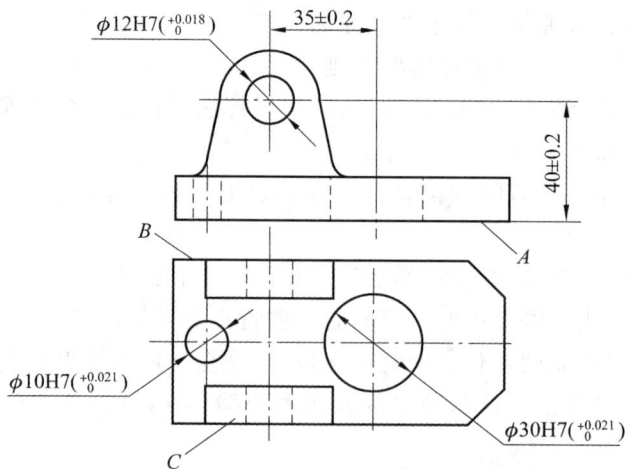

图 1-37　题 19 图

20. 如图 1-38 所示各零件,设其余各面均已加工完毕,现加工标注有"▽"符号的表面,试选择定位基准,并分别确定应限制哪几个自由度。

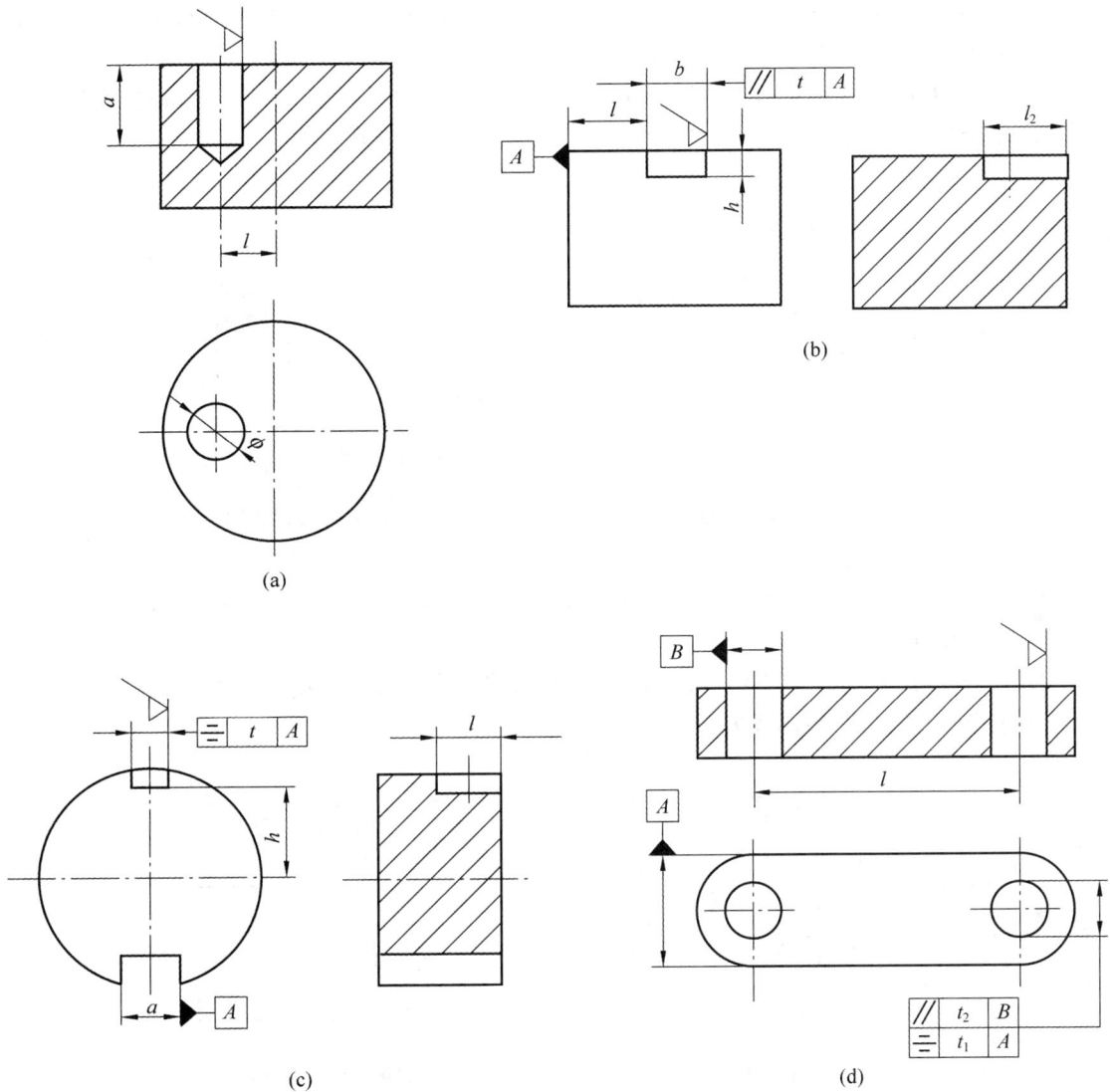

图 1-38　题 20 图

21.某直径为 $\phi 30_{-0.013}^{0}$ mm、长度为 200 mm 的光轴,毛坯为热轧棒料,尺寸公差为 ± 1 mm,经粗车、半精车、淬火、粗磨和精磨后达到图纸要求,现已知各工序尺寸的工序余量和公差如表 1-8 所示,试在表中计算各工序的工序尺寸和上、下极限偏差。

表 1-8　题 21 表　　　　　　　　　　　　　　　　单位:mm

工序名称	工序余量	工序经济精度的公差	工序基本尺寸	工序尺寸及公差
精磨	0.1	0.013		
粗磨	0.4	0.03		
半精车	1.5	0.18		
粗车	4	0.45		
毛坯棒料		± 1		

22. 如图 1-39 所示套筒零件,除缺口 B 外,其余表面均已加工,试分析加工缺口 B 保证尺寸 $8^{+0.2}_{0}$ mm 时,有几种定位方案? 计算出各定位方案的工序尺寸及其偏差,并比较哪个定位方案较好,说明理由。

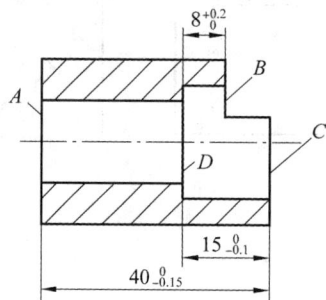

23. 图 1-40 所示底座零件的 M、N 面及 $\phi25H8$ 孔均已加工,试求加工 K 面时,为保证定位精度 $86^{+0.15}_{0}$ mm 和测量方便,试确定其工序尺寸和上、下极限偏差。

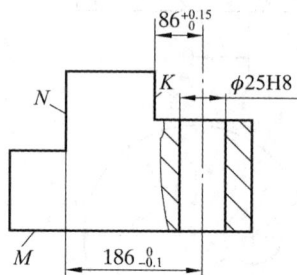

图 1-39　题 22 图　　　　图 1-40　题 23 图

24. 图 1-41 所示的环套零件,除 $\phi25H7$ 孔之外,其他各表面均已加工完毕,试求:当以 A 面定位加工 $\phi25H7$ 孔时的工序尺寸。

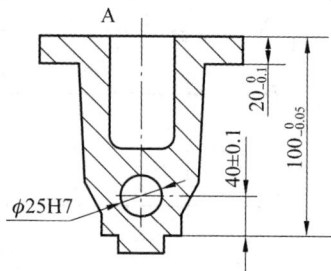

25. 图 1-42 所示的小轴零件,要求保证所加工的凹槽底面到轴心线的距离为 $5^{+0.05}_{0}$ mm,试分析加工时定位基准的选择方案及工序尺寸。

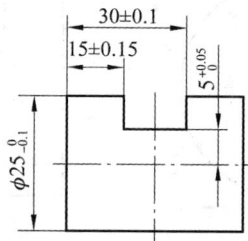

图 1-41　题 24 图　　　　图 1-42　题 25 图

26. 如图 1-43 所示销轴零件,其相关的工艺过程为:车外圆→铣槽→热处理→磨外圆至保证图纸要求。试求其铣槽工序的工序尺寸 X。

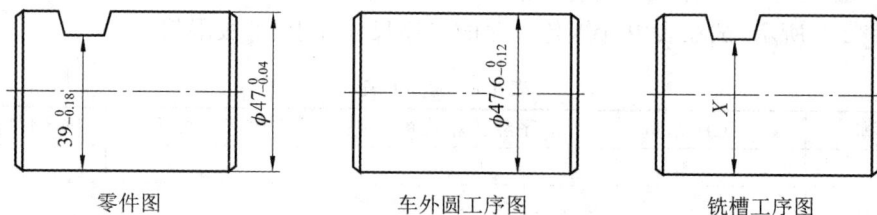

零件图　　　　车外圆工序图　　　　铣槽工序图

图 1-43　题 26 图

项目 2

机床夹具设计基础

◀ 2.1　机床夹具及其组成 ▶

一、机床夹具的类型

机床夹具是在机床上用来快速、准确、方便地安装工件的工艺装备。其使用情况如下：

1. 按专门化程度分

（1）通用夹具。通用夹具是指已经标准化、无须调整或稍加调整就可用于装夹不同工件的夹具，如三爪自定心卡盘、四爪单动卡盘、平口钳、回转工作台、分度头等。这类夹具主要用于单件、小批量生产。

（2）专用夹具。专用夹具是指专为某一工件的一定工序加工而设计制造的夹具。这类夹具结构紧凑，操作方便，主要用于产品固定的大批大量生产中。

（3）可调夹具。可调夹具是指加工完一种工件后，通过调整或更换个别元件就可加工形状相似、尺寸相近的其他工件的夹具。这类夹具多用于中小批量生产。

（4）组合夹具。组合夹具是指按一定的工艺要求，由一套预先制造好的通用标准元件和部件组合而成的夹具。这种夹具使用完后，可进行拆卸或重新组装，具有缩短生产周期、减少专用夹具的品种和数量的优点，适用于新产品的试制及多品种、小批量的生产。

（5）随行夹具。随行夹具是在自动线加工中针对某一种工件而采用的一种夹具。这类夹具除了具有一般夹具所担负的装夹工件的任务外，还担负着沿自动线输送工件的任务。

2. 按使用的机床类型分

有车床夹具、铣床夹具、钻床夹具、镗床夹具、加工中心机床夹具和其他机床夹具等。

3. 按驱动夹具工作的动力源分

有手动夹具、气动夹具、液压夹具、电动夹具、磁力夹具、真空夹具及自夹紧夹具等。

二、机床夹具的组成

虽然机床夹具种类很多，但它们的基本组成是相同的。下面以一个数控铣床夹具为例，说明夹具的组成。图 2-1 所示为在数控铣床上铣连杆槽的夹具。该夹具靠工作台 T 形槽和夹具体上定位键 9 确定其在数控铣床上的位置,用 T 形螺钉紧固。

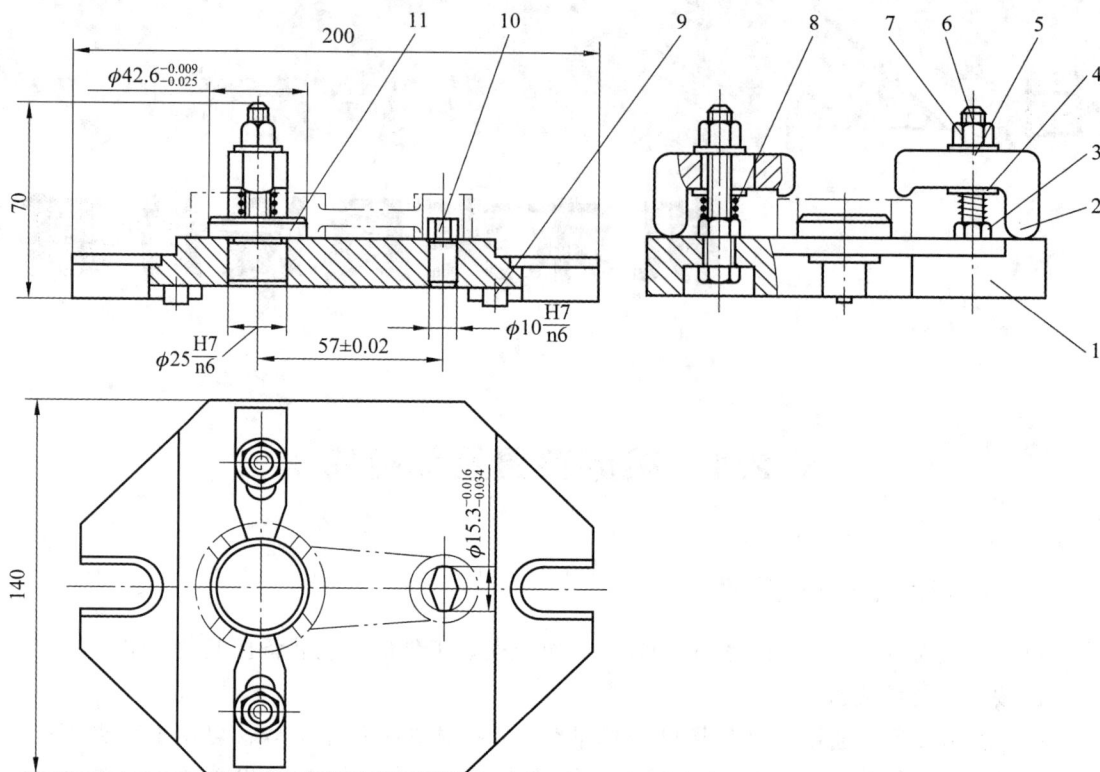

图 2-1　铣连杆槽夹具的结构

1—夹具体;2—压板;3、7—螺母;4、5—垫圈;6—螺栓;8—弹簧;9—定位键;10—菱形销;11—圆柱销

加工时,工件在夹具中的正确位置靠夹具体 1 的上平面、圆柱销 11 和菱形销 10 来保证。夹紧时,转动螺母 7,压下压板 2,压板 2 一端压着夹具体,另一端压紧工件,保证工件的正确位置不变。

上例中数控铣床夹具由以下几部分组成:

1)定位装置

定位装置是由定位元件及其组合共同构成的。它用于确定工件在夹具中的正确位置。如图 2-1 中的圆柱销 11、菱形销 10、夹具体的上平面等都是定位元件。

2)夹紧装置

夹紧装置用于保证工件在夹具中的既定位置,使其在外力作用下不致产生移动。它包括夹紧元件、传动装置及动力装置等。如图 2-1 中的压板 2、螺母 3 和 7、垫圈 4 和 5、螺栓 6 及弹簧 8 等元件组成的夹紧装置。

3)夹具体

夹具体用于连接夹具各元件及装置,使它们成为一个整体的基础件,以保证夹具的精度和刚度。

4)其他元件及装置

如定位键、操作件和分度装置,以及标准化连接元件等。

三、对机床夹具的基本要求

1）保证工件的加工精度

夹具应有合理的定位方案，尤其对于精加工工序，应有合适的尺寸、公差和技术要求，确保加工工件的尺寸公差和几何公差等要求。

2）提高生产效率

机床夹具的复杂程度及先进性应与工件的生产纲领相适应，根据工件生产批量的大小进行合理设置，以缩短辅助时间，提高生产效率。

3）工艺性好

机床夹具的结构应简单、合理，便于加工、装配、检验和维修。

4）使用性好

机床夹具的操作应简便、省力、安全可靠、排屑方便，必要时可设置排屑结构。

5）经济性好

机床夹具应具有一定的使用寿命，且其制造成本应较低。适当提高夹具元件的通用化和标准化程度，可以缩短夹具的制造周期，降低夹具成本。

6）方便快速重调

数控加工能够通过更换程序快速切换加工对象，但若因更换工装而耗费过多辅助时间，将导致贵重设备闲置，降低生产效率。因此，数控机床夹具应具备快速重调或更换定位、夹紧元件的功能，例如采用高效的机械传动机构，从而显著减少工装更换时间。此外，在数控加工中，多表面加工会使单件加工时间延长。如果夹具结构能够在机床的机动时间内于工作区外完成工件更换，那么机床的停机时间将大幅减少，进而显著提升设备利用率和生产效率。

◀ 2.2 工件的定位方式 ▶

一、工件以平面定位

工件以平面作为定位基准（基面），是最常见的定位方式之一。如箱体、床身、机座、支架等零件的加工中，较多地采用了平面定位。

1. 主要支承

主要支承用来限制工件的自由度，起定位作用。

1）固定支承

固定支承有支承钉和支承板两种形式，如图 2-2 所示。在使用过程中，它们都是固定不动的。

当工件以粗糙不平的粗基准定位时，多采用球头支承钉[图 2-2(b)]。齿纹头支承钉[图 2-2(c)]用在工件的侧面，它能增大摩擦系数，防止工件滑动。当工件以加工过的平面定位时，可采用平头支承钉[图 2-2(a)]或支承板。图 2-2(d)所示支承板结构简单，制造方便，但孔边切屑不易清除干净，故适用于侧面和顶面定位。图 2-2(e)所示支承板便于清除切屑，适用于底面定位。

（a）平头支承钉　　　　　（b）球头支承钉　　　　　（c）齿纹头支承钉

（d）支承板　　　　　　　　　（e）带容屑槽的支承板

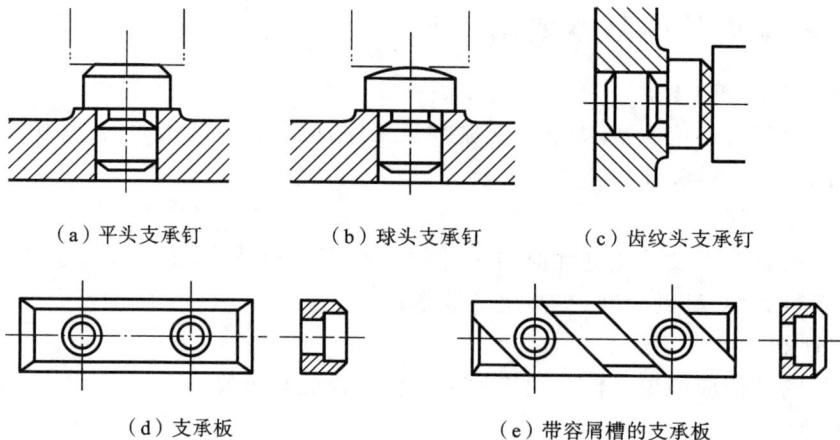

图 2-2　支承钉和支承板

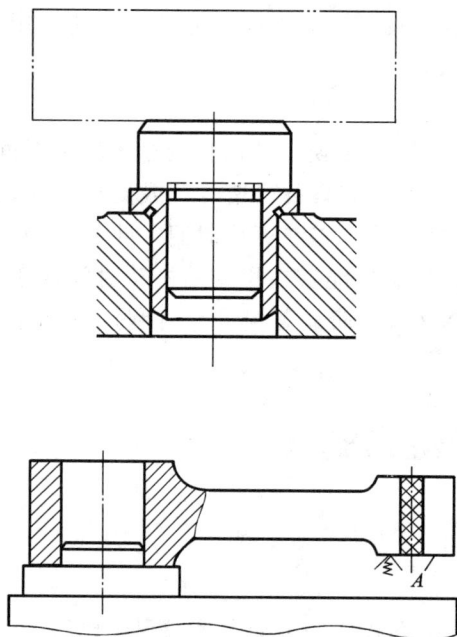

图 2-3　衬套的应用

为保证各固定支承的定位表面严格共面，装配后，需将其工作表面一次磨平。若支承钉需要经常更换时，应加衬套，如图 2-3 所示。

2）可调支承

可调支承是指支承钉的高度可以调节。图 2-4 所示为几种常用的可调支承。调整时要先松后调，调好后用防松螺母锁紧。

可调支承主要用于工件以粗基准面定位或定位基面形状复杂（如成形面、台阶面等），以及各批毛坯的尺寸、形状变化较大时的情况。如图 2-5(a) 所示工件，毛坯为砂型铸件，先以 A 面定位铣 B 面，再以 B 面定位镗双孔。铣 B 面时，若采用固定支承，由于定位基面 A 的尺寸和形状误差较大，铣完后，B 面与两毛坯孔的距离尺寸 H_1、H_2 变化也大，致使镗孔时余量很不均匀，甚至余量不够。因此，将固定支承改为可调支承，再根据每批毛坯的实际误差大小调整支承钉的高度，就可避免上述情况。图 2-5(b) 所示为利用可调支承加工不同尺寸的相似工件。

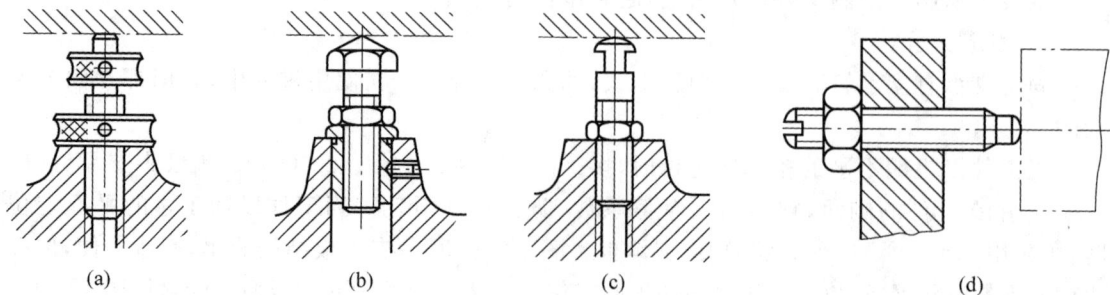

（a）　　　　　　　　（b）　　　　　　　　（c）　　　　　　　　　　（d）

图 2-4　可调支承

可调支承在一批工件加工前调整一次。在同一批工件加工中,它的作用与固定支承相同。

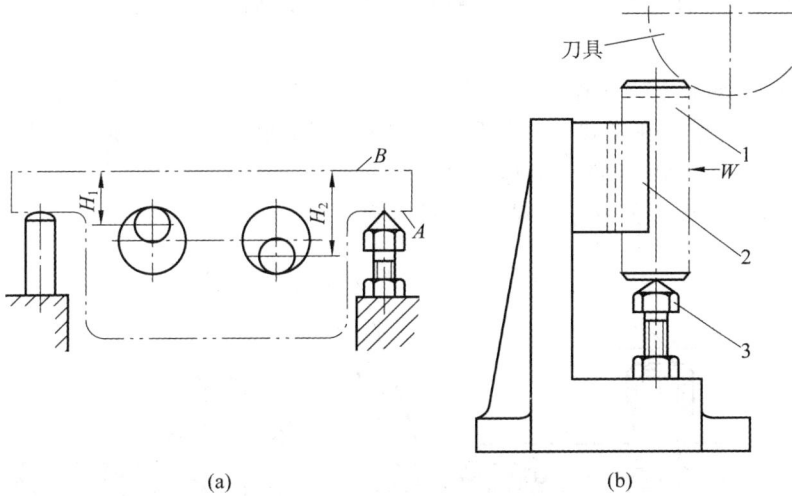

图 2-5 可调支承的应用

1—工件;2—V 形块;3—可调支承

3）自位支承（浮动支承）

在工件定位过程中,能自动调整位置的支承称为自位支承,图 2-6 所示为夹具中常见的几种自位支承。其中图 2-6(a)和(b)是两点式自位支承,图 2-6(c)为三点式自位支承。这类支承的工作特点是:支承点的位置能随着工件定位基面的不同而自动调节,定位基面压下其中一点,其余点便上升,直至各点都与工件接触。接触点数的增加,提高了工件的装夹刚度和稳定性,但其作用仍相当于一个固定支承,只限制工件一个自由度。

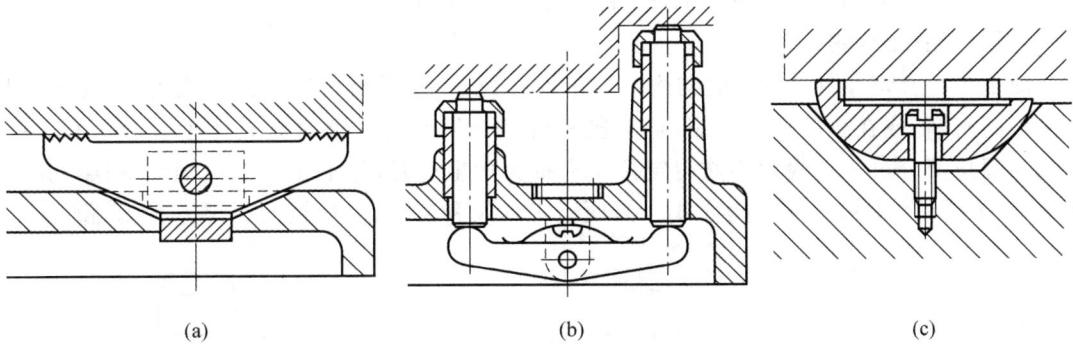

图 2-6 自位支承

2. 辅助支承

辅助支承用来提高工件的装夹刚度和稳定性,不起定位作用。辅助支承的工作特点是:待工件定位夹紧以后,再调整支承钉的高度,使其与工件的有关表面接触并锁紧,每安装一个工件就调整一次辅助支承。另外,辅助支承还可起预定位的作用。

如图 2-7 所示,工件以内孔及端面定位,钻右端

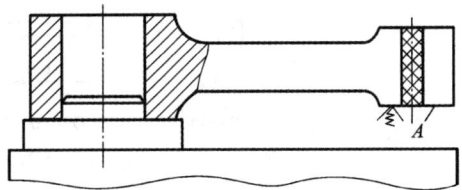

图 2-7 辅助支承的应用

小孔。由于右端为一悬臂,钻孔时工件刚性差。若在 A 处设置固定支承,属过定位,有可能破坏左端的定位,这时可在 A 处设置一辅助支承,承受钻削力,既不破坏定位,又增加了工件的刚性。

图 2-8 所示为夹具中常见的三种辅助支承。图 2-8(a)为螺旋式辅助支承。图 2-8(b)为自位式辅助支承,滑柱 1 在弹簧 2 的作用下与工件接触,转动手柄使顶柱 3 将滑柱锁紧。图 2-8(c)为推引式辅助支承,工件夹紧后转动手轮 4 使斜楔 6 左移以保证滑销 5 与工件接触。继续转动手轮可使斜楔 6 的开槽部分涨开而锁紧。

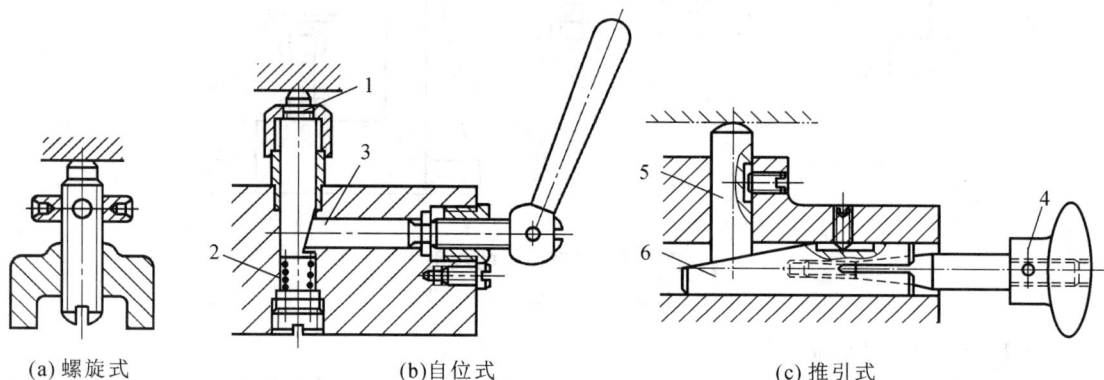

(a)螺旋式　　　　　(b)自位式　　　　　(c)推引式

图 2-8　辅助支承

1—滑柱;2—弹簧;3—顶柱;4—手轮;5—滑销;6—斜楔

二、工件以内孔定位

工件以内孔表面作为定位基面时,常采用以下定位元件。

1. 圆柱销(定位销)

图 2-9 所示为常用定位销的结构。当工件孔径较小时,为增加定位销刚度,避免销子因受撞击而折断,或在热处理时淬裂,通常把根部倒成圆角 R。这时夹具体上应有沉孔,使定位销的圆角部分沉入孔内而不妨碍定位。大批大量生产时,为了便于定位销的更换,可采用图 2-9(d)所示的带衬套的结构形式。为便于工件顺利装入,定位销的头部应有 15°倒角。

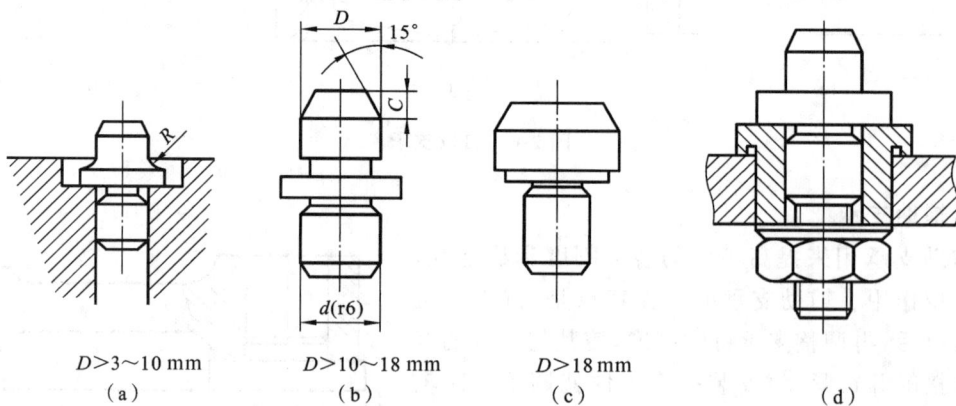

$D>3\sim10\,\text{mm}$　　$D>10\sim18\,\text{mm}$　　$D>18\,\text{mm}$
(a)　　　　　(b)　　　　　(c)　　　　　(d)

图 2-9　定位销

2. 圆柱心轴

图 2-10 所示为常用圆柱心轴的结构形式。图 2-10(a)所示为间隙配合心轴。使用间隙配合心轴时,工件装卸方便,但定心精度不高。为了减少因配合间隙而造成的工件倾斜,工件常以孔和端面联合定位,因而要求工件定位孔与定位端面有较高的垂直度,最好能在一次装夹中加工出来。使用开口垫圈可实现快速装卸工件,开口垫圈的两端面应互相平行。当工件内孔与端面垂直度误差较大时,应采用球面垫圈。

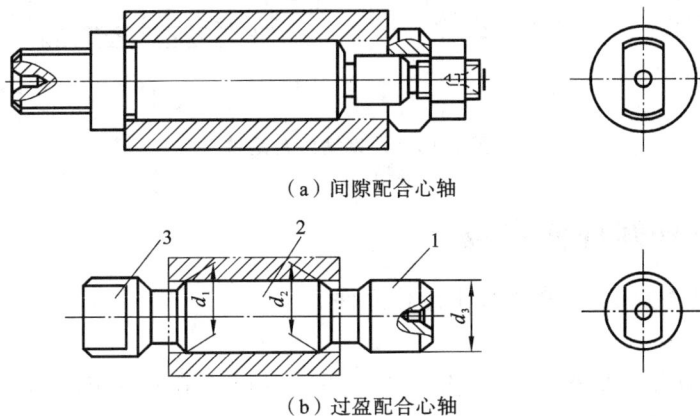

(a) 间隙配合心轴

(b) 过盈配合心轴

图 2-10 圆柱心轴

1—导向部分;2—工作部分;3—传动部分

图 2-10(b)所示为过盈配合心轴,由导向部分 1、工作部分 2 及传动部分 3 组成。导向部分的作用是使工件迅速而准确地套入心轴,心轴两边的凹槽是供车削工件端面时退刀用的。

3. 圆锥销

图 2-11 所示为工件以圆孔在圆锥销上定位的示意图,它限制了工件的 $\vec{x}$、$\vec{y}$、$\vec{z}$ 三个自由度。图 2-11(a)用于粗基准定位,图 2-11(b)用于精基准定位。

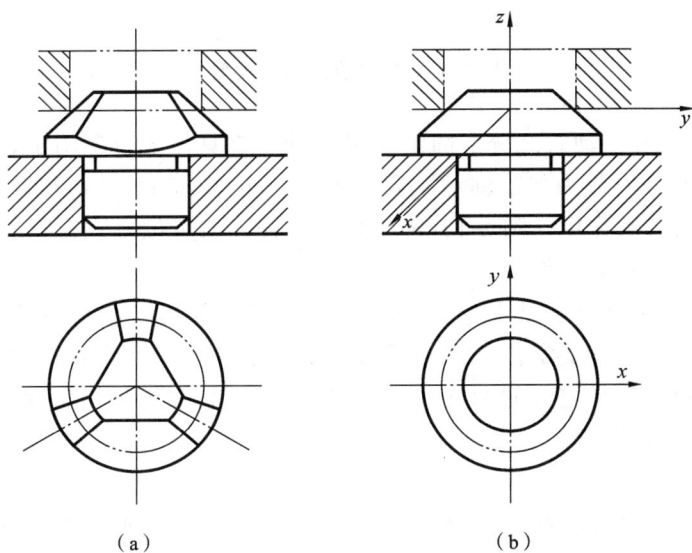

(a)   (b)

图 2-11 圆锥销

工件在单个圆锥销上定位容易倾斜,为此,圆锥销一般与其他定位元件组合定位,如图2-12所示。图2-12(a)为工件在双圆锥销上定位。图2-12(b)为圆锥-圆柱组合心轴,锥度部分使工件准确定心,圆柱部分可减少工件倾斜。这两种组合定位方式均限制了工件的五个自由度。

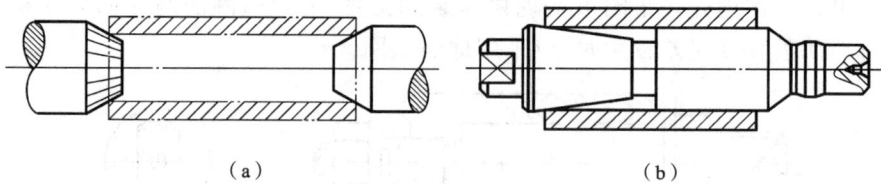

（a）　　　　　　　　　　　　　　（b）

图 2-12　圆锥销组合定位

三、工件以外圆柱面定位

工件以外圆柱面定位时,常用如下定位元件。

1. V 形块

图 2-13 所示为常用 V 形块的结构。其中,图 2-13(a)用于较短的精定位基面;图 2-13(b)用于粗定位基面和阶梯定位面;图 2-13(c)用于较长的精定位基面和相距较远的两个定位面。V 形块不一定采用整体结构的钢件,可在铸铁底座上镶淬硬垫板,如图 2-13(d)所示。

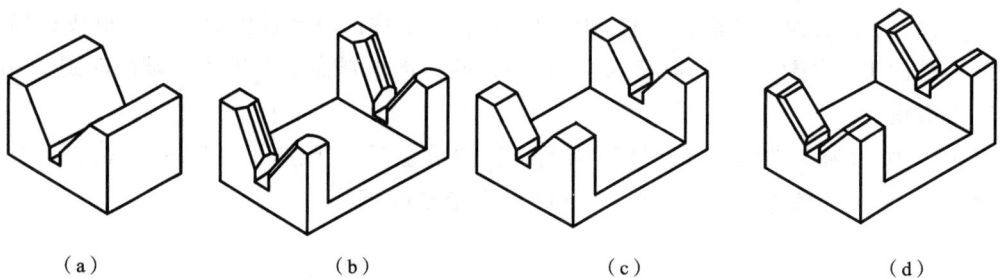

（a）　　　　　　　（b）　　　　　　　（c）　　　　　　　（d）

图 2-13　V 形块的结构类型

V 形块有固定式和活动式之分。固定式 V 形块在夹具体上装配固定,活动式 V 形块的应用见图 2-14。图 2-14(a)为加工轴承座孔时的定位方式,活动 V 形块除限制工件一个移动自由度外,还兼有夹紧作用。图 2-14(b)为加工连杆孔的定位方式,活动 V 形块限制工件一个转动自由度,还兼有夹紧作用。

V 形块定位的最大优点就是对中性好,它可使一批工件的定位基准轴线对中在 V 形块两斜面的对称平面上,而不受定位基准直径误差的影响。V 形块定位的另一个特点是无论定位基准是否经过加工,是完整的圆柱面还是局部圆弧面,都可采用 V 形块定位。因此,V 形块是用得最多的定位元件。

2. 定位套

图 2-15 所示为常用的两种定位套。为了限制工件沿轴向的自由度,常与端面联合定位。用端面作为主要定位面时,应控制套的长度,以免夹紧时工件产生不允许的变形。

定位套结构简单,容易制造,但定位精度不高,一般适用于精基准定位。

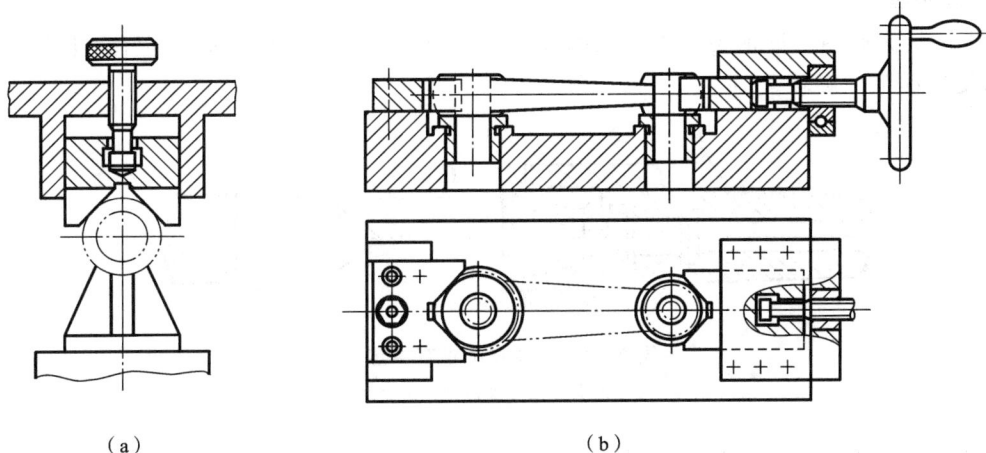

（a）　　　　　　　　　（b）

图 2-14　活动 V 形块的应用

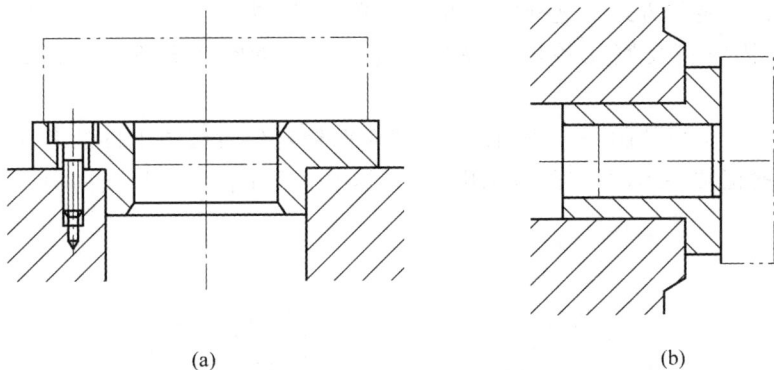

(a)　　　　　　　　　(b)

图 2-15　定位套

3. 半圆套

图 2-16 所示为半圆套定位装置，下面的半圆套是定位元件，上面的半圆套起夹紧作用。这种定位方式主要用于大型轴类零件及不便于轴向装夹的零件。定位基面的精度不低于IT8，半圆的最小内径取工件定位基面的最大直径。

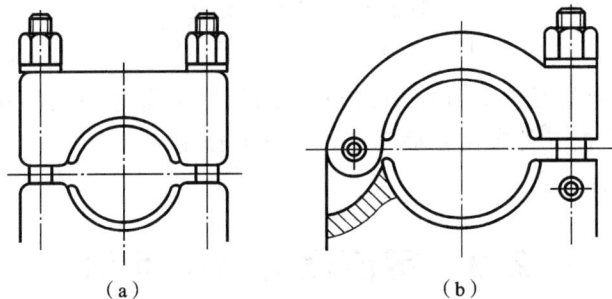

（a）　　　　　　　　　（b）

图 2-16　半圆套定位装置

4.圆锥套

图 2-17 为通用的反顶尖。工件以圆柱面的端部在圆锥套 3 的锥孔中定位,锥孔中有齿纹,以便带动工件旋转。

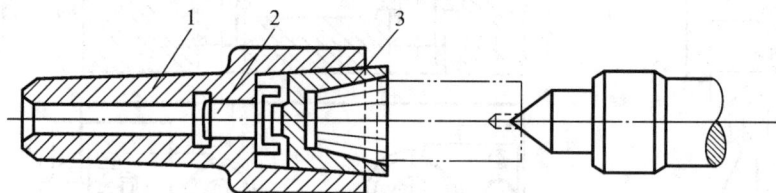

图 2-17　工件在圆锥套中定位

1—顶尖体;2—螺钉;3—圆锥套

四、工件以一面双孔定位

在加工箱体、支架类零件时,常用工件的一面两孔作为定位基准,以使基准统一。此时,常采用一面双销的定位方式。这种定位方式简单、可靠、夹紧方便。有时工件上没有合适的小孔时,常把紧固螺钉孔底孔的精度提高或专门做出两个工艺孔来,以备一面两孔定位之用。

一面双销组合定位如图 2-18 所示,为了避免两销定位时因与工件的两孔产生过定位干涉而影响工件的正常装卸,在实际应用中,应将其中一个定位销设计成削边销或菱形销。

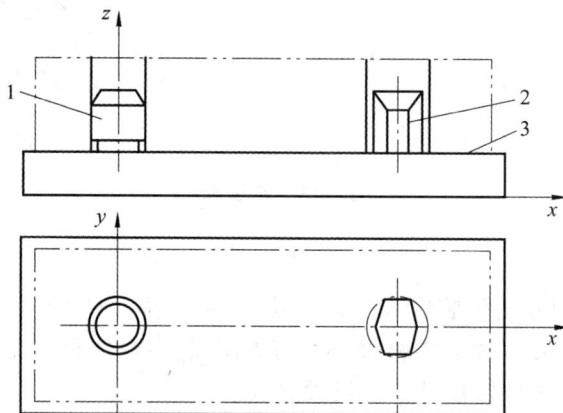

图 2-18　一面双销定位

1—圆柱销;2—削边销;3—定位平面

各种定位情况下定位元件的具体结构和尺寸设计,可参考相关的夹具设计手册。定位元件尺寸确定后,需根据工件定位基面与定位元件的作用情况进行定位误差的分析计算,以确定工件定位的合理性。

◀ 2.3　定位误差分析计算 ▶

工件在夹具中的位置是以定位基面与定位元件相接触(配合)来确定的。一批工件在夹具中定位时,由于工件和定位元件存在制造公差,因此各个工件所占据的位置不完全一致,加工后形成加工尺寸也不一致,故存在加工误差。这种因工件定位而产生的加工误差称为定位误差,用 Δ_D 来表示。定位误差是对工件定位质量的定量分析,在数值上,定位误差等于工序基准在工序尺寸方向上的最大变动量。

工件加工时,由于受多种误差因素的影响,在分析定位方案时,根据工厂的实际经验,一般应将定位误差控制在工序尺寸公差的1/3以内。

一、定位误差产生的原因

造成定位误差的原因有两个:一是定位基准与工序基准不重合,由此产生基准不重合误差;二是当工件的定位基面与夹具定位元件的工作面相互作用(如接触或构成配合)形成定位关系时,由于一批工件的定位面尺寸在公差范围内存在变动,因此每个工件在夹具中的位置会发生变化,进而带动工序基准的位置相应变动,由此产生基准位移误差。

计算定位误差首先要明确工序基准和定位基准,然后分析它们相互作用时所造成的基准不重合误差 Δ_B 和基准位移误差 Δ_Y,最后综合求出工序基准在工序尺寸方向上的最大变动量,即为工件定位时的定位误差 Δ_D。

1. 基准不重合误差 Δ_B

由于定位基准和工序基准(通常为设计基准)不重合而造成的加工误差,称为基准不重合误差,用 Δ_B 表示。

如图 2-19 所示铣缺口的工序简图,加工尺寸是 A 和 B。工件以底面和 E 面定位,C 是确定夹具与刀具相对位置的对刀尺寸,在一批工件的加工过程中,C 的大小是不变的。

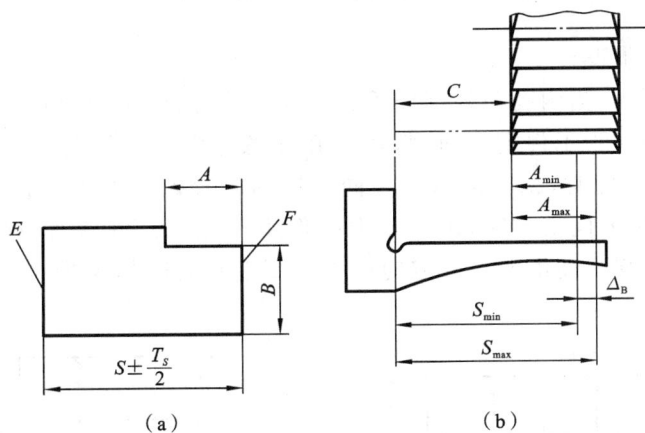

图 2-19 基准不重合误差

对于尺寸 A 而言,工序基准是 F 面,定位基准是 E 面,两者不重合。当一批工件逐一在夹具上定位时,受到尺寸 S 的影响,工序基准 F 面的位置是变动的,而 F 面的变动影响了 A 的大小,给尺寸 A 造成误差,这就是基准不重合误差。

显然,基准不重合误差的大小等于因定位基准与工序基准不重合而造成的加工尺寸的变动范围。即

$$\Delta_B = A_{max} - A_{min} = S_{max} - S_{min} = T_S$$

即:$\Delta_B = T_S$,可见基准不重合误差的大小等于定位基准到工序基准之间尺寸的公差。

2. 基准位移误差 $\triangle_Y$

基准位移误差 $\triangle_Y$ 来源于工件定位时定位基面和定位元件的作用。工件定位时定位基面与夹具定位元件的工作面相互作用形成定位关系,一批工件的各件因定位面尺寸在公差范围内变动而造成工件在夹具中位置的变动,基准位移误差 $\triangle_Y$ 在数值上等于该位置变动带动的工序基准的变动量。

工件在夹具中定位时,位置的变动常有以下几种情况:

1) 平面定位基准或平面定位元件

如图 2-20(a)所示,定位元件为平面,工件以下底面为定位基准放在平面上,对于一批工件来说,总是可以保证下底面放在不动的定位平面上,故基准位移误差 $\triangle_Y=0$;如图 2-20(b)所示,工件的定位基准为圆柱面的一条母线,定位元件为平面,对于一批工件来说,作为定位基准的母线总是可以被放在同一平面上,同样,基准位移误差 $\triangle_Y=0$。

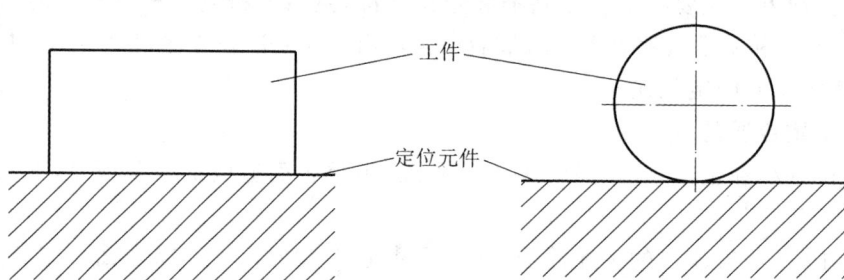

图 2-20 平面定位元件的位移误差

2) 内孔与外圆的配合

如图 2-21(a)所示,当内孔与外圆按垂直方向安放时,由于配合间隙的存在,内孔相对于外圆(定位元件相对于工件定位面)将可以在任意方向产生位置变动,其变动量的大小为最大配合间隙 δ_{max},此时,$\triangle_Y=\delta_{max}$,其方向可以沿直径的任意方向;如图 2-21(b)所示,当内孔与外圆按水平方向安放时,由于重力的作用,一般认为内孔相对于外圆(定位元件相对于工件定位面)将只能沿向下的方向产生位置变动,此时,基准位移误差 $\triangle_Y=\delta_{max}/2$,且方向总是向下。

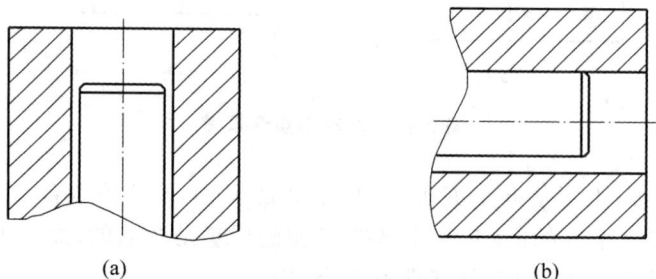

(a)   (b)

图 2-21 圆柱面定位时的位移误差

3) 外圆与 V 形块的 V 形面

图 2-22 所示为工件以外圆柱面在 V 形块中定位,由于工件定位面外圆直径有公差,因而对一批工件来说,当外圆直径由最大 D 变到最小 $D-\delta_D$ 时,工件整体将沿着 V 形块的对

称中心平面向下产生位移,而在左右方向不发生偏移,即工件中心由 O_2 移动到 O_1 点,其位移量 O_2O_1 即 Δ_Y 可以由图中几何关系推出:

$$O_1O_2 = \frac{AO_2}{\sin\frac{\alpha}{2}}$$

因为

$$AO_2 = B_2O_2 - B_1O_1 = \frac{D}{2} - \frac{D-\delta_D}{2} = \frac{\delta_D}{2}$$

所以

$$\Delta_Y = O_1O_2 = \frac{\frac{\delta_D}{2}}{\sin\frac{\alpha}{2}} = \frac{\delta_D}{2\sin\frac{\alpha}{2}}$$

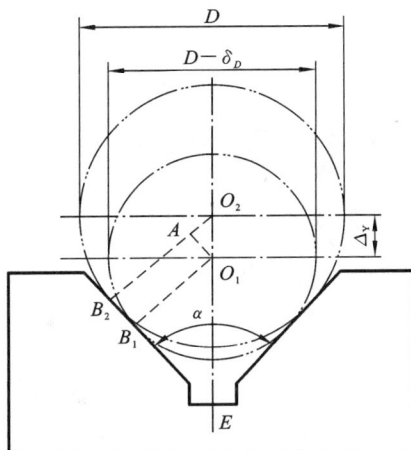

图 2-22　V 形块的 V 形面的位移误差

且当工件外圆直径从最大变化到最小时,位移误差 Δ_Y 的方向向下。

二、定位误差 Δ_D 的计算

定位误差的计算常用合成法。合成法是根据定位误差造成的原因,定位误差应由基准不重合误差与基准位移误差组合而成。计算时,先分别算出 Δ_Y 和 Δ_B,然后将两者组合而成 Δ_D。

(1) 当 $\Delta_Y \neq 0$,$\Delta_B = 0$ 时,$\Delta_D = \Delta_Y$。

(2) 当 $\Delta_Y = 0$,$\Delta_B \neq 0$ 时,$\Delta_D = \Delta_B$。

(3) 当 $\Delta_Y \neq 0$,$\Delta_B \neq 0$ 时,若工序基准不在定位基面上,则 $\Delta_D = \Delta_Y + \Delta_B$;若工序基准在定位基面上,则 $\Delta_D = \Delta_Y \pm \Delta_B$。在定位基面尺寸变动方向一定(由大变小,或由小变大)的条件下,Δ_Y 与 Δ_B 的变动方向相同时,取"+"号;变动方向相反时,取"-"号,并保证计算的结果为正。

三、定位误差计算示例

例 2-1 在图 2-19 中,设 $S = 40$ mm,$T_S = 0.15$ mm,$A = 18 \pm 0.1$ mm,求加工尺寸 A 的定位误差,并分析定位质量。

解 工序基准和定位基准不重合,有基准不重合误差,其大小等于定位尺寸 S 的公差 T_S,即 $\Delta_B = T_S = 0.15$ mm;以 E 面定位加工 A 面时,不会产生基准位移误差,即 $\Delta_Y = 0$。所以有

$$\Delta_D = \Delta_B = 0.15 \text{ mm}$$

加工尺寸 A 的尺寸公差为 $T_A = 0.2$ mm,此时 $\Delta_D = 0.15$ mm $> \frac{1}{3} \times T_A = \frac{1}{3} \times 0.2$ mm $= 0.0667$ mm。由分析可知,定位误差太大,实际加工中容易出现废品,应改变定位方式,采用基准重合的原则来设计定位方案。

例 2-2 在图 2-23 中,工件以外圆柱面在 V 形块上定位铣上平面,设工序基准的选择有三种可能(见图 2-23),试分别对这三种可能的情况计算其定位误差。

解 工件以外圆柱面在 V 形块上定位时,是以外圆柱面的两条母线与 V 形块 V 形面接

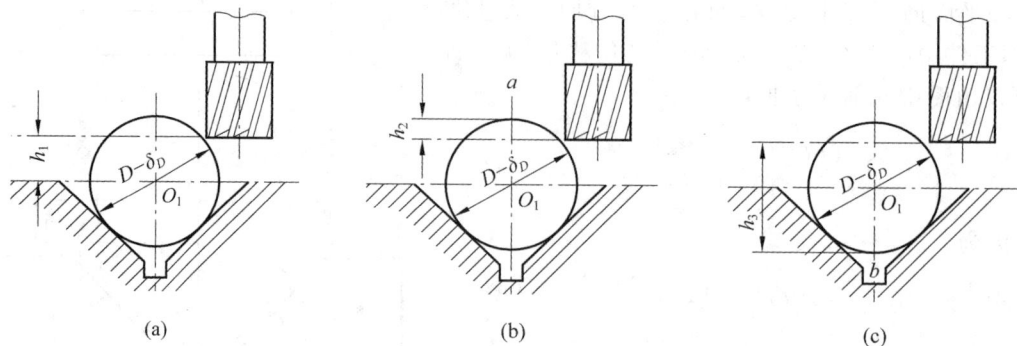

图 2-23　工件以外圆定位的定位误差

触来实现的,外圆柱面为定位基面,其定位的基准为外圆的中心线。

(1) 对图 2-23(a),当选取工序基准为中心线,工序尺寸标注为 h_1 时:

定位基准为中心线,工序基准也为中心线,即定位基准与工序基准重合,其基准不重合误差 $\Delta_B=0$,其定位误差

$$\Delta_D = 0 + \Delta_Y = \frac{\delta_D}{2\sin\dfrac{\alpha}{2}}$$

(2) 对图 2-23(b),当选取工序基准为上母线,工序尺寸标注为 h_2 时:

定位基准为中心线,工序基准为上母线 a,定位基准与工序基准不重合,当一批工件的外圆尺寸从最大 D 变到最小 $D-\delta_D$ 时,由于基准不重合,工序基准将向下变动 $\delta_D/2$,即基准不重合误差 $\Delta_B=\delta_D/2$,方向向下。

同时,当一批工件的外圆尺寸从最大 D 变到最小 $D-\delta_D$ 时,由于基准的位移误差 Δ_Y 也向下,带动工序基准进一步向下移动,此时的定位误差(或工序基准总的位移量):

$$\Delta_D = \Delta_B + \Delta_Y = \frac{\delta_D}{2} + \frac{\delta_D}{2\sin\dfrac{\alpha}{2}}$$

(3) 对图 2-23(c),即当选取工序基准为下母线,工序尺寸标注为 h_3 时:

定位基准为中心线,工序基准为下母线 b,定位基准与工序基准不重合,当一批工件的外圆尺寸从最大 D 变到最小 $D-\delta_D$ 时,由于基准不重合,工序基准将向上变动 $\delta_D/2$,即基准不重合误差 $\Delta_B=\delta_D/2$,方向向上。

同时,当一批工件的外圆尺寸从最大 D 变到最小 $D-\delta_D$ 时,由于基准的位移误差 Δ_Y 向下,带动工序基准向下移动,故此时的定位误差(或工序基准总的位移量):

$$\Delta_D = \Delta_Y - \Delta_B = \frac{\delta_D}{2\sin\dfrac{\alpha}{2}} - \frac{\delta_D}{2}$$

在计算定位误差时,有时会遇到造成工序基准位置变动的基准不重合误差 Δ_B 或基准位移误差 Δ_Y 与工序尺寸方向成一定夹角的情况,此时应将基准不重合误差 Δ_B 或基准位移误差 Δ_Y 在工序尺寸方向上进行分解,只考虑对工序尺寸有影响的那一部分,由于分量中与工序尺寸方向相垂直的部分对工序尺寸没有影响,故计算定位误差时对此部分不予考虑。

◀ 2.4　夹紧装置 ▶

一、夹紧装置的组成和基本要求

1. 夹紧装置的组成

夹紧装置是将工件压紧夹牢的装置,夹紧装置的种类很多,但其结构均由两部分组成。

1) 动力装置——产生夹紧力

机械加工过程中,要保证工件不离开定位时占据的正确位置,就必须有足够的夹紧力来平衡切削力、惯性力、离心力及重力对工件的影响。夹紧力的来源,一是人力;二是某种动力装置。常用的动力装置有:液压装置、气压装置、电磁装置、电动装置、气-液联动装置和真空装置等。

2) 夹紧机构——传递夹紧力

要使动力装置所产生的力或人力正确地作用到工件上,需有适当的传递机构。在工件夹紧过程中起力的传递作用的机构,称为夹紧机构。

夹紧机构在传递力的过程中,能根据需要改变力的大小、方向和作用点。手动夹具的夹紧机构还应具有良好的自锁性能,以保证人力的作用停止后,仍能可靠地夹紧工件。

图 2-24 所示是液压夹紧铣床夹具。其中,液压缸 4、活塞 5、活塞杆 3 等组成了液压动力装置,铰链臂 2 和压板 1 等组成了铰链压板夹紧机构。

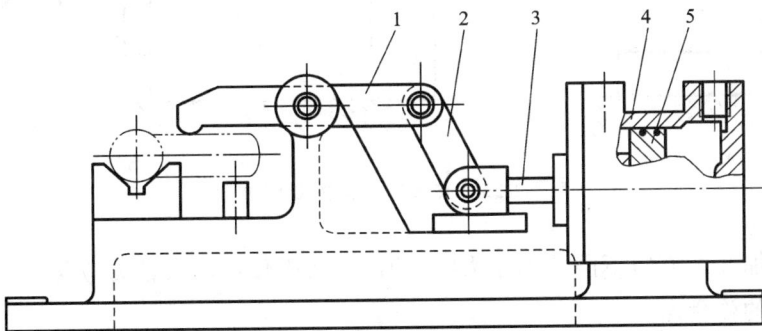

图 2-24　液压夹紧铣床夹具

1—压板;2—铰链臂;3—活塞杆;4—液压缸;5—活塞

2. 对夹紧装置的基本要求

(1) 夹紧过程中,不改变工件定位后所占据的正确位置。

(2) 夹紧力的大小适当,一批工件的夹紧力要稳定不变。既要保证工件在整个加工过程中的位置稳定不变,振动小,又要使工件不产生过大的夹紧变形。

(3) 夹紧装置的复杂程度应与工件的生产纲领相适应。工件生产批量愈大,允许设计愈复杂、效率愈高的夹紧装置。

(4) 工艺性和使用性好。其结构应力求简单,便于制造和维修。夹紧装置的操作应当方便、安全、省力。

二、夹紧力方向和作用点的选择

确定夹紧力的方向和作用点时，要分析工件的结构特点、加工要求、切削力和其他外力作用工件的情况，以及定位元件的结构和布置方式。

1. 夹紧力的方向

夹紧力的方向应有助于定位稳定，且夹紧力应朝向主要限位面。对工件只施加一个夹紧力，或施加几个方向相同的夹紧力时，夹紧力的方向应尽可能朝向主要限位面。

如图 2-25(a)所示，工件被镗的孔与左端面有一定的垂直度要求，因此，工件以孔的左端面与定位元件的 A 面接触，限制三个自由度；以底面与 B 面接触，限制两个自由度；夹紧力朝向主要限位面 A。这样做，有利于保证孔与左端面的垂直度要求。如果夹紧力改朝 B 面，则由于工件左端面与底面存在夹角误差，夹紧时工件的定位将被破坏，影响孔与左端面的垂直度要求。

再如图 2-25(b)所示，夹紧力朝向主要限位面——V 形块的 V 形面，使工件的装夹稳定可靠。如果夹紧力改朝 B 面，则由于工件圆柱面与端面存在垂直度误差，夹紧时，工件的圆柱面可能离开 V 形块的 V 形面。这不仅破坏了定位，影响加工要求，而且加工时工件容易振动。

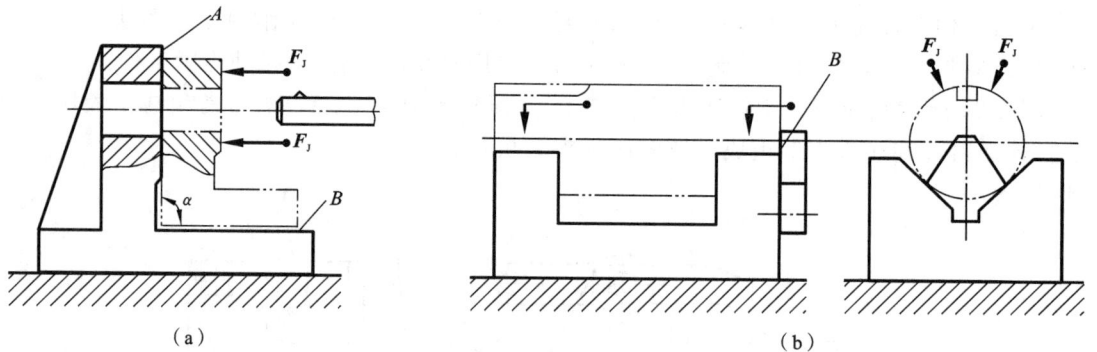

（a）   （b）

图 2-25　夹紧力朝向主要限位面

对工件施加几个方向不同的夹紧力时，朝向主要限位面的夹紧力应是主要夹紧力。

2. 夹紧力的作用点

夹紧力方向确定以后应根据下列原则确定作用点的位置：

1）夹紧力的作用点应落在定位元件的支承范围内

如图 2-26 所示，夹紧力的作用点落到了定位元件的支承范围之外，夹紧时将破坏工件的定位，因而是错误的。

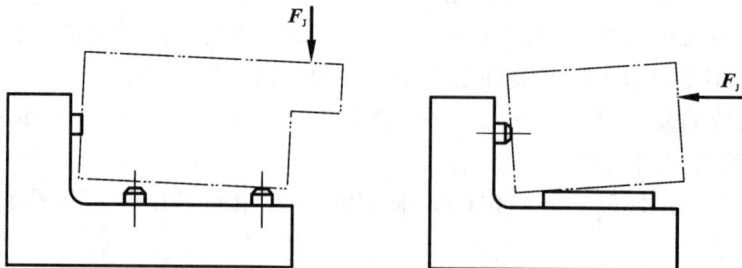

图 2-26　夹紧力作用点的位置不正确

2）夹紧力的作用点应落在工件刚性较好的方向和部位

这一原则对刚性差的工件特别重要。如图 2-27(a)所示，薄壁套的轴向刚性比径向好，用卡爪径向夹紧，工件变形大，若沿轴向施加夹紧力，变形就会小得多。夹紧如图 2-27(b)所示薄壁箱体时，夹紧力不应作用在箱体的顶面，而应作用在刚性好的凸边上。箱体没有凸边时，可如图 2-27(c)那样，将单点夹紧改为三点夹紧，使着力点落在刚性较好的箱壁上，以降低着力点的压强，减小工件的夹紧变形。

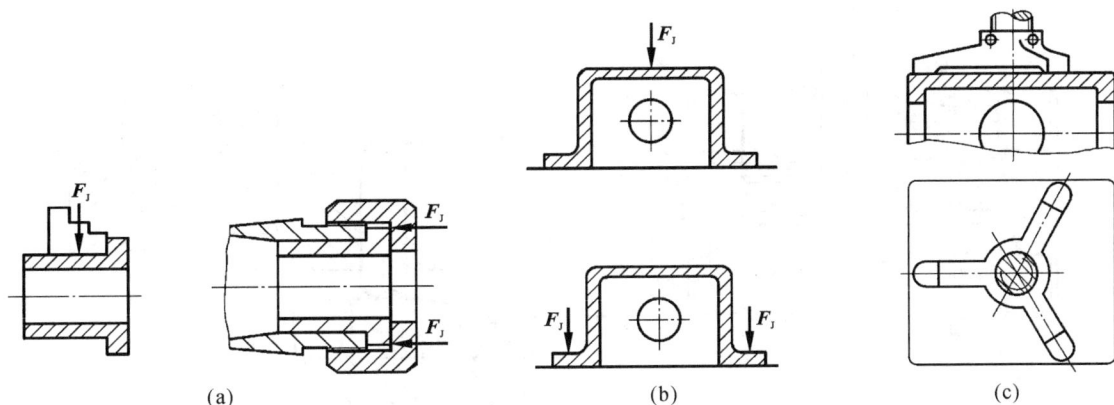

图 2-27 夹紧力作用点与夹紧变形的关系

3）夹紧力作用点应靠近工件的加工表面

如图 2-28 所示，在拨叉上铣槽。由于主要夹紧力的作用点距加工表面较远，故在靠近加工表面的地方设置了辅助支承，增加了辅助夹紧力 F_1'。这样，不仅提高了工件的装夹刚性，还可减少加工时工件的振动。

3. 夹紧力的大小

加工过程中，工件受到切削力、离心力、惯性力及重力的作用。理论上，夹紧力的作用应与上述力（矩）的作用平衡；而实际上，夹紧力的大小还与工艺系统的刚性、夹紧机构的传递效率等有关，而且，切削力的大小在加工过程中是变化的，因此，夹紧力的计算是个很复杂的问题，只能进行粗略的估算。实际应用时，并非所有的情况下都需计算夹紧力，手动夹紧机构一般根据经验或类比来确定夹紧力。

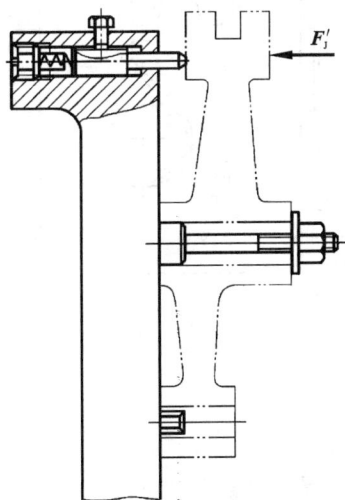

图 2-28 夹紧力作用点靠近加工表面

三、典型夹紧机构

1. 基本夹紧机构

夹紧机构的种类虽然很多，但其结构大都以斜楔夹紧机构、螺旋夹紧机构和偏心夹紧机构为基础，这三种夹紧机构合称为基本夹紧机构。

1）斜楔夹紧机构

图 2-29 所示为几种用斜楔夹紧机构夹紧工件的实例。图 2-29(a)所示是在工件上钻互

相垂直的 $\phi8$ mm、$\phi5$ mm 两组孔的示意图。工件装入后，锤击斜楔大头，夹紧工件；加工完毕后，锤击斜楔小头，松开工件。由于用斜楔直接夹紧工件时夹紧力较小，且操作费时，因此实际生产中应用不多，多数情况下是将斜楔与其他机构联合起来使用。图 2-29(b) 所示是由斜楔与滑柱合成一种夹紧机构，一般用气压或液压驱动。图 2-29(c) 所示是由端面斜楔与压板组合而成的夹紧机构。

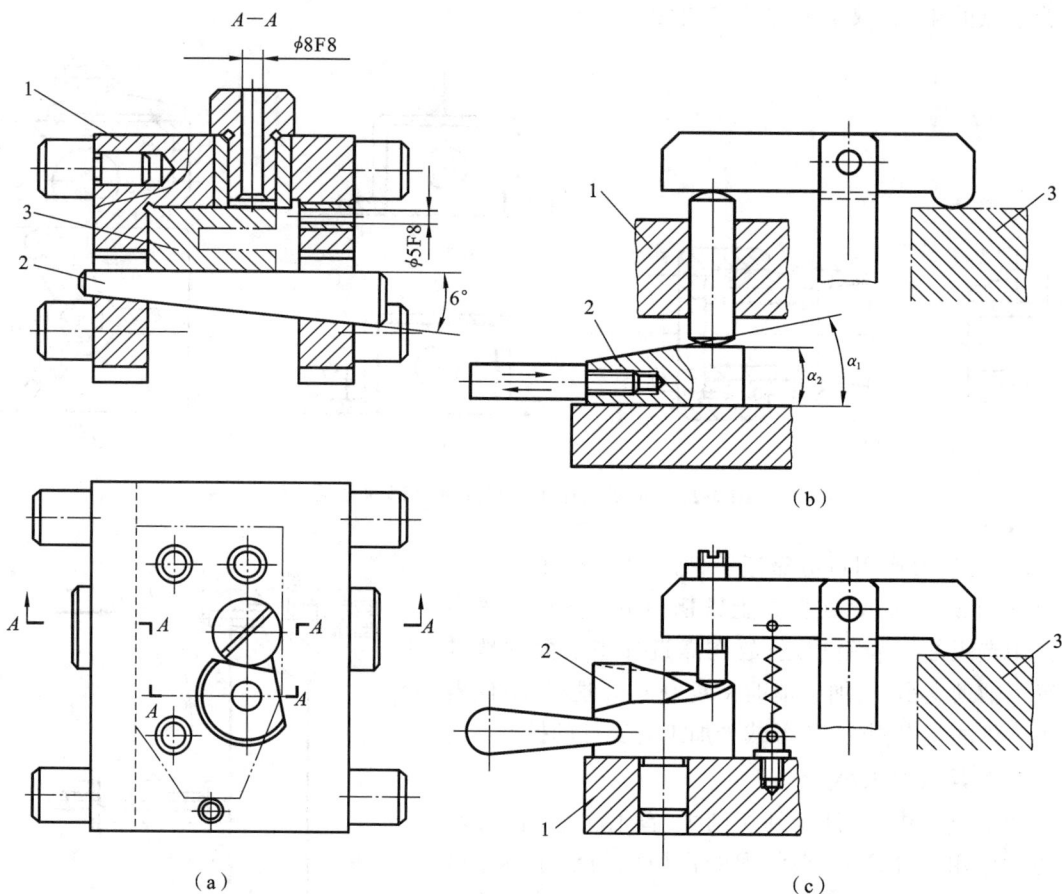

图 2-29 斜楔夹紧机构

1—夹具体；2—斜楔；3—工件

2）螺旋夹紧机构

由螺钉、螺母、垫圈、压板等元件组成的夹紧机构，称为螺旋夹紧机构。图 2-30 所示是应用这种机构夹紧工件的实例。

螺旋夹紧机构不仅结构简单、容易制造，而且因缠绕在螺钉表面的螺旋线很长，升角又小，所以螺旋夹紧机构的自锁性能好，夹紧力和夹紧行程都较大，是手动夹紧中用得最多的一种夹紧机构。

夹紧动作慢、工件装卸费时，是螺旋夹紧机构的一个缺点。如图 2-30(b) 所示，装卸工件时，要将螺母拧上拧下，费时费力。克服这一缺点的办法很多，图 2-31 是常见的几种快速螺旋夹紧机构，图 2-31(a) 使用的是开口垫圈；图 2-31(b) 采用了快卸螺母。

实现快速作用和撤离的螺旋夹紧机构有很多，可查阅相关的夹具设计手册或夹紧装置（机构）图册。

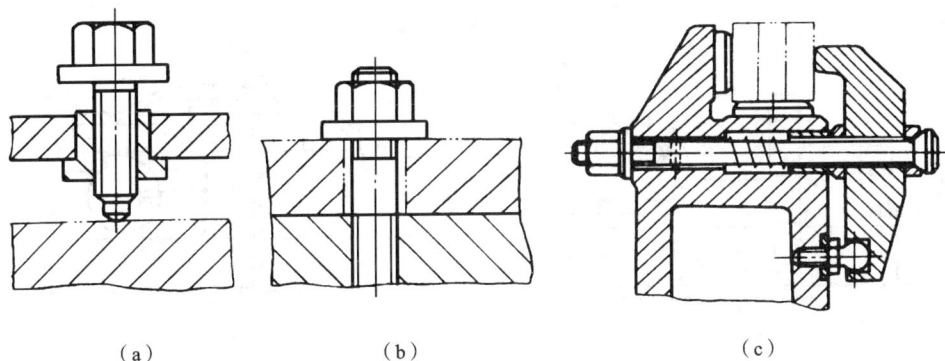

（a）　　　　　　　　（b）　　　　　　　　（c）

图 2-30　螺旋夹紧机构

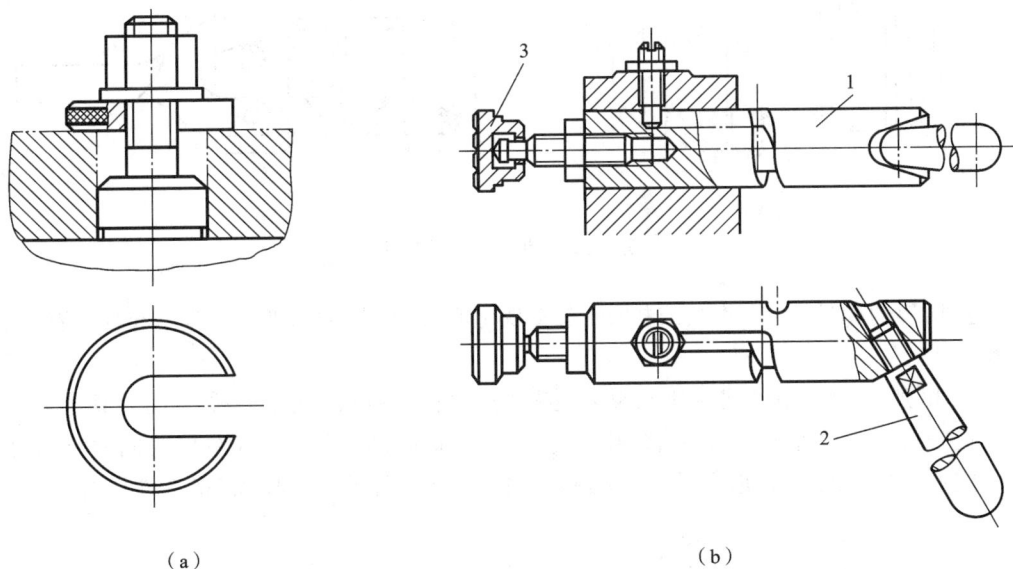

（a）　　　　　　　　　　　　　　（b）

图 2-31　快速螺旋夹紧机构

1—夹紧轴；2—手柄；3—摆动压块

3）偏心夹紧机构

用偏心件直接或间接夹紧工件的机构，称为偏心夹紧机构。偏心件有圆偏心和曲线偏心两种类型，其中，圆偏心机构因结构简单、制造容易而得到广泛的应用。图 2-32 是几种常见偏心夹紧机构的应用实例。图 2-32（a）（b）用的是圆偏心轮，图 2-32（c）用的是偏心轴，图 2-32（d）用的是偏心叉。

偏心夹紧机构操作方便、夹紧迅速，缺点是夹紧力和夹紧行程都较小，一般用于切削力不大、振动小、没有离心力影响的加工中。

2. 定心夹紧机构

定心夹紧机构具有定心（对中）和夹紧两种功能，如卧式车床的三爪自定心卡盘即为最常用的定心夹紧机构的典型实例。

定心夹紧机构按其定心作用原理有两种类型，一种是依靠传动机构使定心夹紧元件等速移动，从而实现定心夹紧，如螺旋式、杠杆式、楔式机构等；另一种是利用薄壁弹性元件受

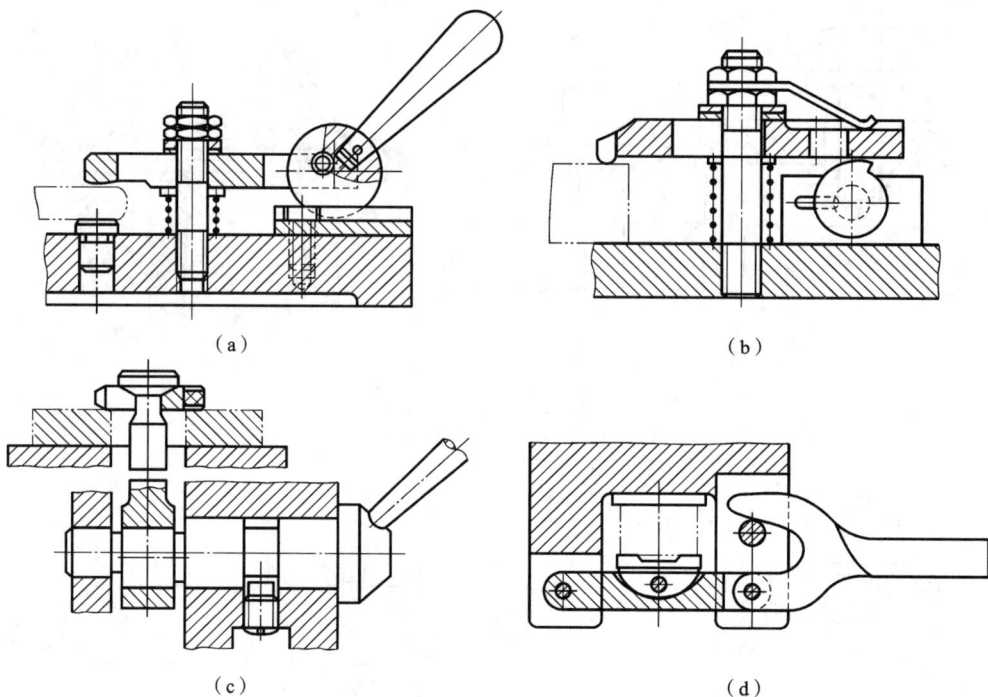

（a）　　　　　　　　　　　　　　（b）

（c）　　　　　　　　　　　　　　（d）

图 2-32　圆偏心夹紧机构

力后产生均匀的弹性变形(收缩或扩张)来实现定心夹紧,如弹簧筒夹、膜片卡盘、波纹套、液性塑料等。

图 2-33 所示为机动楔式夹爪自动定心机构。当工件以内孔及左端面在夹具上定位后,气缸通过拉杆 4 使六个夹爪 1 左移,由于本体 2 上斜面的作用,夹爪左移的同时向外胀开,将工件定心夹紧;反之,夹爪右移时,在弹簧卡圈 3 的作用下夹爪收拢,将工件松开。

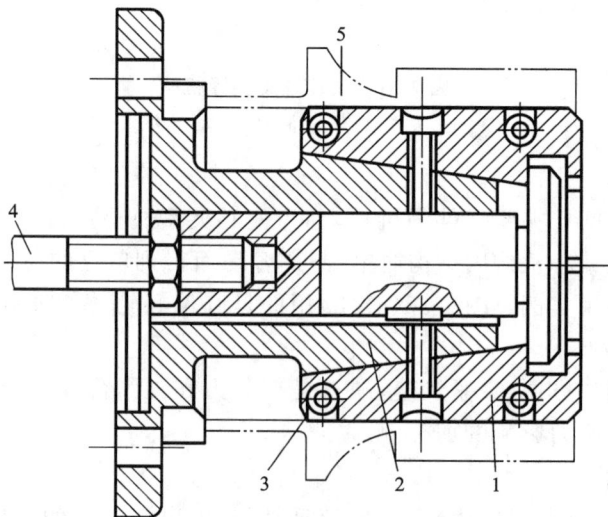

图 2-33　机动楔式夹爪自动定心机构

1—夹爪;2—本体;3—弹簧卡圈;4—拉杆;5—工件

这种定心夹紧机构的结构紧凑,定心精度较高,比较适用于工件以内孔作定位基面的半精加工工序。

图 2-34(a)为用于装夹以外圆柱面为定位基面的工件的弹簧夹头。旋转螺母 4 时,其端面推动弹性筒夹 2 左移,此时锥套 3 内圆锥面迫使弹性筒夹 2 上的簧瓣向心收缩,从而将工件定心夹紧。图 2-34(b)是用于装夹以内孔为定位基面的工件的弹簧心轴。弹性筒夹 2 的两端各有簧瓣。旋转螺母 4 时,其端面推动锥套 3,同时推动弹性筒夹 2 左移,锥套 3 和夹具体 1 的外圆锥面同时迫使弹性筒夹 2 的两端簧瓣向外均匀扩张,从而将工件定心夹紧。反向转动螺母,带动锥套,便可卸下工件。

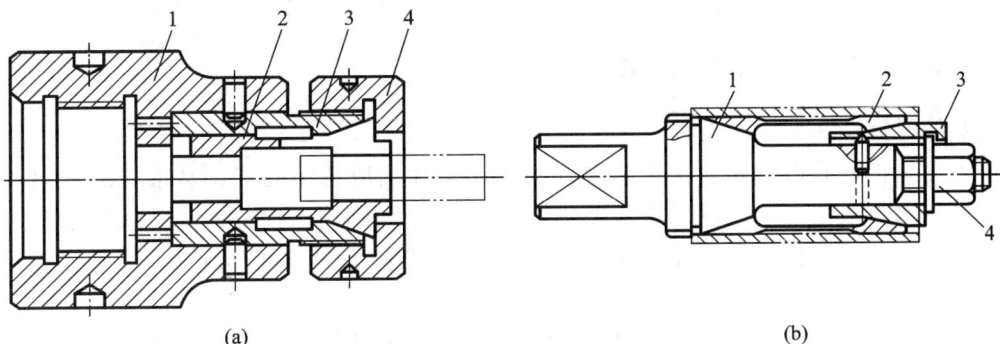

图 2-34　弹簧夹头和弹簧心轴
1—夹具体;2—弹性筒夹;3—锥套;4—螺母

弹簧式定心夹紧机构具有结构简单、体积小、操作方便迅速的优点,因而应用十分广泛。其定心精度高、稳定,故一般适用于精加工或半精加工场合。

3.联动夹紧机构

在工件夹紧要求中,有时需要对工件的几个点同时夹紧,有时需要同时夹紧几个工件。

这种一次操作就能同时多点夹紧一个工件或同时夹紧几个工件的机构,称为联动夹紧机构。联动夹紧机构可以简化操作,简化夹具结构,节省装夹时间,因此,常用于机床夹具中。

图 2-35 所示属于单件两点联动夹紧机构。图 2-36 所示为单件三点联动夹紧机构,拉杆 3 带动浮动盘 2,使三个钩形压板 1 同时夹紧工件。由于该机构采用了能够自动回转的钩形压板,因此装卸工件很方便。

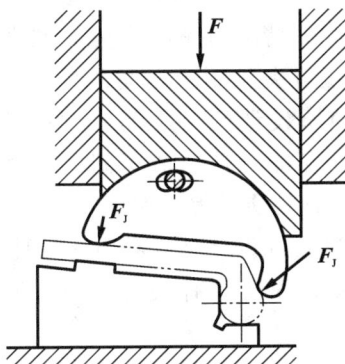

图 2-35　单件两点联动夹紧

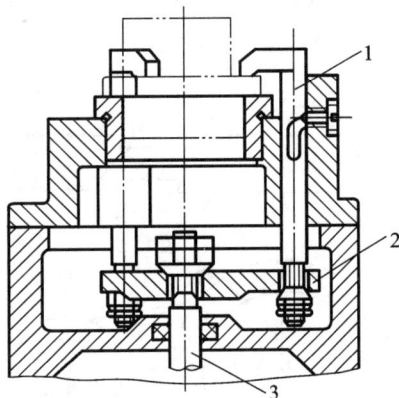

图 2-36　单件三点联动夹紧
1—钩形压板;2—浮动盘;3—拉杆

夹具的典型夹紧机构变化多样,形式很多,夹具设计时可参考相关的夹具设计手册选择应用。

◀ 2.5 机床夹具设计过程 ▶

机床夹具设计是否合理正确,将直接影响零件的加工质量、生产效率和加工成本。掌握夹具设计的方法和步骤,运用夹具设计的基本原理,合理确定夹具的整体结构方案,正确拟定夹具总图的尺寸和技术要求,并对夹具进行必要的精度校核等是夹具设计过程中应该注意处理好的内容。下面以铣床夹具为例,说明一般专用夹具的设计方法和步骤。

一、拟定夹具的结构方案

1.明确设计要求和生产条件

机床夹具设计是以机械加工工艺规程的工序卡片上所选定的定位基准、夹紧部位和工序加工要求作为依据的。这些要求和生产批量等一起以设计任务书的形式下达给夹具设计人员。夹具设计人员接到设计任务后,必须做好下列准备工作,然后再按要求拟定夹具的结构方案。

（1）了解工件情况、工序加工要求和加工状态。根据使用该夹具的工序图（同时可参阅零件图和毛坯图）,了解工件的结构特点和材料,以便按照工件的结构、刚度和材料特性来采取减小变形、便于排屑等有效措施。根据工序卡片,了解本工序的加工内容和加工要求、使用夹具要达到的目的和先行工序所提供的条件,即工件的加工状态和定位基准等情况,以便采用合适的定位、夹紧、引导等措施。

（2）了解所用机床、刀具等情况。对于夹具的结构设计,需要知道所用机床的规格型号、技术参数、运动情况和安装夹具部件的结构尺寸,也要了解所用刀具的主要结构尺寸、制造精度和技术条件等。这些对于确定夹具与机床的连接方式、设计刀具的引导方案和估算夹具精度都是有用的。

（3）了解生产批量和对夹具的需用情况。根据生产批量的大小和使用夹具的特殊要求,决定夹具结构完善的程度。若批量大,则应使夹具结构完善且自动化程度高,尽可能地缩短辅助时间以提高生产率。若批量小或工期紧张,则力求结构简单,以便迅速制成交付使用。对夹具使用的特殊要求应该针对工序特点和车间生产情况,有的放矢地采取措施。

（4）了解夹具制造车间的生产条件和技术现状,使所设计的夹具能够方便地制造出来,并充分发挥夹具制造车间的技术专长和经验,使夹具的质量得以保证。

（5）准备好设计夹具需用的各种标准、规范、典型夹具图册和有关夹具设计的参考资料等。

下面以中批生产连杆为例,说明夹具设计的具体方法和步骤。图 2-37 所示为连杆的铣槽工序简图。工序要求铣工件两端面处的八个槽,槽宽为 $10^{+0.2}_{0}$ mm,槽深为 $3.2^{+0.4}_{0}$

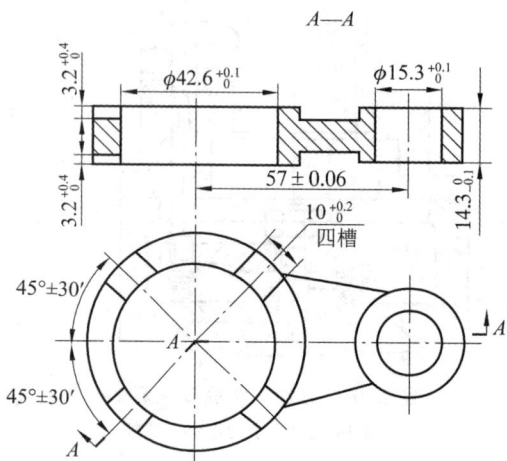

图 2-37 铣连杆槽工序简图

mm,表面粗糙度 Ra 为 $12.5\ \mu m$。槽的中心与两孔连线呈 $45°$,偏差不大于 $\pm30'$。

先行工序已加工好的表面可作为本工序用的定位基准,那就是厚度为 $14.3_{-0.1}^{\ 0}$ mm 的两个端面和直径分别为 $\phi42.6_{\ 0}^{+0.1}$ mm 和 $\phi15.3_{\ 0}^{+0.1}$ mm 的两个孔,两基准孔的中心距为 57 ± 0.06 mm,加工时用三面刃盘铣刀在 X62W 卧式铣床上进行。所以槽宽由刀具尺寸直接保证,槽深和角度位置要由夹具来保证。

工序作业要求规定了该工件将在夹具中通过四次安装加工完成八个槽形,每次安装都以两个孔和一个端面为基准,并在大孔端面上进行夹紧。

2. 拟定夹具的结构方案

夹具的结构方案包括以下几方面:

(1) 工件的定位方案:选择定位方法和定位元件。

根据铣连杆槽的工序尺寸、形状和位置精度要求,工件定位时需限制六个自由度。工件的定位基准和夹紧位置虽然在工序图上已经规定,但在拟定定位、夹紧方案时,仍然应对其进行分析研究,考查定位基准的选择是否能满足工件位置精度的要求,夹具的结构能否实现。

在铣连杆槽的例子中,工件在槽深方向的工序基准是槽所在的端面,若以此端面为平面定位基准,可以实现与工序基准相重合。但是由于要在此面上开槽,那么夹具的定位面就势必要设计成朝下的,这就会给工件的定位夹紧带来麻烦,夹具结构也较复杂。如果选择与所加工槽相对的另一端面为定位基准,则会引起基准不重合误差,其大小等于工件两端面间的尺寸公差 0.1 mm。考虑到槽深的公差较大(为 0.4 mm),估计保证工序加工精度要求的问题不大,这样还可以使定位夹紧可靠,操作方便,所以应当选择工件底面为定位基准。采用平面作为定位元件。

在保证槽的角度位置精度($45°\pm30'$)方面,工序基准是两孔的连心线,以两孔作为定位基准,可以做到基准重合,而且操作方便。为了避免发生不必要的过定位现象,采用一个圆柱销和一个菱形销作定位元件。由于被加工槽的角度位置是以大孔中心为基准的,槽的中心应通过大孔的中心,并与两孔连线呈 $45°$ 角,因此应将圆柱销放在大孔,菱形销放在小孔,如图 2-38(a)所示。

工件以一面双孔为定位基准,而定位元件采用一面双销,限制了工件的六个自由度,属于完全定位状态。

(2) 工件的夹紧方案:确定夹紧方法和夹紧装置。

根据工件的定位方案,考虑夹紧力的作用点及方向,采用图 2-38(b)所示的方式较好。因它的夹紧点选在大孔端面,接近被加工部位,增加了工件刚度,切削过程中不易产生振动,工件夹紧变形也小,夹紧可靠。但对夹紧机构的高度要加以限制,以防止和铣刀杆相碰。

由于该工件较小,生产批量又不是很大,为使夹具结构简单,故采用手动的螺旋压板夹紧机构实现夹紧。

(3) 变更加工位置的方案:决定是否采用分度装置,若采用分度装置,则要选择分度装置的结构形式。

在拟定该夹具结构方案时,遇到的另一个问题就是,工件每一面的两对槽将如何进行加工,加工在夹具结构上如何实现。可以有两种方案:一种是采用分度装置,当加工完一对槽后,将工件和分度盘一起旋转 $90°$,再加工另一对槽;第二种方案是在夹具上安装两个呈 $90°$

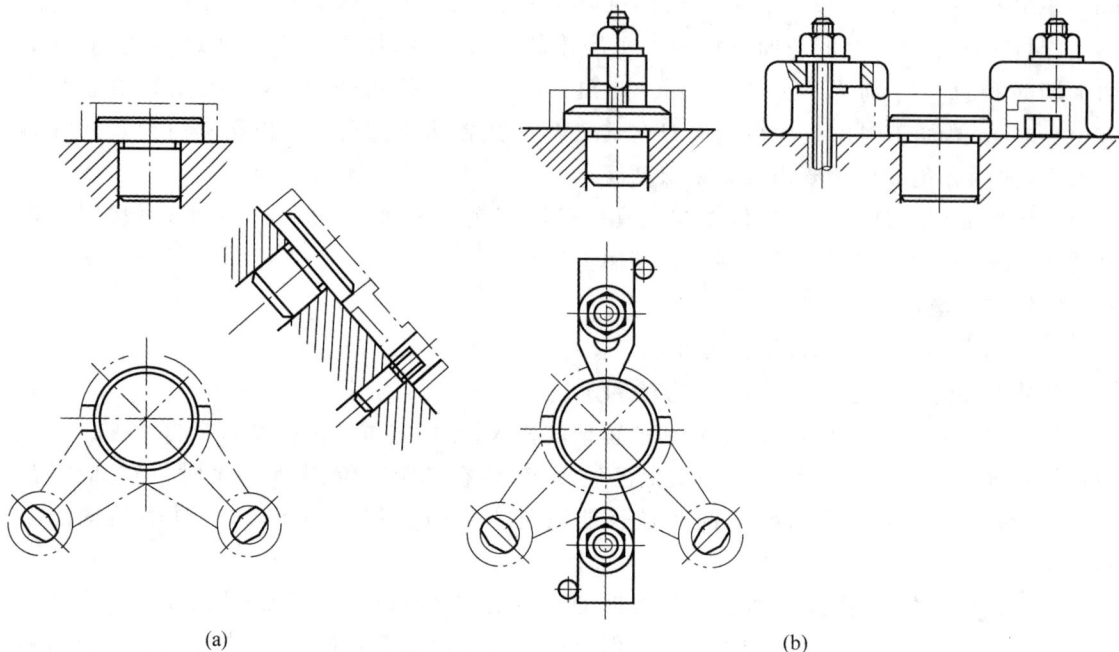

(a)   (b)

图 2-38　连杆铣槽夹具的定位和夹紧方案

分布的菱形销,如图 2-38(a)所示,加工完一对槽后,卸下工件,将工件转过 90°而套在另一个菱形销上,重新进行夹紧后再加工另一对槽。显然分度夹具的结构要复杂一些,而且分度盘与夹具体之间还需要锁紧,在操作上节省时间并不多。考虑到该产品批量不大,因而采用第二种方案是简单可行的。

此处讨论的是该零件在普通铣床上铣槽的情况,若安排在数控铣床上来铣端面槽,由于数控机床能实现插补运动,加工中并不需要变更工件的装夹位置,一次装夹即可完成一端两对槽的加工,夹具结构相对简化,可参见图 2-1 所示夹具结构。

（4）对刀具的对刀或导引方案:确定对刀装置或刀具引导件的结构形式和布局(引导方式)。

用对刀块调整刀具与夹具的相对位置的方法,适用于加工精度不超过 IT8 级的加工情况。因槽深的公差较大(0.4 mm),故采用直角对刀块,用螺钉、销钉固定在夹具体上,如图 2-39 所示。

（5）夹具在机床上的安装方式以及夹具体的结构形式。

本夹具通过定向键与机床工作台 T 形槽作用实现定向,使夹具上的定位元件工作表面对机床工作台的进给方向具有正确的相对位置,如图 2-39 所示。

在确保工件加工精度的前提下,尽可能使夹具结构简单、制造容易、使用方便和适应生产节拍的要求。将所拟定的方案画成夹具结构草图,经审查后便可正式绘制夹具总图。

3. 对结构方案进行精度分析和估算

当夹具的结构方案拟定之后,应对其所能达到的精度进行分析和估算,以论证能否保证工件被加工表面的位置精度要求,从而判定所拟方案是否合理,同时还可发现方案中的薄弱环节,以便进一步修改方案和采取某些措施。对结构方案进行精度分析和估算,要涉及定

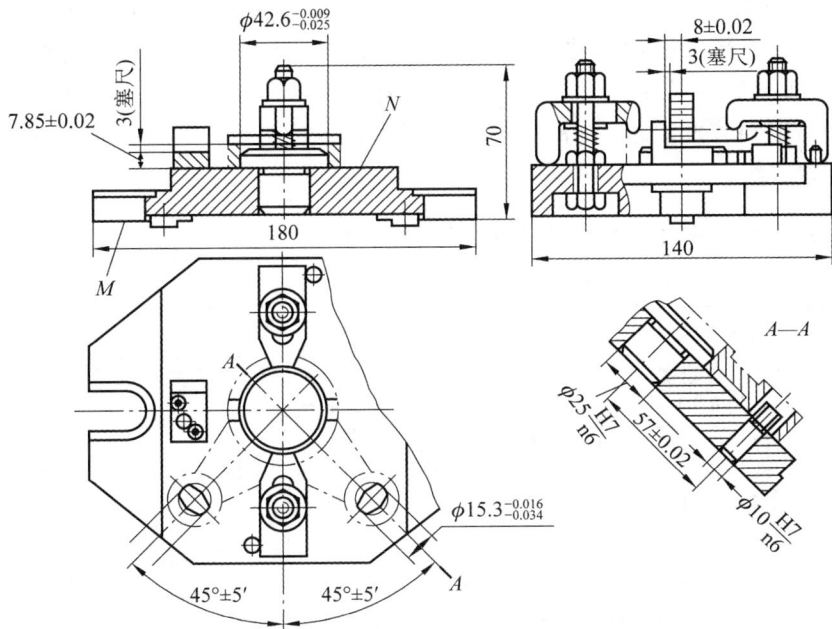

图 2-39 铣连杆槽夹具总图

位、夹紧、分度、引导、夹具制造公差及技术要求,等等。

制定夹具公差和技术要求,必须以产品图样、工艺规程和设计任务书为依据,对被加工工件的尺寸、公差和技术要求等进行全面分析、细致考虑,以便确定夹具所必须达到的经济精度,使机床夹具的制造精度满足产品质量要求。制定夹具公差和技术要求时,应遵循以下基本原则:

(1) 为保证工件的加工精度,在制定夹具的公差和技术要求时,应使夹具制造误差的总和不超过工件相应公差的 1/5~1/3,具体选取时则必须结合工件的加工精度、批量大小以及工厂的生产技术水平等因素进行细致分析和全面考虑。表 2-1 所示为各类机床夹具公差与工件相应公差的比例关系。

表 2-1 夹具公差与工件相应公差的比例关系

夹具类型	工件工序尺寸公差/mm				
	0.03~0.1	0.1~0.2	0.2~0.3	0.3~0.5	自由尺寸
车床夹具	1/4	1/4	1/5	1/5	1/5
钻床夹具	1/3	1/4	1/4	1/5	1/5
镗床夹具	1/3	1/3	1/4	1/4	1/5

(2) 为增加夹具的使用可靠性和使用寿命,必须考虑夹具使用过程中的磨损补偿,在不增加制造困难的前提下,应尽量把夹具的公差定得小一些。

(3) 为了减少加工的困难,有时允许适当放宽夹具各组成元件的制造公差,而采用调整法、修配法、装配后加工、就地加工等方法来提高夹具的制造精度。

(4)夹具中的尺寸、公差和技术要求应表示清楚,不可相互矛盾和重复;与工件尺寸公差无关的尺寸公差多属于夹具内部的结构尺寸公差,例如定位元件与夹具体的配合尺寸公差、夹紧机构上各组成零件间的配合尺寸公差等。这类尺寸公差的配合种类和公差等级主要是根据零件在夹具中的功用和装配要求,并根据国家标准来选取的。表 2-2 所示是机床夹具常用的配合种类和公差等级。

表 2-2　机床夹具常用的配合种类和公差等级

配合件的工作形式		精度要求		示例
		一般精度	较高精度	
定位元件与工件定位基面间的配合		$\dfrac{H7}{h6}$、$\dfrac{H7}{g6}$、$\dfrac{H7}{f7}$	$\dfrac{H6}{h5}$、$\dfrac{H6}{g5}$、$\dfrac{H6}{f5}$	定位销与工件定位基准孔的配合
有导向作用,并有相对运动的元件间的配合		$\dfrac{H7}{h6}$、$\dfrac{H7}{g6}$、$\dfrac{H7}{f7}$	$\dfrac{H6}{h5}$、$\dfrac{H6}{g5}$、$\dfrac{H6}{f5}$	移动定位元件、刀具与导套的配合
		$\dfrac{H7}{h6}$、$\dfrac{G7}{h6}$、$\dfrac{F8}{h6}$	$\dfrac{H6}{h5}$、$\dfrac{G6}{h5}$、$\dfrac{F7}{h5}$	
无导向作用但有相对运动元件间的配合		$\dfrac{H8}{f9}$、$\dfrac{H8}{d9}$	$\dfrac{H8}{f8}$	移动夹具底座与滑座的配合
没有相对运动元件间的配合	无紧固件	$\dfrac{H7}{n6}$、$\dfrac{H7}{r6}$、$\dfrac{H7}{s6}$		固定支承钉、定位销
	有紧固件	$\dfrac{H7}{m6}$、$\dfrac{H7}{k6}$、$\dfrac{H7}{js6}$		

注:表中配合种类和公差等级仅供参考;根据夹具的实际结构和功用要求,也可选用其他的配合种类和公差等级。

(5)夹具设计中,不论工件尺寸公差是单向分布还是双向分布,都应改为以平均尺寸作为基本尺寸和双向对称分布的公差,以此作为夹具的相应基本尺寸,然后规定夹具的制造公差。例如,工件两孔中心距尺寸为 180 mm,设计夹具时,如果将夹具的尺寸公差标注为(180±0.01)mm 就错了,因为此时夹具孔距的最小极限尺寸为 179.985 mm,显然已超出工件的公差范围。正确的标注是,先将工件尺寸及公差改为(180.03±0.03)mm,以 180.03 mm 作为夹具的基本尺寸,然后取其对称分布公差±0.03 mm 的 1/3,±0.01 mm 作为夹具的制造公差,这样才能满足工件的精度要求。

二、夹具总图设计

当夹具的结构方案确定之后,就可以正式绘制夹具总图。在绘制总图时,最好采用 1:1 的比例绘制,以体现良好的直观性。当工件过大或过小时,也可选用其他常用的制图比例绘制,总图上的主视图应尽可能选取与操作者正对的位置。为了使工件不影响夹具元件的绘制,总图上的工件要用双点划线绘出工件的形状和主要表面(定位基面、夹紧表面和被加工表面),而且要按加工位置绘制。

1. 夹具总图设计的步骤和要求

1)夹具总图设计的步骤

先用双点划线把工件在加工位置状态时的形状绘在图纸上,并将工件看作透明体。然后,依次绘制定位件、夹紧装置和夹紧件、刀具的对刀或引导件、夹具体及各个连接件等各组成部分。结构部分绘好之后,就标注必要的尺寸、配合和技术要求。绘好的铣连杆槽夹具总图如图 2-39 所示。

2）夹具总图设计中的几点要求

（1）在进行定位件、夹紧件、引导件等元件设计时，应先参照有关标准和图册，优先选用合适的标准元件或组件。尽可能多地采用各种标准件和通用件，就可以缩短夹具的设计周期和提高夹具标准化程度，从而达到大大减少制造费用和缩短制造周期的效果。在没有合适的标准元件和机构时，才设计专用件或参考标准元件做一些适当的修改。

（2）在夹具的某些机构设计中，为了操作方便和防止将工件装反，可按具体情况设置止动销、障碍销等。如图 2-39 所示的手动夹紧机构，当旋转螺母进行夹紧时，可能因摩擦力而使压板发生顺时针方向转动，以致不能可靠地夹紧工件。为此，在压板一侧设置了止动销。夹紧螺栓也必须可靠地在夹具体中紧固。对一些盖板、底座、壳体等工件，为防止定位时装错，可根据工件的特殊构造设置障碍销或其他防止误装的标志。

（3）实现某些运动功能的机构和部件，必须运动灵活，确保机构和部件能够实现预期的运动要求。

（4）夹具中各专用零部件的结构工艺性要好，应易于制造、检测、装配和调整。

（5）夹具的结构要便于维修和更换零部件。

（6）适当考虑提高夹具的通用性，某些元件或装置可设计成可调整的或可更换的结构。

2. 夹具总图上需标注的尺寸

1）夹具总图上标注的五类尺寸

（1）夹具的轮廓尺寸，即夹具的长、宽、高尺寸。对于升降式夹具要注明最高和最低尺寸；对于回转式夹具要注出回转半径或直径。这样可表明夹具的轮廓大小和运动范围，以便于检查夹具与机床、刀具的相对位置有无干涉现象以及夹具在机床上安装的可行性。

（2）定位元件上定位表面的尺寸以及各定位表面之间的尺寸。例如图 2-39 中定位销的直径尺寸和公差（$\phi 42.6_{-0.025}^{-0.009}$ mm、$\phi 15.3_{-0.034}^{-0.016}$ mm），两定位销的中心距尺寸和公差（57 ± 0.02 mm）等。

（3）定位表面到对刀件或刀具引导件间的位置尺寸，以及引导件（如钻、镗套）之间的位置尺寸（如 7.85 ± 0.02 mm、8 ± 0.02 mm）。

（4）主要配合尺寸。为了保证夹具中各主要元件装配后能够满足规定的使用要求，需要在图上将其配合尺寸和配合性质标注出来（如 $\phi 25H7/n6$、$\phi 10H7/n6$）等。

（5）夹具与机床的联系尺寸。这是指夹具在机床上安装时有关的尺寸，从而确定夹具在机床上的正确位置。对于车床类夹具，主要指夹具与机床主轴前端的连接尺寸；对于刨、铣类夹具，是指夹具上的定向键与机床工作台 T 形槽的配合尺寸。标注尺寸时，常以夹具上的定位元件作为相互位置尺寸的标注基准。

2）夹具上主要元件之间的位置尺寸公差

夹具上主要元件之间的基本尺寸应取工件相应尺寸的平均值，其公差一般取 $\pm0.02\sim\pm0.05$ mm。当与之相应的工件有尺寸公差时，位置尺寸公差应视工件精度要求和该尺寸公差的大小而定，当工件公差值小时，宜取工件相应尺寸公差的 $1/2\sim1/3$；当工件公差值较大时，宜取工件相应尺寸公差的 $1/3\sim1/5$ 来作为夹具上相应位置尺寸的公差。如图 2-39 中，两定位销之间的位置尺寸公差就按连杆相应尺寸公差（±0.06 mm）的 $1/3$ 取值为 ±0.02 mm。

再如定位平面 N 到对刀表面间的尺寸，因夹具上该尺寸要按工件相应尺寸的平均值标注，而连杆上的相应尺寸是由 $3.2^{+0.4}_{0}$ mm 和 $14.3^{0}_{-0.1}$ mm 决定的，经尺寸链计算（$3.2^{+0.4}_{0}$ mm 是封闭环）可知定位平面 N 到对刀表面间的尺寸为 $11.1^{-0}_{-0.1}$ mm，将此尺寸写为双向对称偏差，即为 10.85 ± 0.15 mm。该平均尺寸 10.85 mm 再减去塞尺厚度 3 mm 即为 7.85 mm，夹具上将此尺寸的公差取为 ±0.02 mm（约为 ±0.15 的 1/7），所以标注成 7.85 ± 0.02 mm。

夹具上主要角度公差一般按工件相应角度公差的 1/2～1/5 选取，常取为 $\pm10'$，要求严格的可取 $\pm5'$～$\pm10'$。在图 2-39 所示的夹具中，45°角的公差取得较严，是按工件相应角度公差值（$\pm30'$）的 1/6 取的，为 $\pm5'$。

由上述可知，夹具上主要元件间的位置尺寸公差和角度公差，一般是按工件相应公差的 1/2～1/5 取值的，有时取得更严。它的取值原则是既要精确，又要能够实现，以确保工件加工质量。

3. 夹具总图上技术要求的规定

夹具总图上规定技术要求的目的，在于限制定位件和引导件等在夹具体上的相互位置误差，以及夹具在机床上的安装误差。在规定夹具的技术要求时，必须从分析工件被加工表面的位置要求入手，分析哪些是影响工件被加工表面位置精度的因素，从而针对性地提出必要的技术要求。

技术要求的具体规定项目，虽然要视夹具的构造形式和特点等来区别对待，但归纳起来，大致有如下几方面。

1）定位件之间或定位件对夹具体底面之间的相互位置精度要求

例如图 2-39 中的两条技术条件均属此类。对于车床类夹具，则要规定定位面对夹具安装面（如心轴的两顶尖孔或锥柄的锥面）或校正面（如圆盘类车床夹具的校正环和安装端面）的位置精度。

2）定位件与引导件之间的相互位置要求

规定定位件与钻套或镗套轴线间的垂直度（或平行度）要求，是保证工件被加工孔位置精度所必需的。也可规定钻套（或镗套）对夹具底面的垂直度（或平行度）。

3）对刀件与校正面间的相互位置要求

如铣床夹具上对刀块的工作表面对夹具校正面（或定向键的侧面）的平行度要求，一般要求不大于 100：0.03。

4）夹具在机床上安装时的位置精度要求

如车床类夹具的校正环与所用机床旋转轴线的同轴度要求（一般要求其跳动量不大于 0.02 mm）；铣床类夹具安装时，校正面与机床工作台进给方向间的平行度要求；等等。

上述这些相互位置公差的数值，通常是根据工件的精度要求并参考类似的机床夹具来确定的。当它与工件加工的技术要求直接相关时，可以取工件相应位置公差的 1/2～1/5，最常用的是取工件相应位置公差的 1/2～1/3。当工件未注明要求时，夹具上的那些主要元件间的位置公差，可以按经验取为（100：0.02）～（100：0.05）mm，或在全长上不大于 0.03～0.05 mm。

4. 编写夹具零件的明细表

夹具零件明细表的编写与一般机械总图上的明细表相同。如编号应按顺时针或逆时针方向顺序编出；相同零件只编一个号，件数填在明细表内；等等。这里就不必赘述了。

三、夹具精度的校核

夹具设计时,当夹具结构方案选定及总图设计完成后,就应对夹具的方案进行精度分析和估算,根据夹具有关元件和总图上的配合性质及技术要求等,进行夹具精度校核。同时,这也是夹具校核者必须进行的一项工作,尤其是对于工序加工精度要求较高的工序所用的夹具,为了确保质量就必须进行误差计算。

1. 影响工件加工精度的因素（造成加工误差的原因）

夹具在机床上加工工件时,机床、夹具、工件、刀具等形成一个封闭的加工系统。它们之间相互联系,最后形成工件和刀具之间的正确位置关系,从而保证工序尺寸的精度要求。这些联系环节中的任何误差,都将直接影响工件的加工精度。这些误差因素有:

（1）工件的定位误差,以 Δ_D 表示。

（2）定位元件和机床上安装夹具的装夹面之间的位置不准确所引起的误差,称为夹具安装误差,以 Δ_A 表示。

（3）定位元件与对刀或导向元件之间的位置不准确所引起的误差,称为刀具位置误差,以 Δ_T 表示。

（4）由机床运动精度及工艺系统的变形等因素引起的误差,称为加工过程误差,以 Δ_G 表示。它包括工艺系统的原始误差、工艺系统受力变形引起的误差、工艺系统受热变形引起的误差及其他误差等。

2. 误差计算不等式

为了使夹具能加工出合格的工件,以上各项误差的总和应小于工序尺寸公差 T,即

$$\sum \Delta = \Delta_D + \Delta_A + \Delta_T + \Delta_G \leqslant T$$

此式称为误差计算不等式,各代号分别代表各误差在被加工表面加工尺寸方向上的最大值。当夹具要保证的加工尺寸不止一个时,每个尺寸都要满足它自己的误差计算不等式。

误差计算不等式在夹具设计中是很有用的,因为它反映了夹具保证加工精度的条件,可以帮助我们分析所设计的夹具在加工过程中产生误差的原因,以便找到控制各项误差的途径,为制定、验证、修改夹具技术要求提供依据。

3. 夹具精度分析校核举例

下面以图 2-39 所示的铣连杆槽的夹具为例来说明夹具的精度分析和误差计算。

1）对槽深精度的分析计算

影响槽深尺寸（$3.2^{+0.4}_{0}$ mm）精度的主要因素有:

（1）工件的定位误差。该定位方案由于基准不重合,基准不重合误差 $\Delta_B = 0.1$ mm（即厚度尺寸 $14.3^{0}_{-0.1}$ mm 的公差）,同时由于该定位是平面对平面定位,基准位移误差 $\Delta_Y = 0$,所以 $\Delta_D = \Delta_B = 0.1$ mm。

（2）夹具的安装误差 Δ_A。由于夹具定位面 N 和夹具底面 M 间的平行度误差等会引起工件倾斜,因此被加工槽的底面和其端面（工序基准）不平行,因而会影响槽深的尺寸精度。夹具技术要求的第一条规定为平行度允差不大于 $100:0.03$,那么在工件大头约 50 mm 范围内,其影响值是不大于 0.015 mm,在此取 $\Delta_A = 0.015$ mm。

（3）加工过程有关的误差 Δ_G。对刀块的制造和对刀调整误差、铣刀的跳动、机床工作台的倾斜等因素所引起的加工过程误差,可根据生产经验并参照经济加工精度进行确定,此处

取为 0.15 mm。

以上三项可能造成的最大误差为 0.265 mm，小于工件加工尺寸要求保证的公差值 0.4 mm。

2）对角度 45°±30′ 的误差分析计算

（1）定位误差。由于工件定位孔与夹具定位销之间的配合间隙会造成基准位移误差，因此工件两定位孔中心连线有可能相对规定位置发生倾斜，如图 2-40 所示，其最大转角误差 $\Delta\theta$ 为

$$\Delta\theta = \arctan\frac{D_{1max} - d_{1min} + D_{2max} - d_{2min}}{2L} = \arctan 0.00227 = 7.8'$$

此倾斜对工件 45° 的最大影响量为 ±7.8′。

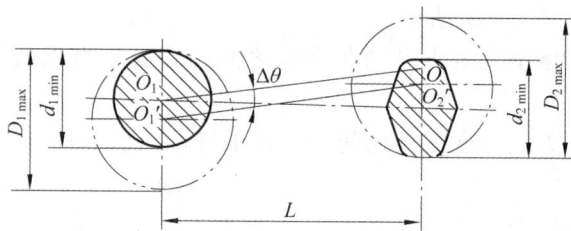

图 2-40　一面双销对一面双孔定位的转角误差

（2）夹具上两菱形销分别和大圆柱销中心连线的角向位置公差为 ±5′，这会直接影响工件的角度 45°。

（3）机床纵走刀方向对工作台 T 形槽方向的平行度误差，可参照机床验收实验精度以及机床磨损情况来确定。此值通常不大于 100∶0.03，经换算后，相当于角度误差为 ±1′，这个误差也会直接影响工件的角度 45°。

综合以上三项误差，其最大角度误差为 ±13.8′，此值也远小于工序加工要求允许的角度公差 ±30′。

结论：从以上所进行的分析和计算看，此夹具设计能满足铣连杆槽工序的加工要求，而且其精度储备还较大，可以实际应用。

四、绘制夹具零件图

对于夹具上的零件（非标准件），要分别绘制其零件图，并规定相应的技术要求。

由于夹具上零件的制造属于单件生产，精度要求又高，根据夹具精度要求和制造的特点，有些零件必须在装配中再进行配制加工，有的应在装配后再作组合加工，这些要求应该在相应零件的零件图中注明。例如在夹具体上用以固定钻模板、对刀块等元件位置的销钉孔，就应在装配时进行加工。根据具体工艺方法的不同，在夹具的有关零件图上就可注明："两孔和件××同钻铰"或"两销孔按件××配作（因该件××已淬硬，不能再钻铰了）"。再如，对于要严格保证间隙和配合性质的零件，应在零件图上注明："与件××相配，保证总图要求"。

思考与练习题

1.机床夹具一般由哪些部分组成？各部分有何作用？

2. 按照专门化程度,机床夹具有哪些类型?

3. 什么是辅助支承?使用辅助支承时应该注意什么问题?举例说明辅助支承的应用。

4. 工件以平面作定位基准时,常用的定位支承有哪些?各起什么作用?各有何结构特点?

5. 工件以圆孔、外圆、锥孔定位时,常用哪些形式的定位元件?各有何定位功能?使用时应分别注意哪些问题?

6. 什么叫基准不重合误差,其大小如何确定?什么叫基准位移误差?

7. 用如图 2-41 所示的定位方式,采用调整法铣削连杆的两个侧面,试计算工序尺寸 $12_{0}^{+0.3}$ mm 的定位误差。

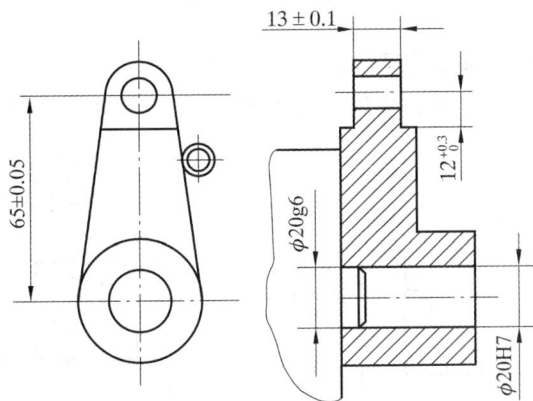

图 2-41 题 7 图

8. 用如图 2-42 所示的定位方式,采用调整法在阶梯轴上铣槽,V 形块的 V 形角 $\alpha=90°$,试计算对工序尺寸 74 ± 0.1 mm 的定位误差。

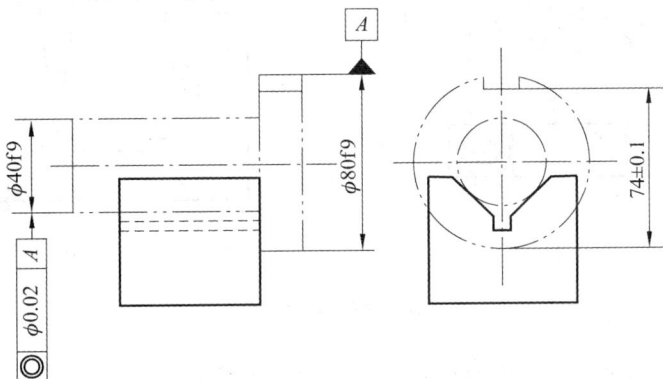

图 2-42 题 8 图

9. 有一批工件,如图 2-43(a)所示,采用钻模钻削工件上 $\phi5$ mm 和 $\phi8$ mm 两孔,除保证图纸尺寸要求外,还要求保证两孔连心线通过 $\phi60_{-0.1}^{0}$ mm 的轴心线,其偏移量允差为 0.08 mm。现采用如图 2-43(b)(c)(d)三种定位方案,若定位误差不得大于工序尺寸公差的 1/2,试问这三种定位方案是否都可行($\alpha=90°$)。

10. 夹紧装置的作用是什么?不良夹紧装置将产生什么后果?

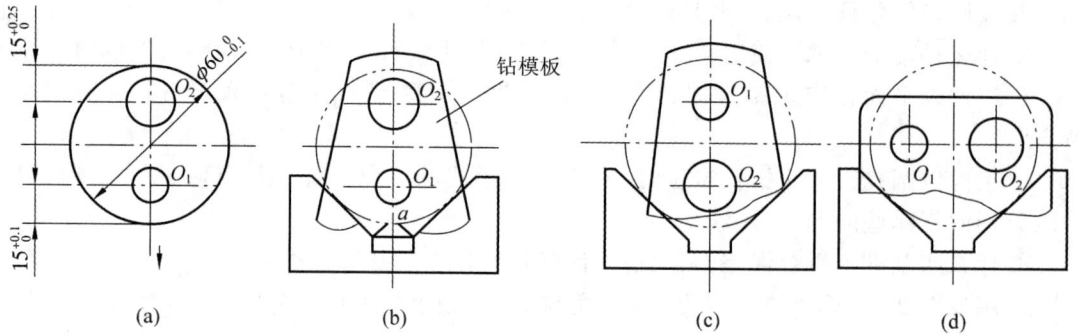

图 2-43　题 9 图

11.试比较偏心夹紧、螺旋夹紧和斜楔夹紧的优缺点。

12.试分析如图 2-44 所示中各夹紧方案是否合理？若有不合理之处,则应如何改进？

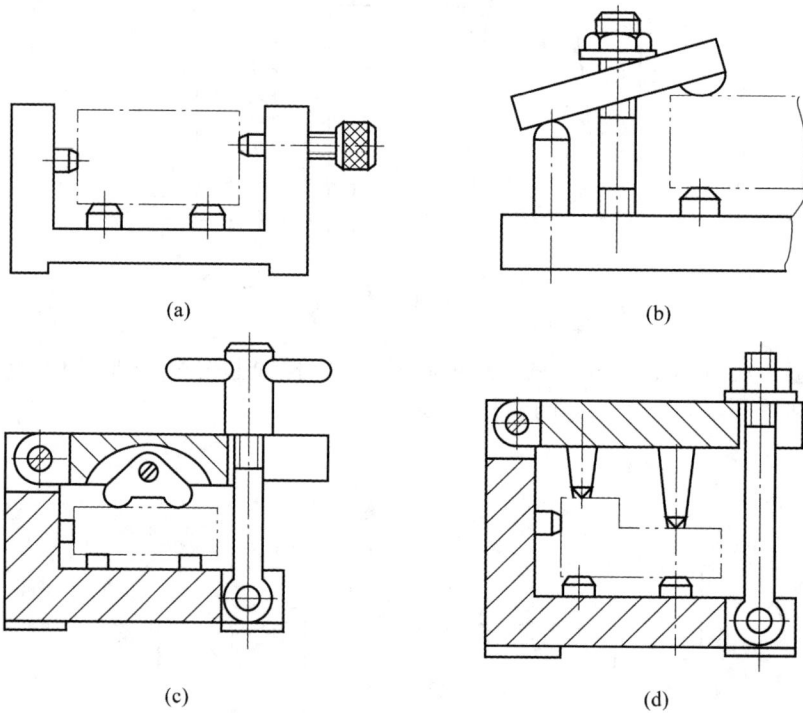

图 2-44　题 12 图

13.与其他定位元件相比,V 形块定位有何显著的优点？

14.确定夹紧力的作用方向和作用点应遵循哪些原则？

15.如图 2-45 所示,工件在 V 形块上定位加工 3 孔：Ⅰ、Ⅱ、Ⅲ。试分别计算图 2-45(b)(c)(d)所示三种定位方案定位误差的大小,并比较说明哪种定位方案最好(设 V 形块的工作角度为 90°)。

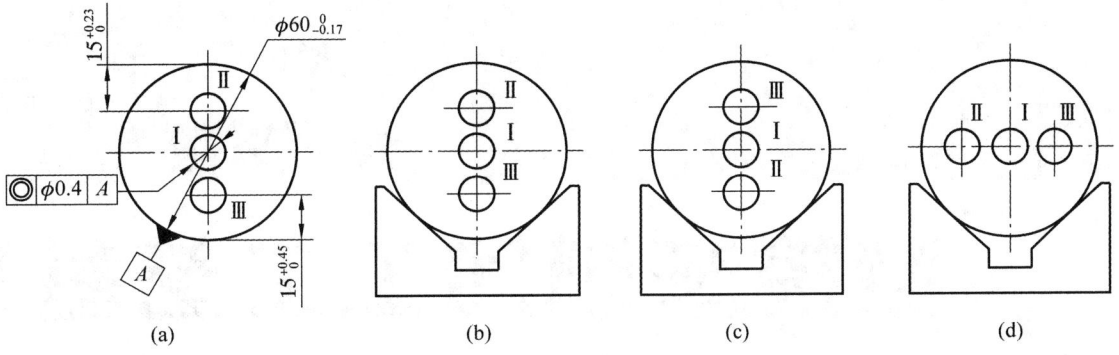

图 2-45　题 15 图

项目 3

数控车削加工工艺基础

项目

◀ 3.1 数控车削加工工艺分析 ▶

一、数控车床的加工范围

数控车床的加工范围指数控车床加工的工艺范围和数控车床加工的尺寸范围。

1. 数控车床加工工艺范围

数控车床加工工艺范围是指数控车床适合车削加工的对象和加工内容等。图 3-1 列出了数控车床所能实施的基本加工内容。由于数控车床具有加工精度高、能做直线和圆弧插补运动以及能在加工过程中自动变速等特点，因此其工艺范围较普通车床宽得多。基于其工艺特点，数控车床适用于下列几种类型零件的加工。

1）轮廓形状复杂或难以控制尺寸的回转体零件

数控车床较适合加工普通车床难以实现的由任意直线和平面曲线（圆弧和非圆曲线类）组成的形状复杂的回转体类零件，斜线和圆弧均可直接由插补功能实现，非圆曲线可用数学手段转化为小段直线或小段圆弧后做插补加工得到。

对于一些具有封闭内成形面的壳体零件，如"口小肚大"的孔腔，在普通车床上是很难加工的，在数控车床上则能较容易地加工出来。

2）精度要求高的回转体零件

数控车床系统的控制分辨率一般为 0.01～0.001 mm，在特种精密数控车床上，还可加工出几何轮廓精度达 0.0001 mm、表面粗糙度 Ra 达 0.02 μm 的超精零件（如复印机中的回转鼓及激光打印机上的多面反射体等），数控车床通过恒线速度切削功能，可加工表面质量要求高的各种变直径截面零件。

3）带特殊螺纹的回转体零件

普通车床只能车削等导程的柱面和端面的公制、英制螺纹，而且一台车床只能加工限定数量的导程螺纹。数控车床则可以方便地车削变导程的螺纹、高精度的模数螺旋零件（如蜗杆）及端面盘形螺旋零件等。由于数控车床进行螺纹加工不需要挂轮系统，因此它不限制螺纹导程的大小，且其加工多头螺纹比普通车床要方便得多。

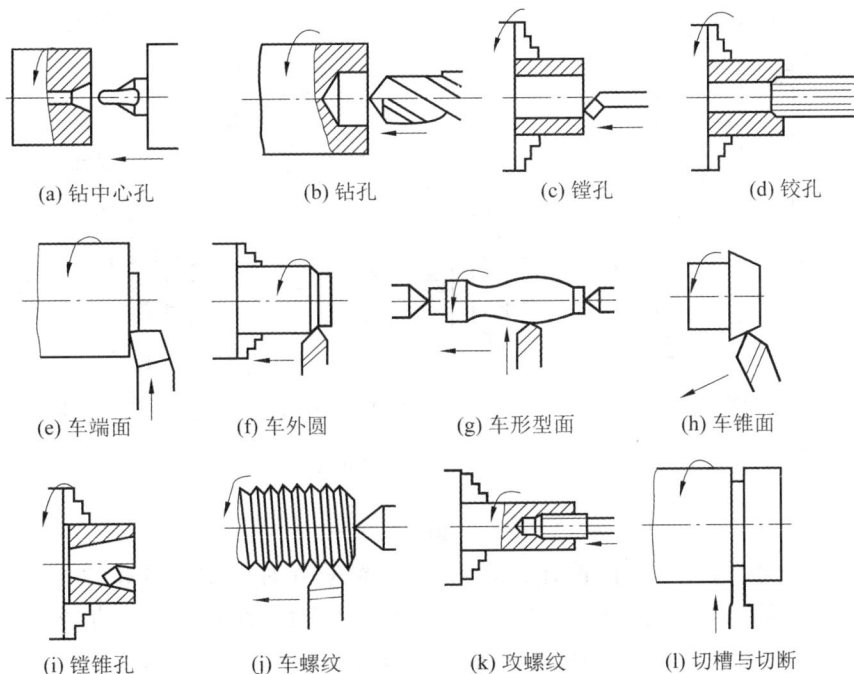

(a) 钻中心孔　　　(b) 钻孔　　　(c) 镗孔　　　(d) 铰孔

(e) 车端面　　　(f) 车外圆　　　(g) 车形型面　　　(h) 车锥面

(i) 镗锥孔　　　(j) 车螺纹　　　(k) 攻螺纹　　　(l) 切槽与切断

图 3-1　数控车床的加工工艺范围

2. 数控车床加工的尺寸范围

数控车床加工的尺寸范围是指其加工零件的有效车削直径和有效切削长度,而不是车床铭牌上标明的车削直径和加工长度。

车床铭牌上标明的车削直径是指主轴轴线(回转中心)到拖板导轨距离的两倍;加工长度是指主轴卡盘到尾座顶尖的最大装夹长度。但实际加工时往往不能真正达到上述尺寸,车床的实际加工范围常受车床结构(刀架位置、刀盘大小)和加工时所用刀具种类(镗刀或内外圆车刀)等因素的影响。

1) 有效车削直径

有效车削直径受拖板行程范围、刀架位置、刀盘大小和外圆车刀的长短等因素的影响,而且对于轴、套或轮盘等不同类型的零件,其有效加工直径明显不同。轮盘类零件的有效加工直径最大,其次是套类零件,最小的是轴类零件。

如某车床主轴距导轨 280 mm,标称工件最大可回转直径为 560 mm,拖板最大移动范围为 260 mm,标称最大有效车削直径为 400 mm。如图 3-2(a)所示,该机床采用后置式刀盘,设定刀具安装孔轴线与主轴轴线重合(轴端钻孔)时刀尖点 X 坐标为 $X=0$,刀盘的 $+X$ 向最大移动距离为 180 mm,$-X$ 向最大移动距离为(260-180) mm=80 mm。安装外圆车刀时,刀杆伸出长度一般为刀杆厚度的 1~1.5 倍,且刀尖位置要超出刀盘最大直径,若刀尖与安装孔轴线的距离 T_L 为 55 mm,则外圆车刀的有效移动范围为(180-55) mm=125 mm,能加工轴类零件的最大有效直径约为 250 mm。

对于套类零件,镗孔时,由于镗孔刀具的安装与钻头相同,如图 3-2(b)所示,当刀具正装时,若刀尖与安装孔轴线的距离 T_L 为 20 mm,则最大有效镗孔直径为

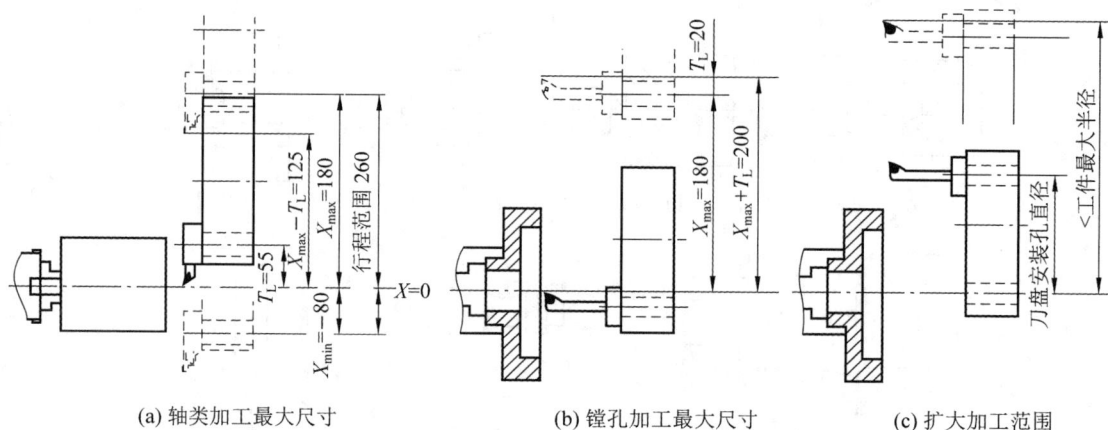

(a) 轴类加工最大尺寸   (b) 镗孔加工最大尺寸   (c) 扩大加工范围

图 3-2   有效车削直径示意图

$$D_{max} = 2(180 + 20)\ mm = 400\ mm$$

由于刀盘通常按偶数个刀位设计，如果将刀具跳装到对面 180°的位置，如图 3-2(c) 所示，利用刀盘直径可扩大轴套和轮盘类零件的有效加工直径，即有效加工直径大于机床提供的最大切削直径 400 mm。当然受结构限制，零件外径不能超过 560 mm。

2）有效切削长度

有效切削长度由机床说明书中的技术参数给出。有效切削长度同样也受刀盘结构、所用刀具和加工工件等因素的影响。如图 3-3 所示，外圆加工时有效切削长度主要受 Z 向行程极限的制约，而内孔加工时，为确保刀具的顺利退出，其有效切削长度大约为 Z 向行程范围的 1/2。

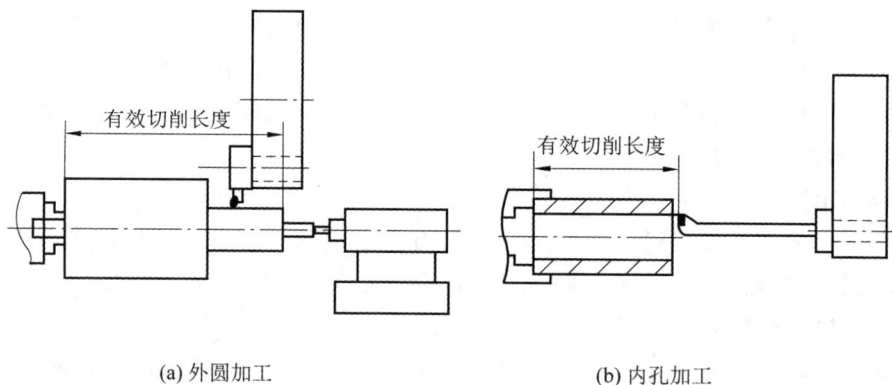

(a) 外圆加工   (b) 内孔加工

图 3-3   有效切削长度示意图

二、数控车床加工零件的工艺性

数控车床加工零件的工艺性对工艺制定起着至关重要的作用，而工艺制定的合理性又对程序编制、机床的加工效率和零件的加工精度等有重要影响。

数控车床加工零件工艺性分析包括零件结构形状的合理性分析、几何图素关系的确定性分析、精度及技术要求的可实现性分析、工件材料的切削加工性分析等。

1. 零件结构形状和几何关系

首先,零件的主要结构应是可通过车削加工实现的回转体结构;其次,零件的外形尺寸、可夹持尺寸、需加工的尺寸应在机床的允许范围内。

对于如图 3-4(a)所示"口小肚大"孔腔的加工,若口部孔径为 20 mm,最大孔腔直径为 60 mm,所需刀具悬伸长度 L 为 20 mm,则刀杆直径为零,这显然是无法实现的。对此类零件,悬伸长度 L 和孔口直径 D、刀杆直径 $D_{杆}$ 之间应该满足关系:

$$L < D - D_{杆}$$

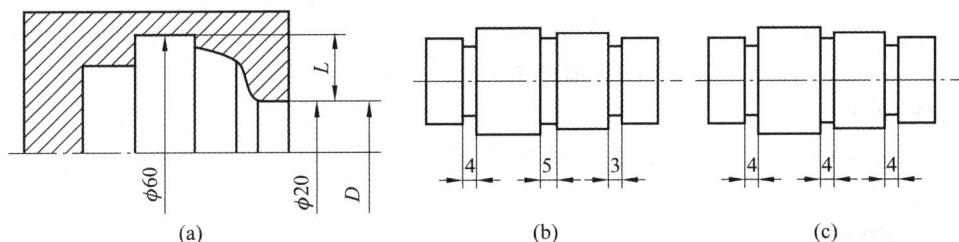

图 3-4 结构工艺性示例

如图 3-4(b)所示零件,槽宽尺寸分别为 4 mm、5 mm、3 mm,需要用三把不同宽度的切槽刀切槽。从工艺性角度考虑,如无特殊需要,可将其改成图 3-4(c)所示结构,这样只需一把刀具即可,既减少了刀具数量和刀架刀位占用,又节省了换刀时间。

由于设计等各种原因,在图纸上可能出现加工轮廓数据不充分、尺寸模糊不清及尺寸封闭等缺陷,从而增加编程的难度,有时甚至无法编写程序。

如图 3-5(a)所示,圆弧与斜线的关系要求为相切,但经计算后的结果却为相交割关系;在图 3-5(b)中,标注的各段长度之和不等于其总长尺寸,而且漏掉了倒角尺寸;在图 3-5(c)中,圆锥体的各尺寸标注已经封闭。在机械加工中,图样的清晰性和尺寸标注的准确性对编程和加工至关重要。如果图样上的图线模糊或尺寸标注不清,会导致编程计算困难、误差增大,甚至无法进行加工。

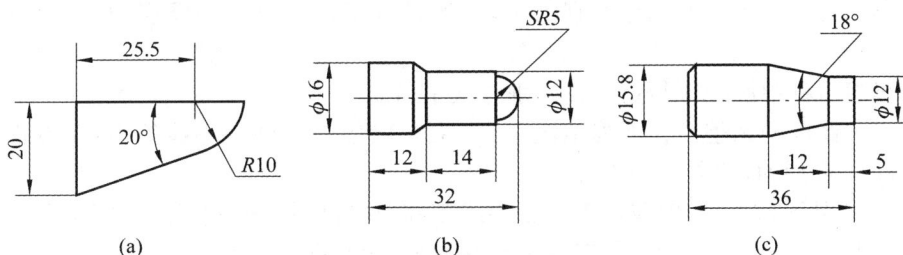

图 3-5 几何要素缺陷示意图

2. 精度及技术要求

1) 尺寸公差要求

在确定零件的加工工艺时,必须分析零件图的公差要求,从而合理安排车削工艺、正确选择刀具及确定切削用量等。对尺寸精度要求较高的零件,若采用一般车削工艺达不到精度要求,可采取其他措施(如磨削)进行弥补,并注意给后续工序留有加工余量。一般来说,粗车的尺寸公差等级为 IT11~IT12,半精车为 IT9~IT10,精车为 IT6~IT8。

2）形状和位置公差要求

零件的形状和位置公差是零件精度的重要指标。在工艺准备过程中,除了按其要求确定零件的定位基准和检测基准外,还可以根据机床的特殊需要进行一些技术性处理,以便有效地控制零件形状和位置误差。例如,对有较高位置精度要求的表面,应在一次装夹中完成这些表面的加工。

3）表面粗糙度要求

表面粗糙度是零件表面质量的重要技术要求,也是合理安排车削工艺、选择机床和刀具及确定切削用量的重要依据。例如,对表面粗糙度要求较高的表面,应选择刚性好的机床并用恒线速度切削。一般地,粗车的表面粗糙度 Ra 可达 $12.5\sim25\ \mu m$,半精车的表面粗糙度 Ra 可达 $3.2\sim6.3\ \mu m$,精车的表面粗糙度 Ra 可达 $0.8\sim1.6\ \mu m$。

3. 材料要求

零件毛坯材料及热处理要求,是选择刀具、确定加工工序和切削用量,以及选择机床设备的重要依据。

4. 生产类型

零件的生产类型是工件装夹与定位、刀具选择、工序安排及走刀路线确定等的重要依据。批量生产时,应在保证加工质量的前提下突出加工效率和加工过程的稳定性,对加工工艺涉及的夹具选择、走刀路线安排、刀具排列位置和使用顺序等都要仔细斟酌。单件生产时,要保证一次合格率,特别是对于形状复杂的高精度零件。而且,单件生产要避免过长的生产准备时间,尽可能采用通用夹具或简单夹具、标准机夹刀具或可刃磨焊接刀具,加工顺序、工艺方案也应灵活安排。

三、车削加工通用工艺守则

《切削加工通用工艺守则　车削》(JB/T 9168.2—1998)规定了车削加工应遵守的基本规则,适用于各企业的车削加工,并应遵守《切削加工通用工艺守则　总则》(JB/T 9168.1—1998)的规定。

1. 车刀的装夹

（1）车刀刀杆伸出刀架部分不宜太长,一般长度不应超过刀杆厚度的 1.5 倍（车孔、槽时除外）。

（2）车刀刀杆中心线应与走刀方向垂直或平行。

（3）刀尖高度的调整。在下列情况下,刀尖一般应与工件中心线等高:车端面、车圆锥面、车螺纹、车成形面、切断实心工件。

在下列情况下,刀尖一般应比工件中心线稍高或等高:粗车一般外圆、精车孔。

在下列情况下,刀尖一般应比工件中心线稍低:粗车孔、切断空心工件。

（4）螺纹车刀刀尖角的平分线应与工件中心线垂直。

（5）装夹车刀时,刀杆下面的垫片要少而平,压紧车刀的螺钉要拧紧。

2. 工件的装夹

（1）用三爪自定心卡盘装夹工件进行粗车或精车时,若工件直径小于或等于 30 mm,其悬伸长度应不大于直径的 5 倍;若工件直径大于 30 mm,其悬伸长度应不大于直径的 3 倍。

（2）用四爪单动卡盘、花盘、角铁（弯板）等装夹不规则偏重工件时,必须加配重。

（3）在顶尖间加工轴类工件时,车削前要调整尾座顶尖中心,使其与车床主轴中心线重合。

（4）在两顶尖间加工细长轴时，应使用跟刀架或中心架。在加工过程中要注意调整顶尖的顶紧力，固定顶尖和中心架时应注意润滑。

（5）使用尾座时，套筒尽量伸出得短些，以减小可能的振动。

（6）在立式车床上装夹支承面小、高度大的工件时，应使用加高的卡爪，并在适当的部位加拉杆或压板以压紧工件。

（7）车削轮类、套类铸件和锻件时，应按不加工的表面找正，以保证加工后工件壁厚均匀。

3. 车削加工

（1）车削台阶轴时，为了保证车削时的刚性，一般应先车直径较大的部分，后车直径较小的部分。

（2）在轴类工件上切槽时，应在精车之前进行，以防止工件变形。

（3）精车带螺纹的轴时，一般应在螺纹加工之后再精车无螺纹部分。

（4）钻孔前应将工件端面车平，必要时应先打中心孔。

（5）钻深孔时，一般先钻导向孔。

（6）车削 $\phi10\sim\phi20$ mm 的孔时，刀杆的直径应为被加工孔径的 $0.6\sim0.7$ 倍；加工直径大于 $\phi20$ mm 的孔时，一般应采用装夹有刀头的刀杆。

（7）车削多头螺纹或多头蜗杆时，调整好挂轮后要进行试切。

（8）使用自动车床时，要按机床调整卡片进行刀具与工件相对应位置的调整，调好后要进行试车削，首件合格后方可加工。在加工过程中要随时注意刀具的磨损情况及工件尺寸与表面粗糙度。

（9）在立式车床上车削时，当刀架调整好后不得随意移动横梁。

（10）当工件的有关表面有位置公差要求时，尽量在一次装夹中完成车削。

（11）车削圆柱齿轮齿坯时，孔与基准端面必须在一次装夹中加工，必要时应在该端面的齿轮分度圆附近车出标记线。

3.2　数控车削刀具及其选用

与传统的车削方法相比，数控车削对刀具的要求更高。不仅要求精度高、刚性好、寿命长，而且要求尺寸稳定、耐用度高，断屑和排屑性能好，同时要求安装调整方便，以满足数控机床高效率的要求。

一、数控车刀的类型

1. 按被加工表面的特征分类

数控车削常用的车刀一般分尖形车刀、圆弧形车刀和成形车刀三类。

1）尖形车刀

以直线形切削刃为特征的车刀一般称为尖形车刀。这类车刀的刀尖（刀位点）由直线形的主、副切削刃构成，如 90°内、外圆车刀，左右端面车刀，切槽车刀及刀尖倒棱很小的各种外圆和内孔车刀。

2）圆弧形车刀

圆弧形车刀的主切削刃的刀刃形状为一圆度或线轮廓度误差很小的圆弧。该车刀圆弧刃上每一点都是圆弧形车刀的刀尖，因此，刀位点不在圆弧上，而在该圆弧的圆心上。

圆弧形车刀可以用于车削内、外表面，特别适用于车削各种光滑连接（凹形）的成形面。如图 3-6（a）所示，若用尖形车刀，当车刀主切削刃靠近圆弧段终点时，其背吃刀量 a_{p1} 大大超过圆弧起点位置处的背吃刀量 a_p，使得切削阻力增大，可能产生较大的轮廓度误差，且表面粗糙度增大；若采用如图 3-6（b）所示圆弧形车刀，背吃刀量变化不会太大，加工质量可有效保证。如图 3-6（c）所示，使用圆弧形车刀还可连续加工出超过 180° 的外圆弧面，避免换刀的麻烦并确保成形面的连贯。

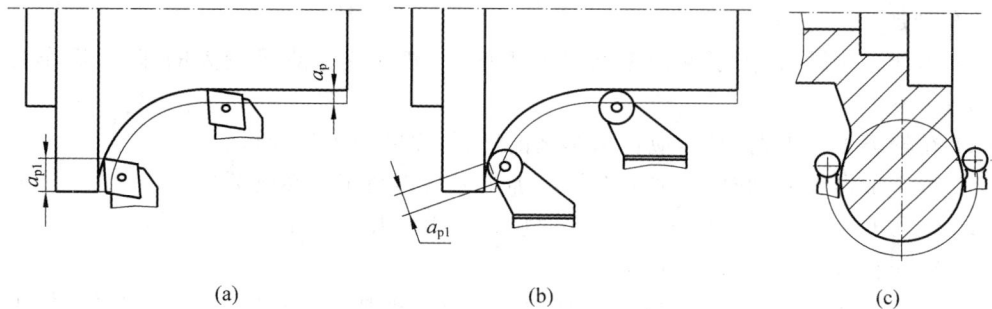

图 3-6　圆弧车刀的使用

刀尖圆弧半径的大小直接影响刀尖的强度及被加工零件的表面粗糙度。刀尖圆弧半径大，则切削力大且易产生振动，切削性能变差，但刀刃强度增加，刀具前后刀面磨损减少。通常在切深较小的精加工、细长轴加工、机床刚性较差等情况下，选用较小的刀尖圆弧半径；而在需要刀刃强度高、工件直径大的粗加工中，宜选用较大的刀尖圆弧半径。

选择车刀圆弧半径时应考虑两点：一是车刀切削刃的圆弧半径应小于或等于零件凹形轮廓上的最小曲率半径，以免发生干涉；二是该半径不宜选择太小，否则不但制造困难，还会因刀具强度太低或刀体散热能力差而导致车刀过快损坏。

3）成形车刀

俗称样板车刀，其加工零件的轮廓形状完全由车刀刀刃的形状和尺寸决定。在数控车削加工中，常见的成形车刀有小半径圆弧车刀、非矩形车槽刀和螺纹车刀等。由于成形车刀为非标准刀具，通常需要定制，因此在数控加工中，应尽量少用或不用成形车刀。

2. 按车刀结构分类

1）高速钢整体式车刀

这类车刀的刀头和刀体为一整体式的结构形式，常用韧性好的高速钢制成，但硬度和耐磨性差，不适于切削硬度较高的材料，也不适用于高速切削。高速钢刀具使用前需使用者自行刃磨，刃磨较方便，可作为各种特殊需要的非标准刀具，属于可重磨的刀具。

2）硬质合金焊接式车刀

将硬质合金刀片用焊接的方法固定在刀体上，称为焊接式车刀。这种车刀的优点是结构简单、制造方便、刚性较好；缺点是由于存在焊接应力，刀具材料的使用性能受到影响，甚至出现裂纹。

根据工件加工表面及用途的不同，焊接式车刀又可分为切断刀、外圆车刀、端面车刀、内孔车刀、螺纹车刀以及成形车刀等，如图 3-7 所示。焊接式刀具同样需要在使用时自行刃磨。

3）机械夹固式可转位车刀

如图 3-8 所示，机械夹固式可转位车刀简称机夹可转位车刀，由刀杆、刀片、刀垫及夹紧

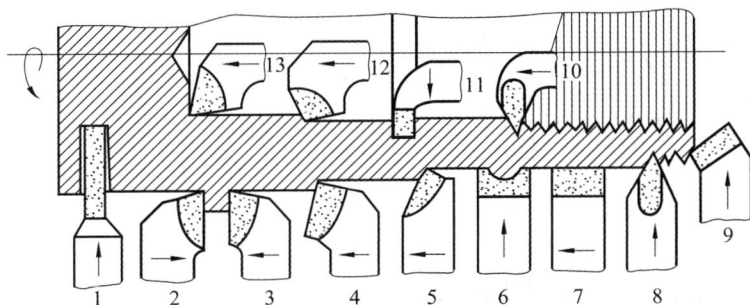

图 3-7　焊接式车刀

1—切断刀;2—右偏刀;3—左偏刀;4—弯头车刀;5—直头车刀;6—成形车刀;7—宽刃精车刀;

8—外螺纹车刀;9—端面车刀;10—内螺纹车刀;11—内槽车刀;12—通孔车刀;13—盲孔车刀

元件组成。刀片每边都有切削刃,当某切削刃磨钝后,只需松开夹紧元件,将刀片转动一个位置便可继续使用,有些刀片翻面后还可继续使用。机械夹固式可转位车刀使用标准刀片,不需刃磨,刀片使用寿命结束后,只需更换刀片即可重新使用。根据刀片的结构,刀片具有多种夹压固定方式,如图 3-9 所示。图中 C 表示正前角安装、上压板压紧固定方式,适于无孔刀片;M 表示负前角安装、有孔刀片的压板和螺钉复合固定方式;P 表示负前角安装、有孔刀片的螺钉固定方式;S 表示正前角安装、有孔刀片的螺钉固定方式。

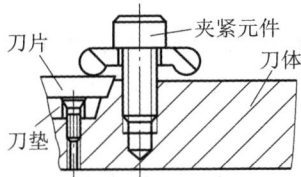

图 3-8　机夹可转位车刀

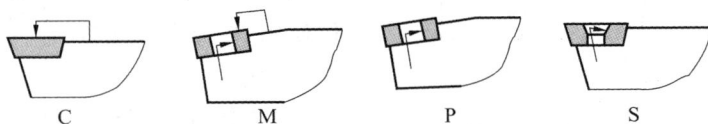

图 3-9　刀片夹压固定方式

二、机夹车刀的标识

1. 标准车刀系列

某外圆车刀型号为 MVJNR2020-K16,其型号各代码的含义如下:

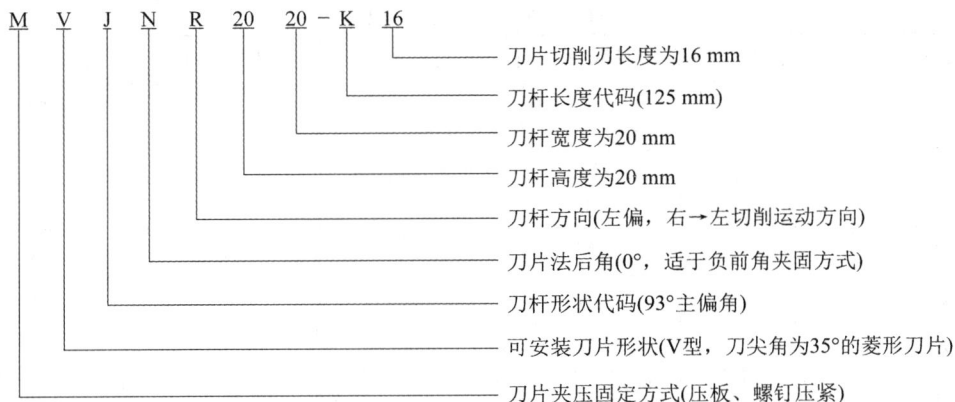

M　V　J　N　R　20　20　-　K　16

刀片切削刃长度为16 mm

刀杆长度代码(125 mm)

刀杆宽度为20 mm

刀杆高度为20 mm

刀杆方向(左偏,右→左切削运动方向)

刀片法后角(0°,适于负前角夹固方式)

刀杆形状代码(93°主偏角)

可安装刀片形状(V型,刀尖角为35°的菱形刀片)

刀片夹压固定方式(压板、螺钉压紧)

可安装刀片形状见后述刀片介绍。

刀杆形状及其标识代码如图 3-10 所示。

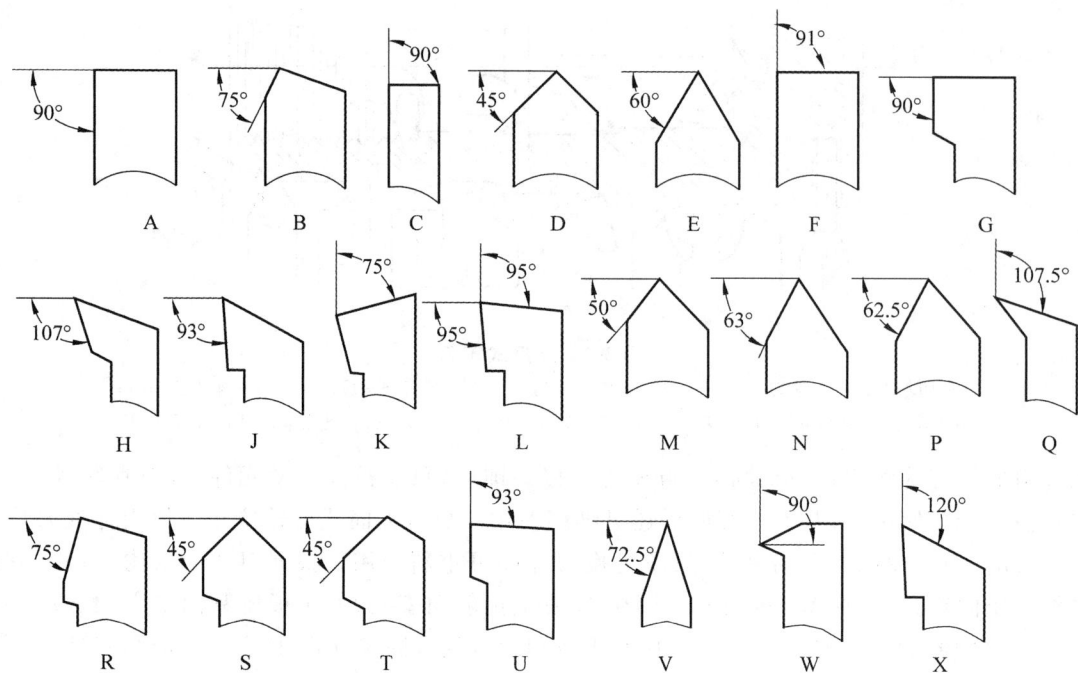

图 3-10　刀杆形状及其标识代码

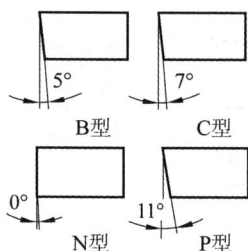

图 3-11　刀片法后角

刀片法后角如图 3-11 所示，对于 N 型，虽然刀片法后角为 0°，但使用 M、P 负前角安装方式时，将依据刀体安装斜面形成一定的后角。

刀杆方向即为刀杆的偏向，右手刀 R（左偏刀）适于从右至左切削运动、左手刀 L（右偏刀）适于从左至右切削运动，N 型刀杆表示可双向切削。

刀杆的高度尺寸×宽度尺寸通常称为"刀方"，有 16 mm×16 mm、20 mm×20 mm、25 mm×25 mm 等标准系列。

刀杆长度为从刀尖到刀杆尾部的刀具总长，长度对应代码见表 3-1。

表 3-1　刀杆长度对应标识代码

刀杆长度代码	刀杆长度/mm	刀杆长度代码	刀杆长度/mm	刀杆长度代码	刀杆长度/mm
A	32	J	110	S	250
B	40	K	125	T	300
C	50	L	140	U	350
D	60	M	150	V	400
E	70	N	160	W	450
F	80	P	170	X	—
G	90	Q	180		
H	100	R	200		

刀片切削刃长度尺寸因不同刀片形状而不同,如图 3-12 所示。

内孔车刀及螺纹车刀、槽刀等其他车刀系列的型号表示方法与外圆车刀有所不同,例如某内孔车刀型号为 S16N-SDQCR07,其型号各代码的含义如下:

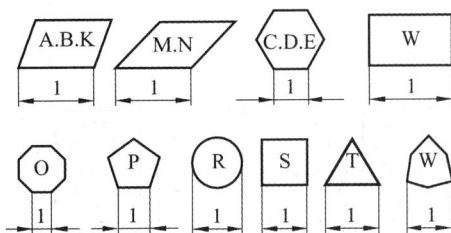

图 3-12 切削刃长度

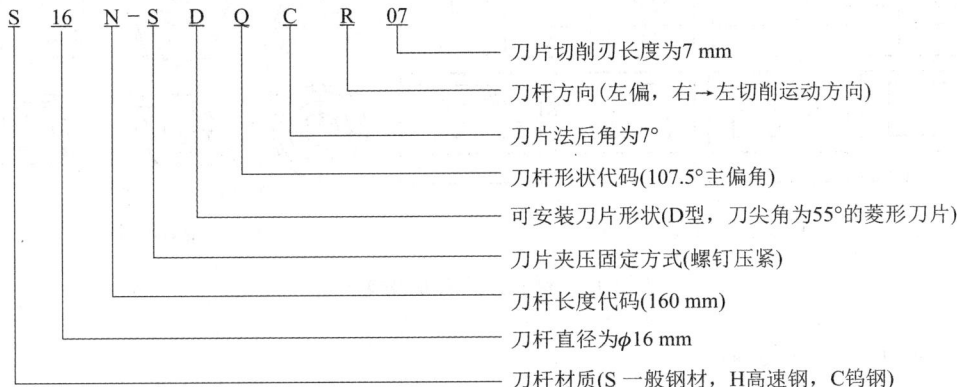

外螺纹车刀型号如 SER/L-2020K16(刀方为 20 mm×20 mm,刀杆长 125 mm);内螺纹车刀型号如 SNR/L-0016M16(刀杆直径为 16 mm,刀杆长 150 mm);外切槽刀型号如 MGE-HR/L2020-2.5(刀方为 20 mm×20 mm,刀刃宽 2.5 mm);内孔槽刀型号如 MGIVR/L2016-2.5(最小孔径为 20 mm,刀杆直径为 16 mm,刀刃宽 2.5 mm)。这些刀具的夹固方式及刀片形状变化不大,其型号标识相对要简单些。

2. 刀片规格系列

刀片形状多种多样,按照国标《切削刀具用可转位刀片 型号表示规则》(GB/T 2076—2021),每种形状都有对应的代号。图 3-13(a)所示是 16 种刀片形状及对应代码,图 3-13(b)所示是几种常见可转位刀片的结构形状。

国标刀片是按照刀片形状、法后角、刀片尺寸精度、刀刃倒棱形式等参数项用一组字母及数字进行表示的。例如,刀片 SPAN150408TR 代表的含义如下:

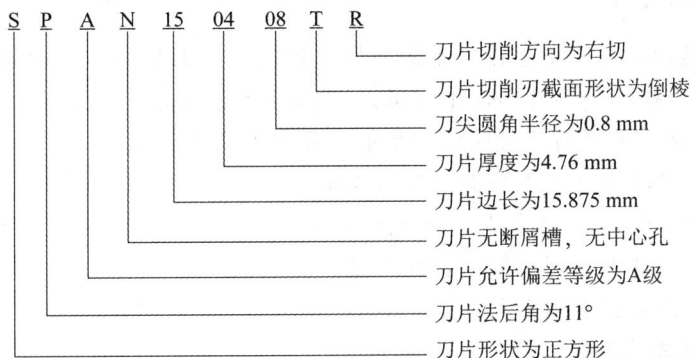

机夹刀片的断屑槽和夹固形式对应的代码如图 3-14 所示,双面均开有断屑槽的刀片是可翻面继续使用的,这种可转位和翻面多次使用的结构形式可有效降低刀片成本,但也在一

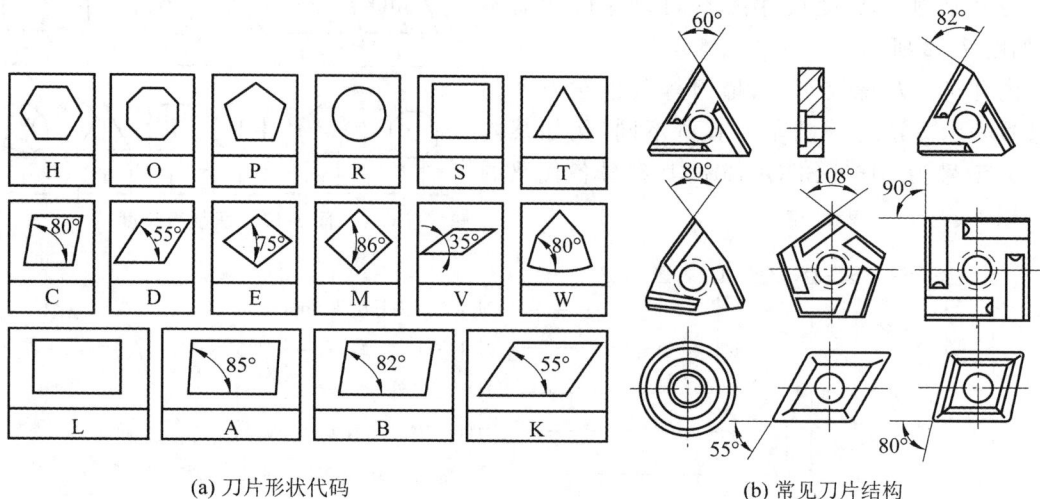

(a) 刀片形状代码　　　　　　　(b) 常见刀片结构

图 3-13　机夹刀片形状及其代码

定程度上降低了刀片的强度。

图 3-15 所示是刀刃倒棱的六种形式,分别为不倒棱锋刃 F、倒圆刃 E、倒棱刃 T、倒棱＋倒圆刃 S、双倒棱刃 Q、双倒棱＋倒圆刃 P,可适应不同使用场合的要求。

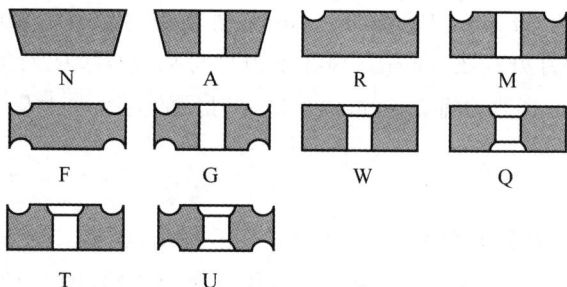

图 3-14　断屑槽及夹固形式

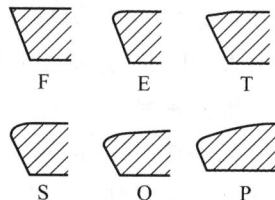

图 3-15　刀刃倒棱形式

三、刀具的选择

刀具的选择是数控加工工艺设计中的重要内容之一。刀具选择合理与否不仅影响机床的加工效率,而且直接影响零件的加工质量。选择刀具通常要考虑机床的加工能力、工序内容、工件材质等因素。选择刀具时应该满足如下几个方面的要求:

（1）一次能实现的连续加工表面应尽可能多。

（2）在切削过程中,刀具不能与工件轮廓发生干涉。

（3）有利于提高加工效率和加工表面质量。

（4）有合理的刀具强度和寿命。

1. 车刀结构形式的选择

一般车削外圆、端面和成形面适用的刀杆结构形式如表 3-2 所示。

表 3-2 被加工表面形状及适用的刀杆形式

车外圆	主偏角	45°	45°	60°	75°	95°
	刀杆形式及加工示意图	45°	45°	60°	75°	95°
	推荐刀片	SCMA SPMR SCMM SNMM-8	SCMA SPMR SCMM SNMG	TCMA TNMM-8 TCMM	SCMA SPMR SCMM SNMA	CCMA CCMM CNMM-7

车端面	主偏角	75°	90°	90°	95°
	刀杆形式及加工示意图	75°	90°	90°	95°
	推荐刀片	SCMA SPMR SCMM CNMG	TCMA TNMA TCMM TPMR	CCMA	TPUN TPMR

车成形面	主偏角	15°	45°	60°	90°
	刀杆形式及加工示意图	15°	45°	60°	90°
	推荐刀片	RCMM	RNNG	TNMM-8	TNMG

图 3-16(a)(b)所示是针对外圆上的凹槽进行精修时刀具的选用,当要求槽形表面不能有接痕时,应考虑使用一把刀具连续切削,此时刀具的主偏角和副偏角应根据凹槽两侧的切线角度来确定。若没有角度合适的刀具,只能改用左右偏刀或直槽刀分别从不同的刀位点对接加工。对于图 3-16(c)(d)所示的大圆弧面,采用尖刀车削会导致背吃刀量不均匀,选用圆弧车刀并以刀尖圆弧中心为刀位点,既便于编程,又能保证背吃刀量均匀,能得到光滑连接的表面。对于图 3-16(e)所示的不规则凹槽,应结合 CAD/CAM 软件进行分析后选用合适的刀具结构以及确定如何进行走刀路线的分割。对于图 3-16(f)所示浅端部曲面,可用尖形车刀直接装夹进行车削加工,内孔曲面可使用内孔刀车削;若端部曲面较深,则必须选用端面槽刀或自行刃磨出合适的刀具。

2. 机夹可转位刀片的选用

数控车床能兼做粗、精车削,因此粗车时要选强度高、耐用度好的刀具,以满足粗车时大背吃刀量、大进给量的要求。精车时,要选精度高、耐用度好的刀具,以保证加工精度的要求。为减少换刀时间和方便对刀,便于实现标准化,数控车削加工中广泛采用机夹可转位刀片,所以刀具的选择主要是机夹刀片的选择。

1) 刀片材质的选择

前面的章节中已经介绍过数控刀具所用材料。机夹刀片材质有涂层硬质合金、硬质合金、陶瓷、立方氮化硼、聚晶金刚石等,以硬质合金刀片应用最广。一般地,粗加工选用 K30～K50、P30～P50、M30～M40;半精加工选用 K10～K30、P10～P30、M10～M30;精加工选用 K01～K10、P01～P10、M01～M10。其中:K 类硬质合金刀具适用于加工短切屑脆性材料,如铸铁、有色金属及其合金;P 类硬质合金刀具适用于加工长切屑、塑性好的黑色金属,

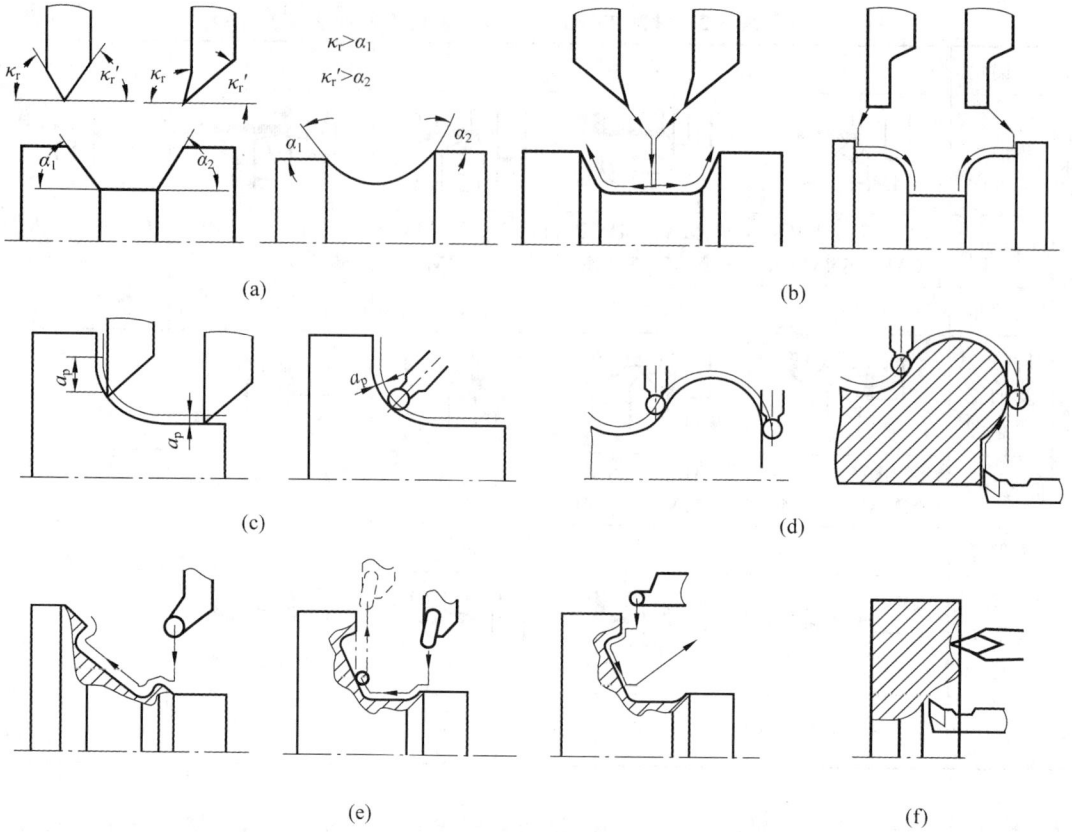

图 3-16　刀杆结构形式选择

如钢料；M 类硬质合金刀具既适用于加工铸铁，又适用于切削钢料。

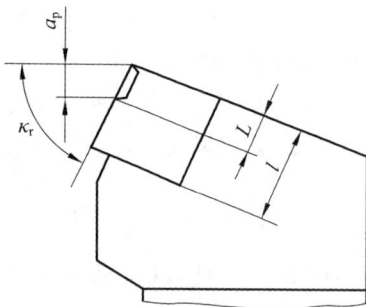

图 3-17　刀片尺寸关系

2）刀片尺寸的选择

刀片尺寸的大小取决于必要的有效切削刃长度 L。有效切削刃长度 L 与背吃刀量 a_p 和车刀的主偏角 κ_r 有关（见图 3-17）。使用时可查阅有关刀具手册选取。

3）刀片形状的选择

刀片形状主要依据被加工工件的表面形状、切削方法、刀具寿命和刀片的转位次数等因素进行选择。图 3-18 表示的是不同刀片形状刀尖强度的变化趋势，粗车时应选用刀尖强度高的刀片形状，精车时选择振动小的刀片形状。

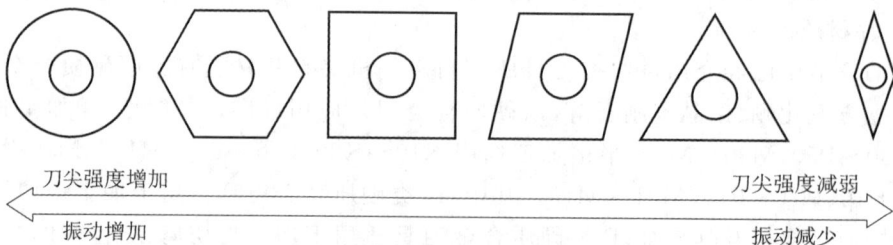

图 3-18　不同形状刀片刀尖强度变化趋势

4）刀片几何角度的选择

刀具切削部分的几何角度,对切削过程中的金属变形、切削力、切削温度、工件的加工质量以及刀具的磨损都有显著影响。选择合理的刀具几何参数,就是要在保证工件加工质量和刀具耐用度的前提下,达到提高生产率、降低生产成本的目的。影响刀具合理几何角度选择的主要因素是工件材料、刀具材料及类型、切削用量、工艺系统刚度以及机床功率等。

（1）前角的选择。

前角的大小影响切削变形、切削力、切削温度、刀具耐用度、加工表面质量和生产率,也影响切削刃的锋利程度及强度。增大前角可使切削变形减小,使切削力、切削温度降低,也能抑制积屑瘤等现象,提高已加工表面的质量。但前角过大,会导致刀具楔角变小,刀头强度降低,散热体积变小,切削温度升高,刀具磨损加剧,刀具耐用度降低。

加工塑料材料时选大前角的刀具,加工脆性材料时选小前角的刀具,材料的强度、硬度越高,所选刀具的前角应越小,甚至为负值。

高速钢刀具强度高、韧性好,可选较大前角;硬质合金刀具硬度高、脆性大,应选较小的前角;陶瓷刀具脆性更大,不耐冲击,前角应更小。

粗加工、断续切削时,选前角较小的刀具;精加工时,选前角较大的刀具。

机床功率大、工艺系统刚度高时,可选前角较小的刀具;机床功率小、工艺系统刚度低时,可选前角较大的刀具。

（2）后角的选择。

后角的大小主要影响后刀面与已加工表面之间的摩擦。增大后角,可减小刀具后刀面的摩擦与磨损,同时使楔角减小,刀刃锋利。但后角太小会使刀刃强度、散热能力、刀具耐用度降低。

粗加工、强力切削及承受冲击载荷的刀具要求刀具强固,应选小后角;精加工刀具磨损主要发生在切削刃和后刀面上,选大后角可以提高刀具耐用度和工件的加工表面质量。

工件材料的塑性好、韧性大,容易产生加工硬化,选大后角可减小摩擦;工件材料的强度或硬度高时,选小后角可保证刀具刃口强度。

由于工艺系统的刚度较低,在切削过程中容易产生振动,因此,建议选择较小的后角,以增加后刀面与加工表面的接触面积,从而增强刀具的阻尼效应。此外,可以在后刀面上磨制出刃带或消振棱,以进一步提升工件的加工表面质量。

（3）主、副偏角的选择。

主偏角减小时刀尖角增大、刀尖强度提高、散热体积增大,同时参加切削的刃长增加,可减小因切入冲击而造成的刀尖损坏,从而提高刀具的耐用度,还可使已加工表面的表面粗糙度减小。但减小主偏角会使背向力增高,易造成工件或刀杆弯曲变形,影响加工精度。

工艺系统刚度小时,取大的主偏角;加工很硬的材料时,为减小单位切削刃上的负荷,宜取较小的主偏角。切削层面积相同时,主偏角大的刀具,其切削厚度大,易断屑。

副偏角的作用是减小副切削刃与工件已加工表面间的摩擦。副偏角太大会使工件表面粗糙度增大,太小又会使背向力增大。在不致引起振动的前提下应取较小的副偏角;工艺系统刚度低时宜取较大的副偏角。

（4）刃倾角的选择。

刃倾角的功用是控制切屑流出的方向,增加刀刃的锋利程度,延长刀刃参加工作的长度,保护刀尖,使切削过程平稳。

粗加工时应选负刃倾角,以提高刃口强度;有冲击载荷时,为了保证刀尖强度,应尽量取较大的负刃倾角;精加工时,为保证加工质量宜采用正刃倾角,使切屑流向刀杆以免划伤已加工表面;工艺系统刚度不足时,取正刃倾角以减小背向力;刀具材料、工件材料硬度较高时,取负刃倾角。

在实际生产加工中,硬质合金车刀应用广泛。表 3-3、表 3-4、表 3-5、表 3-6 分别为硬质合金车刀前角、后角、主偏角和副偏角、刃倾角参考值。

表 3-3　硬质合金车刀前角参考值

工件材料	前角/(°)		工件材料	前角/(°)	
	粗车	精车		粗车	精车
低碳钢、Q235	18～20	20～25	40Cr(正火)	13～18	15～20
45#(正火)	15～18	18～20	40Cr(调质)	10～15	13～18
45#(调质)	10～15	13～18	40#、40Cr 锻件	10～15	15～20
45#、40Cr、铸钢、钢锻件断续切削	10～15	5～10	淬硬钢(40～50HRC)	－15～－5	
			灰铸铁断续切削	5～10	0～5
灰铸铁、青铜、脆黄铜	10～15	5～10	高强度钢(R_m<180 MPa)	－5	
铝及铝合金	30～35	35～40	高强度钢(R_m≥180 MPa)	－10	
紫铜	25～30	30～35	锻造高温合金	5～10	
奥氏体不锈钢(<185HBS)	15～25		铸造高温合金	0～5	
马氏体不锈钢(<250HBS)	15～25		钛与钛合金	5～10	
马氏体不锈钢(>250HBS)	－5		铸造碳化钨	－15～－10	

表 3-4　硬质合金车刀后角参考值

工件材料	后角/(°)		工件材料	后角/(°)	
	粗车	精车		粗车	精车
低碳钢	8～10	10～12	灰铸铁	4～6	6～8
中碳钢	5～7	6～8	铜及铜合金(脆)	4～6	6～8
合金钢	5～7	6～8	铝及铝合金	8～10	10～12
淬火钢	8～10		钛合金 R_m≤1.17 GPa	10～15	
不锈钢	6～8	8～10			

表 3-5　硬质合金车刀主、副偏角参考值

加工情况		角度参考值/(°)	
		主偏角	副偏角
粗车	工艺系统刚性好	45,60,75	5～10
	工艺系统刚性差	60,75,90	10～15

续表

加工情况		角度参考值/(°)	
		主偏角	副偏角
精车	工艺系统刚性好	45	0～5
	工艺系统刚性差	60,75	0～5
车细长轴、薄壁零件		90,93	6～10
车冷硬铸铁、淬火钢		10～30	4～10
从工件中间切入		45～60	30～45
切断刀、切槽刀		60～90	1～2

表 3-6　硬质合金车刀刃倾角参考值

应用范围	刃倾角/(°)	应用范围	刃倾角/(°)
精车有色金属	5～10	精车钢和细长轴	0～5
精车余量不均匀的钢	−10～−5	精车钢和灰铸铁	0～5
带冲击切削淬硬钢	−45～−10	断续车削钢和灰铸铁	−15～−10

四、车刀的装夹

1. 前置式四方可转位刀架

前置式刀架大多是四方可转位刀架,对安装使用的刀方有限制,若采用与刀架标准刀方一致的标准机夹外圆车刀,可不加垫片直接用螺钉夹紧,此时刀尖将与主轴中心等高,如图 3-19(a)所示。若采用的刀方比标准刀方小,则在底部加对应差值厚度垫片,以保证刀尖与主轴中心等高。对于内孔车刀,一般其刀杆截面为圆形,仅靠削平面夹紧是非常不可靠的。由于内孔车刀的刀尖与刀杆圆截面中心等高,因此可像图 3-19(b)那样制作一个简单的内孔车刀夹具。夹具的装刀孔中心到刀架装刀基面的高度应按照标准刀杆高度进行设计。

由于厂家在设定 −Z 向软行程极限时,通常是按标准刀方的外圆刀平装时贴靠三爪端面位置来设置的,因此若使用小刀方刀具,应注意装刀位置和极限行程之间的关系,以确保有足够的 Z 向行程。

从原理上讲,采用反手内孔车刀时,若将刀架移过主轴中心并且主轴反转,前置式刀架可当作后置式刀架使用。然而,若刀架过中心,大多数机床 −X 方向的行程通常设计得较小,因此在工艺安排中一般不考虑这种操作方式。对于排刀架式的数控车床(如图 3-20 所示),在选用刀具的左右偏向以及车床主轴对应的旋向时,必须进行周全的考虑。

2. 后置式回转刀盘

数控车床可以自动按程序设计的路线完成整个加工过程,加工中切削状态不需要像普通车床那样人为观察、控制,所以大多数数控车床采用后置式回转刀盘。同时为了保证排屑便利,横向拖板的运动方向应与地面倾斜成一定角度。

回转刀盘上车刀安装如图 3-21 所示,外圆刀装在径向,内孔刀装在轴向。外圆刀具夹

(a) 外圆刀安装

(b) 内孔刀安装

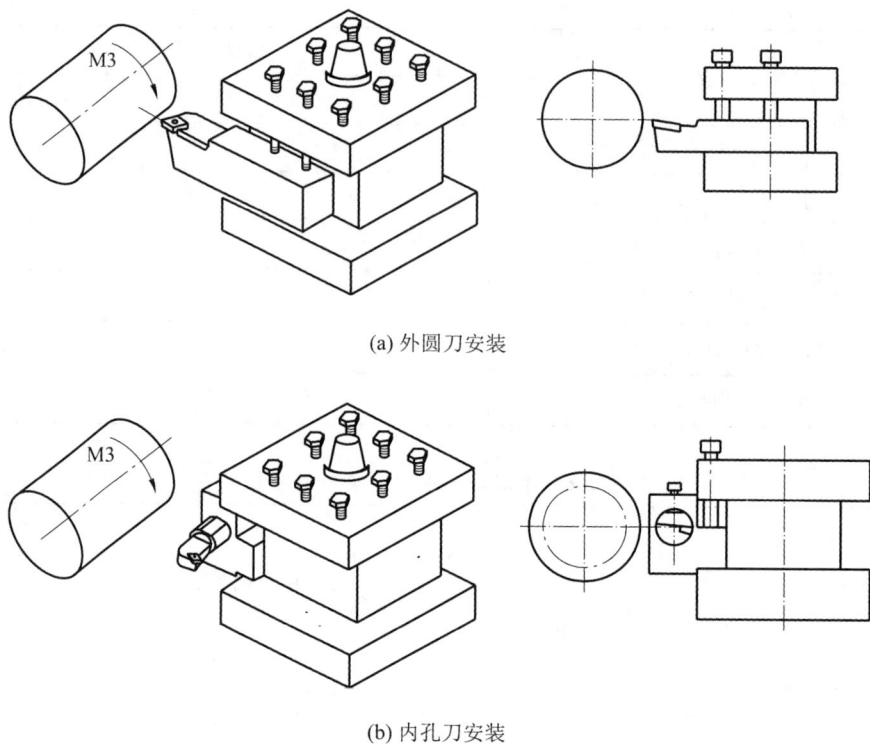

图 3-19　四方刀架上车刀的装夹

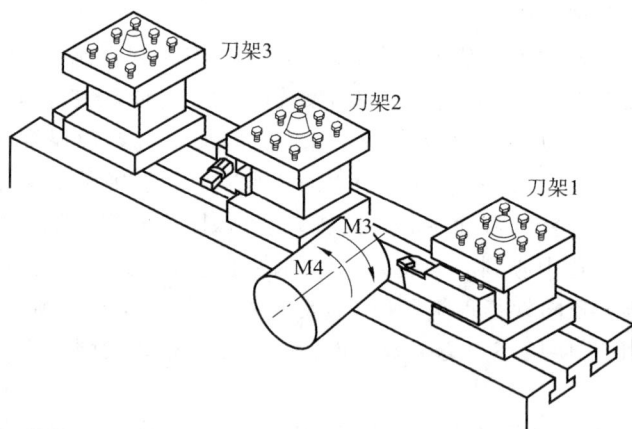

图 3-20　数控车床的排刀架

固槽应与刀架运动方向平行且保证刀尖中心高要求；内孔车刀刀尖点应装在刀座孔中心上，且与刀架运动方向平行。在 12 刀位回转刀盘中，外圆刀和内孔刀分别装在不同刀位上，可使用不同刀号及刀补号。如图 3-22 所示，6 刀位回转刀盘的外圆刀和内孔刀在某一刀位通常只能安装其中一个刀具来使用，若两个刀具同时安装，则使用同一刀号，此时应注意刀具间的相互干涉问题，在不干涉的情况下，可通过使用不同刀补号来分别构建坐标系。

　　对于后置式回转刀盘，由于涉及刀尖高问题，采用正手刀还是反手刀可通过改变装刀定

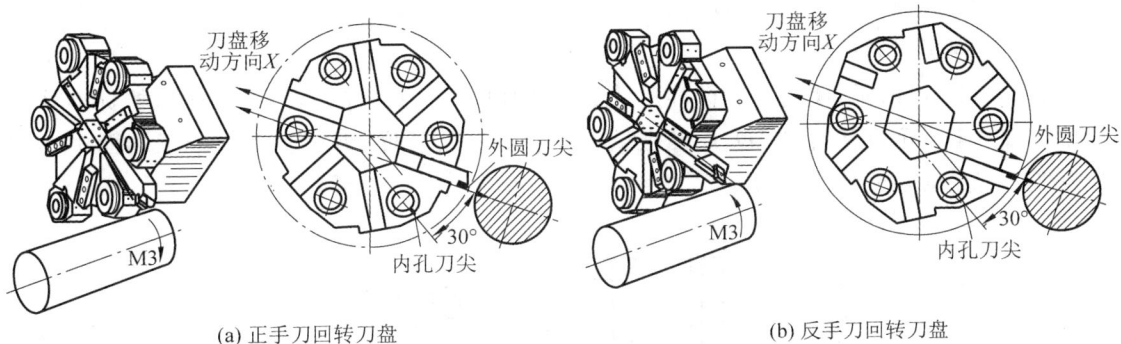

(a) 正手刀回转刀盘   (b) 反手刀回转刀盘

图 3-21   12 刀位回转刀盘

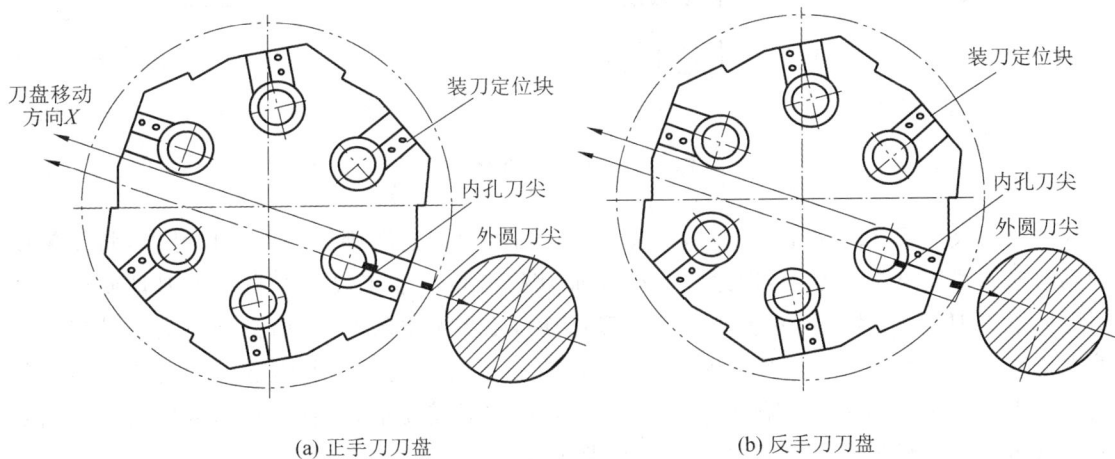

(a) 正手刀刀盘   (b) 反手刀刀盘

图 3-22   6 刀位回转刀盘

位块的位置来决定。更换正反手刀后,应注意更改参数设定,以调整主轴正转的旋向,或在程序中使用"M4S××××"指令来启动主轴。

五、数控车床的机内对刀仪对刀

采用机内对刀仪对刀具有简便、快捷、准确度高的优点,在条件允许时应尽可能采用对刀仪对刀。

1. 光学显微镜

如图 3-23(a)所示,光学显微镜宜配合对刀试棒使用。对刀试棒前端为 1/4 扇形块,便于各种刀尖接近轴心。采用光学显微镜精确测定刀尖与轴心的接触情况,设定试切直径 D 和试切长度 L 即可实现以卡爪端面中心位置为坐标零点的各刀具的对刀。

2. 电子传感器

如图 3-23(b)所示,传感器配备四个测头,分别用于测量左偏刀、右偏刀的 Z 向相对刀偏,以及外圆刀、内孔刀的 X 向相对刀偏。该对刀仪主要用于测定各刀具相对基准刀具的相对刀偏,基准刀还需要对工件进行试切对刀。若已知测头相对于机床或工件坐标系的位置，也可换算成绝对刀偏的对刀数据。

3.标准电子对刀试棒

如图 3-23(c)所示，使用具有标准尺寸 D、L 的电子对刀试棒，当刀尖接触试棒标准外圆面和右端面至指示灯亮后，按 D、L 设定试切直径和试切长度，即可实现以卡爪端面中心位置为坐标零点的各刀具的对刀。

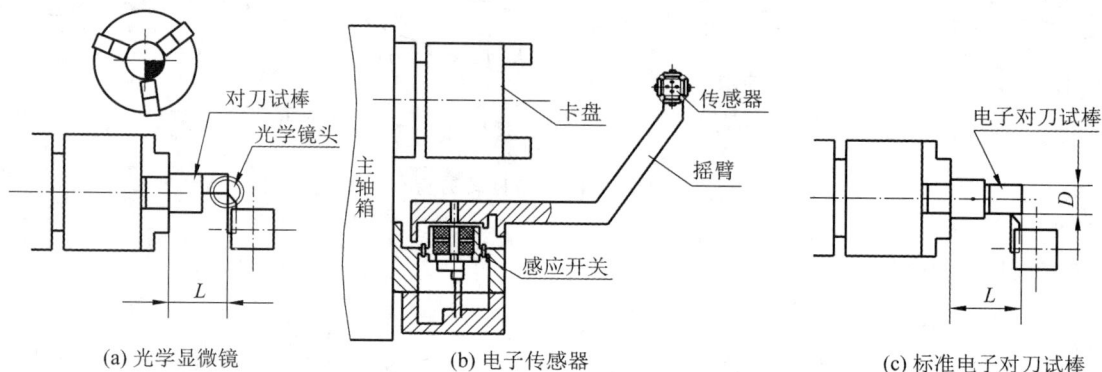

(a) 光学显微镜　　(b) 电子传感器　　(c) 标准电子对刀试棒

图 3-23　车床机内对刀仪

采用机夹车刀进行批量加工时，刀尖磨损后可通过测定车削后零件的尺寸差，将差值设置到对应刀号的磨损补偿中，通过自动修正而获得合格的加工尺寸。当达到刀具使用寿命而更换机夹刀片（刀片转位安装或更换新刀片）时，不需要重新对刀，但必须将磨损补偿中的数据清零。采用磨损补偿的尺寸微调方法，比直接修改刀偏数据来调整尺寸更便于刀具数据的管理。对于整体车刀和焊接车刀而言，刀具磨损后需要重新装卸刀具，因此必须重新对刀。这也正是批量加工时使用机夹车刀的优势所在。

3.3　数控车削加工的工艺设计

一、加工顺序的确定

在数控车床加工过程中，由于加工对象复杂多样，特别是轮廓曲线的形状及位置千变万化，加上材料不同、批量不同等多方面因素的影响，在对具体零件制定加工顺序时，应该进行具体分析和区别对待，灵活处理。只有这样，才能使所制定的加工顺序合理，从而实现质量优、效率高和成本低的加工。数控车削的加工顺序一般按照下述原则确定。

1.基面先行

用作基准的表面应优先加工出来，因为定位基准的表面越精确，装夹时定位误差就越小。故第一道工序一般是进行定位面的粗加工和半精加工（有时包括精加工），然后再以精基准加工其他表面。例如，加工轴类零件时，总是先加工中心孔，再以中心孔为精基准加工外圆表面和端面。安排加工顺序遵循的原则是，上道工序的加工能为后面的工序提供精基准和合适的夹紧表面。

2. 先粗后精

为了提高生产效率并保证零件的精加工质量,在切削加工时,应先安排粗加工工序,在较短的时间内,将精加工前大量的加工余量(如图 3-24 中的点画线内所示部分)去掉,同时尽量满足精加工的余量均匀性要求。

当粗加工后所留余量的均匀性满足不了精加工要求时,则可安排半精加工作为过渡性工序,以使精加工余量小而均匀。

在安排可以一刀或多刀进行的精加工工序时,其零件的最终轮廓应由最后一刀连续加工而成。

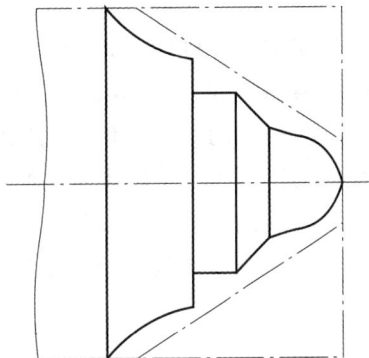

图 3-24 先粗后精

为充分释放粗加工时残存在工件内的应力,减少其对精加工的不良影响,在粗、精加工工序之间可适当安排一些精度要求不高部位的加工,如切槽、倒角、钻孔等。

3. 先近后远

尽可能采用最少的装夹次数和最少的刀具数量,以减小重新定位或换刀所引起的误差。一次装夹的加工顺序安排是先近后远,远与近是按加工部位相对于设定的刀具起始点(即起刀点)的距离大小而言的。一般情况下,特别是在粗加工时,通常安排离起刀点近的部位先加工,离起刀点远的部位后加工,以便缩短刀具移动距离,减少空行程时间。对于车削加工,先近后远有利于保持毛坯件或半成品件的刚性,改善其切削条件。

4. 先内后外,内外交叉

对既要加工内表面(内型、腔),又要加工外表面的零件,安排加工顺序时,应先进行内、外表面的粗加工,后进行内、外表面的精加工。切不可将零件上一部分表面(外表面或内表面)加工完毕后,再加工其他表面(内表面或外表面)。

上述的原则也不是一成不变的,对于某些特殊的情况,则需要采取灵活可变的方案。这有赖于编程者实际加工经验的不断积累。

二、走刀路线的确定

走刀路线包括切削加工的路线及刀具切入、切出等非切削空刀行程路线。走刀路线与零件的加工精度和表面粗糙度是密切相关的,因此编程之前,合理选择走刀路线是非常重要的。

走刀路线的确定原则是在保证加工质量的前提下,使加工程序具有最短的走刀路线。这样不仅可以节省整个加工过程的时间,还能减少一些不必要的刀具消耗及机床进给运动部件的磨损等。

1. 粗车走刀路线

现代数控车床控制系统按照传统外圆粗车和端面粗车的车削加工走刀方式,已提供了简单方便的编程指令 G71、G72,另外还有适应数控机床特点的环状粗车指令 G73。这些由系统预定义的粗切方式具有编程计算简单快捷的特点,是目前数控车削加工中广泛采用的几种粗车走刀路线。

图 3-25(a)所示是以外圆车削为主、从大到小(孔加工时是从小到大)层层切削的走刀方式,对于切削区域轴向余量较大的细长轴套类零件的粗车,使用该方式加工可减少分层次数,使走刀路线变短;图 3-25(b)所示是以端面车削为主、从右往左(或从左往右)层层切削的走刀路线安排方式,主要用于切削区域径向余量较大的轮盘类零件的粗车加工,并使得走刀路线变短;图 3-25(c)所示是针对数控系统控制特点而采用的固定轮廓从外向里(或从里向外)层层切削的走刀路线安排方式,这种方式较适合周边余量相对均匀的铸、锻坯料的粗车加工,但不适合从棒料开始粗车加工,那样会有很多空程的切削进给路线。

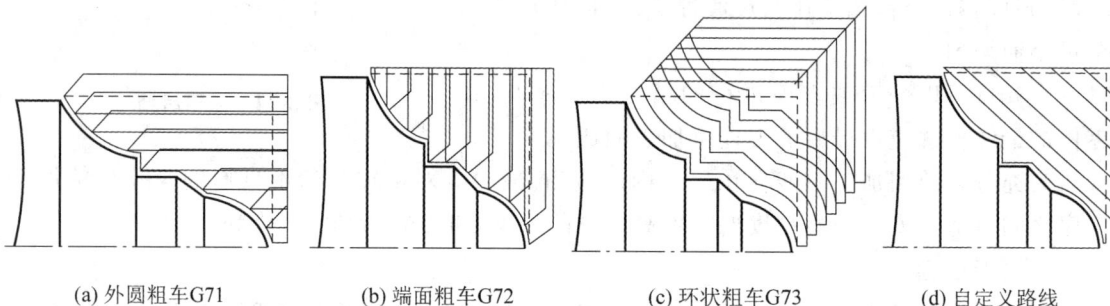

(a) 外圆粗车G71　　(b) 端面粗车G72　　(c) 环状粗车G73　　(d) 自定义路线

图 3-25　粗车进给路线示例

以上是从编程简便的角度考虑,由系统提供的快捷编程手段,对于批量不大、要求准备周期短的产品是比较适合的。当产品批量大时,就需要优化走刀路线,进一步缩短粗车加工时间,若采用图 3-25(d)所示的自定义走刀路线,能比 G71、G72、G73 的走刀路线更短,即使需要计算节点、编程调试复杂、准备时间较长也应坚持采用。

如图 3-26 所示,对于粗车或半精车铸锻毛坯零件,使用外圆车刀按矩形循环安排走刀路线时,若选择图 3-26(a)所示的从右往左、由小到大逐次车削路线,由于背吃刀量不能过大,则所剩的余量就必然过多;若选择图 3-26(b)所示的从大到小依次车削路线,则在保证同样背吃刀量的条件下,每次切削所留余量就比较均匀,因此,这种切削路线是一种合理的阶梯切削路线。数控机床的控制特点使其不受矩形路线的限制,可采用图 3-26(c)所示双向进给切削的走刀路线,但要避免背吃刀量过大的情况,因此应选用主、副切削刃能交替使用的刀片,以实现双向切削。

2. 精车走刀路线

在安排一刀或多刀进行的精加工进给路线时,其零件的最终轮廓应由最后一刀连续加工而成,并且加工刀具的进、退刀位置要考虑妥当,尽量不要在连续的轮廓中安排切入、切出、换刀及停顿。切入、切出及接刀点位置应选在有空刀槽或表面间有拐点、转角的位置,不能选在曲线要求相切或光滑连接的部位,以免因切削力突然变化而造成弹性变形,致使光滑连接轮廓上产生表面划伤、形状突变或滞留刀痕等缺陷。

对于各部位精度要求不一致的精车走刀路线,当各部位精度相差不是很大时,应以最严的精度为准,连续走刀加工所有部位;若各部位精度相差很大,则精度接近的表面安排在同一把刀走刀路线内加工,并先加工精度较低的部位,最后再单独安排精度高的部位的走刀路线。

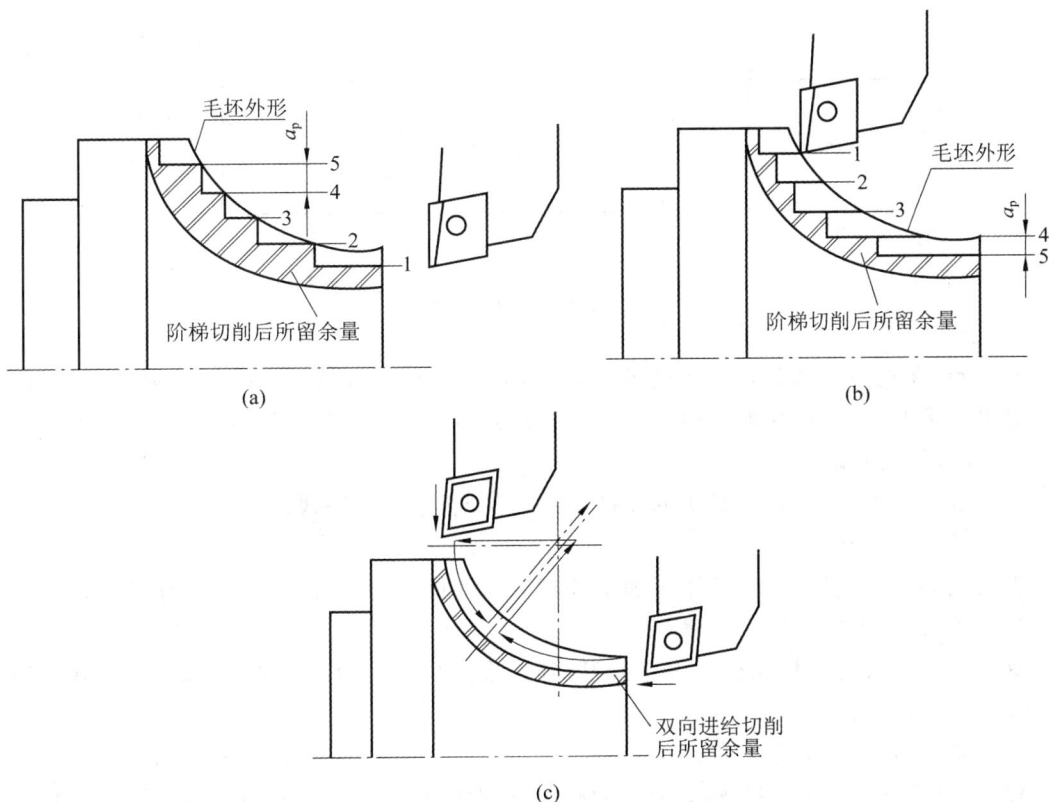

图 3-26 大余量毛坯的阶梯切削路线

3. 空行程走刀路线

1）起刀点的设定

粗加工或半精加工时，毛坯余量较大，如前所述，可采用系统提供的简单或复合车削循环指令加工。使用固定循环时，循环起点通常应设在毛坯外面。

对于固定循环走刀路线：使用 G80、G71 做外圆车削类加工时，按图 3-27(a)进行起刀点位置的设定会导致刀具在快进时就与毛坯发生干涉，若按图 3-27(b)安排起刀点位置则可避免干涉；使用 G81、G72 指令时，按图 3-27(b)安排起刀点位置易导致刀具在快进时与毛坯发生干涉，而按图 3-27(a)安排起刀点位置就比较合适。一般地，为安全起见，通常像图 3-27(c)那样，将起刀点安排在毛坯径向外侧，同时又在毛坯轴向外侧。为节省空行程的走刀时间，应将起刀点安排在毛坯待加工区域附近，具体视加工区域和走刀路线而定，起刀点与毛坯的轴向间隙和径向间隙通常为 2～3 mm 即可。

2）换刀点的设定

换刀点是指刀架转动换刀时的位置，应设在工件及夹具的外部，以换刀时不碰工件及机床、夹具等部件为准。

对单件小批量生产的零件，换刀点轴向位置由轴向最长的刀具（如内孔镗刀、钻头等）决定，换刀点径向位置由径向最长刀具（如外圆刀、切刀等）决定。该换刀点设定方式的优点是安全、简便，缺点是增加了刀具到零件加工表面的运动距离，降低了加工效率。

对于大批量生产零件，为缩短空走刀路线，提高加工效率，在某些情况下可以不设定固

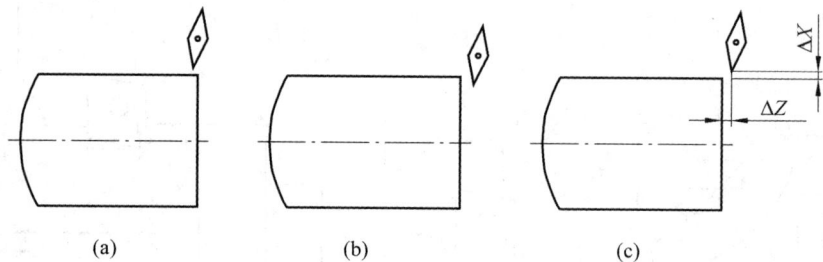

图 3-27　起刀点设定

定的换刀点,每把刀有其各自不同的换刀位置,且每一把刀具的换刀位置要经过仔细计算。其应遵循的原则:一是确保换刀时刀具不与工件发生碰撞;二是力求使换刀路线最短。

3）退刀路线的设定

在数控车削加工中,刀具加工的零件的部位不同,退刀的路线也不相同。

（1）斜线退刀方式。

斜线退刀方式路线最短,适用于加工外圆表面的偏刀的退刀,如图 3-28（a）所示。

（2）径-轴向退刀方式。

这种退刀方式是刀具先径向垂直退刀,到达指定位置时再轴向退刀,如图 3-28（b）所示切槽加工时的退刀。

（3）轴-径向退刀方式。

轴-径向退刀的顺序与径-轴向退刀的顺序恰好相反,如图 3-28（c）所示镗孔时的退刀。

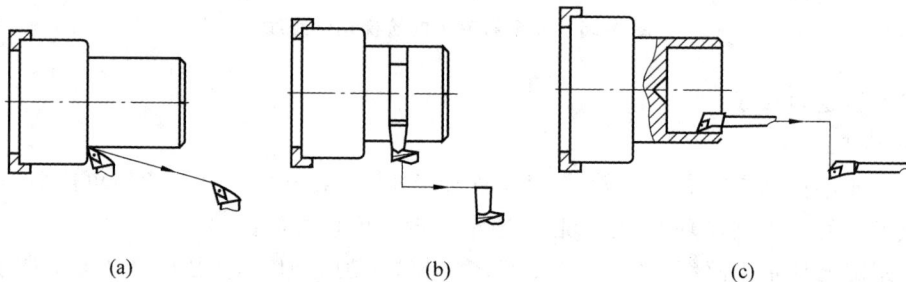

图 3-28　几种退刀方式

4. 特殊的走刀路线

在数控车削加工中,一般情况下,Z 方向的进给运动都是沿着负方向进给的,但有时按其常规的负方向进给并不合理,甚至可能车坏工件。

例如,当采用尖形车刀加工大圆弧内表面零件时,安排两种不同的进给方法,其结果也不相同,如图 3-29 所示。对于图 3-29（a）所示的第一种进给方法（$-Z$ 走向）,因切削尖形车刀的主偏角为 $100°\sim150°$,这时切削力在 X 方向的较大分力 F_p 沿着图 3-29（a）所示的 $+X$ 方向作用。当刀尖运动到圆弧的换象限处,即由 $-Z$、$-X$ 方向向 $-Z$、$+X$ 方向变换时,吃刀抗力 F_p 与丝杠传动横向滑板的传动力方向由原来相反变为相同。若螺旋副间有机械传动间隙,就可能使刀尖嵌入零件表面（即扎刀）,其嵌入量在理论上等于其机械传动间隙,即使该间隙量很小,由于刀尖在 X 方向换向时,横向滑板进给过程的位移量变化也很小,加上滑板与导轨处于动、静摩擦的过渡状态,因此横向滑板会产生严重的爬行现象,从而大大降

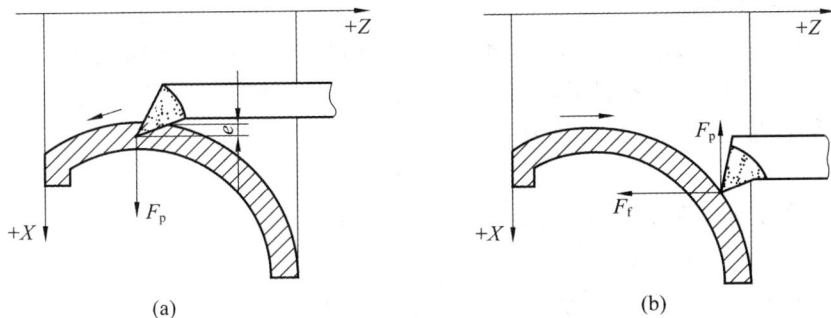

图 3-29 特殊的走刀路线

低零件的表面质量。

对于图 3-29(b)所示的进给方法,因为刀尖运动到圆弧的换象限处,即由+Z、−X 方向向+Z、+X 方向变换时,吃刀抗力 F_p 与丝杠传动横向滑板的传动力方向相反,不会受螺旋副机械传动间隙的影响而产生扎刀现象,此进给方案是较合理的。

三、车削用量的选择

数控车削加工切削用量的选择包括背吃刀量 a_p、主轴转速 S 和进给速度 F(或进给量 f)等。这些参数均应在机床技术参数允许的范围内选取。

1. 选择切削用量时应注意的问题

1)粗车时主轴转速

粗车时主轴转速应根据零件上被加工部位的直径,并按零件和刀具的材料及加工性质等条件所允许的切削速度来确定。切削速度除了计算和查表选取外,还可根据实践经验确定。需要注意的是,采用交流变频调速的数控车床在低速转动时主轴输出力矩小,因而切削速度不能太低。

2)恒线速度切削

车削时如果主轴转速固定,由于加工表面直径的变化,切削速度也随着变化,因此有可能出现表面粗糙度不一致等现象,故通常采取恒线速度进行车削加工,即在切削工件过程中切削速度保持不变。数控系统在恒线速度状态下可随着加工处直径的减小而相应增加主轴转速,这样有助于提高加工表面质量,提高生产率。但在恒线速度情况下车端面时,当刀具接近工件中心时,主轴转速会变得相当大,因此需要在程序中限制主轴的最高转速。

3)车螺纹时的主轴转速

在切削螺纹时,车床的主轴转速将受到螺纹的螺距(导程)大小、驱动电机的升降速特性及螺纹插补运算速度等多种因素影响,故对于不同的数控系统,推荐不同的主轴转速选择范围,并在螺纹加工的刀具路径中设置进刀加速段和退刀减速段。对于大多数普通型车床数控系统,推荐车螺纹时的主轴转速按下式选定:

$$S \leqslant \frac{1200}{P} - k \tag{3-1}$$

式中:P——螺纹的螺距(导程),单位为 mm;

k——保险系数,一般取为 80;

S——主轴转速,单位为 r/min。

4）进给速度的确定

进给速度的单位一般为 mm/min，有些数控车床系统也可以选用进给量（单位为 mm/r）来表示进给速度，所以在工艺制定时既可以确定进给速度 F，也可以选定进给量 f。

进给速度 F 与进给量 f 的关系如下：

$$F = Sf \qquad (3\text{-}2)$$

式中：F——进给速度，单位为 mm/min；

   f——进给量，单位为 mm/r。

进给速度或进给量可参考下述情况进行选取：

（1）在工件的质量要求能够得到保证的前提下，为提高生产率，可选择较高的进给速度，一般在 $100\sim200$ mm/min 的范围内选取；

（2）在切断、车削深孔或用高速钢刀具进行加工时，宜选择较低的进给速度，一般在 $20\sim50$ mm/min 的范围内选取；

（3）当加工精度、表面粗糙度要求较高时，进给速度应选得小些，一般在 $20\sim50$ mm/min 的范围内选取；

（4）对于刀具空行程，特别是需机床做远距离"回零"时，可以选用该机床数控系统设定的最高进给速度；

（5）进给速度应与主轴转速和背吃刀量相适应。

2. 车削加工切削用量的确定

在确定数控车削加工的背吃刀量 a_p、主轴转速 S 和进给速度 F（进给量 f）等切削用量时，可以先根据是粗加工、半精加工还是精加工以及工件加工余量等情况，确定加工的背吃刀量，然后根据刀具的选用和工件的材质状况，查阅有关的机械加工工艺手册或刀具商提供的技术参数来选取主轴转速和进给速度，也可参考常用切削用量表来选定。

对查取的切削用量，应根据具体情况进行适当的修正，并应用式(3-1)计算出车削加工时主轴的转速，由于数控机床均具有主轴修调功能，故对计算的主轴转速应取整。

选择精加工进给量时，应考虑进给量、刀尖圆弧半径与表面粗糙度之间的关系，以确保加工表面的质量。

3. 螺纹加工的走刀次数与进刀量确定

螺纹加工时走刀分恒定切削面积和恒定进刀量两种方式。恒定切削面积方式即进刀量连续递减，切削面积保持不变的走刀方式，这种方式是数控机床上最常用的方式。其进给量按下式计算：

$$\Delta a_{pi} = \frac{h}{\sqrt{n_a-1}} \times \sqrt{\varphi_i} \qquad (3\text{-}3)$$

式中：Δa_{pi}——第 i 次横向进刀总量，单位为 mm；

   h——螺纹的牙深，单位为 mm；

   n_a——走刀次数；

   φ_i——调整系数，$\varphi_1=0.3，\varphi_2=1，\varphi_3=2，\cdots，\varphi_n=n-1$。

例如，对于螺距为 1.5 mm 的 ISO 公制外螺纹，计算得 Δa_{pi} 分别为 0.23，0.42，0.59，0.73，0.84 和 0.94 mm，则每次走刀的进给量分别为 0.23，0.19，0.17，0.14，0.11 和 0.1 mm。

采用恒定进刀量的进刀方式可获得最佳的切屑控制效果,也可保证刀具的使用寿命,在数控机床的加工中被越来越多地采用。刀具进给量初始值大约为 0.12~0.18 mm,且需保证最后一次走刀的进给量不小于 0.08 mm。

例如:对于螺距为 2.0 mm 的 ISO 公制外螺纹,查表知其牙深为 1.28 mm,进刀次数为 8 次,则

$$1.28 = 0.17 \times 7 + 0.09$$

即最后一次的进给量为 0.09 mm,其余 7 次的进给量为 0.17 mm。

◀ 3.4 典型零件的数控车削工艺 ▶

一、轴套类零件的数控车削工艺

图 3-30 所示轴套零件为一典型轴套类零件。该零件在进行数控加工前已在普通车床上按图 3-31 所示加工图进行过粗车,下面详细介绍其在数控车床上加工右端的数控车削工艺设计过程。

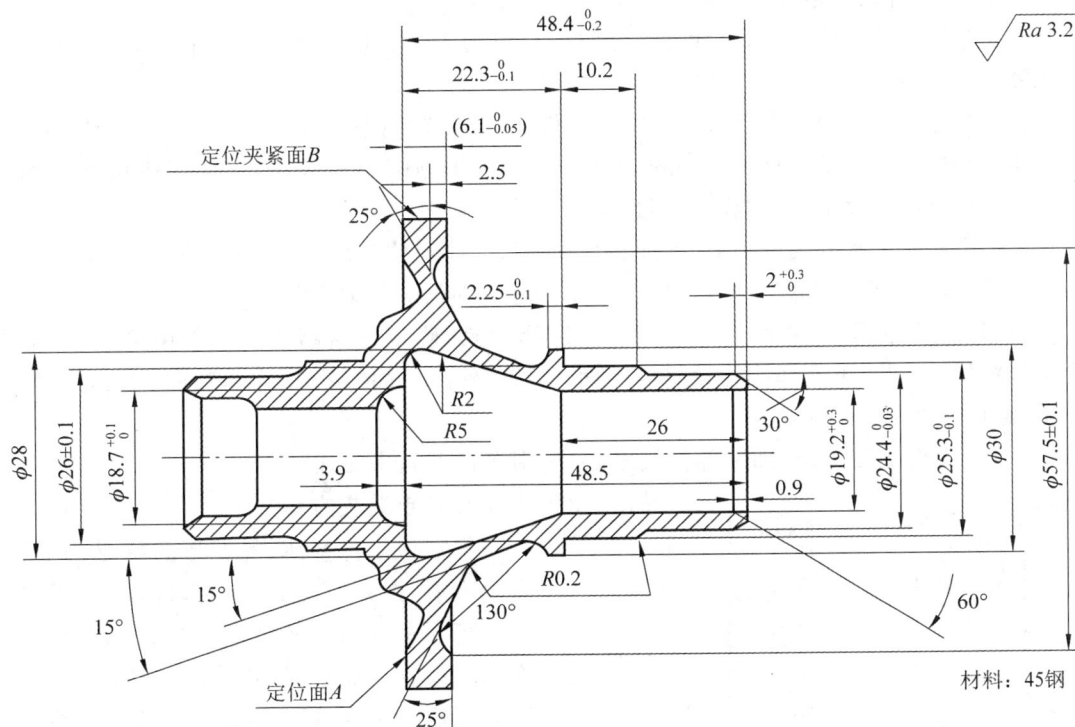

图 3-30 典型轴套零件车削工序图

1. 零件工艺分析

由图 3-30 可以看出,该轴套零件主要由内外圆柱面、内外圆锥面、平面及圆弧等组成,结构形状较复杂;加工的部位多,零件的 $\phi24.4_{-0.03}^{0}$ mm 和 $6.1_{-0.05}^{0}$ mm 两处尺寸精度要求较高,加工精度要求高;外圆锥面上有几处 $R2$ mm 的圆弧面;工件壁薄,加工中极易变形,加工

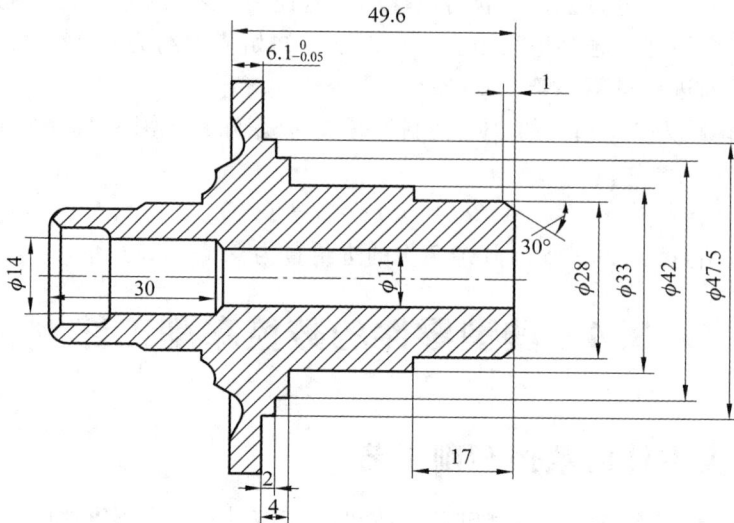

图 3-31　轴套零件粗车工序图

难度较大,因此宜采用数控车削加工工艺。

该零件的轮廓描述清晰,尺寸标注完整。材料为 45 钢,切削加工性能较好,无热处理技术要求。

通过上述分析可知,对于图 3-30 所示零件,在数控车削中可以采取以下几点工艺措施:

(1) 对于工件外圆锥面上 R2 mm 的圆弧面,由于圆弧半径较小,直接用成形车刀加工比用圆弧插补切削效率高,编程工作量小。

(2) 用端面 A 和外圆柱面 B 分别作为轴向和径向定位基准,可实现基准重合,减小定位误差,对保证加工精度有利。同时,应在加工中仔细对刀并认真调整机床。

(3) 因工件壁薄、易变形,在工件装夹、选择刀具、确定进给路线和切削用量方面,都需要认真考虑。为此,可选择刚性较好的端面 A 和大外圆柱面 B 分别作为轴向和径向定位基准,以减少夹紧变形的影响。

(4) 该零件比较复杂,加工部位较多,需采用多把刀具来完成加工。

2. 确定装夹方案

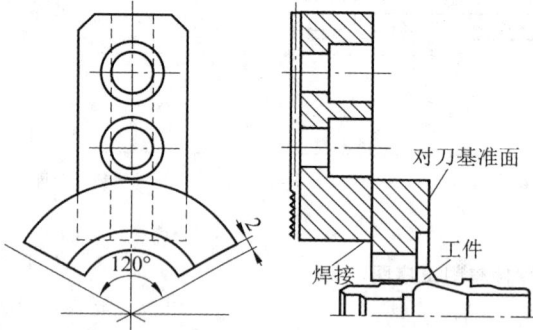

图 3-32　包容式软爪

根据该工件壁薄、易变形的特点,为减少夹紧变形,撇开所有的加工部位,可采用如图 3-32 所示的包容式软爪进行装夹。该软爪底部的端齿在卡盘上定位,能保持较高的重复安装精度。为了便于在加工中对刀和测量,可以在软爪上设定一个对刀基准面。为准确控制基准面至轴向支承面的距离,在数控车床上加工软爪的径向夹持表面时应一并将轴向定位支承表面加工出来。

3. 确定加工顺序、进给路线及刀具

根据先粗后精、先近后远、内外交叉的原则确定加工顺序和进给路线。所选刀具除成形

车刀外,都是机夹可转位车刀。具体的加工顺序和进给路线如下:

(1)粗车外圆表面。选用 80°菱形刀片将整个外圆表面粗车成形,其进给路线如图 3-33 所示。图中虚线是对刀时的进给路线,软爪上对刀基准面与对刀点刀尖的距离(10 mm)用塞尺校准。

(2)半精车外圆锥面及过渡圆弧。选用圆弧半径为 $R2$ mm 的圆弧形车刀加工 25°、15° 两外圆锥面及三处 $R2$ mm 的过渡圆弧,进给路线如图 3-34 所示。

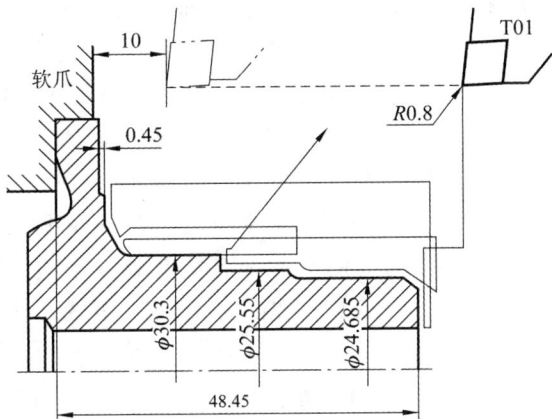

图 3-33　粗车外圆表面进给路线

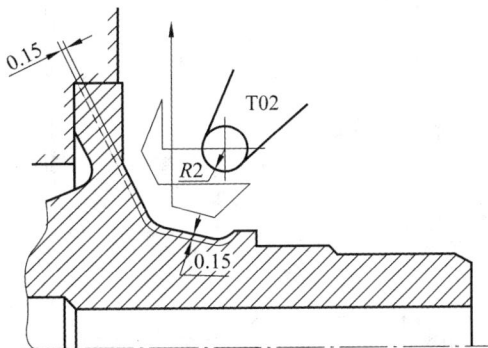

图 3-34　半精车外圆锥面及过渡圆弧进给路线

(3)粗车内孔端部。因为内孔端部离夹持部位较远,车削加工 $\phi 19.2^{+0.3}_{0}$ mm 内圆柱面的切削力远比钻削扩孔的切削力小,减小切削变形有利,故内孔端部采用 60°带 $R0.4$ mm 圆弧刃的三角形刀片进行车削加工,其进给路线如图 3-35 所示。

(4)扩内孔深部。因为扩孔效率比车削高,内孔深部采用钻削扩孔的办法不仅可提高加工效率,而且切屑易于排出,故深孔内部采用 $\phi 18$ mm 麻花钻扩孔,其进给路线见图 3-36。

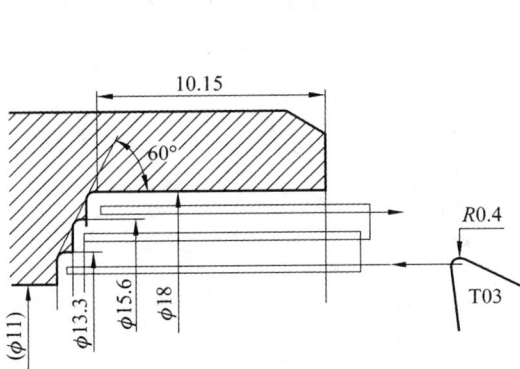

图 3-35　内孔端部粗车进给路线

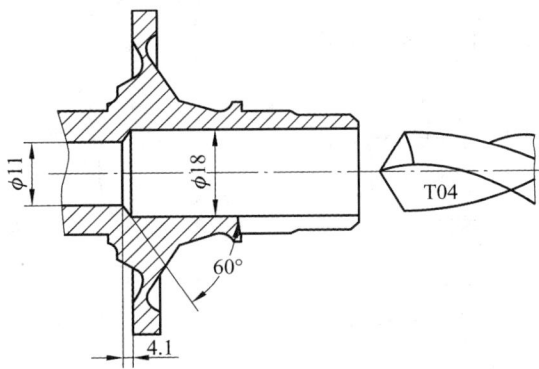

图 3-36　内孔深部钻削进给路线

需要说明的是,内孔端部和内孔深部也可以不分工步,直接由一个车削工步或一个扩孔工步加工完成。

(5)粗车内圆锥面及半精车其余内表面。选用 55°带 $R0.4$ mm 圆弧刃的菱形刀片半精车 $\phi 19.2^{+0.3}_{0}$ mm 内圆柱面、$R2$ mm 圆弧面及左侧内表面,粗车 15°内圆锥面。由于内圆锥面

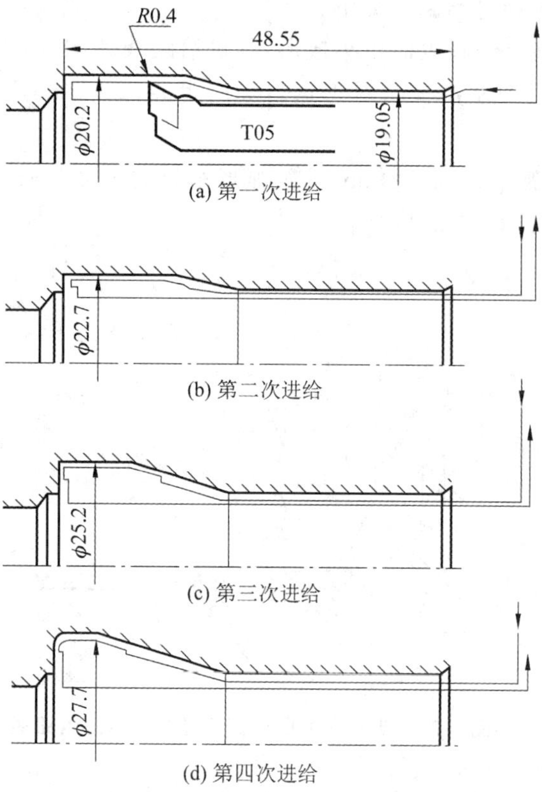

(a) 第一次进给

(b) 第二次进给

(c) 第三次进给

(d) 第四次进给

图 3-37　半精车内表面进给路线

的切削余量较大,可分 4 次进给,进给路线如图 3-37 所示。每两次进给之间都安排一次退刀停车,以便操作者及时清除孔内切屑。

(6) 精车外圆柱面及端面。选用 80°带 $R0.4$ mm 圆弧刃的菱形刀片,按右端面、$\phi24.385$ mm、$\phi25.25$ mm、$\phi30$ mm 外圆面和 $R2$ mm 圆弧面、倒角、台阶面的顺序依次加工,其加工路线如图 3-38 所示。

(7) 精车外圆锥面及过渡圆弧。用 $R2$ mm 的圆弧车刀精车 25°外圆锥面及 $R2$ mm 圆弧面,其进给路线如图 3-39 所示。

(8) 精车 15°外圆锥面及 $R2$ mm 圆弧面。用 $R2$ mm 的圆弧车刀精车 15°外圆锥面及 $R2$ mm 圆弧面,其进给路线如图 3-40 所示。

(9) 精车内表面。用 55°带 $R0.4$ mm 圆弧刃的菱形刀片精车 $\phi19.2_{0}^{+0.3}$ mm 内孔、15°内圆锥面、$R2$ mm 圆弧面及锥孔端面,其精车进给路线如图 3-41 所示。

(10) 加工最深处 $\phi18.7_{0}^{+0.1}$ mm 内孔及端面。选用 80°带 $R0.4$ mm 圆弧刃的菱形刀片,分 2 次进给,加工最深处 $\phi18.7_{0}^{+0.1}$ mm 内孔及端面。为了便于钩除切屑,中间需退刀一次,其进给路线如图 3-42 所示。

图 3-42 中车内孔根部端面与倒角所采用的进给方向是为了防止因刀具伸入长、刚性差而可能引起的振动。

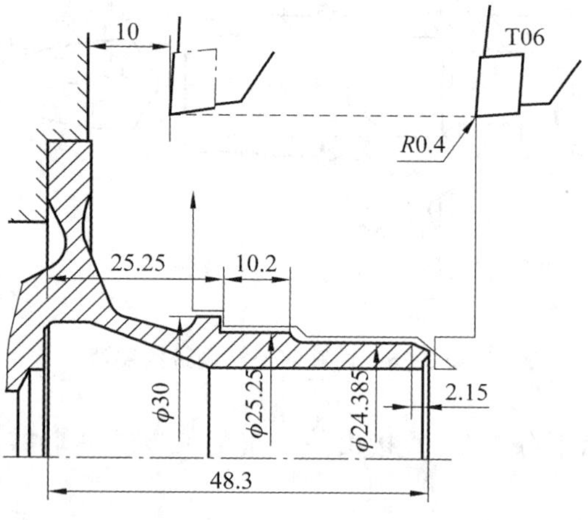

图 3-38　精车外圆柱面及端面进给路线

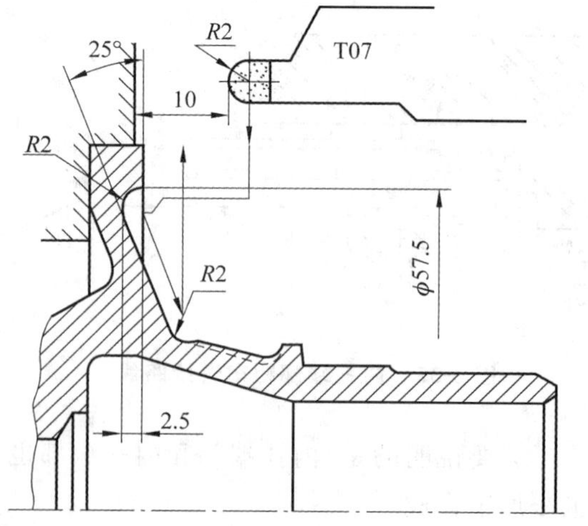

图 3-39　精车 25°外圆锥面及过渡圆弧进给路线

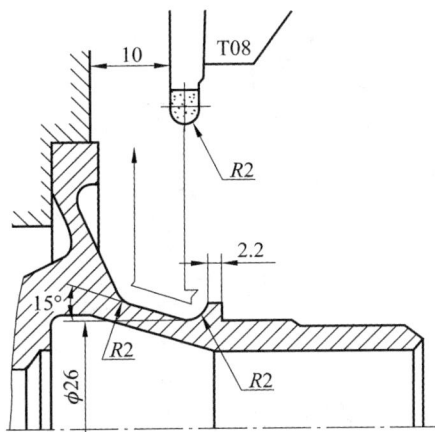

图 3-40　精车 15°外圆锥面及过渡圆弧进给路线

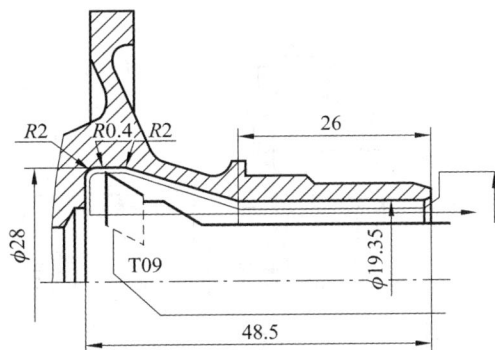

图 3-41　精车内表面进给路线

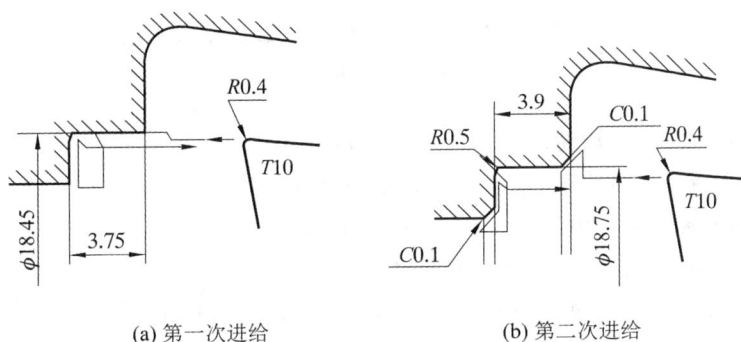

(a) 第一次进给　　　　　　(b) 第二次进给

图 3-42　内部深孔钻削进给路线

　　在确认了零件的进给路线、切削刀具之后,视所用刀具数量来确定是否绘制刀具调整图。若使用刀具较多,为直观起见,可结合零件定位和编程加工具体情况来绘制刀具调整图,以指导加工时的装刀和对刀调整。图 3-43 所示为本例的刀具调整图。

　　刀具调整图反映了如下内容:

　　(1) 本工序所需刀具的种类、形状、安装位置、预调尺寸和刀尖圆弧半径值等,有时还包括刀补组号。

　　(2) 刀位点。若以刀具端点为刀位点,则刀具调整图中 X 向和 Z 向的刀偏尺寸终止线交点即为该刀具的刀位点。

　　(3) 工件的安装方式及待加工部位。

　　(4) 工件的坐标原点。

　　(5) 工件主要尺寸的程序设定值(一般取为工作尺寸的中值)。

4. 选择切削用量

　　根据加工要求和各工步加工表面形状选择切削用量。具体如下。

　　(1) 粗车外圆表面:车削端面时主轴转速 $S=1400$ r/min,其余部位 $S=1000$ r/min,端部倒角进给量 $f=0.15$ mm/r,其余部位 $f=0.2\sim0.25$ mm/r。

　　(2) 半精车外圆锥面及过渡圆弧:主轴转速 $S=1000$ r/min,切入时进给量 $f=0.1$ mm/r,进给时 $f=0.2$ mm/r。

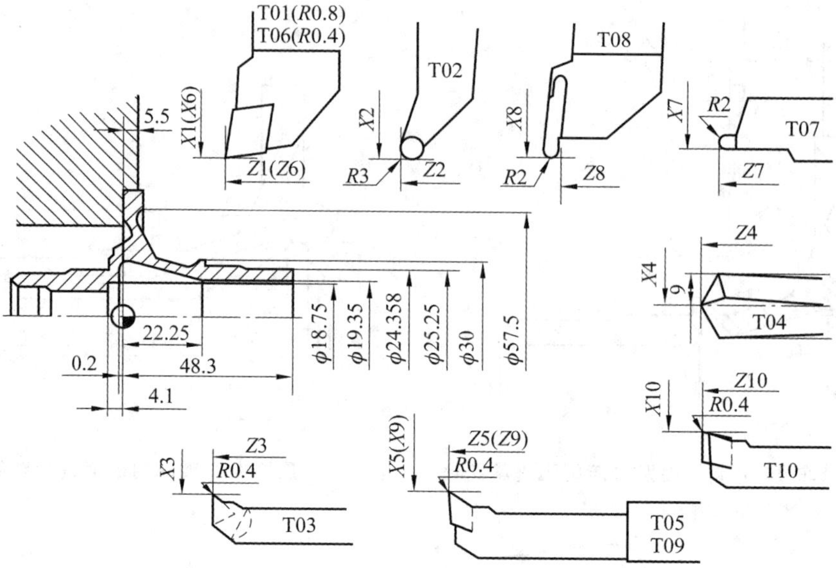

图 3-43 刀具调整图

（3）粗车内孔端部：主轴转速 $S=1000$ r/min，进给量 $f=0.1$ mm/r。

（4）扩内孔深部：主轴转速 $S=550$ r/min，进给量 $f=0.15$ mm/r。

（5）粗车内圆锥面及半精车其余内表面：主轴转速 $S=700$ r/min，车削 $\phi19.05$ mm 内孔时进给量 $f=0.2$ mm/r。车削其余部分时 $f=0.1$ mm/r。

（6）精车外圆柱面及端面：主轴转速 $S=1400$ r/min，进给量 $f=0.15$ mm/r。

（7）精车 25°外圆锥面及 $R2$ mm 圆弧面：主轴转速 $S=700$ r/min，进给量 $f=0.1$ mm/r。

（8）精车 15°外圆锥面及 $R2$ mm 圆弧面：切削用量与精车 25°外圆锥面相同。

（9）精车内表面：主轴转速 $S=1000$ r/min，进给量 $f=0.1$ mm/r。

（10）车削最深处 $\phi18.7^{+0.1}_{0}$ mm 内孔及端面：主轴转速 $S=1000$ r/min，进给量 $f=0.1$ mm/r。

5. 填写工艺文件

（1）按加工顺序将各工步的加工内容、所用刀具及切削用量等填入数控加工工序卡中，见表 3-7。

表 3-7 数控加工工序卡

工厂名称		产品名称或代号		零件名称	零件图号
				轴套	
工序	程序编号		夹具名称	使用设备	车间
			包容式软爪	T6 数控车床	
工步	工步内容	刀具号	刀具规格	主轴转速/(r/min)	进给量/(mm/r)	背吃刀量/mm	备注
1	① 粗车端面； ② 粗车外表面分别至尺寸 $\phi24.68$、$\phi25.55$、$\phi30.3$ mm	T01	SCLCR 2020K09	1400，1000	0.15，0.2～0.25		

续表

工步	工步内容	刀具号	刀具规格	主轴转速/(r/min)	进给量/(mm/r)	背吃刀量/mm	备注
2	半精车外圆锥面,留余量0.15 mm	T02	SRGCR 2020K06	1000	0.1,0.2		
3	粗车深度为10.15 mm的ϕ18 mm内孔	T03	S08K-STF CR09	1000	0.1		
4	扩ϕ18 mm内孔深部	T04	HSS-D18	550	0.15		
5	分别粗车内圆锥面及半精车内表面至尺寸ϕ27.7 mm和ϕ19.05 mm	T05	S16N-SDU CR07	700	0.2,0.1		
6	精车外圆柱面及端面至尺寸	T06	SCLCR 2020K09	1400	0.15		
7	精车25°外圆锥面及$R2$ mm圆弧面至尺寸	T07	成形车刀(定制刀具)	700	0.1		
8	精车15°外圆锥面及$R2$ mm圆弧面至尺寸	T08	成形车刀(定制刀具)	700	0.1		
9	精车内表面至尺寸	T09	S16N-SDU CR07	1000	0.1		
10	精车$\phi18.7^{+0.1}_{0}$ mm及端面至尺寸	T10	S12M-SCL CR06	1000	0.1		
编制		审核		批准		共　页	第　页

（2）将选定的各工步所用刀具的刀具型号、刀片型号及刀尖圆弧半径等填入数控加工刀具卡中,见表3-8。

表 3-8　轴套数控加工刀具卡

产品名称或代号			零件名称	轴套	零件图号	
序号	刀具号	刀具规格名称	数量	刀片型号	刀尖半径/mm	备注
1	T01	机夹式可转位车刀	1	CCMT097308	0.8	
2	T02	机夹式可转位车刀	1	RCMT060200	2	
3	T03	机夹式可转位车刀	1	TCMT090204	0.4	
4	T04	ϕ18 mm麻花钻	1	HSS-D18		
5	T05	机夹式可转位车刀	1	DCMA070204	0.4	
6	T06	机夹式可转位车刀	1	CCMW080304	0.4	
7	T07	成形车刀	1	(定制刀具)	2	
8	T08	成形车刀	1	(定制刀具)	2	
9	T09	机夹式可转位车刀	1	DCMA070204	0.4	
10	T10	机夹式可转位车刀	1	CCMW060204	0.4	
编制		审核		批准	共　页	第　页

上述两卡和零件图是编制数控加工程序的主要依据。

（3）根据各工步的进给路线绘制进给路线图。

二、缸孔的车削加工工艺

下面以大批量生产的活塞缸零件(见图 3-44)为例,介绍其数控车削加工工艺。

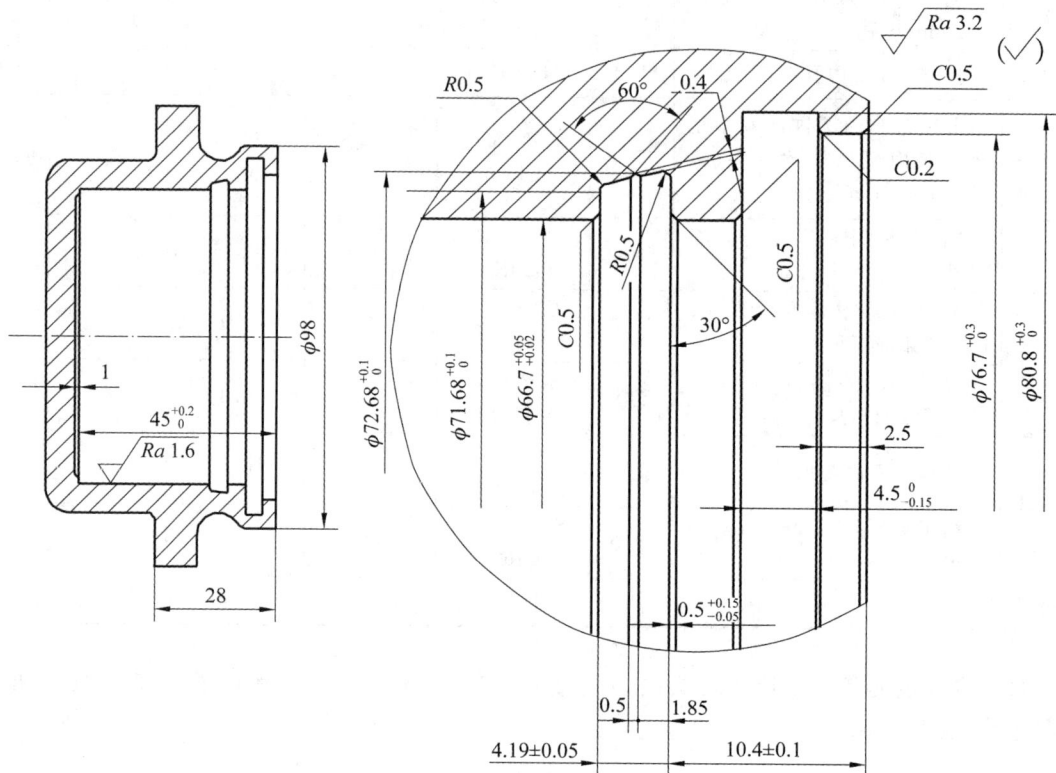

图 3-44　活塞缸零件图

1. 零件工艺分析

该零件采用铸造毛坯,外形由铸造保证,机械制造时主要进行缸孔加工。缸孔虽然没有复杂的轮廓形状,但两处密封槽的结构比较复杂,槽窄而转角圆弧小,不便于做直线及圆弧插补切削,宜采用成形刀具加工,以方便编程和提高切削效率。缸孔及密封槽在直径方向和轴向位置、槽宽方面均有一定的尺寸精度要求,其中缸孔内径 $\phi 66.7^{+0.05}_{-0.02}$ mm 精度最高,达 IT7 级,且有较高的表面粗糙度要求,需通过精车来保证;$\phi 72.68^{+0.1}_{0}$ mm、$\phi 71.68^{+0.1}_{0}$ mm 成形槽的精度为 IT10 级,需预切后再做精切;其余尺寸精度在 IT11～IT12 级之间,一次切削即可。缸孔成形部分结构清晰、尺寸标注完整、基准明确。另外,为了保证槽的密封性能,槽壁不允许有振纹,因此要求切削刀具的刀刃锋利且刚性好。

零件材料为球墨铸铁 QT500-7,属于短切屑脆性材料,应选用合适材料的切削刀片。

2. 确定装夹方案

该零件的铸造毛坯形状和主要尺寸如图 3-45 所示。A 面为零件的装配基准,也是缸孔加工时的装夹定位基准,首先必须安排该面的加工工序,此时可由 $\phi 98$ mm 外圆面和 C 面作粗定位基准,以 $\phi 98$ mm 外圆面为夹紧表面,直接用三爪卡盘夹紧,将 A 面带白即可;缸孔加

工时由 A 面作轴向定位基准,保证孔口到 A 面的距离尺寸 28 mm。由于缸孔加工时只需一次装夹即可完成全部缸孔的加工,径向可直接以铸造毛坯表面 B 作定位基准,以 B 面为夹紧表面,直接用三爪卡盘液压夹紧加工,则更能保证缸孔与毛坯各处壁厚的均匀程度,夹紧变形可通过调整液压夹紧力的大小进行控制(在保证夹紧的前提下)。

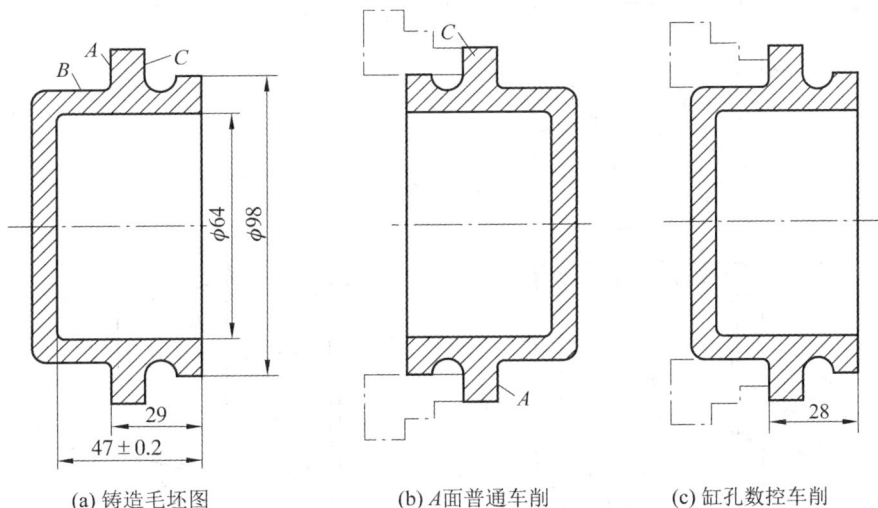

(a) 铸造毛坯图　　　　　　(b) A 面普通车削　　　　　　(c) 缸孔数控车削

图 3-45　缸体加工顺序安排

3. 确定加工顺序及进给路线

当定位基面 A 加工完成后,按图 3-45(c)所示一次装夹即可实现缸孔所有表面的数控加工。具体加工顺序和进给路线安排如下:

(1) 车削孔口端面。由于孔口端面车削范围不大,可使用一把外圆车刀进行车削,为获得较高的表面质量,可考虑使用车床的恒线速度控制功能,并进行主轴转速限制。

(2) 粗车缸孔。采用定制的双刃镗孔刀具粗车(镗)缸孔,刀杆粗、刀具刚性好,切削效率高。车孔尺寸直接由双刀片外刃间距保证,试切对刀时使刀杆对称中心与主轴回转中心重合即可,粗车缸孔直径到 66.4 mm,Z 向缸孔深度加工到 45.3 mm,以确保足够的精车深度。工序尺寸和进给路线如图 3-46(a)所示。

(3) 扩缸孔口部带倒角。采用定制的复合刀具,当扩孔深度到位时,口部 0.5×45° 倒角也刚好加工到位。控制尺寸:$\phi 76.7^{+0.3}_{0}$ mm 由双刀片外刃间距保证,试切对刀时使刀杆对称中心与主轴回转中心重合即可;Z 向缸孔深度 $7^{0}_{-0.15}$ mm 由程序保证。工序尺寸和进给路线如图 3-46(b)所示。

(4) 车防尘槽。采用定制的成形刀片,切槽到位时也将两侧 $R0.2$ mm 和 $R0.5$ mm 的圆角车出。控制尺寸:内孔尺寸 $\phi 80.8^{+0.3}_{0}$ mm 和 Z 向缸孔深度 $7^{0}_{-0.15}$ mm 由程序保证,以试切到位为 $X0$;槽宽 $4.5^{0}_{-0.15}$ mm 由刀片宽度保证。工序尺寸和进给路线如图 3-47(a)所示。

(5) 精车缸孔。采用定制刀杆和标准刀片完成精车。控制尺寸:$\phi 66.7^{+0.05}_{+0.02}$ mm 和 Z 向缸孔深度 $45^{+0.2}_{0}$ mm 由程序保证,以试切到位为 $X0$。为避免断续切削冲击对刀具的损伤,精车安排在成形槽切削之前进行,整个缸孔的精车为连续走刀,同时精车缸孔 Z 向深度应稍小于粗车深度,这样可有效保护精车刀具。工序尺寸和进给路线如图 3-47(b)所示。

(6) 预切成形槽。此步骤采用定制尖形刀片,刀尖角为 60°。这个步骤可加工成形槽内60° 油槽、预切成形槽、右侧 30° 倒角,并对左侧 C0.5 倒角作预切。工序尺寸和进给路线如图 3-47(c)所示。

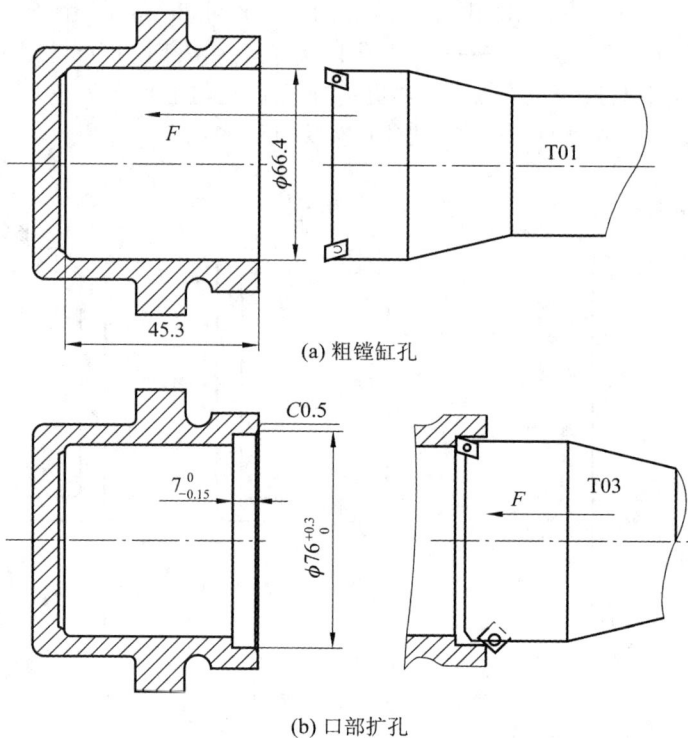

(a) 粗镗缸孔

(b) 口部扩孔

图 3-46 粗车缸孔及孔口倒角

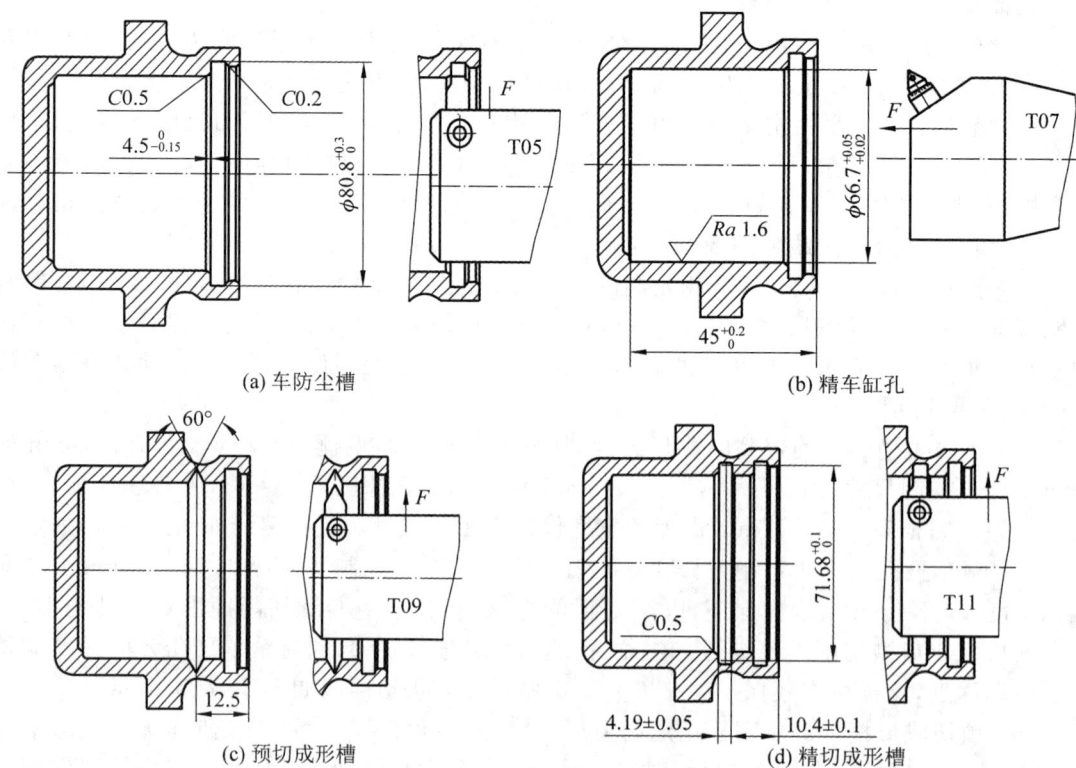

(a) 车防尘槽

(b) 精车缸孔

(c) 预切成形槽

(d) 精切成形槽

图 3-47 车槽及精镗

（7）精切成形槽。采用定制成形刀片精切成形槽和左侧 $C45°$ 倒角。$\phi72.68$ mm、$\phi71.68$ mm、4.19 ± 0.05 mm 的槽形尺寸由刀片保证，径向位置 X 和轴向位置 Z 由程序保证。工序尺寸和进给路线如图 3-47(d)所示。

4. 刀具选用

由于产品生产的批量大，且缸孔内各槽形的要求特殊，各刀具均采用刚性好的定制粗刀杆作刀体，为高效切削提供条件；各切槽刀具根据槽形定制，并通过复合刀具适当组合工步，可减少刀具数目，节省对刀、换刀时间，简化走刀路线；扩口、倒角采用复合刀具，其刀片装固位置和角度按加工尺寸位置关系设计，和粗、精车缸孔一样，由于结构形状简单可选用标准刀片，便于更换且节约刀具成本。各刀具结构及其调整如图 3-48 所示。

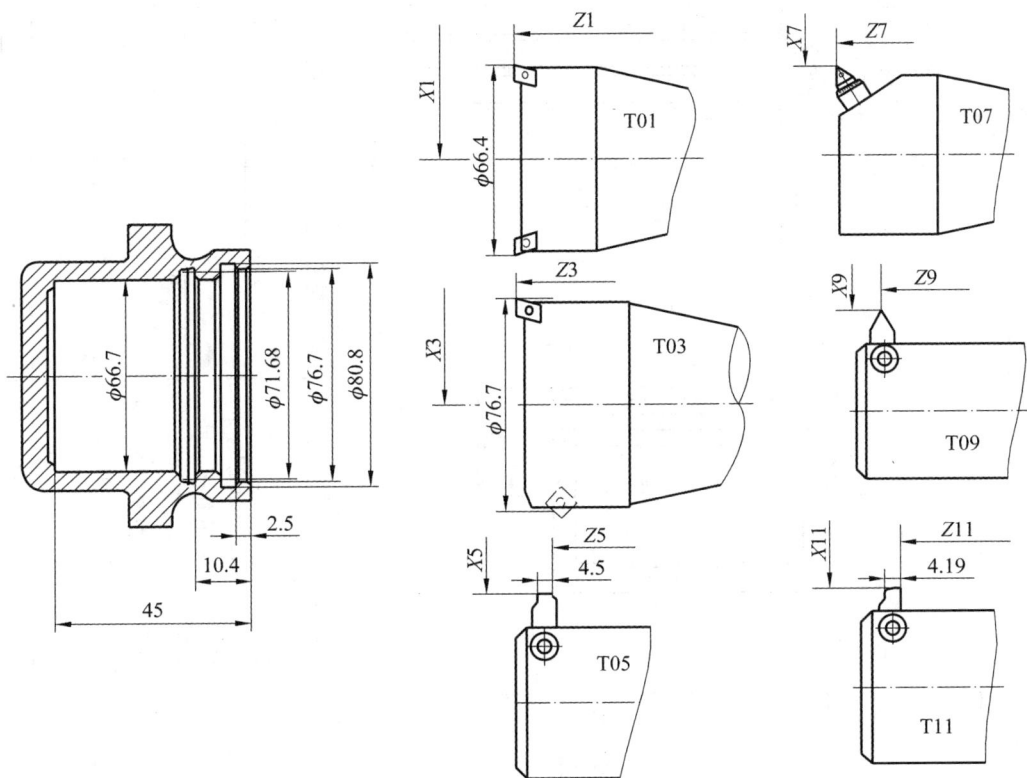

图 3-48 刀具结构及调整图

5. 切削用量的选用

粗车缸孔：主轴转速 $S=500$ r/min，背吃刀量 $a_p=1.5\sim2$ mm，进给量 $f=0.18$ mm/r。

口部扩孔、倒角：主轴转速 $S=300$ r/min，背吃刀量 $a_p=5$ mm，进给量 $f=0.1$ mm/r。

车防尘槽：主轴转速 $S=280$ r/min，背吃刀量 $a_p=2$ mm，进给量 $f=0.05$ mm/r。

精车缸孔：主轴转速 $S=600$ r/min，背吃刀量 $a_p=0.15$ mm，进给量 $f=0.18$ mm/r。

预切成形槽：主轴转速 $S=300$ r/min，背吃刀量 $a_p=2\sim3$ mm，进给量 $f=0.08$ mm/r。

精切成形槽：主轴转速 $S=200$ r/min，背吃刀量 $a_p=1.2\sim1.5$ mm，进给量 $f=0.1$ mm/r。

6. 填写工艺文件

填写如表 3-9 所示数控加工工序卡和表 3-10 所示数控加工检验卡。

表 3-9　工序 2 的数控加工工序卡

产品代号	SG1020	数控加工工序卡片		零(部)件代号	101/201		工序名称	缸孔加工	工序号	2
材料牌号	QT500-7			零(部)件代号		卡钳体				
材料名称	球墨铸铁									
机床型号	CH6145									
机床名称	车削中心									
夹具名称	车床夹具									
夹具编号	SY6480-101-J02									

备注：成形槽直径采用内径量表进行测量，内径量表的对表尺寸为 φ72.8 mm，保证加工误差在 ±0.05 mm 以内

工步	工作内容	刀具	量具	主轴转速 S/(r/min)	背吃刀量 a_p/mm	进给速度 F/(mm/min)	自检频次
1	装夹工件						
2	粗车缸孔，至尺寸 $\phi66.4$ mm，45.3 mm	T01	$0\sim125$ mm 游标卡尺	500	1.8	90	1/20
3	口部扩孔，倒角，保证尺寸 $\phi76.7^{+0.3}_{0}$ mm，$7^{0}_{-0.15}$ mm，$0.5\times45°$	T03	专用游标卡尺	300	5	45	1/20
4	车防尘槽，至尺寸 $\phi80.8^{+0.3}_{0}$ mm，$4.5^{0}_{-0.15}$ mm	T05	内径千分尺	280	2	42	1/15
5	精车缸孔，至尺寸 $\phi66.7^{+0.05}_{0.02}$ mm，$45^{+0.2}_{0}$ mm	T07	成形槽专用内卡钳	600	0.15	90	1/5
6	预切成形槽	T09	3501QA-015-L02	300	2	75	1/20
7	精切成形槽，保证尺寸 $\phi72.68^{+0.1}_{0}$ mm，4.19 ± 0.05 mm	T11		200	1.2	28	1/5

更改标记	数量	签字	文件号	日期	编制	审核	批准	日期	共　页
									第　页

表 3-10　工序 2 的数控加工检验卡

产品代号	数控加工检验卡片	零(部)件代号	零(部)件代号	工序名称	工序号
SG1020		101	卡钳体	缸孔加工	2
				编制	
				校对	
				审核	
				共　页　第　页	

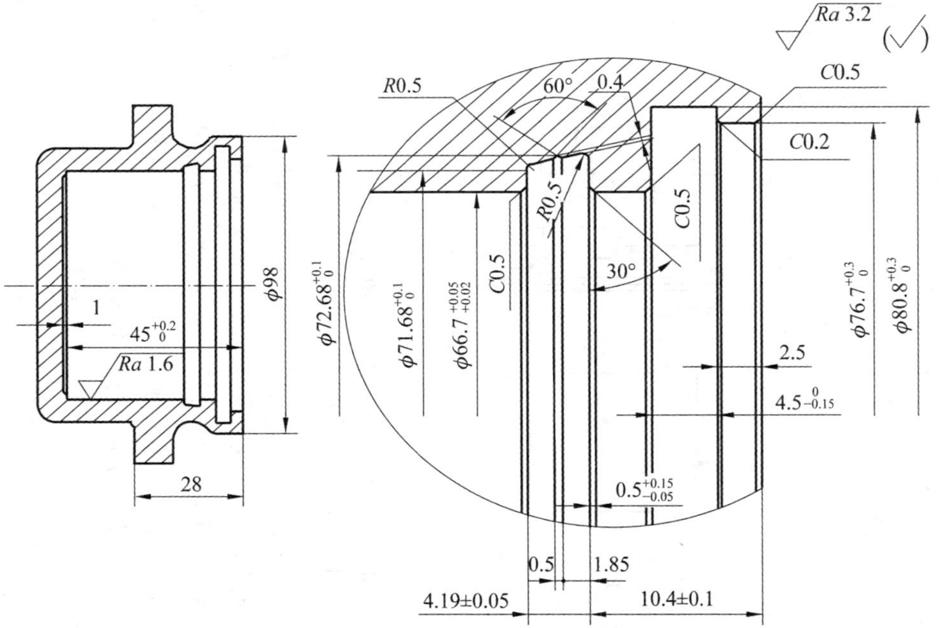

编号	技术要求	检测工艺	重要性	抽检频次
1	$\phi 66.7^{+0.05}_{+0.02}$ mm, $Ra1.6$ μm	$Ra1.6$ μm 采用目测法检验，采用内径千分尺检验尺寸 $\phi 66.7$ mm，目内孔表面不允许有铸造缺陷		10%
2	$\phi 80.8^{+0.3}_{0}$ mm，$4.5^{0}_{-0.15}$ mm	专用游标卡尺检验 $\phi 80.8^{+0.3}_{0}$ mm，专用通止卡板检验 $4.5^{0}_{-0.15}$ mm		5%
3	$\phi 76.7^{+0.3}_{0}$ mm	0～125 mm 游标卡尺检验		5%
4、5	$\phi 72.68^{+0.1}_{0}$ mm，$\phi 71.68^{+0.1}_{0}$ mm，4.19 ± 0.05 mm	用成形槽专用量具检验尺寸 $\phi 72.8 \pm 0.05$ mm，专用宽度工具检验 4.19 ± 0.05 mm		20%
6	$45^{+0.2}_{0}$ mm	深度游标卡尺检验		5%
7	其余	各倒角采用目测法检验，$Ra3.2$ μm 采用目测法检验		20%

◀ 3.5 车削加工夹具 ▶

一、车削加工夹具的类型和典型结构

车削加工夹具是指安装在车床上使用的各种类型的专用夹具，常称为车床夹具。根据夹具在车床上的安装位置的不同，车床夹具可以分为两种类型。

1. 安装在车床主轴上的夹具

除了顶尖、三爪卡盘、四爪卡盘、花盘等通用夹具外，安装在车床主轴上的专用夹具可以分为两类：心轴式夹具和花盘角铁式夹具。

心轴式夹具又有顶尖心轴和紧固在机床主轴上的心轴两种。顶尖心轴的两端有中心孔，工件安装在心轴上，然后用两个顶尖支承心轴进行加工。

图 3-49 所示为紧固在机床主轴上的刚性心轴，心轴 1 后部制有莫氏锥柄，可直接插入车床主轴锥孔内。加工时只对工件进行装卸（利用夹紧螺母 3 和开口垫圈 2）即可，以提高加工效率。

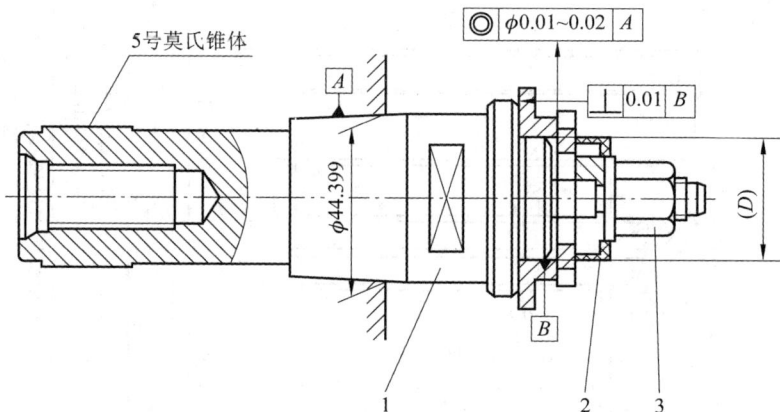

图 3-49　紧固在机床主轴上的心轴
1—心轴；2—开口垫圈；3—夹紧螺母

为了获得较高的安装精度，心轴的锥柄表面与定位表面之间应有较高的同轴度要求。安装时应对心轴定位表面进行仔细找正，或安装后再对定位表面进行最终加工，以确保心轴与机床主轴的同轴度。当工件的重量或切削力较大时，应将螺纹拉杆拧进心轴尾部的螺孔中，通过中空的车床主轴将心轴紧固在车床主轴上。为了减轻机床主轴的负荷，避免主轴或心轴弯曲，并使工件装卸方便，这类夹具常用于加工短小的工件。

花盘角铁式车床夹具如图 3-50 所示。这是一个壳体类零件镗孔、车端面用的车床夹具。夹具体 1 是一个用螺钉、销钉把角铁紧固在花盘上的花盘角铁式结构。工件以底平面和两孔为定位基准，夹具上则分别以支承板 2、圆柱销 3 和削边销 6 来定位。因工件的底平面与被加工孔的轴线成 8°倾斜角，故夹具上支承板的定位平面与花盘找正孔轴线也成一定倾斜角（8°±5′）。工件在夹具上定位后，使用两个钩形压板 7 将其夹紧。为了使夹具在制造和使用中便于检测和校正，夹具上设有工艺孔和供测量工件端面尺寸用的测量基准 4。平衡块 5 用于消除夹具在回转时的不平衡现象。8 是安全防护罩。

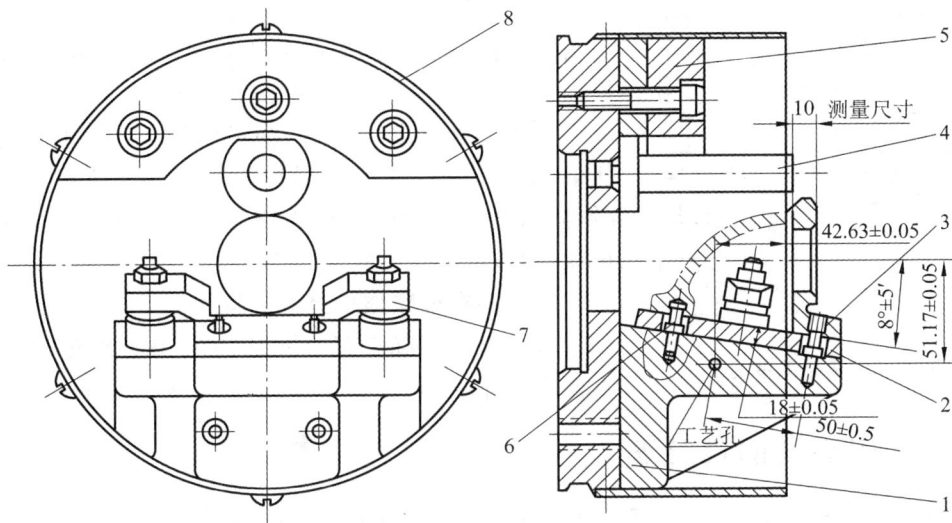

图 3-50 花盘角铁式车床夹具

1—夹具体;2—支承板;3—圆柱销;4—测量基准;5—平衡块;6—削边销;7—钩形压板;8—安全防护罩

图 3-51 所示为一种角铁式车床夹具。它用来加工一托架零件。托架的工序简图如图 3-52 所示。

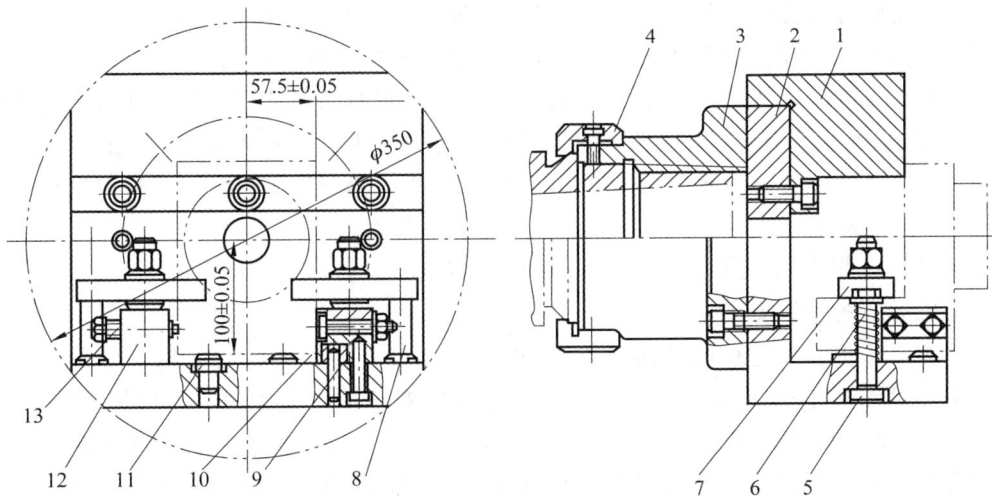

图 3-51 角铁式车床夹具

1—平衡块;2—夹具体;3—过渡盘;4—压板;5—夹紧螺钉;6—弹簧;7—移动压板;8—垫铁;
9—支承座;10—定位支承板;11—支承钉;12—支架;13—螺钉

该工序是加工托架上 $\phi75H7(\phi75^{+0.03}_{0}$ mm)孔、外圆 $\phi100js6(\phi100\pm0.01$ mm)及其相应端面,并保证 $\phi75H7$ 与 $\phi100js6$ 的同轴度、$\phi75H7$ 与 A 面的垂直度以及 $\phi75H7$ 轴线与 B 面的平行度等要求。另外,两侧面要基本上对称于 $\phi75H7$ 孔的轴线。

同轴度和垂直度要求依靠工件在一次安装加工后得到保证,而其他要求则由夹具来保证。从图 3-51 中可以看出,工件以已加工的底面 B 和一侧面作为定位基准,用三个支承钉 11 和一个定位支承板 10 定位。用一个螺钉 13 使工件侧面紧靠在支承板上。用两个移动压板 7 将工件夹紧。角铁式夹具体 2 用螺钉安装在过渡盘 3 上。过渡盘依靠其内孔以及内螺

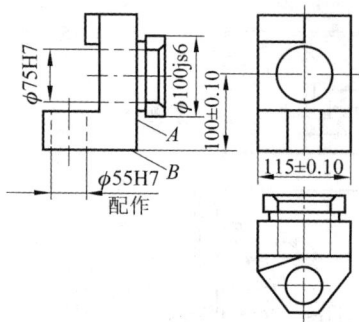

图 3-52 托架工序简图

纹与车床主轴连接。为了防止过渡盘因惯性力而松动,用两个压板 4 把它锁紧在主轴上。为使夹具在回转时保持平衡,夹具体 2 的另一端配置了平衡块 1。

由此可以看出,对于一些形状复杂的零件,如壳体、托架、轴承座等,其上有回转表面和端面需要车削加工时,如果直接用通用卡盘或花盘等装夹工件很困难或不可能,则可设计这种花盘角铁式车床夹具。

2. 安装在车床拖板上的夹具

这类夹具实际上是在车床上使用的镗孔夹具,在此不做详细介绍。

二、车床夹具的设计要点

针对车床夹具的工作特点,在设计车床夹具时应注意下列问题:

(1)工件上被加工的孔或外圆的中心,必须与车床主轴的回转中心重合。

(2)由于车削加工时的主轴转速较高,整个夹具随车床主轴一起回转,因此必须重视这类夹具夹紧力的大小以及组成元件的刚度和强度,若有可能,可在结构上设计减轻孔以减少整个夹具的重量。

(3)高速旋转时会产生很大的离心力,且转速越大,离心力越大。所以,为了保证加工质量、刀具寿命、机床精度以及加工安全等,必须考虑夹具的平衡问题。

(4)夹具与机床的连接方式不同于其他夹具。其连接方式及其精确程度,决定着夹具的回转精度,也就决定着工件的加工精度。因此,这是设计车床夹具的又一重要内容。

(5)夹具上尽可能避免有尖角或凸出部分。必要时,回转部分要加一防护罩以保护操作者的安全,如图 3-50 所示。

下面具体说明车床夹具几个主要方面的设计要点。

1. 定位装置的设计要点

工件在车床夹具中定位的共同特点:使被加工面的几何中心线与车床主轴的回转轴线重合。这是设计车床夹具的定位装置时必须保证的,对于加工支座、托架、杠杆、壳体等类零件的内、外圆及端面的车床夹具,由于被加工表面与工序基准之间有尺寸精度要求和相互位置精度要求;因此,各定位元件的定位表面应与机床主轴旋转中心具有正确的尺寸关系和相互位置关系。如图 3-51 中,三个支承钉 11 的定位表面与侧面定位支承板 10 的定位表面,保证到主轴回转中心的坐标尺寸,即纵向尺寸 100 ± 0.05 mm 和横向尺寸 57.5 ± 0.05 mm。另外,定位元件之间还有一定的相互位置要求,图中未注出。

对于回转体类或对称零件,如轴类、套类、盘类等,必须使定位基准工作表面的几何中心、工件被加工表面的几何中心、机床主轴的旋转中心三者重合。加工这类零件时,可以使用通用卡盘或者设计卡盘类的车床夹具。

2. 夹紧装置的设计要点

由于车削加工时,工件和夹具一起随主轴做高速旋转,工件除了受到切削扭矩的作用外,整个夹具还受离心力的作用。另外,切削力和重力相对于定位装置的位置是变化的,这就有可能使工件发生位移。因此,夹紧装置所产生的夹紧力必须足够,且自锁性能也要非常可靠。一般在采用螺旋夹紧机构时,应加弹簧垫圈或加锁紧螺母。

在确定夹紧力的作用点、方向和夹紧结构时,都必须注意防止夹紧元件的变形和被夹紧工件的变形。

3. 夹具与机床主轴的连接方式

车床夹具与主轴的连接可采用以下两种方式:

(1)夹具直接与车床主轴连接,即夹具以其锥柄安装在机床主轴前端的锥孔中,并利用锥柄尾部的螺钉孔,通过拉杆进行紧固,如图3-53所示。采用这种连接方式的夹具,其径向尺寸 D 不宜过大,一般应小于140 mm或 $D \leqslant (2 \sim 3)d$。

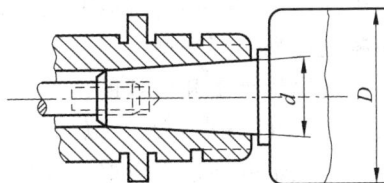

图3-53 用锥柄安装在主轴锥孔中

(2)夹具通过过渡盘与主轴连接。过渡盘与主轴的接触部分,应按主轴前端的结构进行设计,如图3-54所示。图3-54(a)中,夹具体3通过过渡盘2在主轴1前端的定心轴颈上定位(采用H7/js6或H7/h6配合),并用主轴前端的螺纹紧固在一起。为了保证工作安全,可用压板(见图3-51中的件4)将过渡盘压紧在主轴上,这样可以防止当主轴忽然停止运行时,过渡盘因惯性作用而逐渐松动。图3-54(b)所示则是利用主轴前端的外锥面与夹具过渡盘4的内锥孔配合而定位,并用锁紧螺母6紧固。在两锥面相配合处,通过键5连接,以传递扭矩。

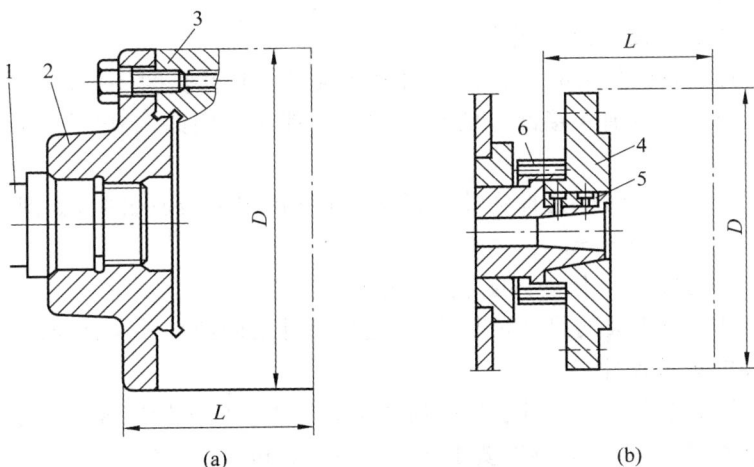

(a)   (b)

图3-54 用过渡盘与主轴连接

1—主轴;2—过渡盘;3—夹具体;4—夹具过渡盘;5—键;6—锁紧螺母

对于常用车床主轴前端的结构,可参阅《机床夹具设计手册》或有关机床说明书。

过渡盘与夹具体或花盘之间用"止口"形式定心,即夹具体或花盘以其定位孔与过渡盘的凸缘按H7/js6或H7/h6配合,然后用螺钉紧固。

对于图3-51所示的角铁式车床夹具,在将其安装到过渡盘上时,需在紧固前通过夹具上的找正孔进行找正,以确保夹具的找正孔与车床主轴的回转轴心线同轴,然后再用螺钉将其完全紧固。

为了保证加工的稳定性,整个夹具的悬伸长度 L 与其直径 D 之比,宜采用如下比例:

$D < 150$ mm时,$L/D \leqslant 1.25$;

$D = 150 \sim 300$ mm时,$L/D \leqslant 0.9$;

$D>300$ mm 时,$L/D \leqslant 0.6$。

4. 夹具的平衡

如前所述,花盘角铁式车床夹具的平衡问题至关重要。由于夹具的定位元件及夹紧装置大多布置在角铁的基准面上,相对于车床的旋转中心处于偏心位置,当夹具旋转时会产生较大的离心力,从而对工件的加工质量、刀具寿命、机床精度和操作者的安全等产生显著影响。因此,必须在夹具体的相应位置设置配重块以使夹具保持平衡,或者在不平衡结构部分采用减重孔来实现平衡。

配重块的重量和位置的确定可采用重心估算的方法,依据静力平衡原理进行。因为夹具的轴向尺寸一般不大,所以通常不需要进行动平衡计算。

车床主轴刚性通常较好,在转速不高的情况下,允许存在一定程度的不平衡度。因此,没有必要对配重进行精确计算。常用的方法是在估算出配重的重量后,用试配法来实现平衡。为了快速完成平衡工作,应确保配重块的重量和位置有可调整的余地。例如,把配重块设计为多片式结构,或在夹具上开设径向槽或圆弧槽等,以便在平衡过程中对配重块进行调整。

三、车床夹具总图上的技术要求

夹具装配完成后必须保证工件的定位精度,以满足工件的加工要求。为此,必须对夹具提出相应的技术要求,并标注在夹具总图上。

1. 夹具总图上应标注的尺寸要求

(1) 花盘或过渡盘的最大外圆直径 D 和整个夹具的悬伸长度尺寸 L。

(2) 过渡盘与机床主轴连接部分的尺寸和配合性质。例如,心轴式车床夹具锥柄部分的莫氏锥度。

(3) 定位元件工作表面至夹具旋转中心或找正孔的尺寸及其公差,如图 3-51 中的 57.5 ± 0.05 mm 和 100 ± 0.05 mm。

(4) 过渡盘与花盘之间止口处的连接尺寸及配合性质。

(5) 定位元件工作表面的尺寸及其公差,定位元件之间的尺寸及其公差。

2. 车床夹具的技术条件

(1) 定位元件工作表面与夹具旋转轴线或夹具找正孔的同轴度或平行度。如图 3-49 中定心轴颈 B 对锥体表面 A 的同轴度要求 $\phi 0.01 \sim 0.02$ mm。

(2) 夹具找正孔与过渡盘的定位孔的同轴度。

(3) 定位表面的直线度和平面度。

(4) 各定位表面之间的平行度或垂直度,如图 3-49 中定位端面对定心轴颈 B 轴线的垂直度公差为 0.01 mm。

(5) 夹具的平衡要求。

设计夹具时,还要根据具体的夹具结构来确定要求的内容。上述技术条件和夹具公差数据的确定,可以结合夹具的精度分析结果具体确定。

思考与练习题

1. 数控车削的主要加工对象有哪些?简述数控车削的工艺特点。

2.数控车削对刀具有哪些要求？如何合理选择数控车床刀具？

3.在数控车床上加工零件时,分析零件图样主要应该考虑哪些方面的问题？

4.在数控车床上加工零件时,选择粗车、精车的切削用量时的原则分别是什么？

5.数控车床适合加工具有哪些特点的回转体零件？为什么？

6.数控车床常用的车刀有哪些类型？车刀的安装有哪些要求？

7.在数控车床上常可采用哪些对刀方法？

8.粗车与精车的工艺特点各是什么？

9.轴类与套类零件的车削加工工艺特点是什么？

10.车床铭牌上标明的车削直径和加工长度就是该设备车削零件的尺寸范围,对吗？为什么？

11.数控车床有哪些常用的装夹方式？它是如何进行定位和夹紧的？

12.试解释刀片 TCMT090204 的含义。

13.数控车削工序顺序的安排原则有哪些？工步顺序安排原则有哪些？

14.数控机床粗加工路线有哪些常用方式？精加工路线应如何确定？

15.数控车削加工的进给速度如何确定？

16.数控车削的常用工艺文件有哪些？非数控车削加工工序如何安排？

17.如图 3-55 所示零件,采用棒料毛坯加工,由于毛坯余量较大,在进行外圆精车前应采用粗车去除大部分毛坯余量,粗车后留 0.2 mm 余量(单边)。使用刀具 T01～T04,加工参数见表 3-11,试编制该零件的数控车削工艺。

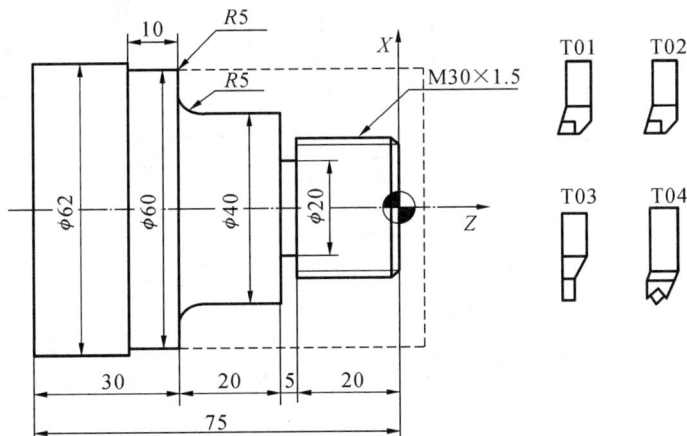

图 3-55 题 17 图

表 3-11 主要切削参数

切削刀具及加工表面	主轴转速 $S/(r/min)$	进给量 $f/(mm/r)$
T01 外圆粗车	630	0.15
T02 外圆精车	315	0.15
T03 切槽	315	0.16
T04 车螺纹	200	1.5

18. 拟定图 3-56 所示轴类零件的机械加工工艺过程，并填写相应的工艺卡片。

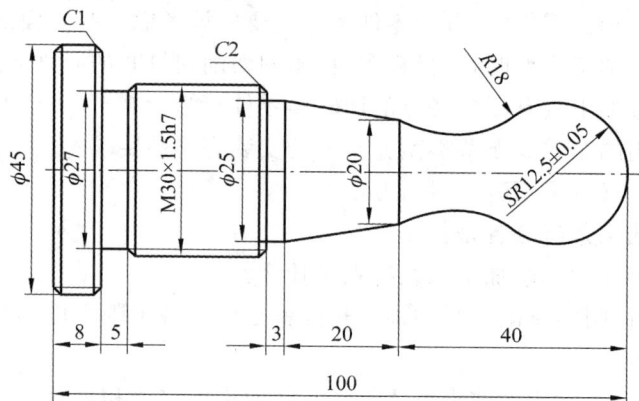

图 3-56　题 18 图

19. 拟定图 3-57 所示套类零件的机械加工工艺过程，并填写相应的工艺卡片。

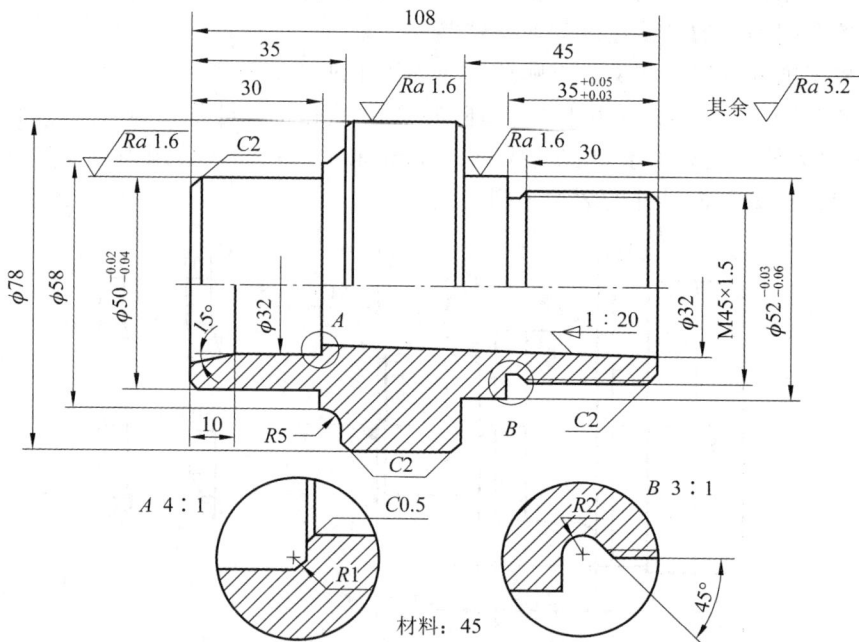

图 3-57　题 19 图

项目 4

数控铣削加工工艺基础

一般来说,加工中心机床的工艺范围也是以铣削加工为主,它是在数控铣床的基础上增加刀库和自动换刀装置而演变过来的。数控铣床和加工中心具有同样的加工工艺范围,可实现铣削加工和钻、镗孔类加工功能。尽管数控铣床与加工中心在换刀便捷性上的差异导致其工艺安排有所不同,但两者的加工本质是相同的。在实际生产中,当受到设备能力的限制时,通常可以采用工序分散的策略,利用数控铣床进行零件的加工。因此,本章将数控铣床与加工中心的加工工艺综合在一起进行介绍。

◀ 4.1 数控铣床及加工中心加工工艺分析 ▶

一、数控铣床及加工中心的加工范围

数控铣削及孔系加工是机械加工中最常见和最主要的数控加工内容之一。数控铣床和加工中心集中了金属切削设备的优势,具有多种工艺手段,能实现一次装夹后的铣、镗、钻、铰、锪、攻丝等综合加工。

1. 数控铣床及加工中心加工的工艺范围

数控铣床和加工中心除了能铣削普通铣床所能铣削的各种零件表面外,还能铣削普通铣床不能铣削的复杂轮廓及三维曲面轮廓,不需要分度盘即可实现钻、镗、攻丝等的孔系加工;添加附加轴后还可方便地实现多坐标联动的各种复杂槽形及立体轮廓的加工,利用回转工作台和立卧转换的主轴头还可实现除安装基面之外的五面加工,其加工工艺范围相当宽。适合数控铣床及加工中心的加工对象主要有三类。

1)平面类零件

加工加工面平行或垂直于水平面,或加工面与水平面的夹角为定角的零件,如箱体、盘类、套类、板类等平面零件,其加工内容涵盖内外形轮廓、筋台、各类槽形及台阶、孔系、花纹图案等。目前,数控铣床上加工的绝大多数零件属于平面类零件。平面类零件的特点是各个加工面均为平面,或可以展开成平面。

如图 4-1 所示,曲线轮廓面 M 和锥台面 N 展开后均为平面。平面类零件是数控铣削加工对象中最简单的一类零件,一般只需用三坐标数控铣床的两坐标联动(即两轴半联动)就可以加工出来。

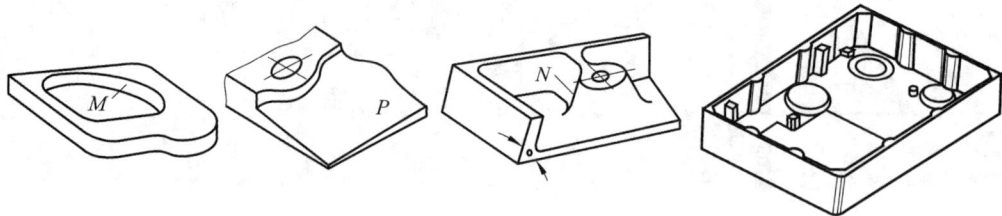

图 4-1　平面类零件

对于图 4-2 所示的盒盖零件和基座零件，一次装夹下加工所涉及的刀具较多，工序较为集中，则应纳入加工中心加工的工艺范围。

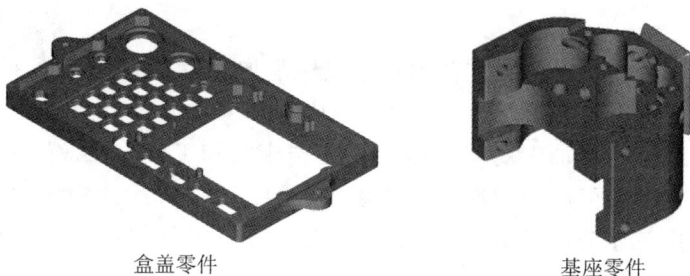

盒盖零件　　　　　　　　　　　　基座零件

图 4-2　适于加工中心作工序集中加工的平面类零件

2）变斜角类零件

加工面与水平面的夹角呈连续变化的零件称为变斜角类零件。飞机上的整体梁、框、缘条与肋等，检验夹具与装配型架等都属于变斜角类零件。图 4-3 所示是飞机上的一种变斜角梁橼条，该零件的上表面斜角 α 在第 2 肋至第 5 肋从 $3°10'$ 均匀变化为 $2°32'$，从第 5 肋至第 9 肋再均匀变化为 $1°20'$，从第 9 肋至第 12 肋又均匀变化为 $0°$。

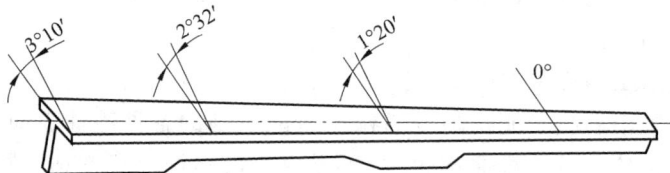

图 4-3　变斜角类零件

变斜角类零件的变斜角加工面不能展开为平面，但在加工中，加工面与铣刀圆周接触的瞬间为一条线。此时，宜采用四坐标或五坐标数控铣床进行摆角加工，在没有上述机床时，可采用三坐标数控铣床进行两轴半联动近似加工。

3）空间曲面类零件

如图 4-4 所示，加工面为空间曲面的零件称为曲面类零件，如模具、叶片、螺旋桨等。曲面类零件的加工面不能展开为平面，加工时，加工面与铣刀始终为点接触。加工曲面类零件一般采用三坐标数控铣床或加工中心。当曲面较复杂、通道较狭窄、会伤及毗邻表面及需刀具摆动时，要采用四坐标或五坐标数控铣床及加工中心。对于回转曲面上的二维槽形，虽然可展开为平面，但需要将其换算成回转轴的运动来实现，也需要采用四轴数控铣床或加工中心。对于回转曲面上的三维槽形,采用三坐标数控铣削加工则需要多次装夹,使用四轴或者五轴数控铣床则可以简化加工工艺。

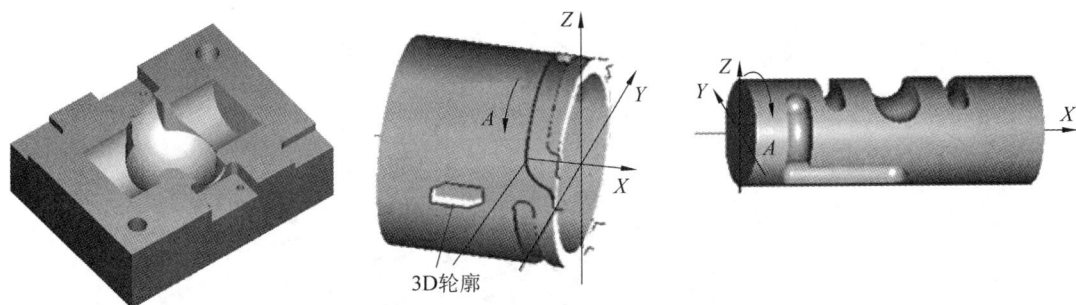

3D轮廓

图 4-4 曲面类零件

2. 数控铣床及加工中心加工的尺寸范围

对于较小尺寸零件的加工,通常采用仪表机床、数控雕铣机床、数控工具铣床等;对中小型尺寸零件的加工,可采用床身数控铣床及加工中心;对于大型尺寸零件的加工,则需要使用龙门式数控镗铣床及加工中心。

数控铣床及加工中心加工零件的尺寸范围,理论上受各轴($X/Y/Z$ 轴)行程范围的影响,实际上还要考虑工作台面的装夹尺寸、工作台允许的最大承重、刀库预留的活动空间等诸多因素。表 4-1 列出的是某 XH713A 立式加工中心的尺寸规格参数,其位置关系如图 4-5 所示。

表 4-1 XH713A 加工中心的尺寸规格参数

名称	规格参数
工作台面积	800 mm×350 mm
工作台允许最大承重	500 kg
工作台纵向(X 向)行程	600 mm
工作台横向(Y 向)行程	410 mm
垂向(Z 向)行程	510 mm
主轴端面至工作台面距离	125～635 mm
主轴中心至立柱导轨面距离	420 mm
工作台中心至立柱导轨面距离	215～625 mm
换刀所需行程	127 mm

由以上数据可推算出,该机床最大可加工尺寸范围为 $(600+D)×(410+D)×508$ (mm)。若采用内装夹固定,其最大可装夹箱体零件尺寸为 $900×430×(508-H_{max})$,但工件最大允许重量不超过 500 kg。其中,D 为使用刀具最大直径,H_{max} 为使用刀具最大长度(刀刃至刀柄与主轴接合面距离)。该机床可安装使用的刀具长度范围为 125～508 mm。

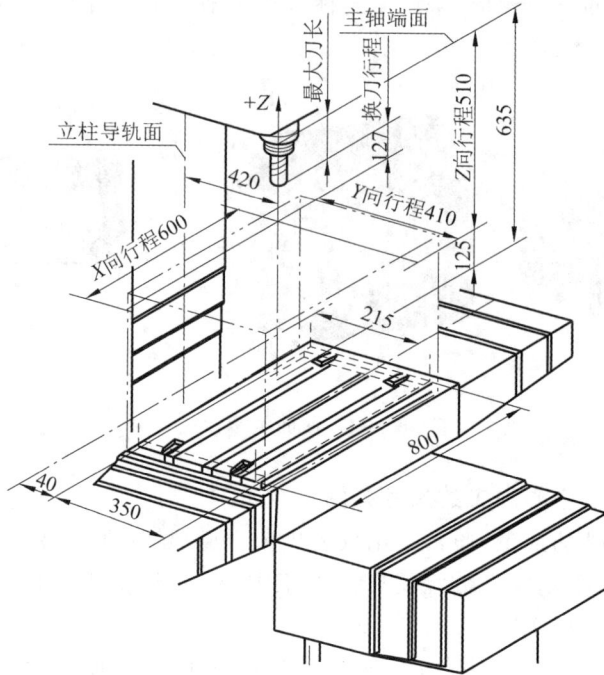

图 4-5　XH713A 加工中心的加工尺寸范围

二、数控铣削的加工工艺性

制订零件的数控铣削加工工艺时，首先要对零件图进行工艺分析，其主要内容是数控铣削加工内容的选择。数控铣床的工艺范围比普通铣床宽，但其价格较普通铣床高得多，因此，选择数控铣削加工内容时，应从实际需要和经济性两个方面考虑。通常选择下列加工部位为其加工内容：

（1）零件上的曲线轮廓，特别是由数学表达式描绘的非圆曲线和列表曲线等曲线轮廓以及已给出数学模型的空间曲面。

（2）形状复杂、尺寸繁多、划线与检测困难的部位。

（3）需频繁换刀做集中工序加工的孔系。

（4）用通用铣床加工难以观察、测量和控制进给的内外凹槽。

（5）尺寸精度、形状精度及相互位置精度要求较高的孔及表面。

（6）能在一次安装中顺带铣出来的简单表面为数控铣削可选内容。

（7）采用数控铣削能成倍提高生产率，大大减轻体力劳动强度的一般加工内容。

1. 零件结构工艺性

零件的结构工艺性是指根据加工工艺特点，对零件的设计所提出的要求，也就是说零件的结构设计会影响或决定工艺性的好坏，可从以下几方面来考虑零件的结构工艺性特点。

1）零件图样尺寸应标注完整、正确

由于数控加工程序是以准确的坐标点来编制的，各图形几何要素间的相互关系（如圆弧与直线、圆弧与圆弧是否相切、相交、垂直和平行等）应明确无歧义；各种几何要素的条件要充分，应无引起矛盾的多余尺寸或影响工序安排的封闭尺寸等。通过零件图样还应分析其最大形状尺寸及最大加工尺寸是否超出现有机床允许的装夹范围和加工范围,零件最大重量是否超出工作台的最大允许承载重量等。

2)确保获得要求的加工精度

应充分考虑零件因结构刚性不足而产生加工变形的可能,以确保获得要求的加工精度。虽然数控机床精度很高,但对一些特殊情况,如图 4-6(a)所示过薄的底板与肋板,因为加工时产生的切削拉力及薄板的弹性退让极易产生切削面的振动,因此薄板厚度尺寸公差难以保证,其表面粗糙度也将增大,甚至有将薄壁铣穿的可能。根据实践经验,对于面积较大的薄板,当其厚度小于 3 mm 时,就应在工艺上充分重视这一问题。可通过如图 4-6(b)所示增设台肩或筋肋的设计来提高零件的刚性,或采用如图 4-6(c)所示满足刚性要求的壁厚设计。

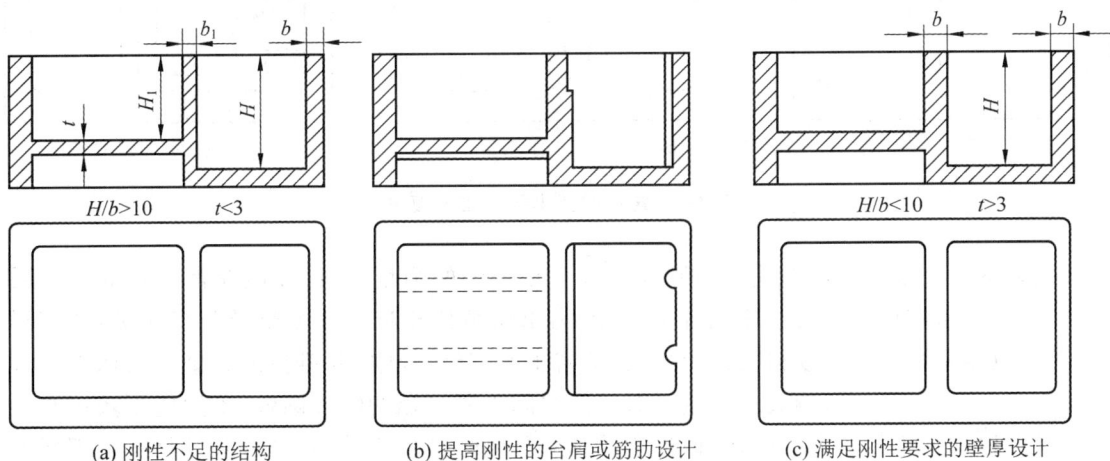

(a)刚性不足的结构　　　　(b)提高刚性的台肩或筋肋设计　　　　(c)满足刚性要求的壁厚设计

图 4-6　零件的结构刚性

有些零件因结构关系在数控铣削加工时的变形较大,导致加工不能顺利进行。这时就应当考虑采取一些必要的工艺措施进行预防,如对钢件进行调质处理,对铸铝件进行退火处理,对不能用热处理方法解决的零件,也可考虑采用粗、精加工及对称去余量等常规方法。这都应该在工艺性分析时周全考虑。

3)尽量统一零件轮廓内圆弧的有关尺寸

光孔和螺纹孔的尺寸规格尽可能少且尽量标准化,以便于采用标准刀具,减少使用刀具的规格和换刀次数。

轮廓内圆弧半径 R 常常限制刀具的直径。如图 4-7 所示,若工件侧壁间的转接圆弧半径大,就可以采用较大直径的铣刀来加工,刀具刚性好、加工效率高,且利于获得较好的表面质量,因此工艺性较好。一般来说,当 $R<0.2H$(H 为被加工轮廓面的最大高度)时,可以判定零件上该部位的工艺性不好。对于侧壁与底平面相交处的圆角半径 r,其值越小越好。因为 r 越大,铣刀端刃铣削平面的能力越差,导致加工效率越低。当 r 大到一定程度时,就只能用球头铣刀加工,这是应当避免的。因为铣刀与铣削平面接触的最大直径 $d=D-2r$(D 为铣刀直径),当 D 越大而 r 越小时,铣刀端刃铣削平面的面积越大,加工平面的能力越强,铣削工艺性当然也越好。有时,当铣削的底面面积较大,底部圆弧 r 也较大时,我们只能用两把 r 不同的铣刀(一把刀的 r 小些,另一把刀的 r 符合零件图样的要求)分两次进行切削。

在零件设计中,凹圆弧半径数值的一致性对数控铣削的工艺性至关重要,尤其是侧壁和

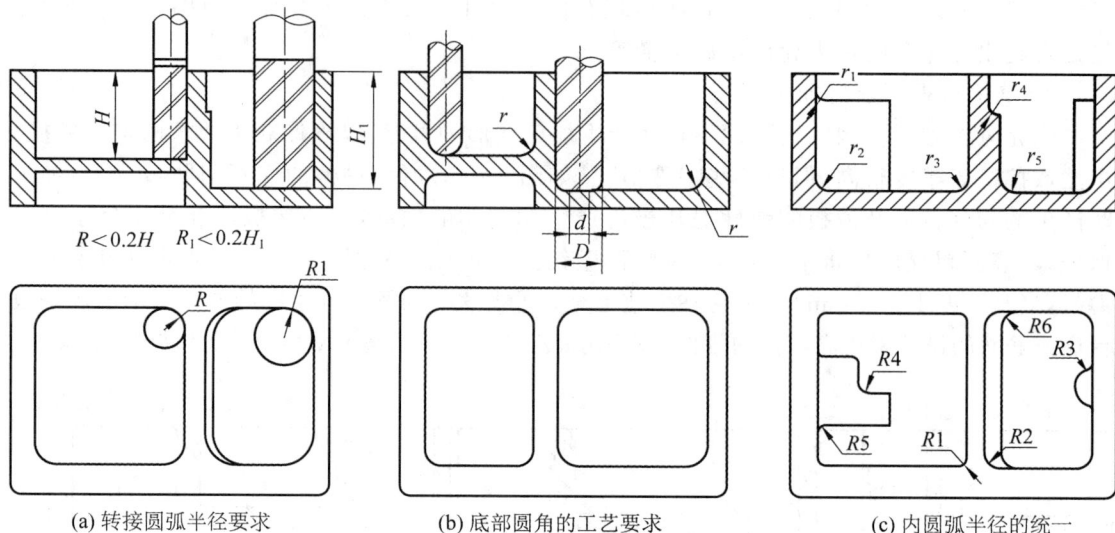

(a) 转接圆弧半径要求   (b) 底部圆角的工艺要求   (c) 内圆弧半径的统一

图 4-7 转接圆弧半径的工艺要求

底平面处的交接圆弧。只有使用与圆弧半径 r 相匹配的圆角刀具,才能获得理想的加工质量。一般来说,即使不能寻求完全统一,也要力求将数值相近的圆弧半径分组靠拢,达到局部统一,以尽量减少铣刀规格与换刀次数,节省工时、降低成本,并避免因频繁换刀而在零件加工面上留下接刀痕,影响表面质量。对于侧壁间不同半径的转接圆弧,虽然使用较小直径的刀具可以加工半径较大的圆弧,但这会受到刀具刚性和加工效率的限制。因此,在不影响零件使用性能的前提下,也应尽可能统一圆弧半径。

零件上的结构型孔系应按标准钻头系列尺寸来设计,且孔径尺寸大小应尽可能分类统一;沉孔可考虑趋近标准铣刀系列尺寸规格进行设计,以便于采用标准铣刀锪孔;配合孔、螺纹孔应尽量按标准铰刀、丝锥的尺寸规格进行设计,以避免使用非标准刀具而增加成本。

4) 保证刀具有足够的刚性

零件上凸台之间及凸台与侧壁之间、孔与深壁之间的间距应保证切入的刀具具有足够的刚性。如图 4-8 所示,零件上凸台之间及凸台与侧壁之间的间距按 $a>2R$ 设计,便于半径为 R 的铣刀进入,所需的刀具少,加工效率高。若一定需要使用半径小于 R 的铣刀,则应充分考虑其深径比(H/D)是否符合刚性要求。如图 4-9 所示,深壁附近应避免设计小孔 d,受小孔钻头长度的限制,深壁附近的小孔需用接长杆,接长杆直径 $D \geqslant d+5$ mm,当壁深 $H \leqslant 10D$ 时,孔与边壁之间的距离应按 $a>D$ 设计。

5) 有背铣加工要求的部位应预留足够的进刀空间,以防刀具干涉

如图 4-10 所示,对于需要使用 T 形刀作背铣加工或使用反镗加工的零件结构,需要沿轴向进刀后再作横向切入,则应有足够的进刀活动空间,且刀杆直径应保证有一定刚性。

6) 对于需要多次装夹的零件,应设计有统一的定位基准,以利于准确接刀

有些零件需要在铣完一面后再重新安装铣削另一面,这时,最好采用统一基准定位,以确保翻面后的相对位置精度,最大限度地减小接刀误差。如图 4-11 所示,若零件上有已加工过的基准孔或规则外形表面可作定位基准,则翻面后应采用同一基准孔或表面进行定位。如果零件上没有基准孔,也可以专门设置工艺孔作为定位基准,比如可在毛坯上增加工艺凸

台做出基准孔,也可在后继工序要铣去的余量上设基准孔或铣出定位面。

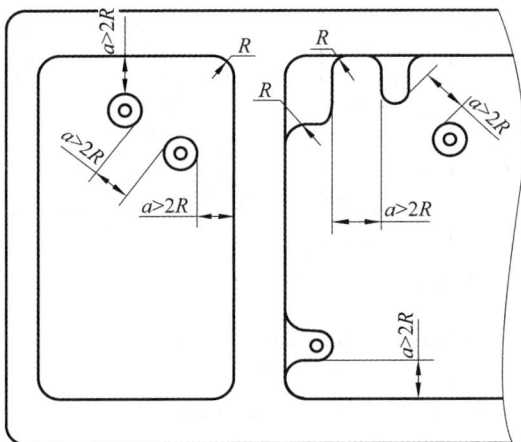

图 4-8 凸台边距的工艺要求

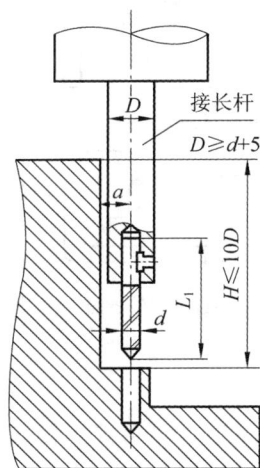

图 4-9 孔与深壁间距的要求

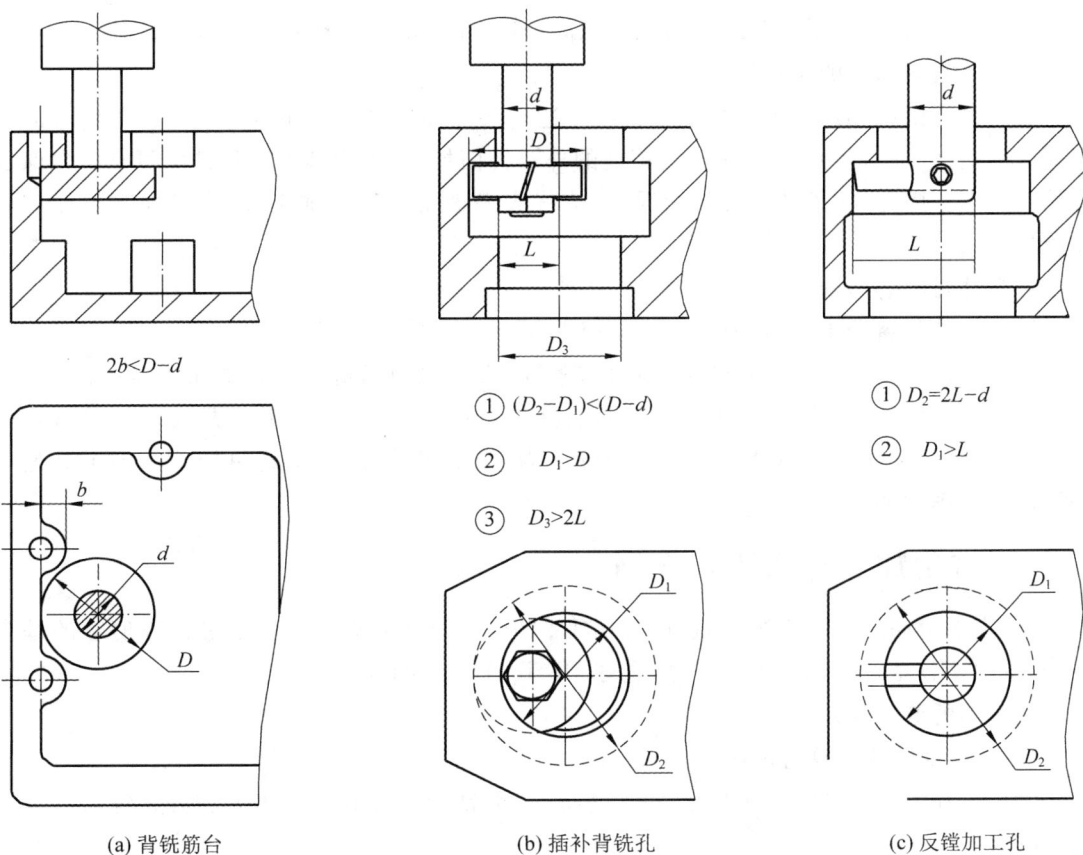

$2b<D-d$

(a) 背铣筋台

① $(D_2-D_1)<(D-d)$

② $D_1>D$

③ $D_3>2L$

(b) 插补背铣孔

① $D_2=2L-d$

② $D_1>L$

(c) 反镗加工孔

图 4-10 背铣加工的结构工艺要求

7) 零件毛坯应具有一定的铣削加工余量和合理的余量分配

铸造毛坯在铸造过程中,可能因砂型误差、收缩量以及金属液体流动性差等而导致加工

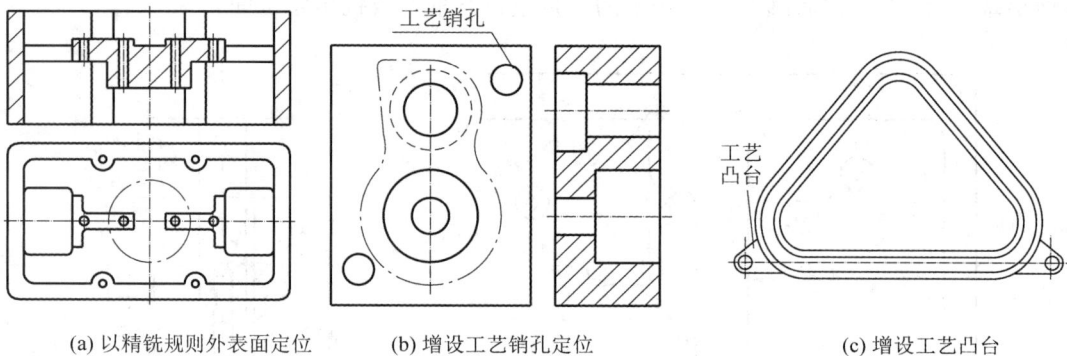

(a) 以精铣规则外表面定位　　　　(b) 增设工艺销孔定位　　　　(c) 增设工艺凸台

图 4-11　统一定位基准的工艺要求

余量不足。锻件则可能因模锻时的欠压量和允许的错模量而造成加工余量不均匀。此外，毛坯的翘曲和扭曲变形也可能引发余量不足的问题。在数控铣削加工中，由于加工过程的自动化程度较高，很难像普通铣削那样通过划线借料的方法来解决余量不足的问题。因此，对于准备进行数控铣削加工的工件，不管是锻件、铸件还是型材，其加工面都必须预留一定的加工余量。然而，由于数控加工的成本较高，减少零件的切削量有助于降低成本。

2. 数控铣削加工的尺寸精度

普通数控铣床和加工中心的加工精度可达 $\pm(0.005\sim0.01)$ mm，精密级加工中心的加工精度可达 $\pm(1\sim1.5)$ μm。对于高精度的外圆柱面加工，采用圆弧插补铣削可能难以保证其精度要求。因此，在条件允许的情况下，应优先考虑安排车削加工，以确保加工精度和表面质量。

3. 零件材料的切削加工性能

针对零件材料的工艺性分析，主要从以下几个方面考虑：

（1）按照零件材料牌号了解其切削加工性能，从而合理选择刀具材料和切削参数。

（2）了解并考虑安排零件加工前后的热处理工序，加工前的热处理是为了改善材料的切削加工性能；工序间的热处理是为了消除应力，减少工艺变形；最终热处理是为了满足零件设计的使用性能要求。

三、铣削加工通用工艺守则

《切削加工通用工艺守则　铣削》（JB/T 9168.3—1998）规定了铣削加工应遵守的基本规则，适用于各企业的铣削加工，并应遵守 JB/T 9168.1 的规定。

1. 铣刀的选择及装夹

1）铣刀直径及齿数的选择

（1）铣刀直径应根据铣削宽度、深度选择，一般铣削宽度和深度越大、越深，铣刀的直径也应越大。

（2）铣刀齿数应根据工件材料和加工要求选择，一般铣削塑性材料或粗加工时，选用粗齿铣刀；铣削脆性材料或半精加工、精加工时，选用中、细齿铣刀。

2）铣刀的装夹

（1）在卧式铣床上装夹铣刀时，在不影响加工的情况下，尽量使铣刀靠近主轴，支架靠近铣刀。若铣刀离主轴较远时,应在主轴与铣刀间装一个辅助支架。

(2)在立式铣床上装夹铣刀时,在不影响铣削的情况下尽量选用短刀杆。

(3)铣刀装夹好后,必要时应用百分表检查铣刀的径向跳动和端面跳动,以确保铣刀的安装精度。

(4)若同时用两把圆柱形铣刀铣宽平面,应选螺旋方向相反的两把铣刀。

2. 工件的装夹

1)在平口钳上装夹

(1)要保证平口钳在工作台上的正确位置,必要时应用百分表找正固定钳口面,使其与机床工作台的运动方向平行或垂直。

(2)工件下面要垫放适当厚度的平行垫铁,夹紧时应使工件紧密地贴紧在平行垫铁上。

(3)工件不能高出钳口太多或伸出钳口两端太多,以防铣削时产生振动。

2)使用分度头的要求

(1)在分度头上装夹工件时,应先锁紧分度头主轴,在紧固工件时,禁止用管子套在手柄上施力。

(2)调整好分度头主轴仰角后,应将基座上部的 4 个螺钉拧紧,以免零件移动。

(3)在分度头两顶尖间装夹轴类工件时,应使前、后顶尖的中心线重合。

(4)用分度头分度时,分度手柄应朝一个方向摇动,如果摇过位置,需反摇多于超过的距离,再摇回到正确位置,以消除间隙。

(5)分度时,手柄上的定位销宜慢慢插入分度盘的孔内,切勿突然撒手,以免损坏分度盘。

3. 铣削加工

(1)铣削前把机床调整好后,应将不同的运动方向锁紧。

(2)机动快速进给时,靠近工件前应改为正常进给速度,以防刀具与工件撞击。

(3)在铣螺旋槽时,应根据计算选用的挂轮进行试切,检查导程与螺旋方向是否正确,确认合格后才能进行正式加工。

(4)用成形铣刀铣削时,为提高刀具的耐用度,铣削用量一般应减小 25% 左右。

(5)切断时,铣刀应尽量靠近夹具,以增加切断时的稳定性。

(6)在选用顺铣与逆铣时,建议根据以下情况选择:

逆铣适用情况:

① 铣床工作台丝杆与螺母的间隙较大且不便调整时。

② 工件表面有硬质层、积渣或硬度不均匀时。

③ 工件表面凸凹不平较显著时。

④ 工件材料过硬时。

⑤ 进行阶梯铣削时。

⑥ 切削深度较大时。

顺铣适用情况:

① 铣削不易夹牢或薄而长的工件时。

② 进行精铣时。

③ 切断胶木、塑料、有机玻璃等材料时。

四、钻削加工通用工艺守则

《切削加工通用工艺守则 钻削》(JB/T 9168.5—1998)规定了钻削加工应遵守的基本规则,适用于各企业的钻削加工,并应遵守 JB/T 9168.1 的规定。

1. 钻孔

(1) 按划线钻孔时,应先试钻,确定中心后再开始钻孔。

(2) 在斜面或高低不平的面上钻孔时,应先修出一个小平面后再钻孔。

(3) 钻不通孔时,事先要按钻孔的深度调整好定位块。

(4) 钻深孔时,为了防止因切屑阻塞而扭断钻头,应采用较小的进给量,并需经常排屑;用加长钻头钻深孔时,应先用标准钻头钻到一定深度后,再用加长钻头。

(5) 螺纹底孔钻完后,必须倒角。

(6) 通常,钻孔直径 $D \leqslant 30$ mm 时,可一次钻出;如孔径大于 30 mm,则应分两次钻削,第一次钻削的钻头直径为 $(0.5 \sim 0.7)D$。

(7) 当孔快要钻通时,应减小进给力,以防扎刀或将钻头折断。

2. 锪孔

(1) 用麻花钻改制锪钻时,应选短钻头,并应适当减小后角和前角。

(2) 锪孔时的切削速度一般应为钻孔切削速度的 $1/3 \sim 1/2$。

3. 铰孔

(1) 钻孔后需铰孔时,应留合理的铰削余量。

(2) 在钻床上铰孔时,要适当选择切削速度和进给量。

(3) 铰孔时和铰孔完成后退刀时,铰刀不许反转。

(4) 铰孔完成后,必须先把铰刀退出,再停车。

4. 麻花钻的刃磨

(1) 麻花钻主切削刃外缘处的后角一般为 $8° \sim 12°$,钻硬质材料时,为了保证刀具强度,后角可适当小些;钻软质材料(黄铜除外)时,后角可稍大些。

(2) 磨顶角时,一般磨成 $118°$,顶角必须与钻头轴线对称,两切削刃长度要一致。

◀◀ 4.2 数控铣床及加工中心的刀具及其选用 ▶

一、数控铣床及加工中心对刀具的基本要求

1. 刀具刚性要好

要求铣刀具备良好刚性的目的有两点:一是满足为提高生产效率而采用大切削用量的需求;二是适应数控铣床自动加工过程中难以根据加工状况及时调整切削用量的特点。因此解决数控铣刀的刚性问题是至关重要的。

2. 刀具的耐用度要高

使用数控铣床进行单件小批量生产时常常用同一把铣刀完成粗、精铣加工,刀具在粗铣时磨损较快,再用作精铣则会影响零件的表面质量和加工精度,因此需增加换刀与对刀次数,但会导致零件加工表面留下因对刀误差而形成的接刀台阶,降低零件的表面质量。虽然使用加工中心批量生产时,粗铣和精铣加工通常采用不同的刀具,粗铣刀具的磨损并不直接

影响零件的加工质量,但如果粗铣刀具因耐用度不够而频繁更换,也将严重影响生产效率。

3. 刀具更换调整要方便

随着数控铣床及加工中心逐渐从精密复杂的单件加工转向批量生产的普及型产品加工,刀具更换的频率越来越高。为了减少换刀和调整所需的时间,刀具的更换和调整必须非常便捷。因此,采用机夹快换式不重磨刀片结构替代传统的焊接刀片结构已成为数控刀具发展的趋势。整个刀具系统也应朝着标准化和模块化的方向发展。

二、常用铣削刀具及孔加工刀具

1. 按刀具结构分类

1) 整体结构刀具

整体结构刀具的刃部和刀柄夹持部分采用整体结构形式,包括高速钢和硬质合金整体式铣刀、钻头、铰刀、丝锥等孔加工刀具。整体硬质合金刀具通常用于小规格尺寸范围,而高速钢整体式刀具的规格范围稍宽于整体硬质合金刀具。由于整体硬质合金刀具具有较好的耐磨性但韧性较差,因此一般用于精铣加工。

2) 硬质合金焊接式刀具

在面铣刀和模具铣刀中,存在两种常见的刀具结构:一种是在刀体上采用整体硬质合金焊接,另一种是机夹镶齿焊接。这些刀具的刀体通常由 40Cr 制成,刀齿则由硬质合金或高速钢制成。根据国家标准规定,高速钢面铣刀的直径范围为 $\phi80\sim\phi250$ mm,螺旋角 $\beta=10°$,刀齿数 $z=10\sim26$。然而,由于焊接刀具的耐用度较低且重磨耗时,目前已被可转位机夹刀片的面铣刀所取代。

3) 套式结构刀具

对于直径 $\phi40\sim\phi60$ mm 以上的立铣刀具或面铣刀,其刀刃部分和刀柄夹持部分通常可做成套式结构,采用标准刀杆装夹。

4) 机夹可转位刀片结构的刀具

一个或多个硬质合金刀片通过螺钉、压块等以机夹的方式安装固定在刀体上形成刀齿,当刀刃磨钝后可松开夹紧元件,将刀片转一个位置再夹紧后即可继续使用,整个刀片断损后可快速更换刀片而不需要重新对刀。

数控铣削加工用各类刀具如图 4-12 所示。

2. 按加工表面特征分类

1) 铣削加工刀具

(1) 面铣刀。如图 4-13 所示,面铣刀圆周方向切削刃为主切削刃,端部切削刃为副切削刃。面铣刀多制成套式镶齿结构,其刀齿多采用高速钢或硬质合金制成。面铣刀采用机夹硬质合金刀片时,其铣削速度、加工效率和工件表面质量均高于高速钢铣刀,并可加工带有硬皮和淬硬层的工件,因而在数控加工中得到了广泛的应用。可转位面铣刀有莫氏锥柄面铣刀和套式面铣刀两种型式。面铣刀的标准直径(mm)系列为 50、63、80、100、125、160、200、250、315、400、500,参见 GB/T 5342 系列标准。使用的刀片类型包括 45°、75°、90°主偏角及圆形刀片等。面铣刀按齿数分为粗齿、中齿、细齿三类,可参考刀具生产商的产品样本来选用。

(2) 立铣刀。立铣刀是数控机床上用得最多的一种铣刀,其结构如图 4-14 所示。立铣刀的圆柱表面和端面上都有切削刃,它们可同时切削,也可单独切削。

立铣刀圆柱表面的切削刃为主切削刃,端面上的切削刃为副切削刃。主切削刃一般为

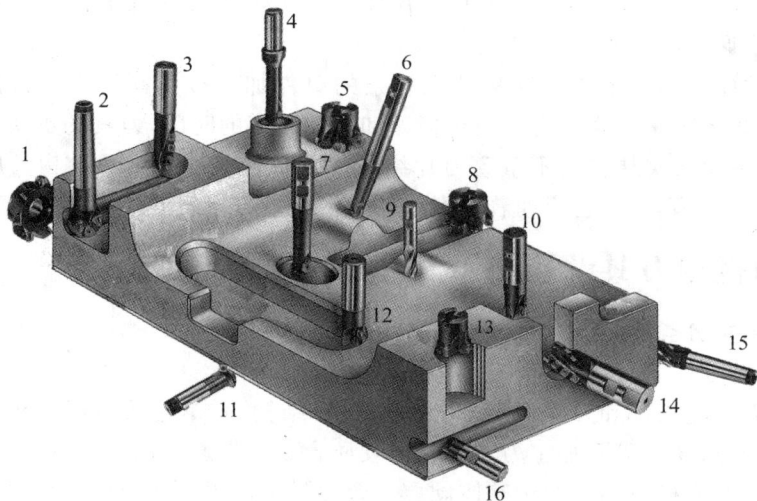

图 4-12　数控铣削加工刀具

1、5、8、13—套式结构刀具;9、15、16—整体式刀具;2、3、4、6、7、10、11、12、14—机夹刀片结构刀具

(a) 粗齿　　　　　　　(b) 中齿　　　　　　　(c) 细齿

图 4-13　面铣刀

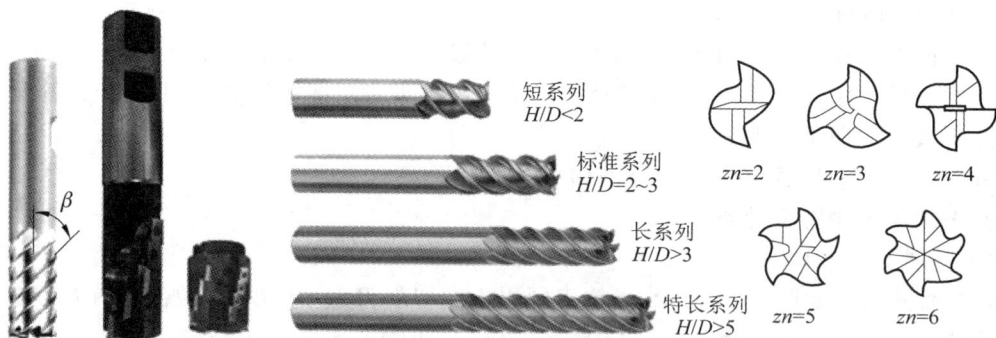

短系列
$H/D<2$

标准系列
$H/D=2\sim3$

长系列
$H/D>3$

特长系列
$H/D>5$

$zn=2$　　$zn=3$　　$zn=4$

$zn=5$　　$zn=6$

图 4-14　立铣刀

螺旋齿,这样可以增加切削平稳性,提高加工精度。由于普通立铣刀端面中心处无切削刃,因此立铣刀不能作轴向进给,端面刃主要用来加工与侧面相垂直的底平面。

　　为了能加工较深的沟槽,并保证有足够的备磨量,整体式立铣刀的轴向长度一般较长,按刃长与刀具直径比值不同,有短($H/D<2$)、标准($H/D=2\sim3$)、长($H/D>3$)和特长($H/D>5$)几种系列。为改善切屑卷曲情况,增大容屑空间,防止切屑堵塞,刀齿数比较少,容屑槽圆弧半径则较大。一般粗齿立铣刀齿数 $z=3\sim4$,细齿立铣刀齿数 $z=5\sim8$,套式结构立铣刀齿数 $z=10\sim20$,容屑槽圆弧半径 $r=2\sim5$ mm。当立铣刀直径较大时,可制成不等齿距结构,以增强抗振作用,使切削过程平稳。深槽粗切削时,常采用波刃整体立铣刀或多刀片长刃硬质合金立铣刀(也称玉米铣刀),以方便断屑。

标准立铣刀的螺旋角 β 为 $40°\sim45°$(粗齿)和 $30°\sim35°$(细齿),套式结构立铣刀的 β 为 $15°\sim25°$。直径较小的立铣刀,一般制成带柄形式。$\phi2\sim\phi7$ mm 的立铣刀制成直柄;$\phi6\sim\phi63$ mm 的立铣刀制成莫氏锥柄;$\phi25\sim\phi80$ mm 的立铣刀做成 $7:24$ 锥柄,内有螺孔用来拉紧刀具。直径大于 $\phi40$ mm 的立铣刀也可做成套式结构。

(3) 模具铣刀。模具铣刀由立铣刀发展而成,可分为圆锥形立铣刀(圆锥半角 $\alpha/2=3°$、$5°$、77、$10°$)、圆柱形球头立铣刀和圆锥形球头立铣刀三种,其柄部有直柄、削平型直柄和莫氏锥柄三种。它的结构特点是球头或端面上布满了切削刃,圆周刃与球头刃以圆弧连接,可以作径向和轴向进给。铣刀工作部分用高速钢或硬质合金制造。国家标准规定,模具铣刀直径 $d=4\sim63$ mm。图 4-15 所示为各类球头模具铣刀,其中 $R<3$ mm 的球头铣刀杆部直径通常为 $\phi6$ mm,$R6$ mm 以上球头铣刀常采用机夹刀片,这些机夹刀片有 $R6$、$R8$、$R10$、$R12.5$、$R15$、$R20$、$R25$ mm 等规格。

(4) 键槽铣刀。键槽铣刀如图 4-16 所示,它有两个刀齿,圆柱面和端面都有切削刃,端面刃延伸至中心,既像立铣刀,又像钻头。加工时先轴向进给达到槽深,然后沿键槽方向铣出键槽全长。

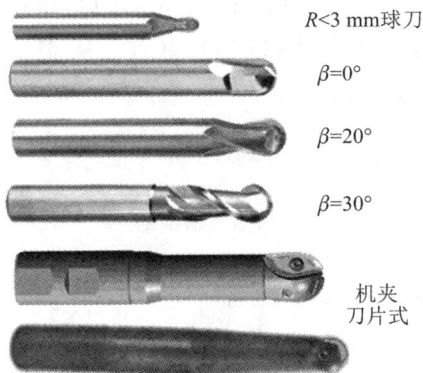

图 4-15　球头铣刀

图 4-16　键槽铣刀

按国家标准规定,直柄键槽铣刀直径 $d=2\sim22$ mm,锥柄键槽铣刀直径 $d=14\sim50$ mm。键槽铣刀直径的偏差有 e8 和 d8 两种。键槽铣刀的圆周切削刃仅在靠近端面的一小段长度内发生磨损,重磨时,只需刃磨端面切削刃,因此重磨后铣刀直径不变。

(5) 鼓形铣刀。图 4-17(a)所示为一种典型的鼓形铣刀,它的切削刃分布在半径为 R 的圆弧面上,端面无切削刃。加工时控制刀具上下位置,相应改变刀刃的切削部位,可以在工件上切出从负到正的不同斜角。R 越小,鼓形铣刀所能加工的斜角范围越广,但所获得的表面质量也越差。这种刀具的特点是刃磨困难,切削条件差,也不适于加工有底的轮廓表面。图 4-17(b)所示的机夹刀片鼓形铣刀也可作成形刀具使用。

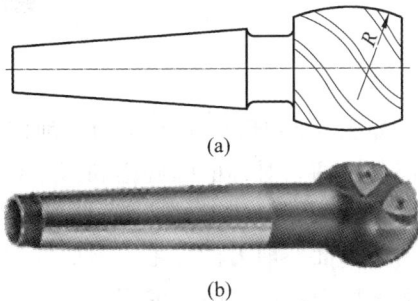

(a)

(b)

图 4-17　鼓形铣刀

(6) 成形铣刀。成形铣刀一般是为特定形状的工件或加工内容而专门设计制造的,如渐开线齿面、燕尾槽和 T 形槽等的加工。几种常用的成形铣刀如图 4-18 所示。

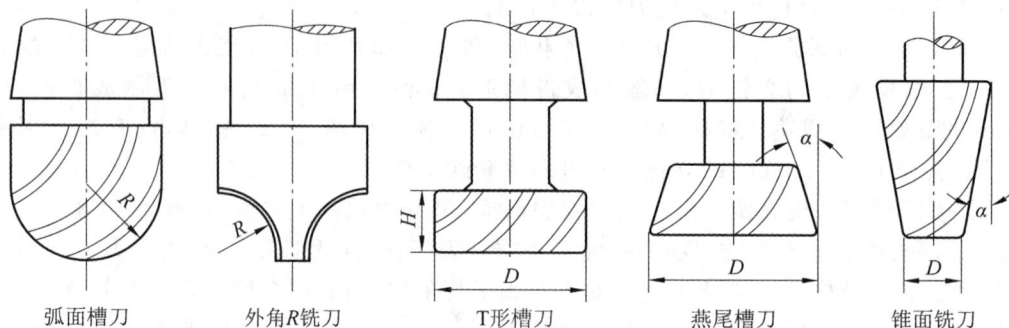

图 4-18　成形铣刀

　　除了上述几种类型的铣刀外，数控铣床也可使用各种通用铣刀。但因不少数控铣床的主轴内有特殊的拉刀装置，或因主轴内锥孔有差异，因此必须配过渡套和拉钉。

　　2）孔加工用刀具

　　(1) 钻头。钻头是孔加工最常用的工具之一，包括在实心材料上钻孔和在已有小孔的基础上扩孔。直径较小的孔通常用直柄麻花钻头，孔径超过 13 mm 的则多用莫氏锥柄钻头。在批量加工中则越来越多地使用可转位机夹刀片钻头（U 钻），其直径从 $\phi 11$ mm 开始，按 $0.5\sim1$ mm 递增形成规格系列。常用钻头如图 4-19 所示。

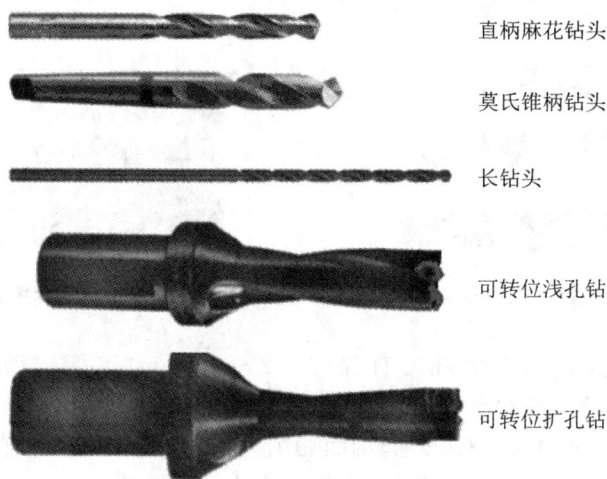

图 4-19　常用钻头

　　如图 4-20 所示，麻花钻的切削部分由两条主切削刃、两条副切削刃和一条横刃组成；导向部分由两条对称的螺旋槽和刃带组成；两个螺旋槽是切屑流经的表面，为前刀面；与工件过渡表面（孔底）相对的端部两曲面为主后刀面；与工件已加工表面（孔壁）相对的两条刃带为副后刀面。前刀面与主后刀面的交线为主切削刃，前刀面与副后刀面的交线为副切削刃，两个主后刀面的交线为横刃。

　　麻花钻切削部分两主切削刃之间的夹角为顶角，其大小主要影响钻头的强度和轴向阻力。顶角越大强度越大，但切削时的轴向力也越大。减小顶角会增大主切削刃的长度，使相

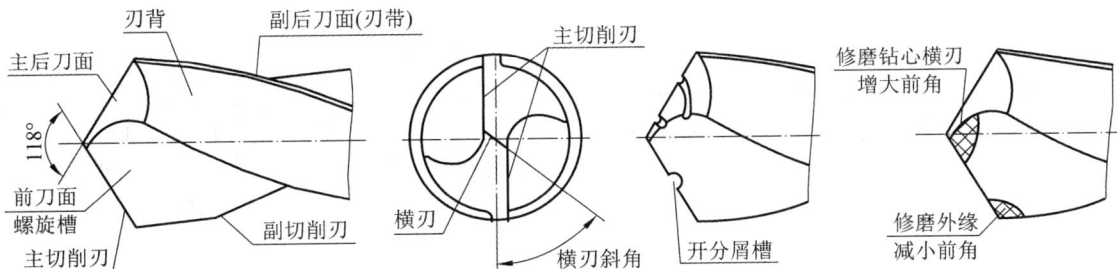

图 4-20　麻花钻及其修磨

同条件下主切削刃单位长度上的负荷减轻,容易切入工件,但过小的顶角会使钻头的强度降低。标准麻花钻的顶角为 $118°±2°$,顶角分布不对称时钻出的孔径会偏大或呈多角形。由于前刀面是螺旋面,因此主切削刃上各点的前角是变化的,外缘处前角最大,约为 $30°$,自外缘向中心逐渐减小,到钻头半径处前角为 $0°$,再往内前角为负,靠近横刃处前角为 $-60°\sim-50°$。主刃上的后角则与前角恰恰相反,在外缘处最小,约为 $8°\sim14°$,钻心处后角约为 $20°\sim26°$,横刃处约为 $30°\sim36°$。横刃与主切削刃在端面上投影所夹的锐角称为横刃斜角,约为 $50°\sim55°$,横刃斜角越小则横刃越长,横刃过长则钻削时轴向力增大,不利于钻削。

针对麻花钻外缘处前角大易磨损、钻心横刃处负前角阻力大、主切削刃长不利于断排屑等缺点,通常需要对钻头进行相应的刃磨处理。如修磨外缘处前刀面以减小前角,修磨钻心处前面以增大前角,修短横刃及增大横刃处前角,在主刃上开分屑槽以分散切屑等。

可转位机夹钻头在切削部分安装有刀片组,近钻心处使用韧性材质的刀片,在外缘处则使用耐磨材质的刀片。

在已有铸锻孔或预钻孔的基础上进行扩孔可使用扩孔钻,也可采用镗刀扩孔或铣刀扩孔。扩孔通常作为铰孔或精镗孔前的预加工,或作为比一般钻孔精度稍高一些的孔的终加工。标准扩孔钻一般有 $3\sim4$ 条主切削刃,结构形式有直柄式、锥柄式和套式等。图 4-21(a)(b)(c)所示分别为锥柄式高速钢扩孔钻、套式高速钢扩孔钻和套式硬质合金扩孔钻。扩孔钻具有多个刃带,导向性能好,振动小,且没有横刃,因此轴向力较小。其螺旋槽较浅,钻心较粗,这使得扩孔钻具有较高的强度和刚度,能够校正原孔的轴线歪斜。此外,由于扩孔的余量较小,切削热较少,因此扩孔精度较高,表面粗糙度较好,属于半精加工。扩孔的余量一般为孔径的 $1/8$ 左右,小于 $\phi25$ mm 的孔的余量为 $1\sim3$ mm,较大孔的余量为 $3\sim6$ mm。当孔径大于 100 mm 时,扩孔就很少应用,常采用镗孔方法进行加工。

(2)铰刀。中小孔钻、扩后的精加工可使用铰刀铰孔,铰孔还可用于磨孔或研孔前的预加工。铰孔只能提高孔的尺寸精度、形状精度和表面质量,而不能提高孔的位置精度和方向精度。一般铰孔的尺寸精度可达 IT7~IT9 级,表面粗糙度可达 $0.8\sim1.6$ μm。

铰刀分为普通标准铰刀和使用机夹刀片的铰刀等。如图 4-22 所示,一般小孔用直柄铰刀的直径为 $\phi1\sim\phi6$ mm,直柄机用铰刀直径为 $\phi6\sim\phi20$ mm,锥柄铰刀直径为 $\phi10\sim\phi32$ mm,套式铰刀直径为 $\phi25\sim\phi80$ mm。标准铰刀有 $4\sim12$ 齿,其工作部分包括切削部分与校准部分。切削部分为锥形,校准部分起导向、校正孔径和修光孔壁的作用。铰刀齿数越多,导向性能越好,齿间容屑槽越小,钻心越粗,刚度较高,铰孔精度更高;铰刀齿数少时铰削稳定性差,刀齿负荷大,容易产生形状误差。

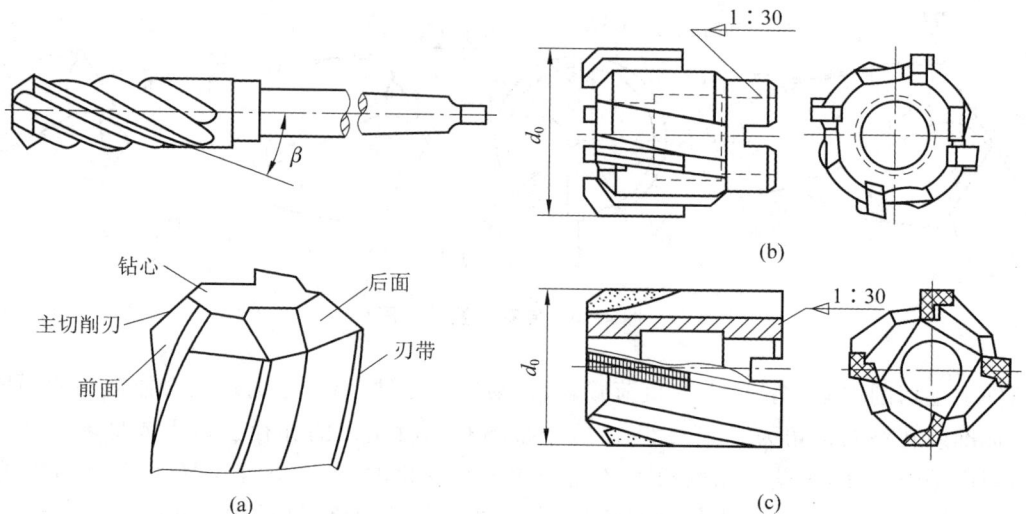

图 4-21　扩孔钻

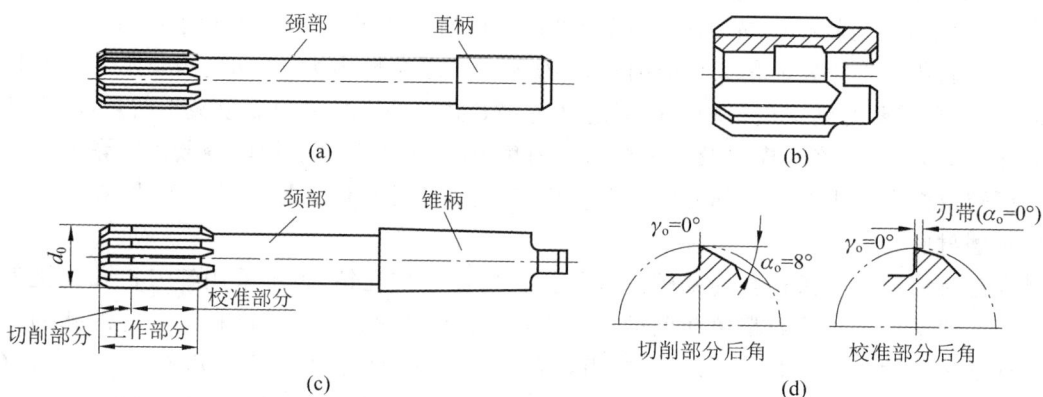

图 4-22　普通标准铰刀

(3) 镗刀。镗孔主要用于大、中型孔的半精加工和精加工,镗孔的尺寸精度一般可达 IT7~IT10 级。镗孔刀具按切削刃数可分为单刃镗刀、双刃镗刀和三刃镗刀。如图 4-23(a) 所示,横镗杆单刃镗刀是在镗头上装入一单刃小镗杆,结构简单,适用性广,通过调整镗杆的悬伸长度即可镗出不同直径大小的孔。图 4-23(b)所示双刃镗刀具有两个对称的切削刃,可同时工作,头部可在较大范围内进行调整,刚性好,两径向力抵消,不易引起振动,加工精度高。图 4-23(c)所示三刃镗刀则是用于高效率镗削的新型镗刀类别,可选换滑块长度以获得各种镗削尺寸。

由于数控加工刀具对快速装调的要求,目前更多地使用机内可调镗刀的结构。这种镗刀的径向尺寸可在一定范围内进行调整而不需要从主轴上卸下刀具,调节方便且精度高。如图 4-23(d)所示为微调精镗刀,图 4-23(e)(f)是可更换刀杆安装位置并可调节镗孔尺寸的镗刀。

(4) 螺纹刀具。螺纹按照螺距不同有粗牙和细牙之分,标准米制和美制螺纹的牙型角为 $60°$。米制普通螺纹的尺寸标识代号通常为"M 公称直径×螺距"(单线螺纹,粗牙可省略螺

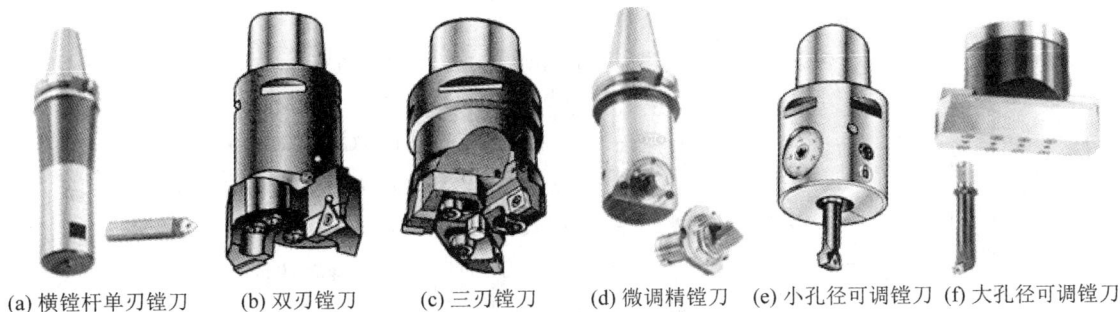

(a) 横镗杆单刃镗刀　(b) 双刃镗刀　(c) 三刃镗刀　(d) 微调精镗刀　(e) 小孔径可调镗刀　(f) 大孔径可调镗刀

图 4-23　镗刀系列

距,如 M8)或"M 公称直径×Ph 导程×P 螺距"(多线螺纹,如 M14×Ph6×P2 为三线螺纹)。

美制螺纹中,UNC 为粗牙系列,UNF 为细牙系列,UNEF 为超细牙系列。例如,3/2-10UNC-2A 表示公称直径为 3/4 英寸(18.97 mm)、每英寸 10 牙(螺距 2.53 mm)的粗牙 2A 公差级螺纹。英制螺纹中,B.S.W. 为粗牙系列,B.S.F. 为细牙系列。例如,1½ in.-8 B.S.F.,LH(normal)nut 表示公称直径 1½ 英寸(37.95 mm)、每英寸 8 牙(螺距 3.16 mm)、细牙左旋普通公差级内螺纹。

小尺寸规格的普通螺纹孔加工一般使用丝锥刀具,大尺寸规格的螺纹则使用专用螺纹加工刀具。图 4-24(a)所示为普通丝锥,尾部有方榫,既可在机床上使用也可采用铰手手动攻丝用。图 4-24(b)(c)所示大规格螺纹尺寸使用可调刀具以镗铣方式加工,若使用图 4-24(d)所示一次成形螺纹刀片,则仅需一次走刀即可完成整个螺纹牙深的粗、精加工。

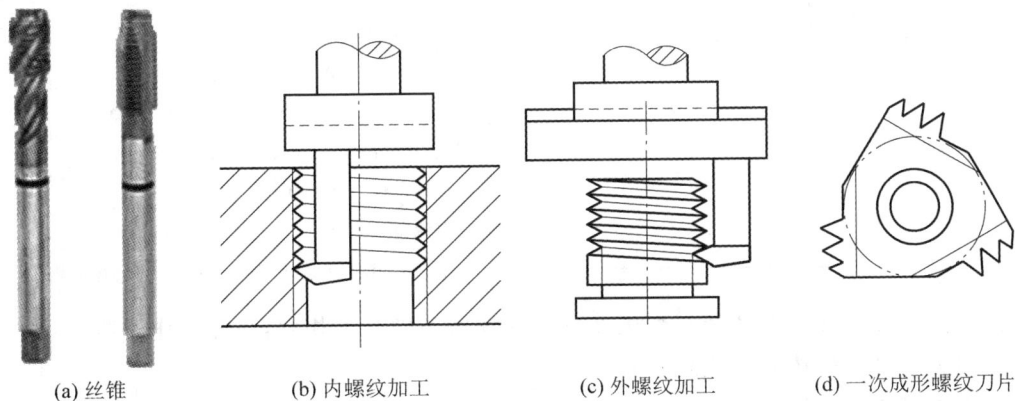

(a) 丝锥　(b) 内螺纹加工　(c) 外螺纹加工　(d) 一次成形螺纹刀片

图 4-24　螺纹加工刀具

三、数控铣床及加工中心的标准刀具系统

1. 铣削刀具型号代码

数控铣床及加工中心所用刀具品种繁多,目前还没有统一的规格型号标准,但刀具生产厂家各有自己的一套编号规则,以下做简单介绍,仅供参考。

例如,某 SANDVIK 整体硬质合金立铣刀型号为 R215.34-10030-AC22N,其型号代码含义如下:

R 21 5 . 3 4 -100 30 - A C 22 N

⑪切削刃槽形，P/N表示直刃、前角9°~12°，K/U表示波刃

⑩表示最大切深a_p，即刃长为22 mm

⑨刀柄长度系列，S(短)/C(长)/K(加长)/L、X(特长)

⑧刀柄装夹类别，A(圆柱直柄)/B(侧压式)/Q(心轴)

⑦刀具的螺旋角，为30°

⑥等于刀具直径的10倍，即D=10 mm

⑤表示齿数，此外，A~Z对应10~32个齿

④刀尖有无倒角(圆角)结构

③是否具有钻削功能，5(无)/6(有，键槽刀类)

②刀具类型，21(立铣刀)/33(槽铣刀)/24(面铣刀)

①右旋刀具为R，左旋刀具为L

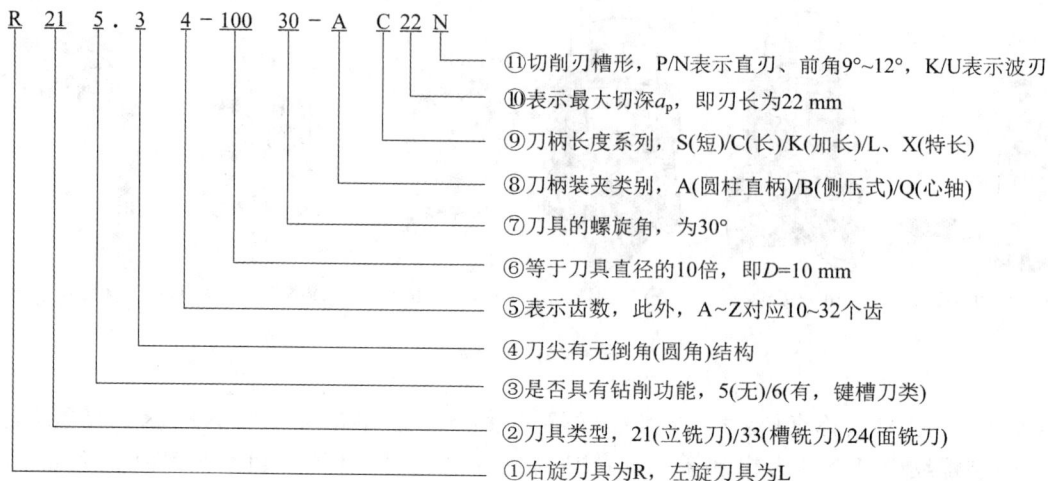

对于面铣刀、机夹立铣刀等，无以上③④⑤⑦项，且最后一项为齿距对应的疏齿(L)、密齿(M)、超密齿(H)标识，或切削槽形的轻(L)、中(M)、重(H)标识。

也有一些刀具生产厂家采用类似于车削刀具的标识方法，例如某可转位铣削刀具的型号为 HM75-16SD08(AL)(M)(L200)(-Z2)，其型号各代码含义如下：

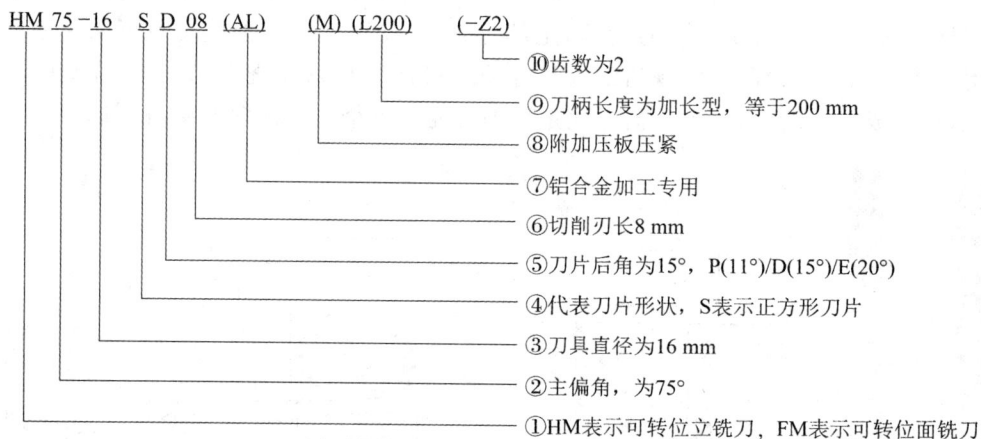

HM 75 -16 S D 08 (AL) (M) (L200) (-Z2)

⑩齿数为2

⑨刀柄长度为加长型，等于200 mm

⑧附加压板压紧

⑦铝合金加工专用

⑥切削刃长8 mm

⑤刀片后角为15°，P(11°)/D(15°)/E(20°)

④代表刀片形状，S表示正方形刀片

③刀具直径为16 mm

②主偏角，为75°

①HM表示可转位立铣刀，FM表示可转位面铣刀

铣削类机夹可转位刀片和车削机夹刀片的规格类别基本相同，在此不作介绍。

镗削类刀具大多按照模块式工具系统进行标识。

2. 模块式工具系统

数控铣床及加工中心上使用的刀具分为刃具部分和连接刀柄部分。刃具部分包括钻头、铣刀、铰刀、丝锥等，和数控铣床所用刃具类似。由于大多数数控机床采用手工或自动换刀时，一般都是连同刀柄一起更换的，因此对刀柄的要求较高。连接刀柄应满足其在机床主轴内的夹紧和定位要求，能准确安装各种切削刃具，自动换刀刀柄还应适应机械手的夹持和搬运，适应在自动化刀库中储存、搬运和识别等各种要求。

加工中心及数控镗铣床所用的刀柄系统已规范化，常见的有 TMG 模块式和 TSG 整体式。下面主要介绍一下 TSG 整体式工具系统。

TSG 工具系统中的刀柄，其代号由四部分组成，各部分的含义如下：

```
            ┌─── 表示工具柄部型式
            │        ┌─── 对圆锥柄表示锥度规格,对圆柱接柄表示直径
            │        │
         ┌──┴──┐ ┌──┴──┐   ┌─────┐ ┌──────┐
         │ BT  │ │ 40  │ ─ │ ER  │ │32—100│
         └─────┘ └─────┘   └─────┘ └──────┘
                                    │        └─── 表示刀柄工作长度
                                    │
            表示工具的用途 ──────────┘   └─── 表示工具的规格
```

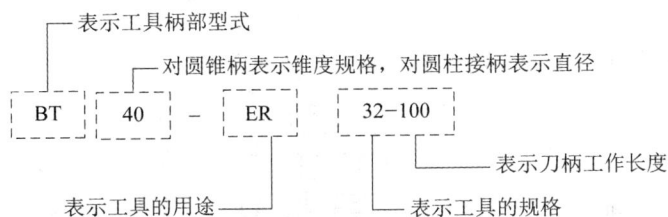

上述代号表示的工具为自动换刀机床用 7∶24 MAS-403BT 圆锥工具柄,锥柄为 40 号,前部为弹簧夹头 ER,最大夹持直径为 32 mm(若为 MT 3,则代表有扁尾莫氏 3 号锥柄),刀柄工作长度(锥柄大端直径处到弹簧夹头前端面的距离)为 100 mm。TSG 工具刀柄的型式代号及规格参数分类见表 4-2 和表 4-3。

表 4-2 工具柄部型式代号

代号	工具柄部型式	
JT	自动换刀机床用 7∶24 圆锥工具柄	GB/T 3837—2001
BT	自动换刀机床用 7∶24 圆锥 BT 型工具柄	ANSI/ASME B5.50
ST	手动换刀机床用 7∶24 圆锥工具柄	GB/T 3837—2001
MT	带扁尾莫氏圆锥工具接柄	GB/T 1443—2016
MW	无扁尾莫氏圆锥工具接柄	GB/T 1443—2016
ZB	直柄工具接柄	GB/T 6131

表 4-3 工具的用途代号及规格参数

用途代号	用途	规格参数表示的内容
J	装直柄接杆工具	所装接杆孔直径-刀柄工作长度
Q、ER	弹簧夹头	弹簧夹头直径-刀柄工作长度
XP	装削平型直柄工具	装刀孔直径-刀柄工作长度
Z	装莫氏短锥钻夹头	莫氏短锥号-刀柄工作长度
ZJ	装贾氏锥度钻夹头	贾氏锥柄号-刀柄工作长度
MT	装带扁尾莫氏圆锥柄工具	莫氏锥柄号-刀柄工作长度
MW	装无扁尾莫氏圆锥柄工具	莫氏锥柄号-刀柄工作长度
MD	装短莫氏圆锥柄工具	莫氏锥柄号-刀柄工作长度
JF	装浮动铰刀	铰刀块宽度-刀柄工作长度
G	攻丝夹头	最大攻丝规格-刀柄工作长度
TQW	倾斜型微调镗刀	最小镗孔直径-刀柄工作长度
TS	双刃镗刀	最小镗孔直径-刀柄工作长度
TZC	直角型粗镗刀	最小镗孔直径-刀柄工作长度
TQC	倾斜型粗镗刀	最小镗孔直径-刀柄工作长度
TF	复合镗刀	小孔直径/大孔直径-小孔工作长度/大孔工作长度
TK	可调镗刀头	装刀孔直径-刀柄工作长度
XS	装三面刃铣刀	刀具内孔直径-刀柄工作长度
XL	装套式立铣刀	刀具内孔直径-刀柄工作长度
XMA	装 A 类面铣刀	刀具内孔直径-刀柄工作长度
XMB	装 B 类面铣刀	刀具内孔直径-刀柄工作长度
XMC	装 C 类面铣刀	刀具内孔直径-刀柄工作长度
KJ	装扩孔钻和铰刀	1∶30 圆锥大端直径-刀柄工作长度

如图 4-25 所示为 TSG 工具系统基本结构组成示意图。

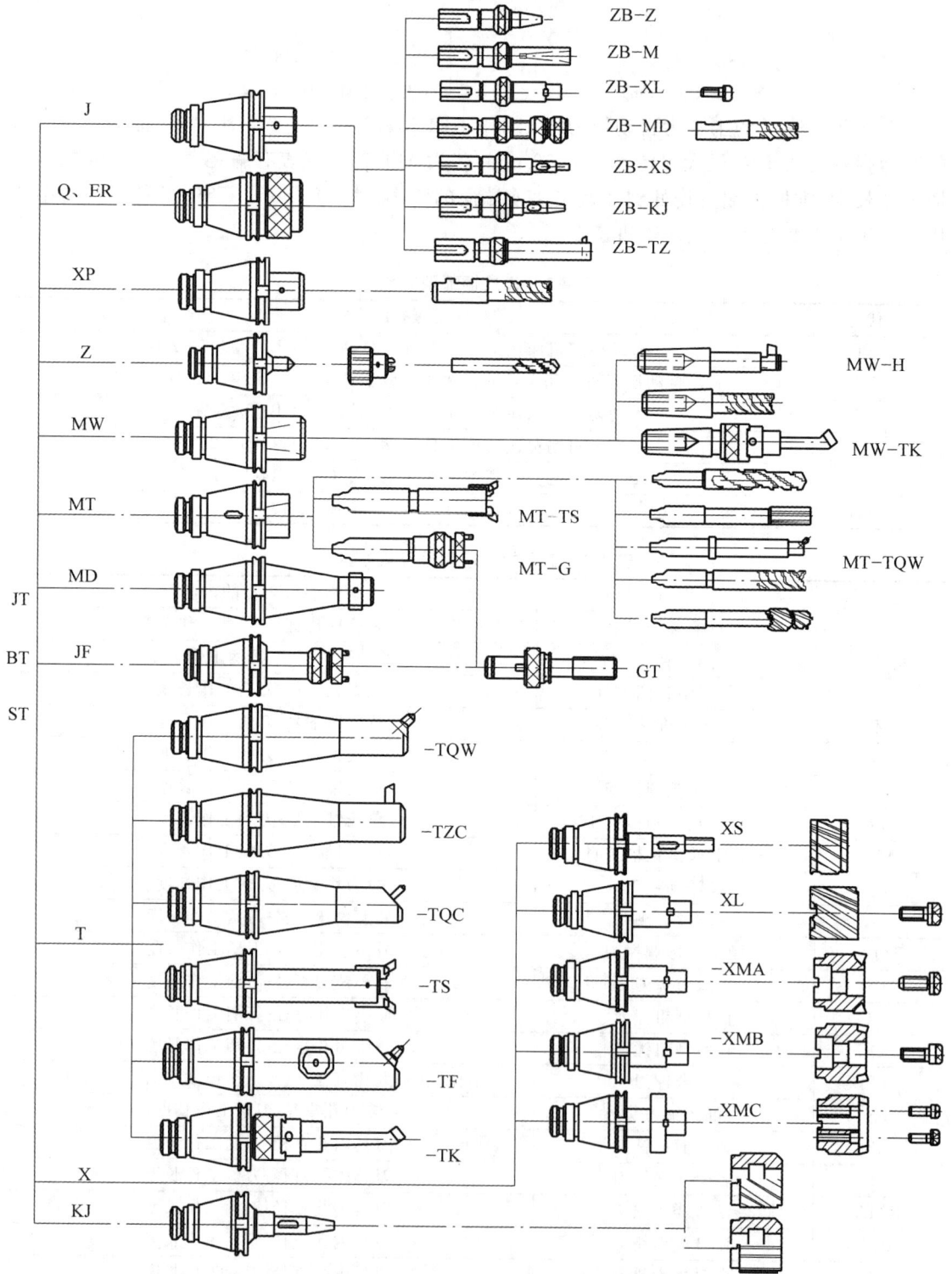

图 4-25　TSG 工具系统的基本构成

数控铣床、加工中心的 7∶24 锥度通用刀柄通常有五种标准和规格,即 NT(传统型)、DIN 69871(德国标准)、ISO 7388/1(国际标准,中国标准代号为 GB/T 3837—2001)、MAS BT(日本标准)以及 ANSI/ASME(美国标准)。

图 4-26、图 4-27、图 4-28 分别表示了数控机床常用的 JT 型、BT 自动换刀型、ST 手动换刀型等标准刀柄型式。

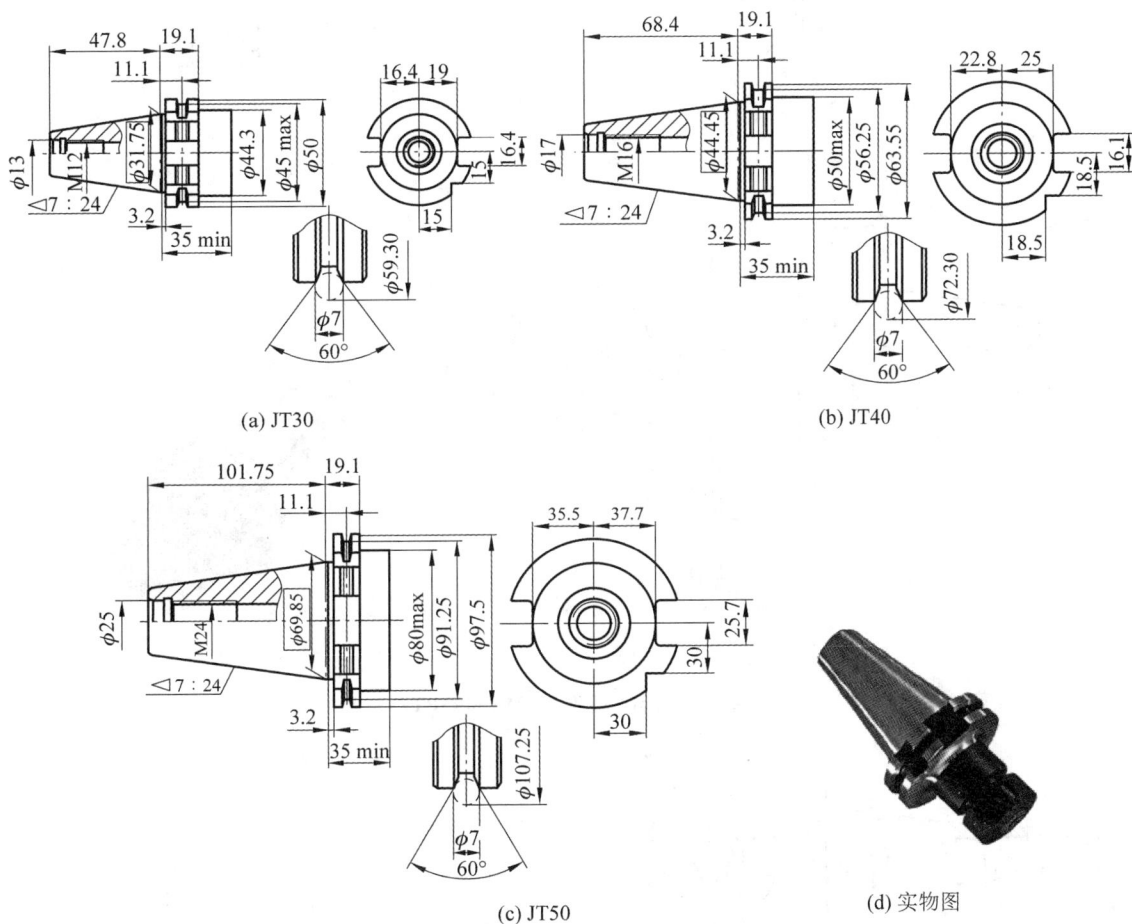

(a) JT30

(b) JT40

(c) JT50

(d) 实物图

图 4-26 JT 型锥柄(DIN69871-A)

JT 型锥柄上与主轴连接的两键槽与主轴轴心的间距是不对称的,刀柄在主轴上应按刀柄上的缺口标记进行单向安装,对于需要主轴准停后作定向让刀移动的精镗及反镗刀具来说,这种结构不会导致刀具安装出错,而 BT 型、ST 型锥柄上的两键槽是对称布局的,刀柄在主轴上可双向安装,对需作定向让刀移动的刀具来说,取下后再回装到主轴时一定要注意安装方位要求。

图 4-29 所示为 JT 型、BT 型锥柄所使用的标准拉钉结构示意。刀柄安装到主轴之前必须了解机床主轴所适用的拉钉结构与尺寸,选用对应的拉钉后才能保证刀柄与主轴的可靠连接。ST 型锥柄没有设计机械手抓取的结构部分,需要手动装卸刀具,不适于自动换刀的加工中心机床使用。由于主轴与刀具系统是高速运转的,因此必须确保主轴与刀具系统间具有可靠的连接。

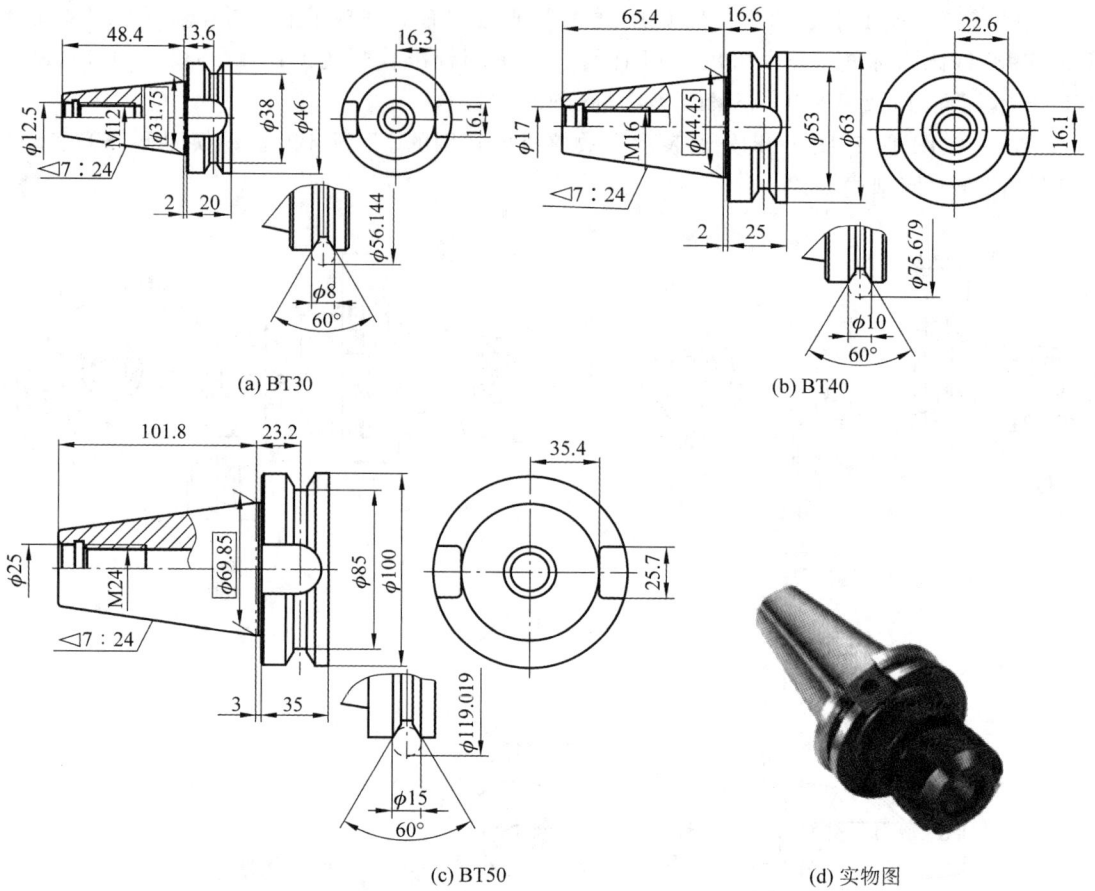

(a) BT30

(b) BT40

(c) BT50

(d) 实物图

图 4-27　BT 型锥柄（MAS403BT）

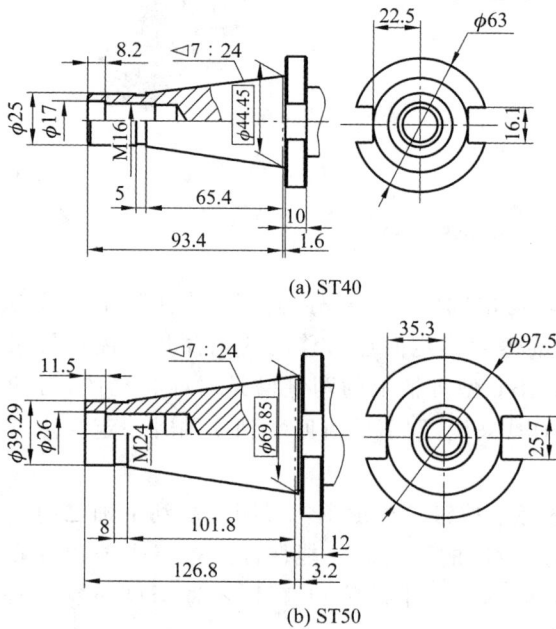

(a) ST40

(b) ST50

图 4-28　ST 型锥柄（DIN2080）

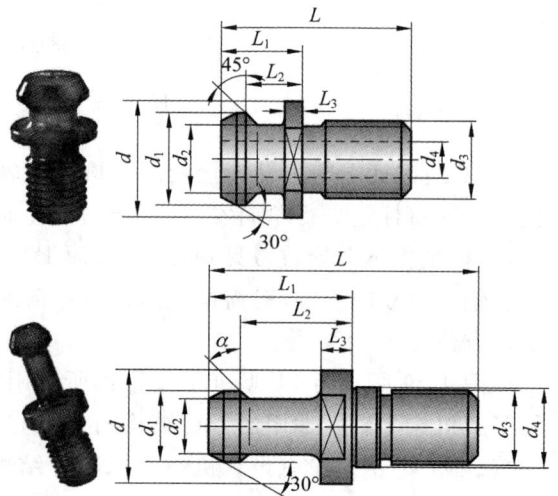

图 4-29　标准拉钉结构

四、铣削及孔加工刀具的选用

刀具的选择是数控铣床及加工中心加工工艺中的重要内容之一,它不仅影响加工效率,而且直接影响加工质量。另外,数控铣床及加工中心的主轴转速比普通铣床高 1～2 倍,且主轴输出功率大,因此与传统加工方法相比,数控铣削加工对刀具的要求更高。

1. 铣削刀具的选用步骤

1）选择刀具类型

加工较大的平面、台阶面时,应选择面铣刀;加工轮廓槽、较小的台阶面及平面轮廓时,应选择立铣刀或键槽铣刀;加工窄长槽时,应选用三面刃铣刀;加工空间曲面、模具型腔或凸模成形表面等,多选用模具铣刀和圆鼻刀;加工变斜角零件的变斜角面时,应选用鼓形铣刀;加工各种直的或圆弧形的凹槽、斜角面、特殊孔等,应选用成形铣刀。

2）确定刀具材料

刀具材料的选择应综合考虑工件材料的物理力学性能、刀具材料与工件材料的化学性能匹配以及经济性等因素。不同的工件材料宜对应使用不同的刀具材料,例如,普通钢件宜使用 P 类硬质合金刀具,不锈钢件应使用 M 类硬质合金刀具,铸铁件应使用 K 类硬质合金刀具等。

3）选择铣刀结构类型

第三步即选择刀具齿距、安装类型等。一般情况下,首选密齿型铣刀,因其能够实现稳定性较好的高效加工。在大悬伸且稳定性较差的工况下,或功率有限的小型机床上,可采用不等距疏齿铣刀,以消除粗切时的振动,确保长时间稳定加工。对于稳定性较好的机床,切削短屑材料或优质合金材料时,可使用超密齿刀具,通过多刀片切削实现高效率加工。在功率充足的情况下,钢件粗切可选择疏齿铣刀,因其具有较大的容屑能力;而超密齿铣刀则多用于小切削量的精铣加工。

安装类型的选择取决于加工所需的刀具尺寸。大尺寸刀具通常采用套式结构,通过心轴安装;中型尺寸刀具采用莫氏锥柄,通过螺钉紧固安装;小型尺寸刀具则采用直柄,通过强力夹头、普通弹簧夹头或削平柄侧固式安装。

4）选择刀片

第四步是根据工况选择刀片槽形,图 4-30 所示为 SANDVIK 铣削刀片的类型示意。一般地,轻型加工、低切削力、低进给率用大正前角的 L 型槽刀片;铝件切削选用具有锋利刃口的 AL 型槽刀片;大多数材料的普通中度切削采用小前角轻微倒棱的 M 型槽刀片;重载加工、大切削力、高进给速率的切削采用小前角负倒棱的 H 型槽刀片;加工余量较小,并且要求表面粗糙度较低时,采用陶瓷、氮化硼及聚晶金刚石材质的零前角 E 型槽刀片;Wiper 型刀片适用于大直径、高质量表面的切削,其长刃所允许的进给速率可为普通刀片的 4 倍。

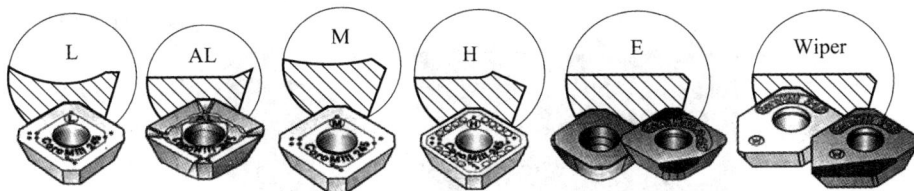

图 4-30 SANDVIK 铣削刀片的类型

5）确定切削参数

切削参数按照切削手册或刀具商提供的切削参数确定。

2. 铣刀主要参数的选择

1）面铣刀主要参数的选择

在数控机床上铣削平面时，建议采用可转位式硬质合金刀片铣刀。一般采用两次走刀，一次粗铣，一次精铣。当连续切削时，粗铣刀的直径应较小，以减小切削扭矩；精铣刀的直径应较大，最好能覆盖待加工表面的整个宽度，以提高加工精度和加工效率，减小相邻两次进给之间的接刀痕迹和确保铣刀的耐用度。推荐使用刀具直径 $D=(1.2\sim1.5)B$，其中 B 为加工表面宽度。当加工余量大且加工表面又不均匀时，刀具直径应选得小一些，以避免粗加工时因切刀刀痕过深而影响加工质量。

由于铣削时有冲击，故面铣刀的前角数值一般比车刀略小，尤其是硬质合金面铣刀，其前角数值减小得更多。铣削强度和硬度都高的材料可选用负前角铣刀。前角的数值主要根据工件材料和刀具材料来选择，其具体数值参见表 4-4。

表 4-4　面铣刀的前角

工件材料	刀具材料			
	钢	铸铁	黄铜、青铜	铝合金
高速钢	10°～20°	5°～15°	10°	25°～30°
硬质合金	−15°～15°	−5°～5°	4°～6°	15°

铣刀的磨损主要发生在后刀面上，因此适当加大后角可减少铣刀磨损。常取 $\alpha_0=5°\sim12°$，工件材料软时取大值，工件材料硬时取小值；粗齿铣刀取小值，细齿铣刀取大值。

铣削时冲击力大，为了保护刀尖，硬质合金面铣刀的刃倾角常取 $\lambda_S=-5°\sim15°$。在铣削低强度工件时，取 $\lambda_S=5°$。

主偏角 κ_r 在 45°～90°范围内选取，铣削铸铁时常用 45°，铣削一般钢材时常用 75°，铣削带凸肩的平面或薄壁零件时要用 90°。

2）立铣刀主要参数的选择

立铣刀主切削刃的前角在法剖面内测量[见图 4-31（a）]，后角在端剖面内测量，前、后角的标注如图 4-31（b）所示。立铣刀的前、后角都为正值，分别根据工件材料和铣刀直径选取，其具体数值参见表 4-5。

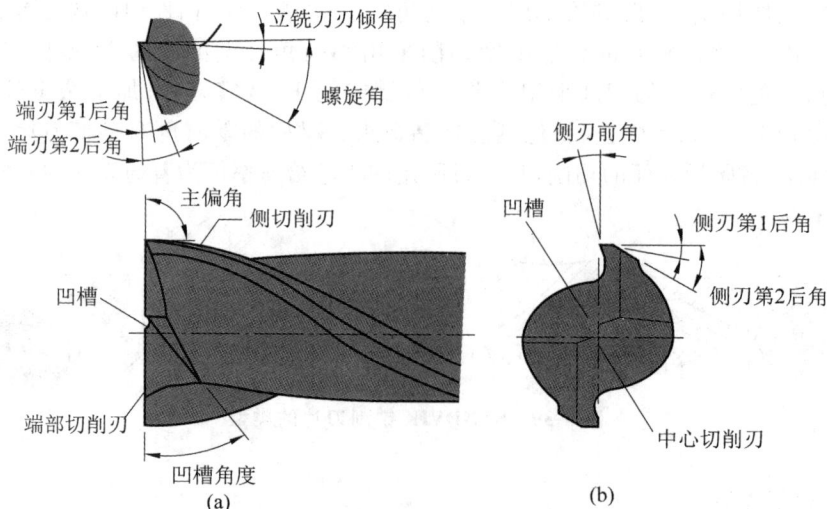

图 4-31　立铣刀的几何角度

表 4-5 立铣刀前后角数值

工件材料		前角	铣刀直径/mm	后角
钢	$R_m \leqslant 0.589$ GPa	20°	<10	25°
	0.589 GPa$< R_m \leqslant 0.981$ GPa	15°	10~20	20°
	$R_m > 0.981$ GPa	10°		
铸铁	$\leqslant 150$ HBW	15°	>20	16°
	>150 HBW	10°		

立铣刀的尺寸参数如图 4-32 所示,推荐按下述经验数据选取。

(1) 刀具半径 r 应小于零件内轮廓面的最小曲率半径 ρ,一般取 $r=(0.8\sim0.9)\rho$。

(2) 对深槽、孔,选取刀具工作刃长 $L=H+(2\sim5)$ mm,其中 H 为槽、孔深度。

(3) 加工外形及通槽时,选取 $L=H+r_e+(2\sim5)$ mm,其中 r_e 为刀尖转角半径。

(4) 粗加工内轮廓面时,铣刀最大直径 $D_{粗}$ 可按下式计算:

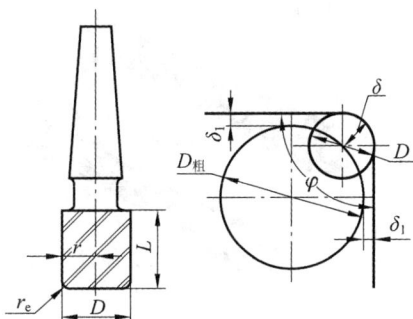

图 4-32 立铣刀的尺寸

$$D_{粗} = 2x\frac{\delta\sin\varphi/2 - \delta_1}{1 - \sin\varphi/2} + D$$

式中:D——轮廓的最小凹圆角半径;

δ——圆角邻边夹角等分线上的精加工余量;

δ_1—— 精加工余量;

φ——圆角两邻边的最小夹角。

3. 孔加工刀具的选用

1) 钻头的选用步骤

一般钻头的选用步骤为:①确定孔径和孔深的范围;②选择钻头类型(粗/精加工、普通钻孔/扩孔/锪钻);③选择刀柄类型(直柄/锥柄/削平柄、标准/加长/接杆、整体式/机夹刀片);④选用钻头材质(高速钢/硬质合金)与机夹刀片牌号;⑤确定钻削参数。

在数控铣床及加工中心上钻孔,一般不采用钻模。钻削深度超过直径 5 倍的深孔时,容易折断钻头,可采用固定循环程序,多次自动进退,以利于冷却和排屑。钻孔前最好先用中心钻钻一个中心孔或采用一个刚性好的短钻头锪窝引正。锪窝除了可以解决毛坯表面钻孔引正问题外,还可以形成孔口倒角。

2) 镗刀的选用步骤

一般镗刀的选用步骤为:①确定镗削工序类型(普通镗/阶梯镗/深孔镗/反镗);②选择镗削性质(粗镗/精镗、三刃/双刃/单刃);③确定镗削直径范围,选择主偏角以确定镗头型号;④选择镗头接柄型式以选用刀柄;⑤选择刀片,确定镗削参数。

镗孔工序及其刀具如图 4-33 所示。

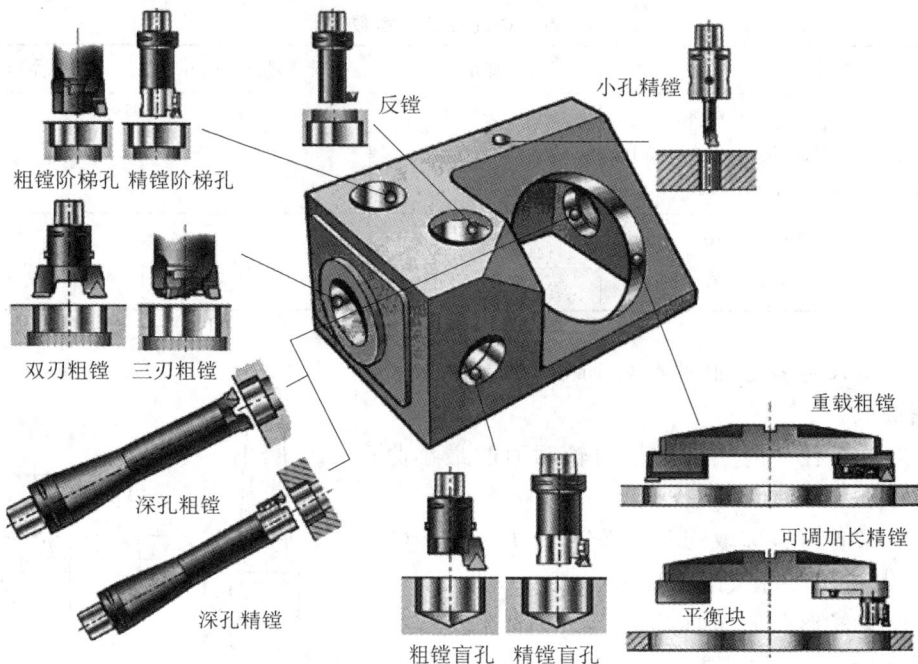

图 4-33　镗孔工序及其刀具

五、数控铣削刀具的对刀

数控铣削加工的对刀器具包括机内对刀工具和机外刀具预调仪。

1. 机内对刀工具

机内对刀工具主要有探测刀具长度的 Z 轴设定器和探测工件坯料边廓的 XY 方向寻边器。电子式对刀工具是将工件、机床、刀具及对刀工具等构成一封闭回路,当对刀工具与刀具或工件接触时回路接通,发光二极管被点亮,断开则灯熄。指针表式、数字式 Z 轴设定器属机械式,由指针表或液晶数字显示,达到设定预压量的读数时即实现精确对刀;偏心式寻边器利用高速旋转产生的惯性力放大偏心效应,通过与工件基准边接触产生的微小位移来破坏其稳定性,从而实现位置确认。使用这种寻边器时,最好采用双面对称寻边的方法,以提高定位的准确度。

图 4-34 是几种常用的机内对刀工具。

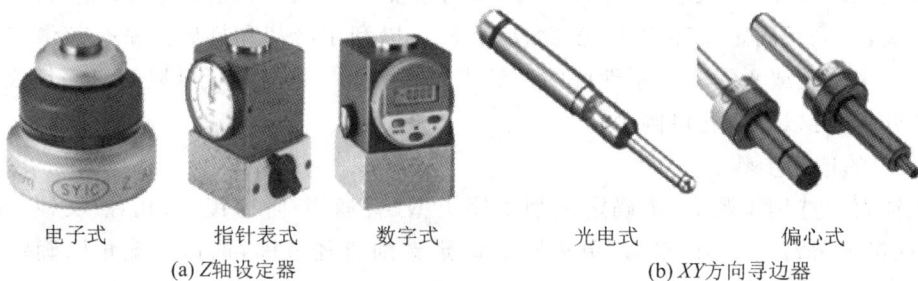

电子式　　指针表式　　数字式　　　　光电式　　　偏心式
(a) Z轴设定器　　　　　　　　　　　　(b) XY方向寻边器

图 4-34　机内对刀工具

2. 机外刀具预调仪

当不希望对刀占用机床加工时间或需要对镗削刀具径向尺寸做预调整时,可使用机外刀具预调仪,如图 4-35 所示。

刀具预调仪既可实现镗削刀具径向尺寸的预调整,也可用于以某刀具为基准刀具,对整个工序内各工步所有刀具的长度尺寸及径向尺寸进行刀补量的预测定。

径向对刀时,可用标准检棒作测量基准,当测头接触标准检棒外圆后,将显示读数 X 设为检棒的标准直径,换装刀具后移动调整 X 至测头径向接触刃尖,则显示读数 X 值即为该刀具的径向尺寸。

刀长对刀时,以 Y 向测头接触基准刀具的轴向刃尖,并将显示读数 Y 设为零值,换装其他刀具后移动调整 Y 至测头接触刀具的轴向刃尖,则显示读数 Y 值即为该刀具相对基准刀具刀长的补偿量。

将补偿数据对应输入机床数控系统的补偿寄存器,整个刀具组仅需在机床上对基准刀具进行对刀即可,这样可大大节省在机床上分别进行对刀所耗费的占机时间,在某些现代制造企业,对刀数据甚至可以通过管理网络直接对数控机床赋值。

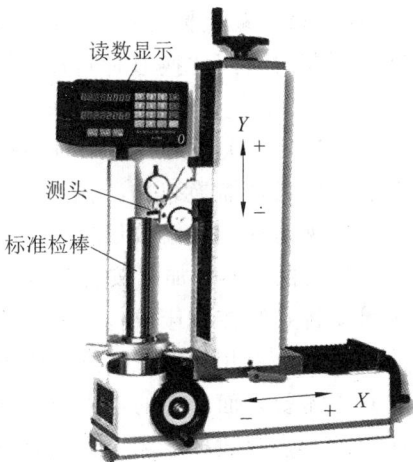

图 4-35　机外刀具预调仪

4.3　数控铣床及加工中心加工工艺设计

一、加工顺序的确定

确定加工顺序包括确定零件加工的各工序顺序和工序内工步的先后顺序等。各工序安排包括准备工序、切削加工工序、热处理工序和辅助工序等的顺序及相互间的衔接,工序内工步的安排包括具体工步内容和工步的先后顺序。工序安排得科学与否将直接影响到零件的加工质量、生产效率和加工成本。在安排数控铣床及加工中心加工顺序时要遵循"基面先行""先粗后精""先面后孔"及"先主后次"等工艺设计的一般原则。

任何零件的加工过程总是先对定位基准进行粗加工和精加工,例如,箱体类零件总是先加工定位用的平面及两个定位孔,再以平面和定位孔为精基准来加工孔系和其他平面,即"基面先行";整个零件的总体加工是按照粗加工→半精加工→精加工或光整加工的先后顺序划分阶段的,同一工序内各工步也是按"先粗后精"的顺序来安排的;对于箱体、支架等零件,由于平面尺寸轮廓较大,用平面定位比较稳定,而且孔的深度尺寸又是以平面为基准的,因此应先加工平面,再加工孔,即"先面后孔"。

除上述一般工艺原则之外,还应考虑:

(1)安排铣削加工顺序时可参照采用粗铣大平面→粗镗孔、半精镗孔→立铣刀加工→点中心孔→钻孔→攻螺纹→平面和孔精加工(精铣、铰、镗等)的加工顺序。

(2)每道工序尽量减少刀具的空行程移动量,按最短路线安排加工表面的加工顺序。

(3)对加工中心而言,应减少换刀次数,节省辅助时间。一般情况下,每换一把新的刀具后,应通过移动坐标、回转工作台等方法将由该刀具切削的所有表面全部完成。但若工作台转位所花的时间比换刀时间长,可考虑先完成一个面的所有粗切加工后再转位加工另一面,最后精加工所有面。

（4）对于一次换刀后加工时间较长的（如模具曲面类）零件,可考虑用数控铣床加工,若同时有一些其他需换刀加工而又不允许二次装夹的,可在数控铣床上采用手工换刀完成。若一次装夹后使用刀具数量较多而又需频繁换刀的批量零件,可考虑用加工中心加工。

（5）大批量零件加工按流水线形式组织生产时,可考虑将工序分散。加工费时的粗切加工可安排在数控铣床或普通铣床上进行,每台机床完成一把或少数几把刀具加工工序（或工步）的内容,有相互位置精度要求而又需要多把刀具的最终精加工则安排在加工中心上进行。对于需要多面加工的零件,可以根据加工面的安排选择集中工序在加工中心完成,或将工序分散到多台数控铣床上进行加工。原则上,应采用逐面完成粗加工和精加工的工序顺序。然而,对于相互影响较大且位置精度要求较高的加工面,应在最后进行各面的精加工。在组线生产时,各机床的加工工序内容应根据工时估算进行统筹安排。对于容易产生瓶颈的工序,应安排多台机床进行相同的加工,以确保生产线的通畅。

（6）对于整个外轮廓都需要切削加工且不方便采用内装夹固定、深度较大需对接加工的异型通槽等情况,若采用数控铣削方式比较困难,可考虑穿插安排线切割等其他加工方法来完成。

二、走刀路线的确定

1.顺铣和逆铣

铣刀在切削区域相对于工件的线速度方向和工作台（工件）的进给方向相同时称为顺铣,方向相反时称为逆铣,如图4-36（a）（b）所示。

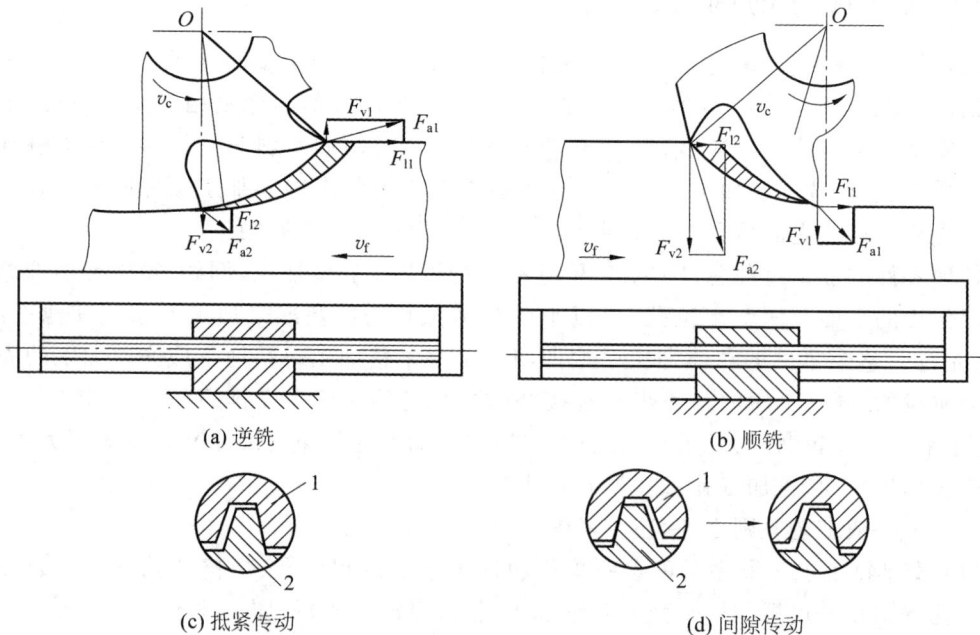

(a) 逆铣　　　　　　　　　　　　　(b) 顺铣

(c) 抵紧传动　　　　　　　　　　(d) 间隙传动

图 4-36　顺铣和逆铣

1—螺母;2—丝杆

逆铣时,刀具从已加工表面切入,切削厚度逐渐增大,刀齿在已加工表面上滑行、挤压,使已加工表面变为冷硬层,既磨损刀齿又降低了已加工表面的质量。但逆铣时不会出现"打刀"现象。由于工件自右向左进给是靠丝杆和螺母传动面右侧抵紧来推动的,逆铣时水平切削力也会推动丝杆向右抵紧螺母传动面,因此逆铣不受丝杆螺母副间隙的影响,铣削较平稳,如图 4-36(c)所示。

顺铣时,刀具从待加工面切入,切削厚度逐渐减小,切削时冲击力大,刀齿无滑行、挤压现象,对刀具寿命有利。由于工件自左向右进给是靠丝杆和螺母传动面左侧抵紧来推动的,顺铣时水平切削力会将丝杆推向右侧螺母传动面。当切削力较大(工件表面有硬皮或硬质点)时,会带动工作台与丝杆向右窜动,导致传动副左侧出现间隙,如图 4-36(d)所示。硬点过后,传动副恢复正常的左侧抵紧、右侧间隙状态。这种现象对加工极为不利,会引起"啃刀"或"打刀",甚至损坏夹具或机床。

当工件表面有硬皮、机床进给机构有间隙时,应选用逆铣走刀方式。由于逆铣时机床进给机构的间隙不会引起振动和爬行,因此粗铣时应尽量采用逆铣。当工件表面无硬皮、机床进给机构无间隙时,应选用顺铣走刀方式。顺铣加工的表面质量好,刀齿磨损小,因此精铣时应尽量采用顺铣。

数控机床一般采用精密滚珠丝杠,传动间隙很小,所以,在数控铣削加工时,应尽可能使用顺铣的刀具路径。顺铣是机夹硬质合金刀片铣刀的首选走刀方式。

2. 走刀路线的确定思路

在数控加工中,刀具(刀位点)相对于工件的运动轨迹和方向称为走刀路线,即刀具从对刀点开始运动起,直至结束加工所经过的路径,包括切削加工的路径以及刀具引入、引出、下刀、提刀等空行程。走刀路线的确定可主要从以下几个方面考虑:

(1)应尽量采用切向引入与引出。如图 4-37(a)所示,当铣削平面零件外轮廓时,一般采用立铣刀侧刃切削。刀具切入工件时,不应沿零件外廓的法向切入,而应沿外廓延长线的切向切入,以避免在切入处产生刀痕而影响表面质量,保证零件外廓曲线平滑过渡。同理,在切离工件时,也应避免在工件的轮廓处直接退刀,而应该沿零件轮廓延长线的切向逐渐切离工件。此外,轮廓加工中应避免进给停顿,因为加工过程中的切削力会使工艺系统产生弹性变形并处于相对平衡状态,进给停顿时,切削力突然减小,这会改变系统的平衡状态,刀具会在进给停顿处的零件轮廓上留下刻痕。

如图 4-37(b)所示,在铣削封闭的内轮廓表面时,应选择在内凸的交点外延后沿切线方向切入和切出,或通过添加过渡圆弧实现切向切入和切出。当内轮廓没有内凸的交点时,如

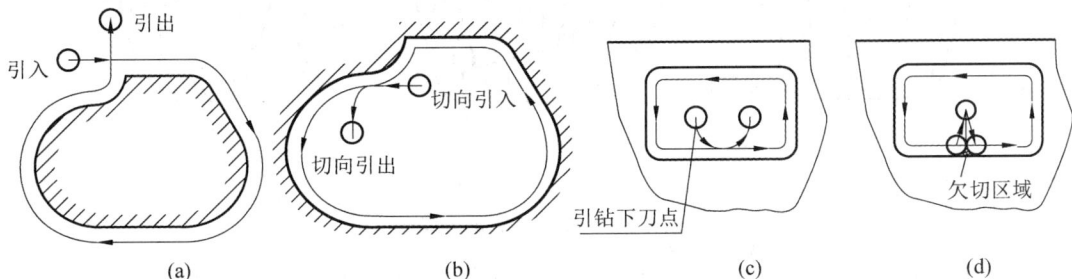

图 4-37 顺铣精修的切入与切出

图 4-37(c)所示,刀具的切入和切出点应远离拐角,并通过过渡圆弧实现切向切入和切出。在使用刀具半径补偿功能时,应特别注意避免从同一点切入和切出,以免因刀补算法的限制而导致欠切现象,如图 4-37(d)所示。

（2）选择合理的下刀方式和下刀位置。铣削外轮廓、凸形曲面或敞口槽时,可从坯料外部快速下刀;铣封闭内槽、内轮廓或模腔曲面时,可先钻引孔,再从引孔处快速进给下刀,或使用键槽铣刀轴向进给下刀;若用立铣刀应以斜插及螺旋插补方式从槽内下刀。批量生产时建议采用快速进给下刀方式以提高生产效率。

（3）对于槽形铣削,若为通槽,可采用行切法来回铣切,走刀换向在工件外部进行,如图 4-38(a)所示。若为敞口槽,可采用环切法,如图 4-38(b)所示。若为封闭凹槽,可采用以下两种方法:①粗切时采用行切走刀路线,精修时采用环切走刀路线,如图 4-38(c)所示;②粗、精修均采用环切的走刀路线,如图 4-38(d)所示,以走刀路线最短者为首选。

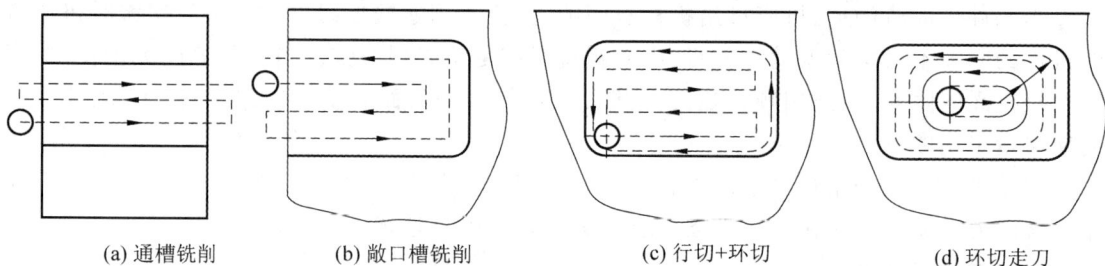

| (a) 通槽铣削 | (b) 敞口槽铣削 | (c) 行切+环切 | (d) 环切走刀 |

图 4-38　铣槽方案

若封闭凹槽内还有不需加工的岛屿部分,则以保证每次走刀路线与轮廓的交点数不超过两个为原则,按图 4-39(a)所示的方式将岛屿两侧视为两个内槽分别进行切削,最后用环切方式对整个槽形内外轮廓精切一刀。若按图 4-39(b)所示的方式来回地从一侧顺次铣切到另一侧,必然会因频繁地抬刀和下刀而增加工时。若岛屿间形成的槽缝小于刀具直径,则必然将槽分隔成几个区域,若以最短工时考虑,可将各区视为一个独立的槽,相当于多槽加工,如图 4-39(c)所示,可先完成一个槽的粗、精加工后再去加工另一个槽区。若需要预防加工变形,则应在所有区域完成粗铣后,再统一对所有的区域进行精铣,最后使用小刀具完成窄缝槽区的加工。

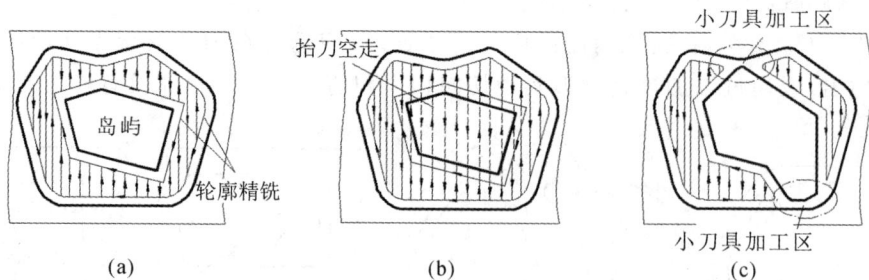

| (a) | (b) | (c) |

图 4-39　岛屿挖槽走刀设计

加工精度要求较高的凹槽时,可采用直径比槽宽小一些的立铣刀,先铣槽的中间部分,然后利用刀具的半径补偿功能精铣槽的两边,直到达到精度要求为止。精加工余量一般以 0.2~0.5 mm 为宜,精铣时宜采用顺铣走刀方式,以降低加工表面的粗糙度。

（4）在三坐标数控铣床或加工中心上加工模具曲面零件时，其走刀路线需要用 CAM 软件进行设计。通常采用平底铣刀或圆角铣刀进行曲面挖槽粗加工，使用圆角铣刀或球刀进行等高半精加工，再使用球刀进行平行式或环绕等距式精加工。最后，可能还需要使用小球刀对剩余的残料进行补加工。

挖槽粗切是一种以 XOY 平面加工为主的、逐步改变 Z 向高度层的切削走刀方式。

凸形曲面的加工是以 XOY 截面与曲面的交线为内边界，以预设的毛坯边廓为外边界，将其转化为二维挖槽的刀具路径。每改变一次 Z 向高度值均可得到大小变化的内边界，从而将复杂的三维曲面转化为一层层的二维槽形进行加工。可以从毛坯外部下刀切入，如图 4-40 所示。

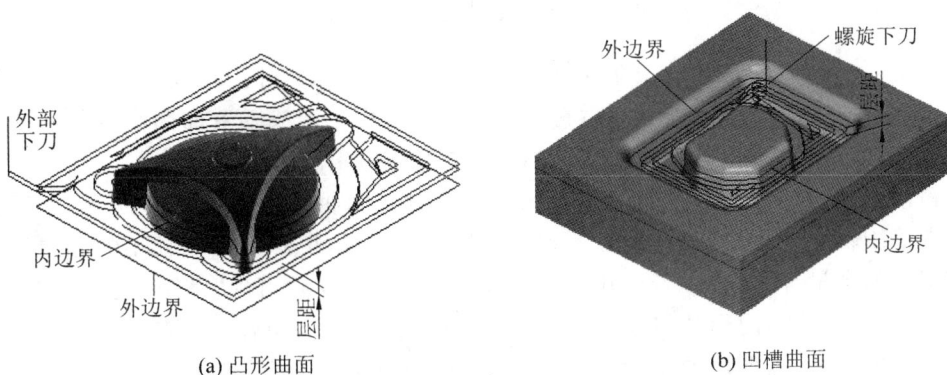

(a) 凸形曲面　　　　　　(b) 凹槽曲面

图 4-40　曲面挖槽粗切走刀路线

凹槽曲面的加工则以 XOY 截面与曲面的交线为外边界，以 XOY 截面与曲面凸岛的交线为内边界，转化为一层层的二维槽形生成刀具路径。可以在槽内引钻孔后直接下刀，或采用斜插式及螺旋式下刀。曲面粗加工的主要目的是去除大量余量，对于已经铸、锻预成型的曲面零件，可以跳过粗加工直接进行半精加工和精修加工。

如图 4-41 所示，在进行凸形曲面的等高半精修时，只需以每一 Z 向高度的 XOY 截面与曲面的交线为边界，就可以生成外形铣削的刀具路径。对于凹槽曲面的半精修，则只需逐层对 XOY 截面与曲面或凸岛的内外交线边界进行轮廓铣削即可。

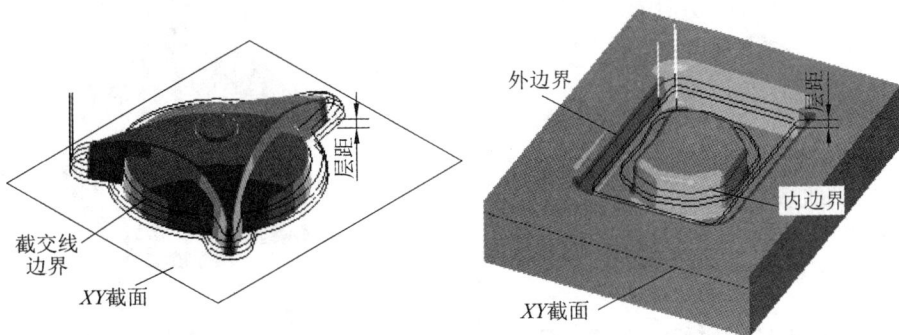

图 4-41　等高曲面半精修走刀路线

如图 4-42 所示，平行式曲面精修是逐层以 XOZ、YOZ 直交截面或角度直交截面与曲面的交线作为边廓，进行 XOZ、YOZ 平面轮廓铣削或 3D 空间轮廓铣削的。由于角度直交截面与曲面的交线为 3D 空间轮廓，因此需要具有三轴联动功能的机床，而 XOZ、YOZ 直交截面与曲面的交线为平面轮廓，具有两轴联动功能的机床通过两维半走刀方式即可实现。

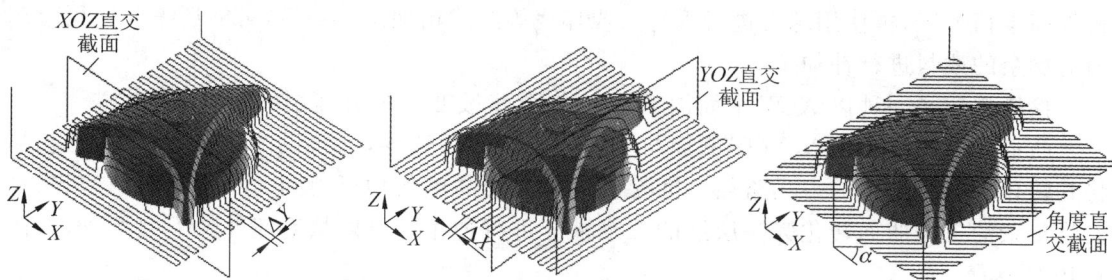

图 4-42　平行式曲面精铣走刀路线

如图 4-43 所示，环绕等距式曲面精修是指以 XOY 截面方向曲面轮廓的最大边界为封闭槽形，首先生成二维环切刀路，随后将刀路投影到曲面上形成随着曲面高低起伏的走刀路线（即在原二维环切刀路基础上增加 Z 轴走刀的 3D 刀路）。

半精修与精修在走刀方式上的主要区别在于分层间距的选择。为了提升加工效率，半精修通常采用较大的分层间距；为了达到更高的加工质量，精修则采用较小的分层间距。由于粗加工后的余量分布不均，若采用平行式走刀至底部，容易出现"啃刀"现象。因此，建议采用等高半精修方式，使用球刀或圆角铣刀去除粗加工所形成的台阶状表面，从而均匀化后续工序的切削余量，确保精加工时切削余量均匀、受力平衡，以保证加工精度。若在粗加工时已使用圆角铣刀并进行了适当的环绕精修，则可跳过半精修直接进入精修加工。

为了提高切削效率，通常选择较大直径的刀具进行粗精加工。如图 4-44 所示，曲面补加工主要是用小直径刀具对大直径刀具加工不到的局部残料区域进行补充加工，或对因刀路设计算法限制而不能达到理想加工质量的部位进行修补加工。

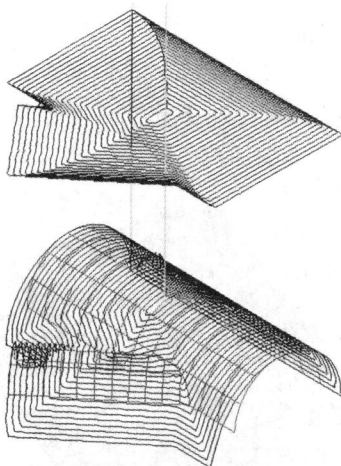

图 4-43　环绕等距精修刀路

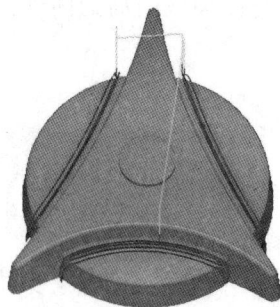

图 4-44　残料补加工刀路

（5）当使用钻镗循环加工方式时，其孔加工的走刀路线已经由系统设定好，但各 Z 向深度位置的设置，如快速下刀的位置、每刀的切削深度、提刀的高度等将直接影响到加工效率和加工质量。图 4-45(a)所示为单孔加工的走刀路线，图 4-45(b)所示为多孔加工的走刀路线,同一侧的孔系加工时,只需提刀到 R 平面高度,只有当跳跃加工另一侧孔系时才需要提刀到初始高度平面,这样的设计可减少刀具空程时间。R 平面与加工表面的参考距离 Z_R 见表 4-6。工进钻孔深度 Z_F 需要考虑钻尖高度 T_t,同时通孔加工时钻头的导向部分应穿越底面 $1\sim2$ mm,如图 4-46 所示。

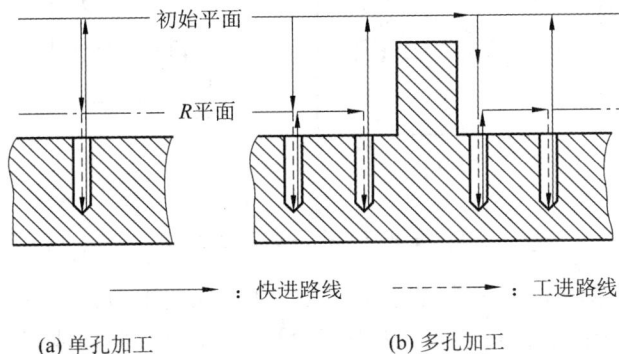

图 4-45 孔加工的走刀路线

表 4-6 R 平面与加工表面的参考距离　　　　　　　单位:mm

加工方式	已加工表面	毛坯表面	加工方式	已加工表面	毛坯表面
钻孔	$2\sim3$	$5\sim8$	铰孔	$3\sim5$	$5\sim8$
扩孔	$3\sim5$	$5\sim8$	攻丝	$5\sim10$	$5\sim10$
镗孔	$3\sim5$	$5\sim8$	铣削	$3\sim5$	$5\sim10$

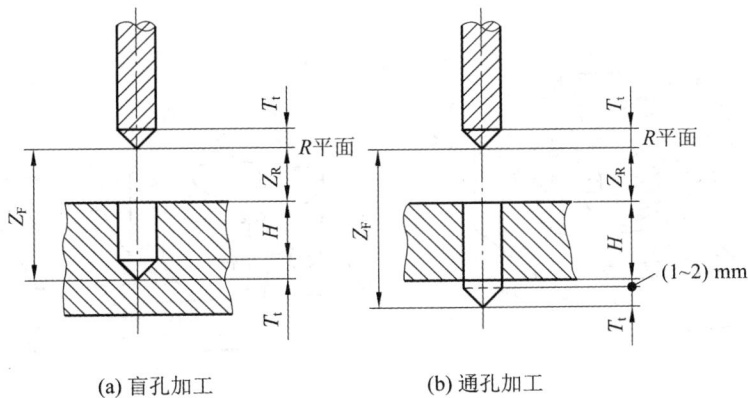

图 4-46 工作进给距离的计算

(6) 孔间走刀应使走刀路线最短,减少刀具空行程时间,提高加工效率。如图 4-47(a) 所示的孔系加工,若采用通用铣床配合分度盘进行分度,总是先加工均布于同一圆周上的 8 个孔,再加工另一圆周上的孔。然而,对数控机床而言,由于其要求定位精度高且定位过程需尽可能快速,因此数控机床应按照空程最短的原则来安排走刀路线。如图 4-47(b) 所示,这种走刀路线能有效节省加工时间。

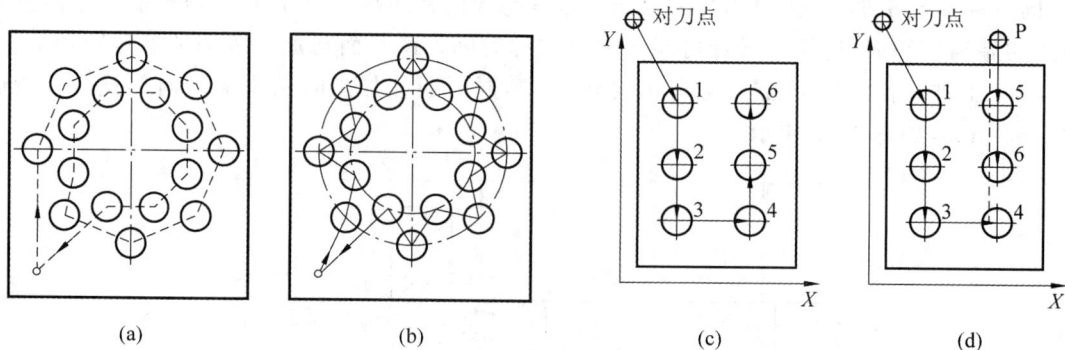

图 4-47　孔系加工路线

对于孔位精度要求较高的零件，在精加工孔系时，孔间走刀路线一定要注意各孔的定位方向一致，即采用单向趋近定位点的方法（有些数控系统提供此功能指令），以避免传动系统的反向间隙或测量系统的误差对定位精度的影响。如图 4-47（c）所示的孔系加工路线，Y 轴的反向间隙将会影响 4、5 两孔的孔距精度；如果改为如图 4-47（d）所示的走刀路线，可使各孔的定位方向一致，从而提高孔距精度。

三、铣削用量的选择

如图 4-48 所示，铣削加工切削用量包括主轴转速（切削速度 v_c）、进给速度 F、背吃刀量 a_p（铣削深度）和侧吃刀量 a_e（铣削宽度）。切削用量的大小对切削力、切削功率、刀具磨损、加工质量和加工成本均有显著影响。数控加工中选择切削用量时，就是在保证加工质量和刀具耐用度的前提下，充分发挥机床和刀具的性能，使切削效率最高，加工成本最低。

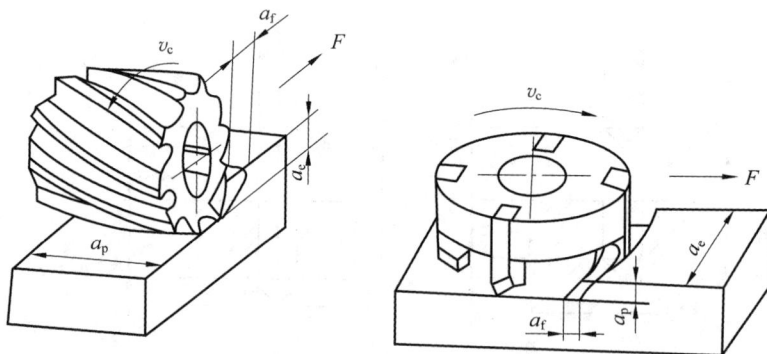

图 4-48　铣削用量

1. 背吃刀量或侧吃刀量的选择

背吃刀量 a_p 为平行于铣刀轴线测量的切削层尺寸，单位为 mm。端铣时，a_p 为切削层深度；而圆周铣削时，a_p 为被加工表面的宽度。

侧吃刀量 a_e 为垂直于铣刀轴线测量的切削层尺寸，单位为 mm。端铣时，a_e 为被加工表面的宽度；而圆周铣削时，a_e 为切削层的深度。

背吃刀量或侧吃刀量的选取主要由加工余量和对表面质量的要求决定。

（1）当工件表面粗糙度要求为 $Ra=12.5\sim25\ \mu m$ 时，如果圆周铣削的加工余量小于 5 mm，端铣的加工余量小于 6 mm，则粗铣一次进给就可以达到要求。但当余量较大、工艺系统刚性较差或机床动力不足时，铣削加工可分两次进给完成。

（2）当工件表面粗糙度要求为 $Ra=3.2\sim12.5\ \mu m$ 时，铣削加工可分粗铣和半精铣两步进行。粗铣时背吃刀量或侧吃刀量选取同前。粗铣后留 $0.5\sim1.0$ mm 余量，在半精铣时切除。

（3）当工件表面粗糙度要求为 $Ra=0.8\sim3.2\ \mu m$ 时，铣削加工可分粗铣、半精铣、精铣三步进行。半精铣时背吃刀量或侧吃刀量取 $1.5\sim2$ mm；精铣时圆周铣侧吃刀量取 $0.3\sim0.5$ mm，面铣背吃刀量取 $0.5\sim1$ mm。

采用球刀分层加工锥面或曲面时，行间吃刀深度 ΔZ、球刀半径 R 及残留高度 h 之间的关系如图 4-49 所示。由 $\triangle O_1AB$ 有

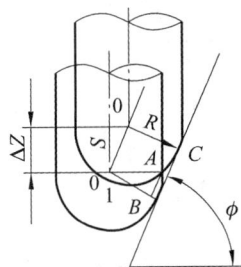

图 4-49 斜面行距

$$R^2 = (R-h)^2 + (S/2)^2$$

展开并略去二阶无穷小项 h^2，可得到：

$$S = 2\sqrt{2Rh}$$

则

$$\Delta Z = S\sin\varphi = 2\sqrt{2Rh}\sin\varphi$$

式中：φ——斜面的倾角，加工曲面时，φ 角取决于曲面在该段上切线的斜率。若用 $SR5$ mm 的球刀、$45°$ 的斜面倾角，以表面残留高度 0.01 mm 控制表面质量，则 ΔZ 可取 0.45 mm。

2. 切削速度 v_c(m/min) 的选择与主轴转速 S(r/min) 的确定

查表获得切削速度 v_c 后，综合考虑积屑瘤、振动、冲击、工件状况等因素进行适当修正后，可计算出铣床主轴转速 S(r/min)。

3. 进给量 f(mm/r) 与进给速度 F(mm/min) 的选择

铣削加工的进给量是指刀具转一周，刀具相对工件沿进给运动方向的位移量。由于铣刀为多齿刀具，其进给量常用每齿进给量 f_z 来表示。进给量与进给速度是数控铣床加工切削用量中的重要参数，应根据零件的表面粗糙度、加工精度要求、刀具及工件材料等因素，参考相关切削用量手册选取。工件刚性差或刀具强度低时，应选取较小值。铣削加工时，其进给速度 F、主轴转速 S、刀具齿数 z 及每齿进给量 f_z 的关系如下：

$$F = Szf_z$$

根据主轴转速 S、刀具齿数 z 及每齿进给量 f_z 即可计算出数控加工时的进给速度 F。

在确定进给速度时，还应注意零件加工中的某些特殊因素：

（1）在高速进给的轮廓加工中，由于工艺系统的惯性，在轮廓拐角处容易产生"超程"和"过切"的现象，即加工外凸表面时容易在拐角处出现少切，而在加工内凹表面时在拐角处会出现多切，如图 4-50 所示。为此，应在接近拐角处适当降低进给速度，在拐角加工完成后再逐渐升速，以保证加工精度。

（2）加工圆弧段时，由于圆弧半径的影响，切削点的实际进给速度 v_T 并不等于选定的刀具中心的进给速度 F，由图 4-51 可知，加工外圆弧时，切削点的实际进给速度为

$$v_T = \frac{R}{R+r}F$$

即 $v_T < F$。而加工内圆弧时,由于

$$v_T = \frac{R}{R-r}F$$

即 $v_T > F$。如果内转角半径接近刀具半径,则切削点的实际进给速度将变得非常大,有可能损伤刀具或工件,因此,应适当降低内圆弧铣削的进给速度。

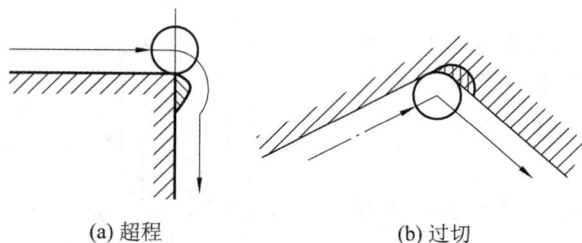

(a) 超程   (b) 过切

图 4-50   拐角处的超程与过切

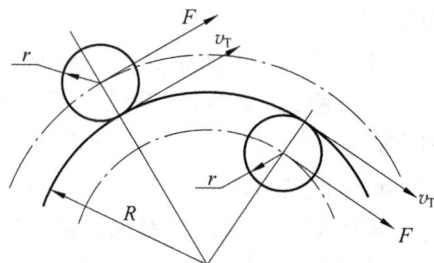

图 4-51   圆弧切削时的进给速度

4.4 典型零件的数控铣削加工工艺

一、曲面轮廓零件的加工

加工如图 4-52 所示的曲面零件,材料为 45 钢,毛坯尺寸(长×宽×高)为 120 mm×120 mm×30 mm,单件生产,本工序的任务是加工曲面和凹槽。其数控铣床加工工艺分析如下。

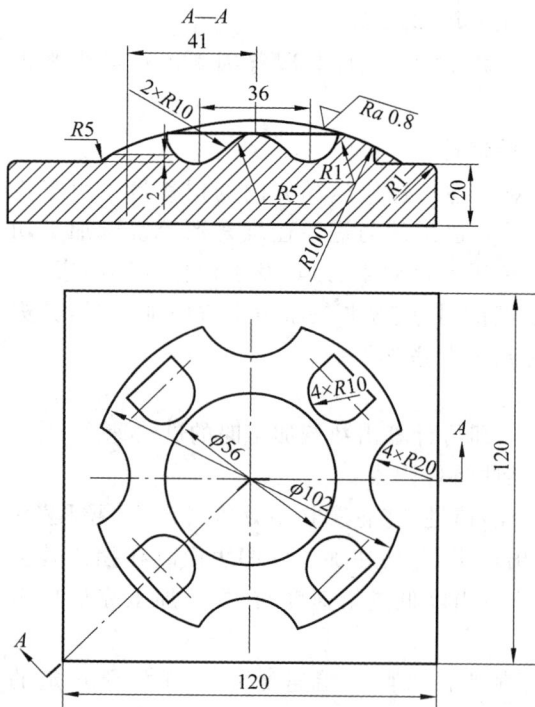

1. 零件图分析

该零件主要由平面、曲面及平面凹槽组成,其中曲面的表面质量要求最高,其余表面要求较高,整体尺寸精度要求不高,毛坯余量较大,零件材料为 45 钢,切削加工性能较好。

根据上述分析,曲面表面要分粗加工、半精加工和精加工三个阶段进行,以保证表面粗糙度要求,其余凹槽表面也要粗、精加工分开进行。

2. 确定工件的装夹方式

该零件外形规则且为单件生产,因此选用平口虎钳夹紧,以底面和侧面定位,并用等高垫铁垫起。夹紧时,需确保工件露出平口虎钳钳口有足够的高度。

3. 确定加工顺序及进给路线

按照先粗后精的原则确定加工顺序。先

图 4-52   曲面零件

加工出上台阶面,即在毛坯上半部分先加工出一个高 10 mm 的圆柱台阶,注意圆柱台阶的大小应是曲面和上台阶面经过 $R5$ mm 圆弧过渡后的相交线的大小,再以圆柱台阶为毛坯加工曲面,最后加工 4 个 $R10$ mm 和 4 个 $R20$ mm 的凹槽轮廓。为了保证表面质量,曲面加工采用粗加工→半精加工→精加工→抛光的方案,其他表面采用粗加工→精加工方案。在铣削曲面时,粗加工采用螺旋下刀方式,精加工采用垂直下刀方式,进给采用顺铣环行切削方式。在铣削圆柱台阶时,刀具应从毛坯外沿轮廓切线方向切入和切出,并加入切入、切出过渡圆弧,同时采用垂直下刀方式。在铣削 4 个 $R10$ mm 和 4 个 $R20$ mm 的凹槽轮廓时,刀具从轮廓延长线切入和切出,采用垂直下刀方式。圆柱台阶和凹槽轮廓在平面进给和深度进给方向均采用顺铣方式,并分层进行铣削。

4. 确定数控加工刀具

根据零件的材料和结构特点,在铣削圆柱台阶、粗加工曲面及铣削凹槽轮廓时,选用硬质合金立铣刀;在半精铣、精铣曲面时,选用硬质合金球头铣刀。所选刀具及其加工表面见表 4-7 所列的曲面零件数控加工刀具卡。

表 4-7 曲面零件数控加工刀具卡

产品名称或代号				零件名称	曲面零件	零件图号		
序号	刀具号	刀具				加工表面		备注
		规格及名称	数量	刀长/mm				
1	T01	$\phi20$ mm 硬质合金立铣刀	1			粗、精加工上台阶面		
2	T02	$\phi10$ mm 硬质合金立铣刀	1			粗加工曲面		
3	T03	$\phi10$ mm 硬质合金球头铣刀	1			半精加工、精加工曲面		
4	T04	$\phi16$ mm 硬质合金立铣刀	1			粗、精加工 4 个 $R20$ mm 的凹槽		
5	T05	$\phi12$ mm 硬质合金立铣刀	1			粗、精加工 4 个 $R10$ mm 的凹槽		
编制		审核		批准		年 月 日	共 页	第 页

5. 选择切削用量

铣削圆柱台阶时,粗加工每层的侧吃刀量选为 5 mm,背吃刀量选为 3 mm,给精加工留 0.5 mm 的余量。铣削曲面时,粗加工采用等高加工,侧吃刀量选为 3 mm,背吃刀量选为 2 mm,给半精加工留 1.5 mm 的余量;半精加工时,选用球头铣刀,步距为 0.5 mm,给精加工留 0.3 mm 的余量;精加工时,步距为 0.2 mm,给抛光留 0.05 mm 的余量。铣削 4 个 $R10$ mm 和 4 个 $R20$ mm 的凹槽轮廓时,侧吃刀量选为 5 mm,背吃刀量选为 3 mm,给精加工留 0.5 mm 的余量。选择主轴转速与进给速度时,先查切削用量手册,确定切削速度与每齿进给量,然后计算进给速度与主轴转速(计算过程从略),具体数值详见加工工序卡。

6. 填写数控加工工序卡

将各工步的加工内容、所用刀具和切削用量填入表 4-8 所列的曲面零件数控加工工序卡。

表 4-8　曲面零件数控加工工序卡

单位名称		产品名称或代号		零件名称	零件图号
				曲面零件	
工序号	程序编号	夹具名称		使用设备	车间
		机床用平口虎钳		XK5034	数控中心
工步号	工步内容	刀具号	刀具规格 /mm	主轴转速 S/(r/min)	进给速度 F/ (mm/min)	背吃刀量 a_p/mm	备注
1	粗加工上台阶面	T01	$\phi20$	630	60	3	
2	精加工上台阶面	T01	$\phi20$	800	40	0.5	
3	粗加工曲面	T02	$\phi10$	700	50	2	
4	半精加工曲面	T03	$\phi10$	800	40	1.5	
5	精加工曲面	T03	$\phi10$	1000	30	0.3	
6	粗加工 4 个 $R20$ mm 的凹槽	T04	$\phi16$	600	50	3	
7	精加工 4 个 $R20$ mm 的凹槽	T04	$\phi16$	800	30	0.5	
8	粗加工 4 个 $R10$ mm 的凹槽	T05	$\phi12$	700	40	3	
9	精加工 4 个 $R10$ mm 的凹槽	T05	$\phi12$	900	30	0.5	
编制		审核		批准		年　月　日	共　页　第　页

二、孔槽零件的加工

利用加工中心铣削如图 4-53 所示的十字凹形板零件，材料为 45 钢，调质处理，四周外形和上、下表面已加工合格。

1. 零件图分析

（1）主要精度要求。中心通孔直径为 $30^{+0.033}_{0}$ mm，对基准 D 垂直度公差为 $\phi0.03$ mm，对基准 B 和 C 对称度公差为 0.04 mm，孔端倒角为 $C1$ mm；4 段圆弧的直径为 $\phi45^{+0.062}_{0}$ mm，与基准 A 同轴度公差为 $\phi0.03$ mm；水平槽两处，槽宽尺寸为 $18^{+0.043}_{0}$ mm，对基准 B 对称度公差为 0.04 mm；垂直槽两处，槽宽尺寸为 $18^{+0.043}_{0}$ mm，对基准 C 对称度公差为 0.04 mm；水平槽及垂直槽的槽深均为 $6^{+0.075}_{0}$ mm，总长均为 $80^{+0.12}_{0}$ mm；中心通孔表面粗糙度 $Ra \leqslant 1.6$ μm，槽底面表面粗糙度 $Ra \leqslant 6.3$ μm，其余部位表面粗糙度 $Ra \leqslant 3.2$ μm。

（2）毛坯。毛坯是四周和上、下表面已加工合格的矩形工件，材料为 45 钢，调质处理，工艺性能较好。

2. 确定工件的装夹方式

采用机床用平口虎钳装夹，工件以侧面和底面作为定位基准，支承垫铁要让出 $\phi30^{+0.033}_{0}$ mm 孔位置，工件顶面伸出钳口 8 mm 左右，用百分表找正。

3. 确定加工工艺

（1）确定铣削方案。根据图样的精度要求，本工件宜在立式加工中心上用立铣刀铣削加工。

（2）选择加工中心。选用 XH714 型立式加工中心。

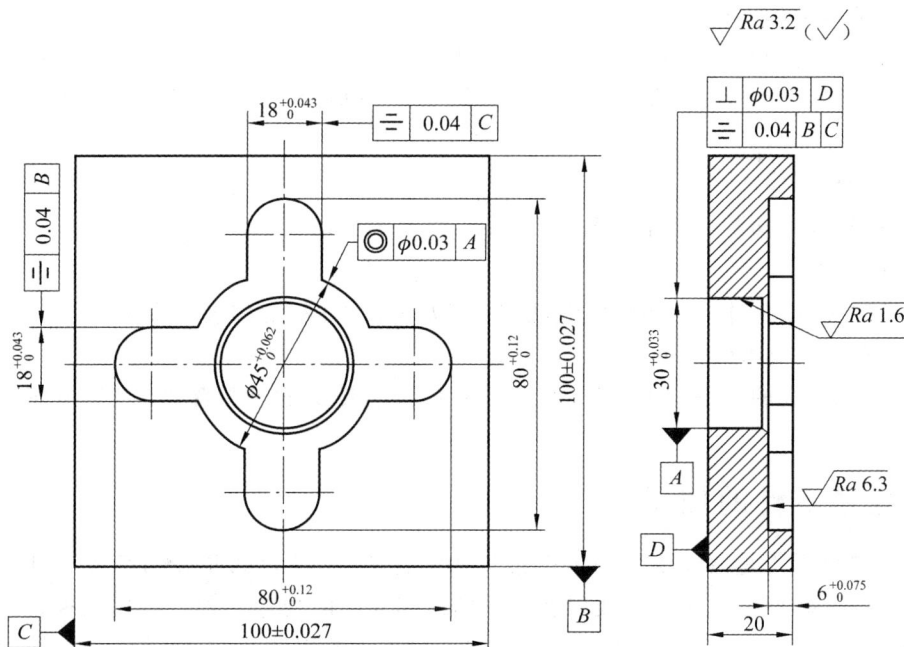

图 4-53　十字凹形板零件

（3）粗加工 $\phi30$ mm 孔。

① 钻中心孔。

② 钻 $\phi12$ mm 的通孔。

③ 钻 $\phi28$ mm 的通孔。

④ 用 $\phi16$ mm 粗铣立铣刀进行粗加工，采用顺铣方式，利用辅助圆弧引入和引出线沿切向切入、切出，粗铣 $\phi30$ mm 孔，留 0.50 mm 单边余量。

（4）粗铣圆槽轮廓。用 $\phi16$ mm 粗铣立铣刀进行粗加工，采用顺铣方式，利用辅助圆弧引入和引出线沿切向切入、切出，粗铣圆槽，底面和侧面留 0.50 mm 单边余量。

（5）粗铣十字形槽。用 $\phi16$ mm 粗铣立铣刀进行粗加工，采用顺铣方式，利用辅助圆弧引入和引出线沿切向切入、切出，粗铣各槽，底面和侧面留 0.50 mm 单边余量。

（6）半精铣 $\phi30$ mm 孔。用 $\phi16$ mm 精铣立铣刀进行精加工，采用顺铣方式，利用辅助圆弧引入和引出线沿切向切入、切出，半精加工 $\phi30$ mm 孔，留 0.10 mm 单边余量。

（7）半精铣圆槽轮廓。用 $\phi16$ mm 精铣立铣刀进行精加工，采用顺铣方式，利用辅助圆弧引入和引出线沿切向切入、切出，半精铣圆槽，底面和侧面留 0.10 mm 单边余量。

（8）半精铣十字形槽。用 $\phi16$ mm 精铣立铣刀进行精加工，采用顺铣方式，利用辅助圆弧引入和引出线沿切向切入、切出，半精铣十字形槽，底面和侧面留 0.10 mm 单边余量。

（9）精铣圆槽。用 $\phi16$ mm 精铣立铣刀进行精加工，根据实测工件尺寸，采用顺铣方式，利用辅助圆弧引入和引出线沿切向切入、切出，精铣圆槽至图样要求的尺寸。

（10）精铣十字形槽。用 $\phi16$ mm 精铣立铣刀进行精加工，根据实测工件尺寸，采用顺铣方式，利用辅助圆弧引入和引出线沿切向切入、切出，精铣十字形槽至图样要求的尺寸。

（11）$\phi30$ mm 孔端倒角。用 90°锪钻完成倒角加工，倒角为 C1 mm。

（12）精镗 $\phi30$ mm 的孔。用镗刀精镗孔至图样要求的尺寸。

4.确定数控加工刀具

加工过程中所用到的刀具如下：$\phi5$ mm 中心钻一个；$\phi16$ mm 的粗铣、精铣立铣刀各一把；$\phi12$ mm 和 $\phi28$ mm 的麻花钻各一个；$\phi25\sim\phi30$ mm 的镗刀一把；$\phi35$ mm 的 $90°$ 锪钻一个。

5.选择切削用量

本零件较简单，切削用量请读者自己确定，此处不赘述。

6.注意事项

（1）半精铣、精铣时一定要采用顺铣方式，以提高尺寸精度和表面质量。

（2）镗孔时应采用试切法来调节镗刀。

（3）$\phi30$ mm 孔的正下方不能放置垫铁，并应控制钻头的进刀深度，以免损坏平口虎钳和刀具。

三、轮槽零件的加工

平面凸轮槽零件是数控铣削加工中常见的零件之一，其轮廓曲线的组成不外乎直线和圆弧、圆弧和圆弧、圆弧和非圆曲线以及非圆曲线和非圆曲线等几种。所用数控铣床多为两轴以上联动的数控铣床，加工工艺过程也大同小异。下面以图 4-54 所示的平面槽形凸轮为例分析其数控铣削加工工艺，其外部轮廓尺寸已经由前道工序加工完毕，本工序的主要任务是加工槽与孔。该零件材料为 HT200，其数控铣削加工工艺分析如下：

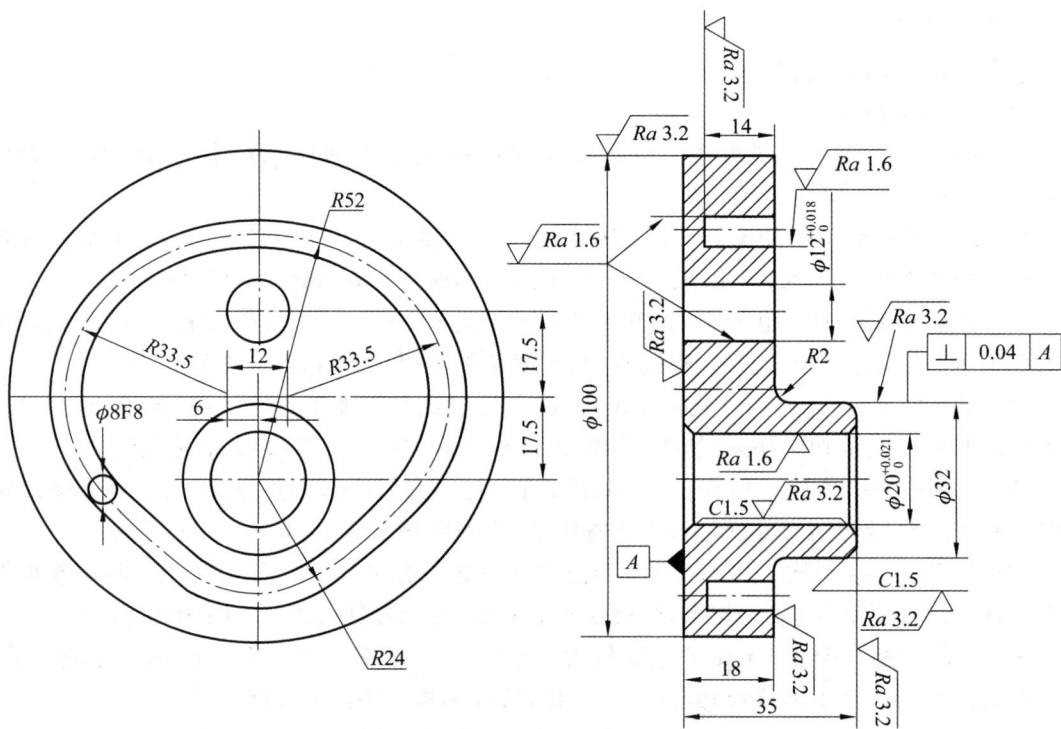

图 4-54　平面槽形凸轮

1. 零件图分析

零件材料为铸铁,其切削加工工艺性能较好。凸轮槽内、外轮廓由直线和圆弧组成,凸轮槽的侧面以及 $\phi20^{+0.021}_{0}$ mm 和 $\phi12^{+0.018}_{0}$ mm 两内孔表面质量要求较高,表面粗糙度 $Ra\leqslant$ 1.6 μm,轮槽的内、外轮廓面与底面有一定的垂直度要求。

由上述分析可知,凸轮槽内、外轮廓以及 $\phi20^{+0.021}_{0}$ mm 和 $\phi12^{+0.018}_{0}$ mm 两孔的加工应分粗、精两个加工阶段进行,以保证表面粗糙度要求。对于垂直度要求,只要提高装夹精度和装夹刚度,使 A 面与铣刀和钻头轴线垂直即可满足要求。

2. 确定工件的装夹方式

一般大型凸轮可用等高垫块垫在工作台上,然后用压板、螺栓在凸轮的孔上压紧。外轮廓平面盘形凸轮的垫块要小于凸轮的轮廓尺寸,以免与铣刀发生干涉。对于小型凸轮,一般用心轴定位,压紧即可。

根据图 4-54 所示的平面槽形凸轮的结构特点,采用"一面两孔"方式定位。用一块 120 mm×120 mm×40 mm 的垫块,在垫块上分别精镗 $\phi20$ mm 及 $\phi12$ mm 两个定位销安装孔,孔距为 35 mm,垫块平面度公差为 0.04 mm。加工前先固定垫块,使两定位销孔的中心连线与机床的 X 轴平行,垫块的平面要保证与工作台面平行,并用百分表检查。

图 4-55 所示为本例凸轮零件的装夹方案。加工 $\phi20^{+0.021}_{0}$ mm 和 $\phi12^{+0.018}_{0}$ mm 两孔时,以底面 A 定位,采用压板夹紧。加工凸轮槽内、外轮廓时,采用"一面两孔"方式定位,即以底面 A 以及 $\phi20^{+0.021}_{0}$ mm 和 $\phi12^{+0.018}_{0}$ mm 两个孔为定位基准。

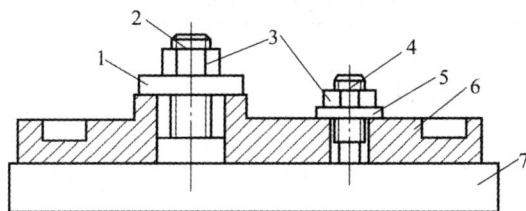

图 4-55 凸轮零件的装夹方案
1—开口垫圈;2—带螺纹圆柱销;3—压紧螺母;4—带螺纹削边销;5—垫圈;6—工件;7—垫块

3. 确定加工顺序及进给路线

加工顺序的拟定按照"基面先行"和"先粗后精"的原则确定。因此,应先加工用作定位基准的 $\phi20^{+0.021}_{0}$ mm 和 $\phi12^{+0.018}_{0}$ mm 两个孔,然后再加工凸轮槽内、外轮廓表面。为了保证加工精度,粗、精加工应分开进行,其中 $\phi20^{+0.021}_{0}$ mm 及 $\phi12^{+0.018}_{0}$ mm 两个孔的加工采用钻孔→粗铰→精铰方案。

进给路线包括平面内进给和深度进给两部分。平面内进给时,对外凸轮廓从切线方向切入,对内凹轮廓从过渡圆弧切入。为了确保凸轮槽表面具有较高的表面质量,应采用顺铣方式铣削,对外凸轮廓按顺时针方向铣削,对内凹轮廓按逆时针方向铣削,如图 4-56 所示为铣刀在水平面内铣削平面槽形凸轮的切入进给路线。在两轴半联动的数控铣床上铣削平面槽形凸轮时,深度进给有两种方法,一种是在 XOZ(或 YOZ)平面内来回铣削逐渐进刀到既定深度;另一种方法是先打工艺孔,然后从工艺孔进刀到既定深度。

4. 确定数控加工刀具

铣刀材料和几何参数主要根据零件材料的切削加工性、工件表面几何形状和尺寸大小

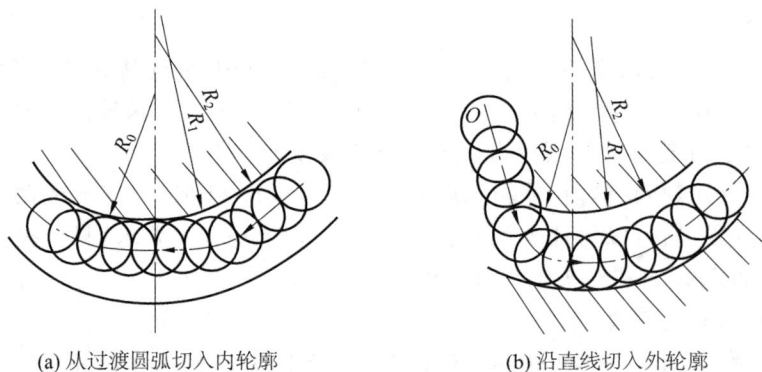

(a) 从过渡圆弧切入内轮廓   (b) 沿直线切入外轮廓

图 4-56 平面槽形凸轮的切入进给路线

选择；切削用量则根据零件材料的特点、刀具性能及加工精度要求确定。通常，应尽量选用大直径的铣刀以提高切削效率；侧吃刀量取刀具直径的 $1/3 \sim 2/3$，背吃刀量应大于冷硬层厚度；切削速度和进给速度应通过试验来选取，以保证效率和刀具寿命具有综合最佳值，精铣时切削速度应高些。

根据零件结构特点，铣削凸轮内、外轮廓时，铣刀直径受槽宽限制，取 $\phi 6$ mm。粗加工选用 $\phi 6$ mm 的高速钢立铣刀，精加工选用 $\phi 6$ mm 的硬质合金立铣刀。平面槽形凸轮的加工刀具卡见表 4-9。

表 4-9 平面槽形凸轮加工刀具卡

产品名称或代号		剪板机	零件名称		平面槽形凸轮	零件图号	TL-001
序号	刀具号	刀具			加工表面		备注
		规格及名称	数量	刀长/mm			
1	T01	$\phi 5$ mm 中心钻	1		钻 $\phi 5$ mm 中心孔		
2	T02	$\phi 19.6$ mm 钻头	1	45	粗加工 $\phi 20$ mm 孔		
3	T03	$\phi 11.6$ mm 钻头	1	30	粗加工 $\phi 12$ mm 孔		
4	T04	$\phi 20$ mm 铰刀	1	45	精加工 $\phi 20$ mm 孔		
5	T05	$\phi 12$ mm 铰刀	1	30	精加工 $\phi 12^{+0.018}_{0}$ mm 孔		
6	T06	90°倒角铣刀	1		$\phi 20^{+0.021}_{0}$ mm 孔口倒角 C1.5 mm		
7	T07	$\phi 6$ mm 高速钢立铣刀	1	20	粗加工凸轮槽内、外轮廓		槽底圆角 $R0.5$ mm
8	T08	$\phi 6$ mm 硬质合金立铣刀	1	20	精加工凸轮槽内、外轮廓		
编制		审核		批准		年 月 日	共 页	第 页

5. 选择切削用量

凸轮槽内、外轮廓精加工时留 0.1 mm 铣削余量，精铰 $\phi 20^{+0.021}_{0}$ mm 和 $\phi 12^{+0.018}_{0}$ mm 两个孔时留 0.1 mm 铰削余量。选择主轴转速与进给速度时，先查切削用量手册，确定切削速度与每齿进给量，然后计算出进给速度与主轴转速（计算过程从略）。

6. 填写数控加工工序卡

将各工步的加工内容、所用刀具和切削用量填入表 4-10 所列的平面槽形凸轮数控加工工序卡中。

表 4-10 平面槽形凸轮数控加工工序卡

单位名称		产品名称或代号			零件名称		零件图号
					平面槽形凸轮		TL-001
工序号	程序编号		夹具名称		使用设备		加工车间
001	P001-001		螺旋压板		TH5632		数控车间
工步号	工步内容		刀具号	刀具规格	主轴转速 S/(r/min)	进给速度 F/(mm/min)	背吃刀量 a_p/mm
1	以 A 面定位,钻两个中心孔(65 mm)		T01	ϕ5 mm	800		
2	钻 ϕ19.6 mm 孔		T02	ϕ19.6 mm	400	40	
3	钻 ϕ11.6 mm 孔		T03	ϕ11.6 mm	400	40	
4	铰 $\phi20^{+0.021}_{0}$ mm 孔		T04	ϕ20 mm	130	20	0.2
5	铰 $\phi12^{+0.018}_{0}$ mm 孔		T05	ϕ12 mm	130	20	0.2
6	$\phi20^{+0.021}_{0}$ mm 孔口倒角 C1.5 mm		T06	90°	400	20	
7	一面两孔定位,粗铣凸轮槽的内轮廓		T07	ϕ6 mm	1100	40	4
8	粗铣凸轮槽的外轮廓		T07	ϕ6 mm	1100	40	4
9	精铣凸轮槽的内轮廓		T08	ϕ6 mm	1500	20	14
10	精铣凸轮槽的外轮廓		T08	ϕ6 mm	1500	20	14
11	翻面装夹,铣削 A 面,$\phi20^{+0.021}_{0}$ mm 孔口倒角 C1.5 mm		T08	90°	400	20	
编制		审核		批准	年 月 日	共 页	第 页

四、孔板零件的加工

盖板是机械加工中常见的零件,加工表面有平面和孔,通常需经铣削平面、钻孔、扩孔、镗孔、铰孔及攻螺纹等工序才能完成。下面以图 4-57 所示的盖板为例介绍其在加工中心上的加工工艺。

1.零件图分析

该盖板的材料为铸铁,故毛坯为铸件。由图 4-57 可知,盖板的四个侧面为不加工表面,全部加工表面都集中在 A 面和 B 面上。最高表面精度为 IT7 级。从工序集中和便于定位两个方面考虑,选择在加工中心上加工 B 面及位于 B 面上的全部孔,将 A 面作为主要定位基准,并在前道工序中先完成加工。

2.确定工件的装夹方式

该盖板形状简单,四个侧面较光整,加工表面与不加工表面之间的位置精度要求不高,故可选用机床用平口虎钳,以盖板底面 A 和两个侧面定位,用平口虎钳钳口从侧面夹紧。

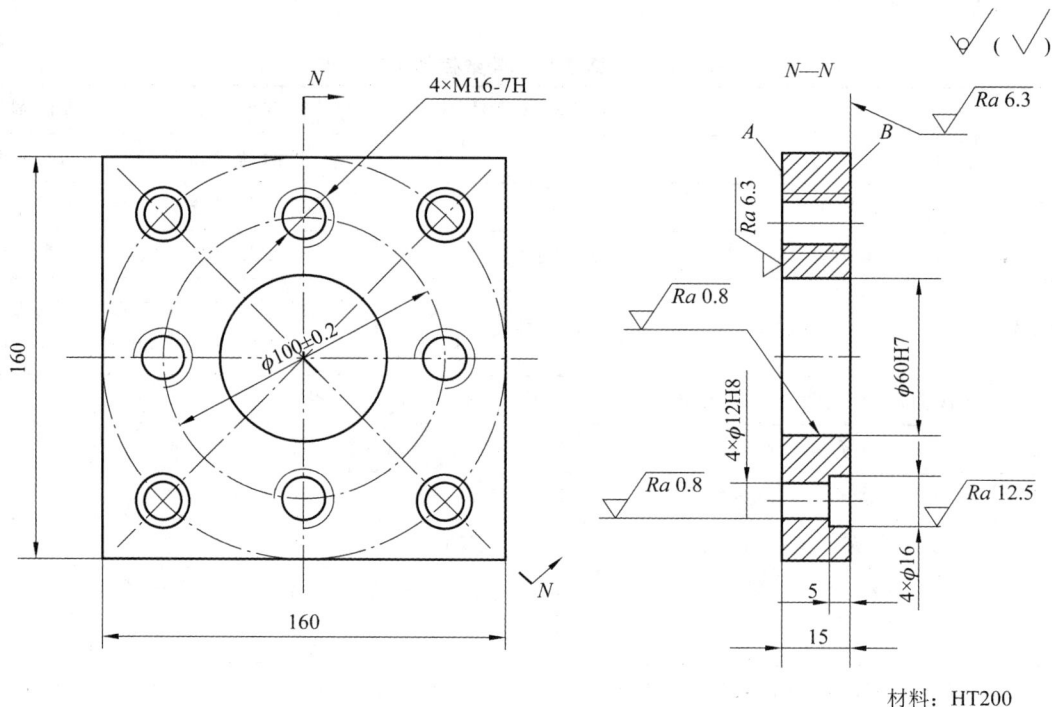

材料：HT200

图 4-57 盖板

3. 确定加工工艺

1）选择加工中心

由于 B 面及位于 B 面上的全部孔只需单工位加工即可完成，故选择立式加工中心。该零件的加工表面不多，只有粗铣、精铣、粗镗、半精镗、精镗、钻孔、扩孔、锪孔、铰孔及攻螺纹等工步，所需刀具不超过 20 把。选用国产 XH714 型立式加工中心即可满足上述要求。该机床工作台尺寸为 400 mm×800 mm，X 轴行程为 600 mm，Y 轴行程为 400 mm，Z 轴行程为 400 mm，主轴端面至工作台面的距离为 125～525 mm，定位精度和重复定位精度分别为 0.02 mm 和 0.01 mm，刀库容量为 18 把，工件一次装夹后可自动完成铣削、钻孔、镗孔、铰孔及攻螺纹等工步的加工。

2）选择加工方法

平面 B 用铣削方法加工，因其表面粗糙度 $Ra \leqslant 6.3\ \mu m$，故采用粗铣→精铣方案；图样上 $\phi60H7$ 的孔为已铸出毛坯孔，为达到精度 IT7 级和表面粗糙度 $Ra \leqslant 0.8\ \mu m$ 的要求，需经三次镗削，即采用粗镗→半精镗→精镗方案；对图样上 $\phi12H8$ 的孔，为防止钻偏和达到 IT8 级精度，采用钻中心孔→钻孔→扩孔→铰孔方案；$\phi16\ mm$ 孔在 $\phi12H8$ 孔的基础上锪至尺寸即可；M16-7H 的螺孔采用先钻底孔后攻螺纹的加工方法，即按钻中心孔→钻底孔→倒角→攻螺纹的方案加工。

3）确定加工顺序

按照"先面后孔""先粗后精"的原则确定加工顺序。具体加工顺序为粗铣、精铣 B 面→粗镗、半精镗、精镗 $\phi60H7$ 孔→钻各光孔和螺孔的中心孔→钻、扩、锪、铰 $\phi12H8$ 及 $\phi16\ mm$ 孔→M16-7H 的螺孔钻底孔、倒角和攻螺纹。

4）确定进给路线

    B 面的粗铣、精铣进给路线根据铣刀直径确定,因所选铣刀直径为 $\phi100$ mm,故安排沿 X 方向两次进给,如图 4-58 所示。所有孔加工的进给路线均按最短路线确定,因为孔的位置精度要求不高,机床的定位精度完全能保证。图 4-59 所示为镗 $\phi60H7$ 孔的进给路线,图 4-60 所示为钻中心孔的进给路线,图 4-61 所示为钻削、扩削、铰削 $\phi12H8$ 孔的进给路线,图 4-62 所示为锪削 $\phi16$ mm 孔的进给路线,图 4-63 所示为钻螺纹底孔、攻螺纹进给路线。

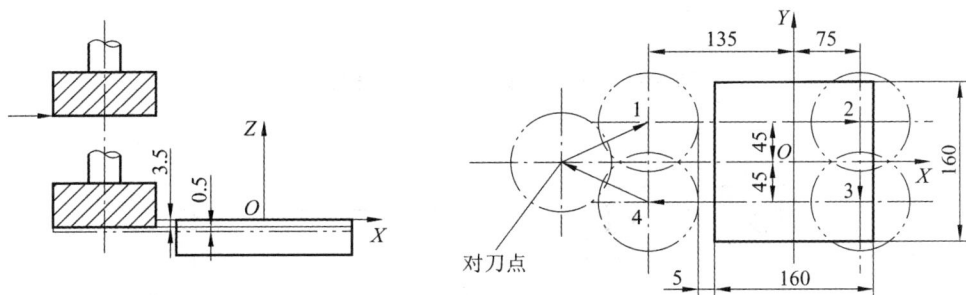

图 4-58　铣削 B 面的进给路线

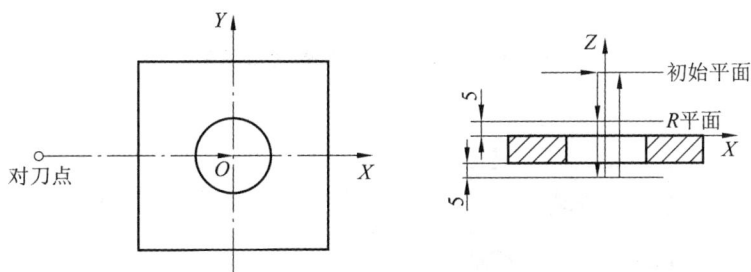

图 4-59　镗 $\phi60H7$ 孔的进给路线

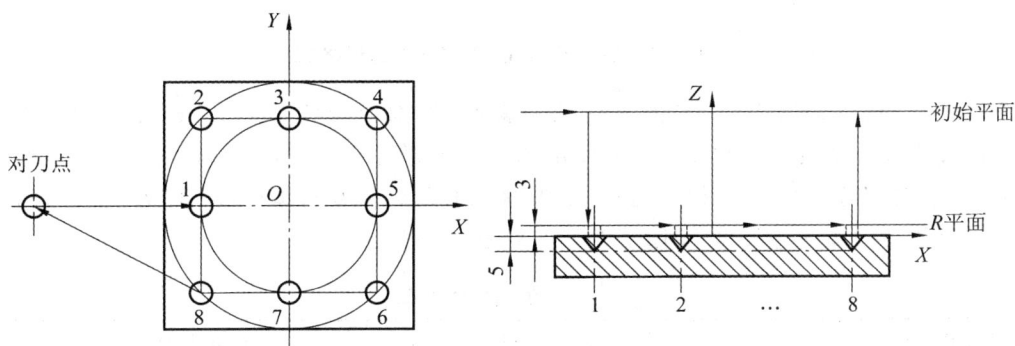

图 4-60　钻中心孔的进给路线

4. 确定数控加工刀具

    所需刀具有面铣刀、镗刀、中心钻、麻花钻、铰刀、立铣刀(锪 $\phi16$ mm 的孔)及丝锥等,其规格根据加工尺寸选择。粗铣 B 面的铣刀直径应选小一些,以减小切削力矩,但也不能太小,以免影响加工效率;精铣 B 面的铣刀直径应选大一些,以减少接刀痕,但要考虑到刀库允

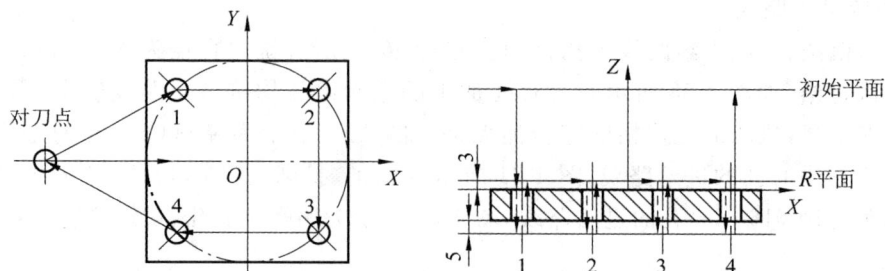

图 4-61　钻、扩、铰 ϕ12H8 孔的进给路线

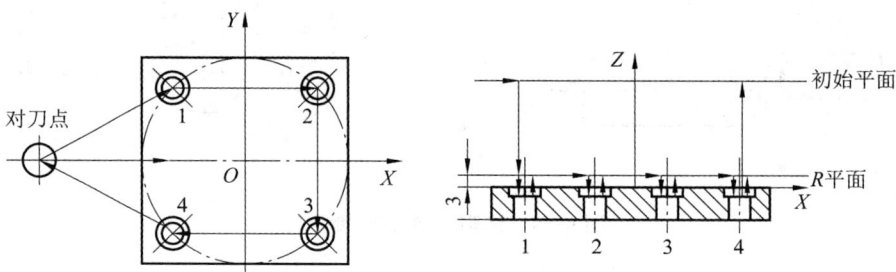

图 4-62　锪 ϕ16 mm 孔的进给路线

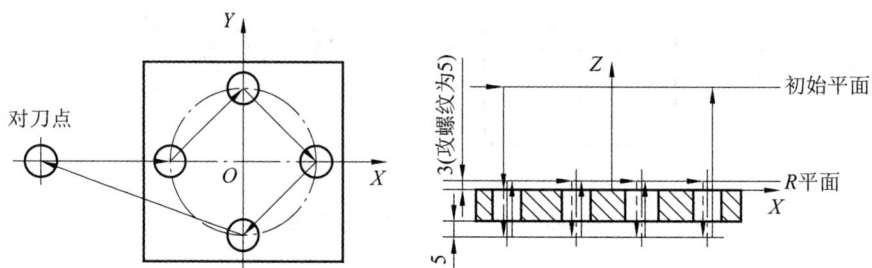

图 4-63　钻螺纹底孔、攻螺纹的进给路线

许装刀直径(XH714 型加工中心的允许装刀直径：无相邻刀具为 ϕ150 mm；有相邻刀具为 ϕ80 mm)，铣刀直径也不能太大。刀柄柄部根据主轴锥孔和拉紧机构选择。XH714 型加工中心的主轴锥孔符合 ISO 40 标准，适配的刀柄为 BT40(依据日本标准 JIS B 6339)，故应选择 BT40 型式的刀柄柄部。数控加工刀具卡见表 4-11。

表 4-11　数控加工刀具卡

产品名称或代号			零件名称	盖板	零件图号		程序编号	
工步号	刀具号	规格及名称	刀柄型号	刀具			补偿值/mm	备注
				直径/mm	长度/mm			
1	T01	ϕ100 mm 面铣刀	BT40-XM32-75	100				
2	T01	ϕ100 mm 面铣刀	BT40-XM32-75	100				
3	T02	ϕ58 mm 镗刀	BT40-TQC50-180	58				

工步号	刀具号	规格及名称	刀柄型号	刀具直径/mm	长度/mm	补偿值/mm	备注
4	T03	φ59.95 mm 镗刀	BT40-TQC50-180	59.95			
5	T04	φ60H7 镗刀	BT40-TW50-140	60H7			
6	T05	φ3 mm 中心钻	BT40-Z10-45	3			
7	T06	φ10 mm 麻花钻	BT40-M1-45	10			
8	T07	φ11.85 mm 扩孔钻	BT40-M1-45	11.85			
9	T08	φ16 mm 阶梯铣刀	BT40-MW2-55	16			
10	T09	φ12H8 铰刀	BT40-M1-45	12H8			
11	T10	φ13.9 mm 麻花钻	BT40-M1-45	13.9			
12	T11	φ18 mm 麻花钻	BT40-M2-50	18			
13	T12	M16 机用丝锥	BT40-G12-130	M16			
编制		审核		批准		年 月 日	共 页 第 页

5. 选择切削用量

查表确定切削速度和进给量，然后计算出机床主轴转速和进给速度，填入表 4-12 所列的数控加工工序卡。

表 4-12 数控加工工序卡

单位名称			产品名称或代号	零件名称	材料		零件图号
				盖板	HT200		
工序号	程序编号	夹具名称	夹具编号	使用设备		车间	
		机床用平口虎钳		XH714			

工步号	工步内容	加工面	刀具号	刀具规格/mm	主轴转速 S/(r/min)	进给速度 F/(mm/min)	背吃刀量 a_p/mm	备注
1	粗铣平面 B，留余量 0.5 mm		T01	φ100	300	70	35	
2	精铣平面 B 至尺寸		T01	φ100	350	50	0.5	
3	将图样上 φ60H7 的孔粗镗至 φ58 mm		T02	φ58	400	60		
4	将图样上 φ60H7 的孔半精镗至 φ59.95 mm		T03	φ59.95	450	50		
5	精镗 φ60H7 孔至尺寸		T04	φ60H7	500	40		
6	钻 4 个 φ12H8 及 4 个 M16 的中心孔		T05	φ3	1000	50		
7	将图样上 4 个 φ12H8 的孔钻至 φ10 mm		T06	φ10	600	60		

工步号	工步内容	加工面	刀具号	刀具规格/mm	主轴转速 S/(r/min)	进给速度 F/(mm/min)	背吃刀量 a_p/mm	备注
8	将图样上 4 个 ϕ12H8 的孔扩至 ϕ11.85 mm		T07	ϕ11.85	300	40		
9	锪 4 个 ϕ16 mm 孔至尺寸		T08	ϕ16	150	30		
10	铰 4 个 ϕ12H8 孔至尺寸		T09	ϕ12H8	100	40		
11	钻 4 个 M16 螺孔的底孔至 ϕ13.9 mm		T10	ϕ13.9	450	60		
12	对 4 个 M16 螺孔倒角		T11	ϕ18	300	40		
13	攻 4 个 M16-7H 的螺孔		T12	M16	100	200		
编制		审核		批准	年 月 日	共 页	第 页	

五、支架零件的加工

图 4-64 所示为薄板状支架,其结构及形状较复杂,是适合数控铣削加工的一种典型零件。下面简要介绍该零件的工艺分析过程。

1.零件图分析

由图 4-64 可知,该零件的加工轮廓由列表曲线、圆弧及直线构成,形状复杂,加工、检验都较困难,除底平面宜在普通铣床上铣削之外,其余各加工部位均需采用数控机床铣削加工。

该零件的列表曲线制造公差为 0.2 mm,其余尺寸公差为 IT14 级,表面粗糙度 $Ra \leqslant$ 6.3 μm 一般不难保证。但其腹板厚度只有 2 mm,且面积较大,加工时极易产生振动,可能会导致其壁厚公差及表面粗糙度的要求难以达到。

支架的毛坯与零件相似,各处均有单边加工余量 5 mm(毛坯图略)。零件在加工后各处厚薄尺寸相差悬殊,除扇形框之外,其他各处刚度较低,尤其是腹板两面切削余量相对值较大,故该零件在铣削过程中及铣削后都将产生较大的变形。

该零件被加工轮廓表面的最大高度 $H = 41 - 2 = 39$ mm,转接圆弧为 $R10$ mm,R/H 略大于 0.2,故该处的铣削工艺性尚可。各处圆角为 $R10$ mm、$R5$ mm、$R2$ mm 和 $R1.5$ mm,利用圆角制造公差可将 $R2$ mm 和 $R1.5$ mm 统一为 $R1.5$ mm。另外,用于铣削列表曲线轮廓面、$\phi(70 \pm 0.1)$ mm 内孔、腹板表面的铣刀,其底圆角半径可取为 0.5 mm,这样大致需要 4 把不同底圆角半径的铣刀。

零件尺寸的标注基准[对称轴线、底平面、$\phi(70 \pm 0.1)$ mm 的孔中心线]较统一,且无封闭尺寸;构成该零件轮廓形状的各几何元素条件充分,无相互矛盾之处,有利于编程。

分析其定位基准,只有底面及 $\phi70$ mm 的孔(可先制成 $\phi20H7$ 的工艺孔)可作为定位基准,还缺一个孔,需要在毛坯上制作一辅助工艺基准。

根据上述分析,针对提出的主要问题,采取以下工艺措施:

(1)采用真空夹具,提高薄板件的装夹刚度。

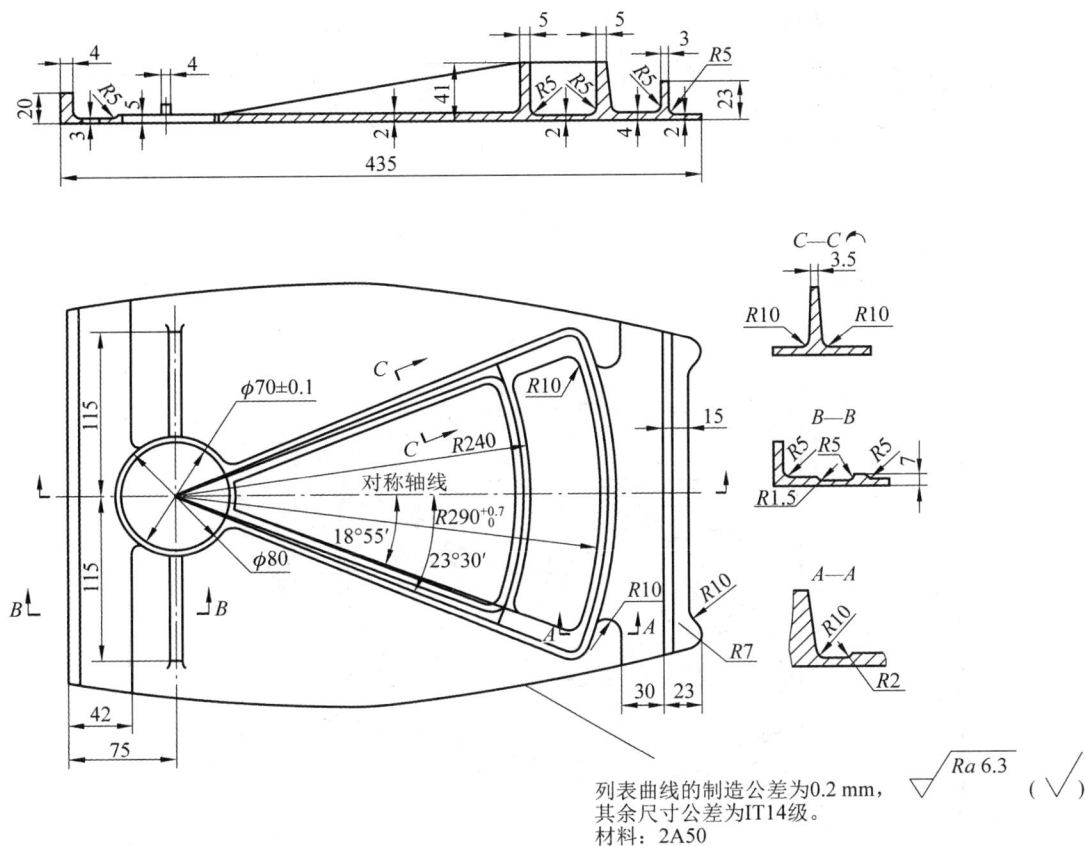

图 4-64 薄板状支架

（2）安排粗、精加工及钳工矫形工序。

（3）采用小直径铣刀加工，以减小切削力。

（4）先铣加强肋，后铣腹板，最后铣外形及 $\phi(70\pm0.1)$ mm 的孔，有利于提高刚度，防止产生振动。

（5）在毛坯右侧对称轴线处增加一工艺凸耳，并在该凸耳上加工一工艺孔，解决缺少的定位基准问题。

（6）腹板与扇形框周缘相接处的底圆角半径为 10 mm，采用底圆为 $R10$ mm 的球头成形铣刀（带 $7°$斜角）加工完成。

2. 确定工件的装夹方式

在数控铣削加工工序中，选择底面、$\phi(70\pm0.1)$ mm 孔位置上预制的 $\phi20H7$ 工艺孔以及工艺凸耳上的工艺孔作为定位基准，即"一面两孔"定位。相应的夹具定位组件为"一面两销"。

图 4-65 所示为铣削支架的专用过渡真空平台，利用真空吸紧工件，夹紧面积大，刚度高，铣削时不易产生振动，尤其适用于装夹薄板件。为了防止抽真空装置发生故障或漏气，避免夹紧力消失或下降，可另加辅助夹紧装置，避免工件松动。图 4-66 所示为数控铣削支架时的工件装夹图。

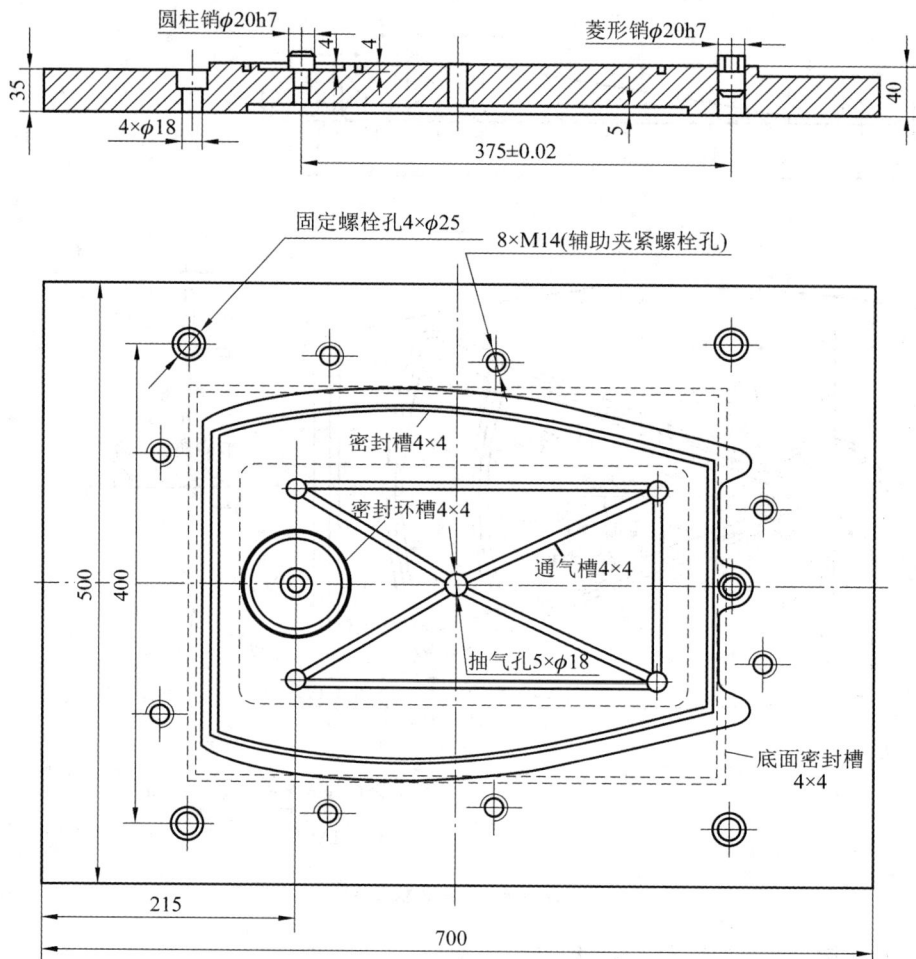

图 4-65　铣削支架的专用过渡真空平台

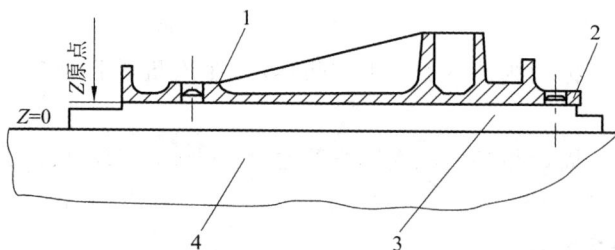

图 4-66　数控铣削支架时工件装夹图

1—支架；2—工艺凸耳及定位孔；3—真空夹具平台；4—机床真空平台

3. 确定数控加工刀具和切削用量

铣刀种类及几何尺寸根据被加工表面的形状和尺寸选择。本例数控精铣工序选用的铣刀为立铣刀和成形铣刀，刀具材料为高速钢，所选铣刀及其几何尺寸见表 4-13 所列的数控加工刀具卡。

表 4-13 数控加工刀具卡

产品名称或代号			零件名称	支架	零件图号		程序号	
工步号	刀具号	刀具名称	刀柄型号	刀具		补偿量/mm	备注	
				直径/mm	刀长/mm			
1	T01	立铣刀		20	45		底圆角 R5mm	
2	T02	成形铣刀		小头 20	45		底圆角 R10mm 带 7°斜角	
3	T03	立铣刀		20	45		底圆角 R0.5mm	
4	T04	立铣刀		20	45		底圆角 R1.5mm	
编制		审核		批准		年 月 日	共 页	第 页

切削用量根据工件材料(本例为锻铝 2A50)、刀具材料及图样要求选取。数控精铣的三个工步所用铣刀的直径相同,加工余量和表面粗糙度也相同,故可选择相同的切削用量。所选主轴转速 $S=800$ r/min,进给速度 $F=400$ mm/min。

4. 确定加工工艺

1) 制定工艺过程

根据前述的工艺措施,制定支架的加工工艺过程如下:

(1) 钳工:划两侧宽度线。

(2) 普通铣床:铣削两侧宽度方向的余量。

(3) 钳工:划底面加工线。

(4) 普通铣床:铣削底平面。

(5) 钳工:矫平底平面,划对称轴线,加工定位孔。

(6) 数控铣床:粗铣腹板厚度方向的余量及型面轮廓。

(7) 钳工:矫平底平面。

(8) 数控铣床:精铣腹板厚度达到图样要求,精铣型面轮廓及内形、外形。

(9) 普通铣床:铣掉工艺凸耳。

(10) 钳工:矫平底平面,抛光,倒钝锐边。

(11) 表面处理。

2) 划分数控铣削加工工步并安排加工顺序

支架在数控机床上进行铣削加工的工序共两道,按同一把铣刀的加工内容来划分工步,其中数控精铣工序可划分为三个工步,具体的工步内容及工步顺序参见表 4-14 所列的数控加工工序卡(粗铣工序省略)。

表 4-14 数控加工工序卡

单位名称			产品名称或代号	零件名称	材料	零件图号
				支架	2A50	
工序号	程序编号	夹具名称	夹具编号	使用设备		车间
		真空夹具				

工步号	工步内容	加工面	刀具号	刀具规格 /mm	主轴转速 S/(r/min)	进给速度 F /(mm/min)	背吃刀量 a_p/mm	备注
1	铣型面轮廓周边圆角 R5 mm		T01	ϕ20	800	400		
2	铣扇形框内、外形		T02	ϕ20	800	400		
3	铣外形及 ϕ(70±0.1) mm 孔		T03	ϕ20	800	400		
编制		审核		批准		年 月 日	共 页	第 页

3）确定进给路线

为直观起见和便于编程，应绘制进给路线图。如图 4-67、图 4-68、图 4-69 所示为数控精铣工序中三个工步的进给路线，其中铣削支架型面轮廓周边圆角 R5 mm 的进给路线如图 4-67 所示，铣削支架扇形框内、外形的进给路线如图 4-68 所示，铣削支架外形的进给路线如图 4-69 所示。图中 Z 值是铣刀在 Z 轴方向移动的坐标。在第三工步进给路线中，铣削 ϕ(70±0.1) mm 孔的进给路线未绘出。粗铣进给路线从略。

数控机床进给路线图		零件图号		工序号		工步号	1	程序编号	
机床型号		程序段号	加工内容	铣削支架型面轮廓周边圆角R5				共3页	第1页

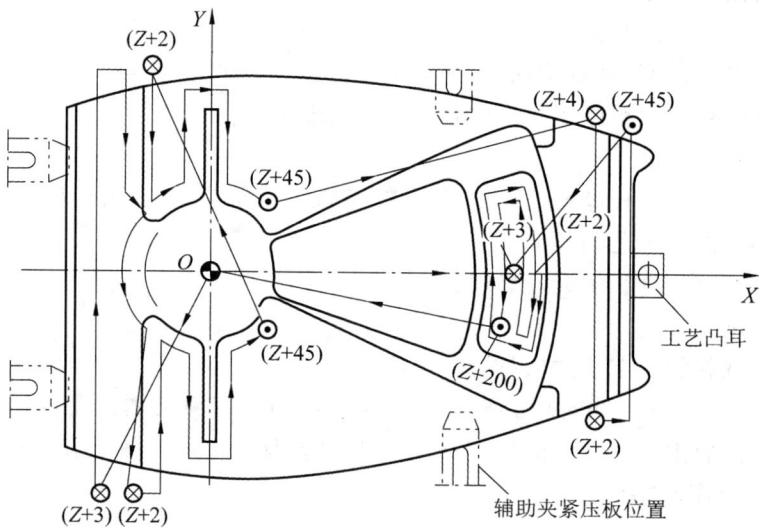

符号	⊙	⊗	✦	→			—·—				
含义	抬刀	下刀	编程原点	起始	进给方向	进给线相交	爬斜坡	钻孔	行切	轨迹重叠	回切

图 4-67 铣削支架型面轮廓周边圆角 R5 mm 的进给路线

168

数控机床进给路线图		零件图号		工序号		工步号	2	程序编号	
机床型号	程序段号		加工内容		铣削支架扇形框内、外形			共3页	第2页

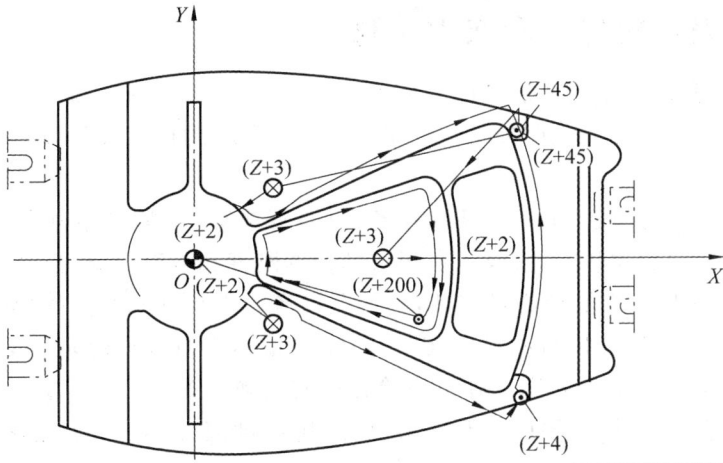

符号	⊙	⊗	●	•→			•---	↗•↘	⬜	←	⬆
						编程		校对		审批	
含义	抬刀	下刀	编程原点	起始	进给方向	进给线相交	爬斜坡	钻孔	行切	轨迹重叠	回切

图 4-68　铣削支架扇形框内、外形的进给路线

数控机床进给路线图		零件图号		工序号		工步号	3	程序编号	
机床型号	程序段号		加工内容		铣削支架外形			共3页	第3页

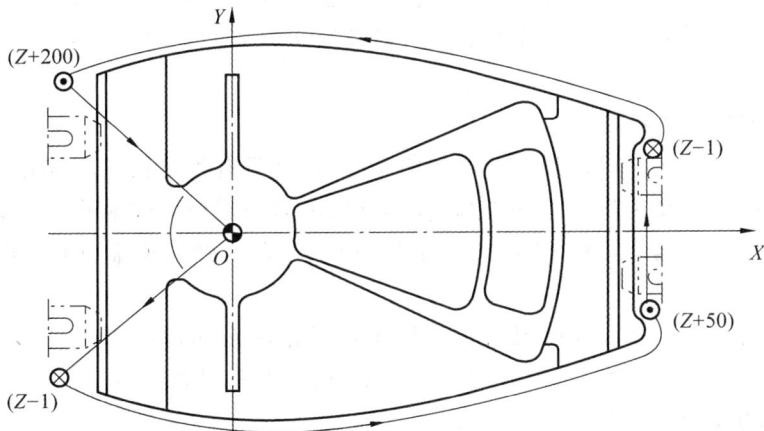

符号	⊙	⊗	●	•→			•---	↗•↘	⬜	←	⬆
						编程		校对		审批	
含义	抬刀	下刀	编程原点	起始	进给方向	进给线相交	爬斜坡	钻孔	行切	轨迹重叠	回切

图 4-69　铣削支架外形的进给路线

◀ **4.5 铣削加工夹具** ▶

一、铣削加工夹具的特点和典型结构

铣削加工夹具是指安装在铣床或加工中心上，完成工件上平面、沟槽、缺口、孔以及成形曲面等的铣削加工的夹具，常称为铣床夹具。铣床夹具是最常用的机床夹具，设计铣床夹具时应注意以下特点：

（1）由于铣削时的切削力较大，且铣刀刀齿多、切削不连续，容易产生冲击和振动，因此，要求铣床夹具的夹紧力也比较大，夹具上各组成部分的刚度和强度要求也较高。

（2）为了增加夹具在机床上安装的稳定性，夹具上设有较大尺寸的夹具体（底座），并需用螺栓紧固在工作台上。夹具体的底面装有定位键（定向键），夹具体通过定位键与铣床工作台 T 形槽相配合，以确定夹具与机床工作台进给方向的正确位置。

（3）在铣床夹具上的适当位置常设置有对刀元件，用以确定刀具与夹具之间的正确相对位置。

前面已介绍了较多关于铣床夹具的实例，其典型结构在此不再介绍。

二、铣床夹具设计要点

设计铣床夹具时，应注意以下几个设计要点：

1. 定位装置设计特点

因为铣削力较大，容易引起振动，故在设计定位元件时，应特别注意定位的稳定性。切削力应由定位元件和夹具体承受，尽量避免由夹紧元件承受切削力。当工件以平面定位时，定位元件的布置应尽量使支承三角形最大。必要时可以采用辅助支承来加强定位的刚性和稳定性。

2. 夹紧装置的设计特点

铣床夹具的夹紧元件可以设计制作得粗壮些，使其具有较好的夹紧刚度，确保夹紧力足够。夹紧力的作用点要尽量靠近加工部位，其方向应指向定位元件和夹具体，以利于定位的稳定。为了提高铣削效率，减轻工人劳动强度，应尽量采用快速夹紧方法，如采用联动夹紧机构等。

为了防止夹具上夹紧元件的突出部分与铣刀刀杆相碰而造成事故，应该校核铣刀刀杆与夹具结构元件的相对位置，走刀时，不允许出现相互干涉现象。

3. 夹具体的设计

考虑到铣削加工的特点，设计铣床夹具体时，应注意下列几个方面的问题。

（1）夹具体要有足够的刚度和强度。应合理布置加强筋，以确保夹具体在承受夹紧力的关键部位具有足够的刚性。

（2）夹具体的结构与定位元件、夹紧元件等组成部分的结构和布置有关。在满足加工要求的基础上应尽量使各组成部分布置得紧凑些，以使夹具体结构简化。

（3）工件上待加工面应尽可能靠近工作台，并使夹具的重心降低，以提高夹具在机床上安装的稳固性。夹具体的高宽比以 $H/B < 1.25$ 为宜，如图 4-70(a)所示。

为了用螺钉将夹具紧固在机床工作台 T 形槽中,夹具体上要合理设置耳座。常用的耳座结构如图 4-70(b)(c)所示,其具体结构尺寸可参阅有关设计资料和手册。如果夹具体的宽度尺寸较大,可在同一侧设置两个耳座。此时,两耳座间的距离要和铣床工作台相邻两 T 形槽之间的距离一致。

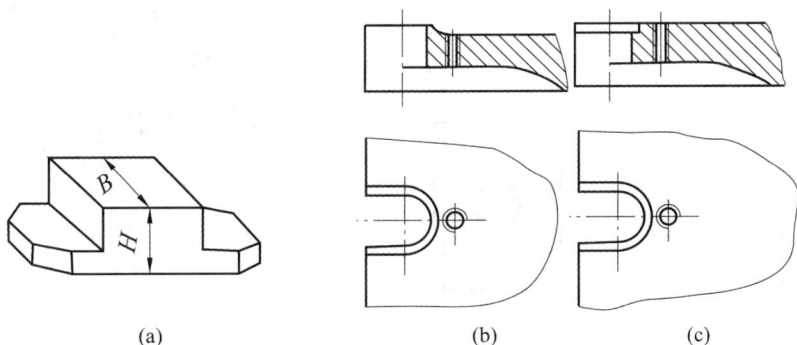

图 4-70　夹具体及其耳座结构

4.定位键及对刀元件的设计

定位键和对刀元件都是铣床夹具的特殊元件。在设计铣床夹具时,应该合理地进行定位键和对刀元件的设计。

1) 铣床夹具的定位键

定位键安装在夹具体底面,通过与机床工作台的 T 形槽配合实现定位。每个夹具一般设置两个定位键,这两个定位键之间的距离应尽可能增大,确保夹具的纵向位置和工作台的纵向进给方向一致。这种布置不仅起到夹具在机床上的定向作用,还可以承受部分切削力矩,从而减轻夹具体与工作台紧固螺栓的负荷,并增强夹具在加工过程中的稳定性。

定位键有矩形和圆形两种结构型式,如图 4-71 所示。常用的定位键是矩形的,又可细分为 A 型和 B 型两种结构型式。A 型定位键的宽度按统一尺寸 B(h6 或 h8)制作,适用于夹具定位精度要求不高的场合。B 型定位键的侧面开有沟槽,沟槽的上部与夹具体的键槽配合,其宽度尺寸 B 按照 H7/h6 或 H8/h8 等与键槽相配合。沟槽的下部宽度为 B_1,与铣床工作台的 T 形槽按 H8/h8 或 H7/h6 配合。

为了提高夹具的定位精度,在制造定位键时,B_1 应留有修配余量,或在安装夹具时将夹具推向一边,以避免间隙的影响。

在有些小型夹具中,可采用圆柱形定位键,这种定位键制造方便,但磨损后会影响定向精度。其定位稳定性不如矩形定位键好,应用较少。

定位键的结构尺寸已标准化,选用时可查阅相关的设计手册。对于重型夹具或定向精度要求高的铣床夹具,不宜采用定位键来定向,而应该在夹具上专门设置找正基准面 A,通过直接找正获得更高的定向精度,如图 4-72 所示。

2) 铣床夹具的对刀装置

铣床夹具在工作台上安装好了以后,还要调整铣刀对夹具的相对位置。为了使刀具与工件被加工表面的相对位置能迅速而正确地对正,可以在夹具上设计对刀装置。对刀装置是由对刀块和对刀塞尺等组成的,其结构尺寸已标准化。各种对刀块的结构,可以根据工件的具体加工要求进行选择。图 4-73 所示是利用对刀装置对刀的简图。

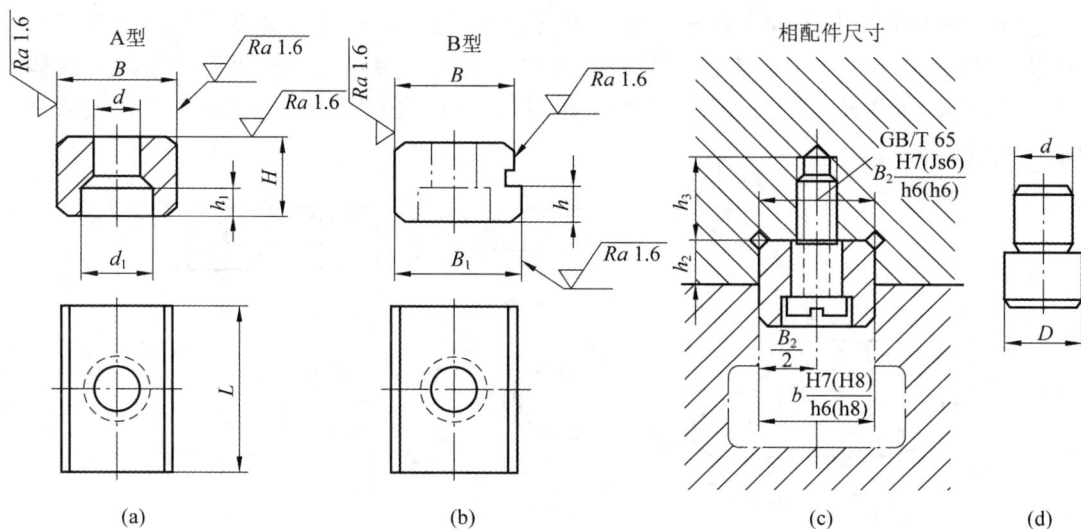

图 4-71　定位键结构

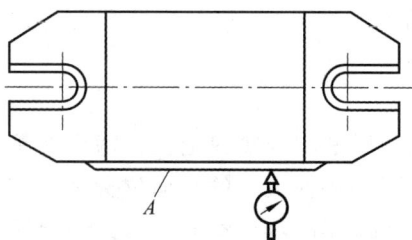

图 4-72　铣床夹具的找正基准面

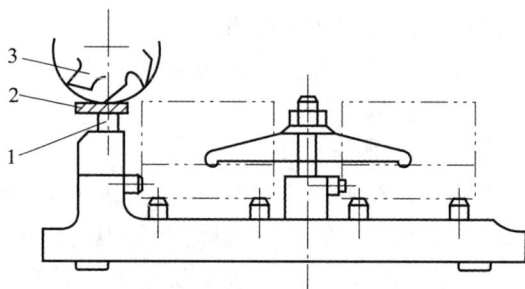

图 4-73　利用对刀装置对刀
1—对刀块；2—对刀塞尺；3—铣刀

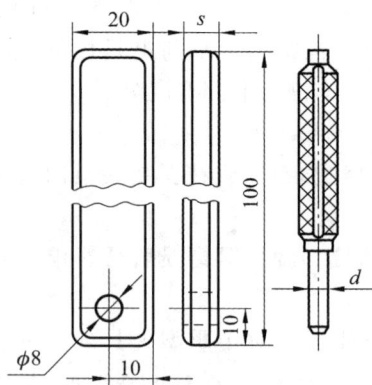

图 4-74　对刀塞尺

常用的塞尺有平塞尺和圆柱塞尺两种，均已标准化，其形状如图 4-74 所示。其厚度 s 或直径 d 常用规格为 1 mm、3 mm、5 mm 等。设计时可参阅相关夹具设计资料和手册。

采用塞尺是为了使刀具与对刀块不直接接触，以免损坏刀刃或造成对刀块过早磨损。使用时，将塞尺置于刀具与对刀块之间，通过抽动的松紧感觉来判断，以松紧适度为宜。

对刀块的形状和安装情况如图 4-75 所示，标准对刀块的结构尺寸可参阅相关的夹具设计资料和手册。若采用标准对刀块不便时，也可以设计非标准的特殊对刀块。

对刀块工作表面的位置尺寸（H、L），一般是从定位表面注起，其值应等于工件相应尺寸的平均值再减去塞尺的厚度 s 或直径 d。其公差常取工件相应尺寸公差的 1/5～1/3。

对刀块和塞尺材料，一般选用 T7A，淬硬至 55～60 HRC，并经发蓝处理。

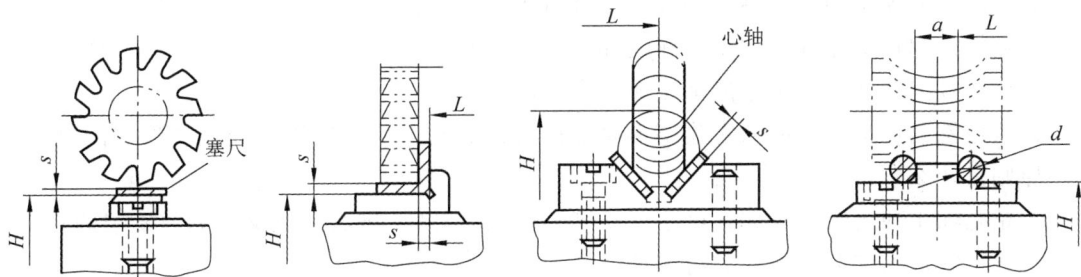

图 4-75 对刀块

为了简化夹具结构,也可以不设计和制造对刀装置。在一批工件正式加工前,对安装在夹具上的首件采用试切法来调整刀具正确的位置;或按前批工件生产时留下的样件对刀,还可采用百分表来校正定位元件相对于刀具的位置;等等。

三、铣床夹具上的技术要求

1. 夹具总图上应标注的尺寸要求

(1) 夹具的最大轮廓尺寸,即标出长、宽和高的最大尺寸,以便于检查夹具与机具的相对位置有无干涉现象和在机床上安装的可能性。

(2) 工件定位基准与定位元件之间、夹具上主要组成元件之间的配合类别和精度等级。

(3) 对刀块工作表面到定位元件定位表面的尺寸及公差,以及塞尺的尺寸,如图4-76 所示。

(4) 定位键的尺寸及其公差。

2. 铣床夹具的技术条件

(1) 定位元件工作表面对夹具安装基面(夹具体底面)的垂直度或平行度,参见图 4-76。

(2) 各定位表面间的平行度或垂直度。

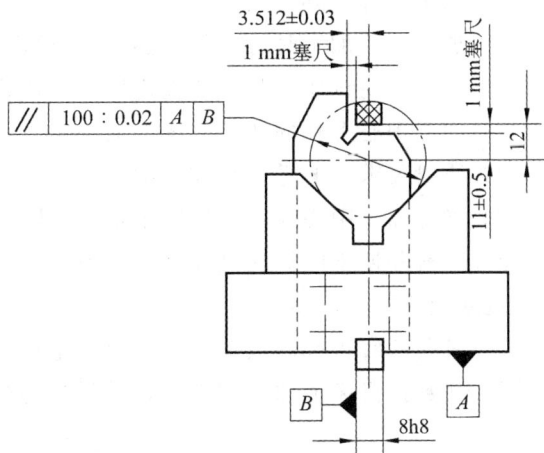

图 4-76 对刀块与定位元件间的尺寸

(3) 定位元件工作表面或中心线与定位键工作表面(或找正基面)的平行度或垂直度。

(4) 对刀块工作表面对定位表面间的平行度或垂直度等。

思考与练习题

1.XKA5750 数控立式升降台铣床的进给系统传动齿轮间隙是如何消除的?升降台自动平衡装置的工作原理是什么?

2.数控铣床的主要加工对象有哪些?其特点是什么?

3.如何对数控铣削加工零件的零件图进行工艺分析？

4.数控铣削加工零件的加工工序是如何划分的？

5.试述数控铣削加工工序的加工顺序安排原则。

6.数控铣削加工时装夹的定位基准是如何选择的？夹具的选择必须注意哪些问题？其选用原则是什么？

7.钻孔加工的进给路线如何确定？铣削外轮廓零件时，进给路线又是如何确定的？

8.典型零件的工艺分析步骤有哪些？

9.数控铣床与加工中心有何共性？有何区别？

10.适合在数控铣床和加工中心上加工的零件有哪些？各有何特点？

11.加工中心的刀具主要有哪几种形式？

12.卧式加工和立式加工的主要区别是什么？

13.五轴加工的含义是什么？其中五轴可以是哪几个坐标轴？

14.加工中心有哪几种换刀方式？

15.在加工中心上钻孔时，为什么通常要安排锪平面(对毛坯面)和钻中心孔工步？

16.在加工中心上钻孔与在普通机床上钻孔相比，对刀具有哪些更高的要求？

17.试确定立式加工中心的刀具长度范围。

18.数控铣床的类型有哪些？其用途如何？

19.加工中心有哪些类型？

20.加工中心加工时，选择定位基准的要求有哪些？应遵循的原则是什么？

21.立式数控铣床和卧式数控铣床分别适合加工什么样的零件？

22.加工中心上孔的加工方案如何确定？进给路线应如何考虑？

23.质量要求高的零件在加工中心上加工时，为什么应尽量将粗、精加工分两阶段进行？

24.确定加工中心加工零件的余量时，其大小应如何考虑？

25.顺铣和逆铣的概念是什么？顺铣和逆铣对加工质量有什么影响？如何在加工中实现顺铣或逆铣？

26.过薄的底板或肋板在加工中会产生什么影响？应如何预防？

27.在数控机床上加工零件时，工序划分方法有几种？各有什么特点？

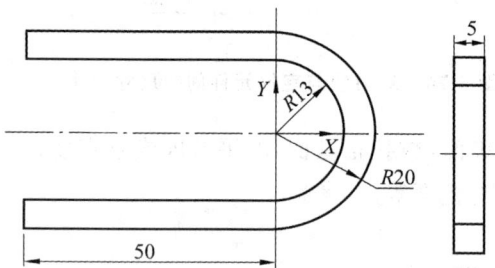

图 4-77　题 30 图

28.在确定切入和切出路径时应当考虑什么问题？怎样避免发生过切？

29.二维型腔(内槽)的加工方法主要有哪些？各有哪些特点？

30.用一毛坯尺寸为 72 mm × 42 mm × 5 mm 的板料，加工成尺寸如图 4-77 所示的零件。内、外轮廓的粗、精加工的加工参数见表 4-15。按要求完成该零件的数控加工工艺卡片。

表 4-15 加工参数

表 4-15 加工参数

序号	工序	刀具	主轴转速 $S/(r/min)$	进给量 $f/(mm/r)$
1	内、外轮廓的粗加工，留出 0.4 mm 的精加工余量	$\phi 10$ mm 立铣刀	1800	0.12
2	内、外轮廓的精加工	$\phi 8$ mm 立铣刀	2200	0.08

31.零件如图 4-78 所示,分别按"定位迅速"和"定位准确"的原则确定 XY 平面内的孔加工进给路线。

32.已知图 4-79 所示零件的 A、B 面已加工好,在加工中心上加工其余表面,试确定定位、夹紧方案。

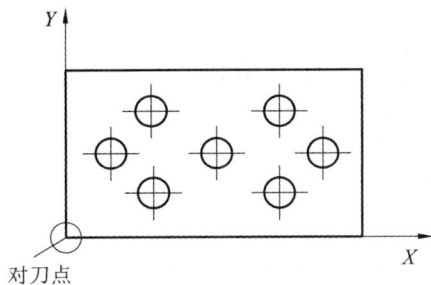

图 4-78 题 31 图

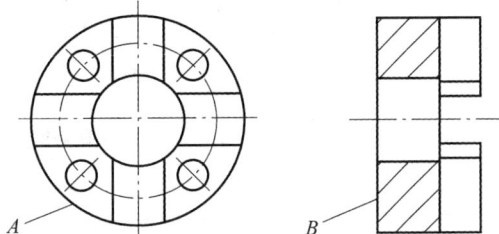

图 4-79 题 32 图

33.拟定图 4-80 所示零件的数控加工工艺过程,并填写数控加工工序卡和数控加工刀具卡。

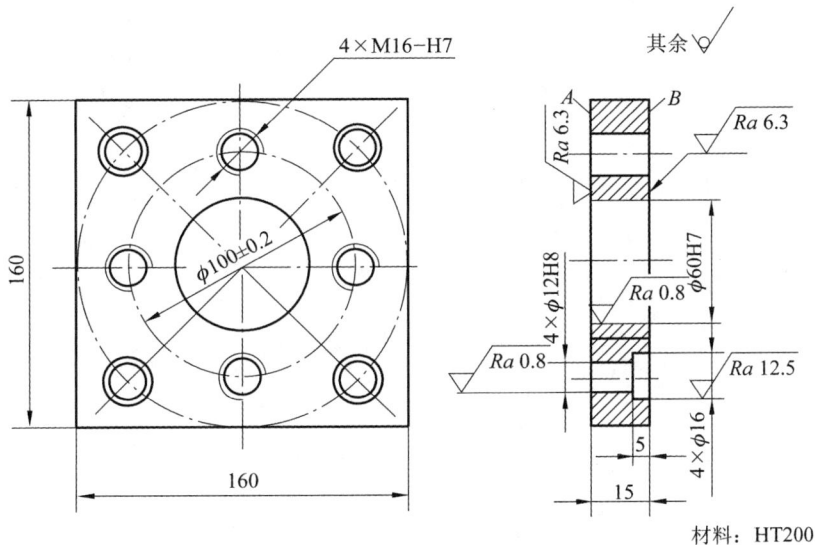

图 4-80 题 33 图

34.试制定图 4-81 所示零件的数控铣削加工工艺,并填写数控加工工序卡和数控加工刀具卡。

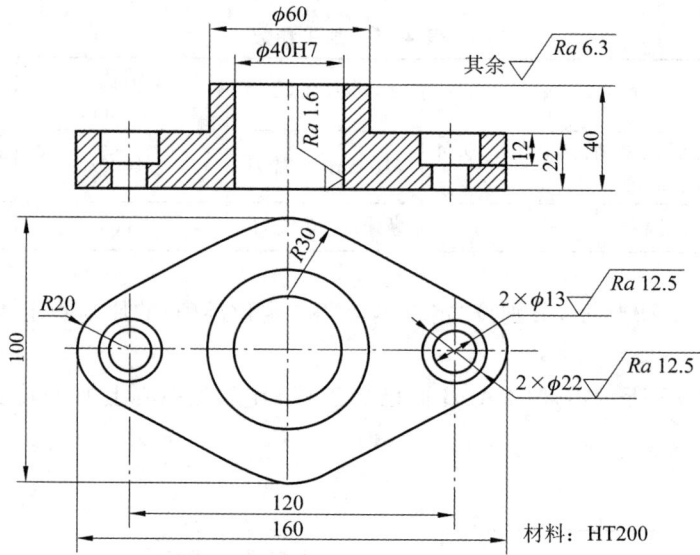

图 4-81 题 34 图

实 践 篇

5

综合实践：搓丝机产品零件加工工艺与工装设计

【项目导入】

学习载体对象	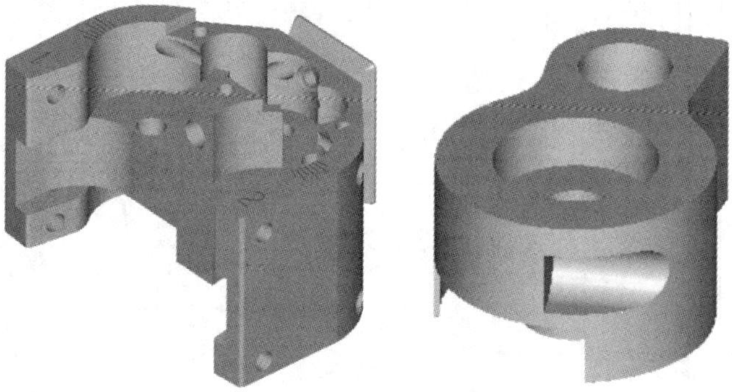
重点	1.多面体零件加工工艺设计； 2.简单工艺板夹具设计； 3.专用刀具结构尺寸要求分析

【项目概述】

任务一 零件结构分析与加工信息采集	**任务内容**：识读搓丝机产品中基座与连接臂零件的公英制工程图样，理解尺寸转换关系及螺纹表达方法；分析零件结构特征，明确各加工表面的尺寸精度、几何公差要求；采集加工所需信息，如材料性能、坯料来源等；填写零件工艺分析卡片，确定加工工序关联性及工艺安排建议。 **任务目标**：深入了解零件设计要求，为后续加工工艺设计提供准确依据，确保加工过程满足零件质量标准，同时熟悉零件工艺分析流程，提升对机械零件加工的认知水平

任务二 零件加工工艺方案设计	**任务内容**:依据零件总体加工工艺安排,分别对基座与连接臂零件各加工工序进行详细设计。包括确定加工工序流程,如基座零件的反面沉孔粗精加工、正面粗沉孔加工等工序的顺序;选择合适的加工设备与刀具,设置关键工艺参数,如主轴转速、进给速度、切削深度等;编制加工工序卡片,明确各工步的操作内容及要求。 **任务目标**:制定科学合理的数控加工工艺方案,提高零件加工效率与精度,保证加工过程的稳定性和可靠性,培养学习者数控加工工艺设计能力,使其能够根据零件特点制订切实可行的加工计划
任务三 零件工艺装备的定制	**任务内容**:识别基座与连接臂零件加工所涉及的专用刀具,如专用铰刀、T形槽刀、成形槽刀等;根据零件局部结构特征确定特殊定制刀具的尺寸,如T形槽刀的切削刃部直径、刀杆半径等;绘制刀具草图并标注关键尺寸;设计基座与连接臂零件的工装夹具,确定装夹定位方式,如基座零件的"一面两销"定位夹具设计,连接臂零件的平口钳加垫铁、工艺对刀板等装夹方式;完成工装设计表格,明确工装名称、定制尺寸规格等信息。 **任务目标**:通过定制合适的工艺装备,满足零件加工的特殊要求,提高加工质量和生产率,培养学习者工艺装备设计与定制能力,使其能够根据零件加工需求设计和选用合适的刀具与工装夹具

◀ 任务一 零件结构分析与加工信息采集 ▶

任务活动 1:搓丝机产品零件图样的识读

【任务活动描述】 本活动旨在通过对搓丝机产品中基座与连接臂零件的公英制工程图样进行识读,深入剖析搓丝机部件的装配关系与结构特征。学习者需要明确主要工作部件之间的装配要求,例如基座与连接臂的销轴装配及摆动限位等细节。同时,精准把握基座与连接臂零件各自独特的结构特征,包括复杂的孔位尺寸、特殊槽形及几何公差要求等。在此基础上,进一步熟悉公英制尺寸的转换关系、螺纹的表达方法,并依据图样信息解答相关问题,为后续加工工艺设计奠定坚实基础。

一、搓丝机部件的装配关系与结构特征分析

1.主要工作部件及其装配关系

图 5-1 所示为某搓丝机基座与主要部件的装配关系图,其中基座与连接臂零件通过销轴装配在一起,具有一定的装配关系要求。连接臂在一定范围内往复摆动驱动搓丝机构,摆动范围由刻线显示,配合面间呈间隙配合,由侧面螺销限位。基座前侧为摆杆运动开设了足够的活动空间,整个基座通过后侧燕尾与机架装配,润滑油脂从后侧管孔注入。搓丝机基座要求有足够的刚性,基座和运动部件要求有足够的耐磨性能、耐腐蚀性能,材料采用42CrMo。为保证部件运转灵活可靠,对基座及连接臂等零件的位置精度及尺寸精度提出了较高的要求。

2.基座零件的结构特征

图 5-2 所示为搓丝机中基座的零件图。

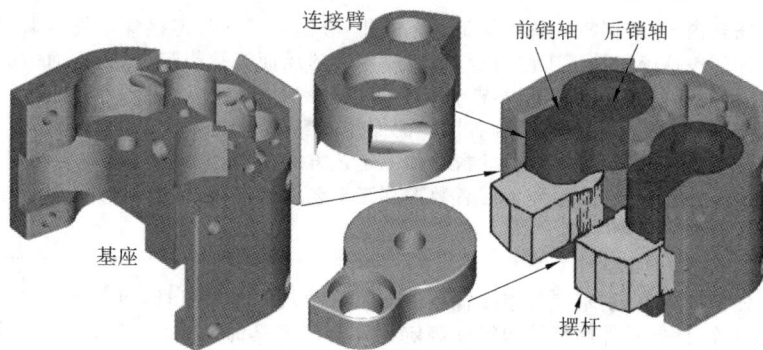

图 5-1 搓丝机基座、连接臂零件及其装配关系

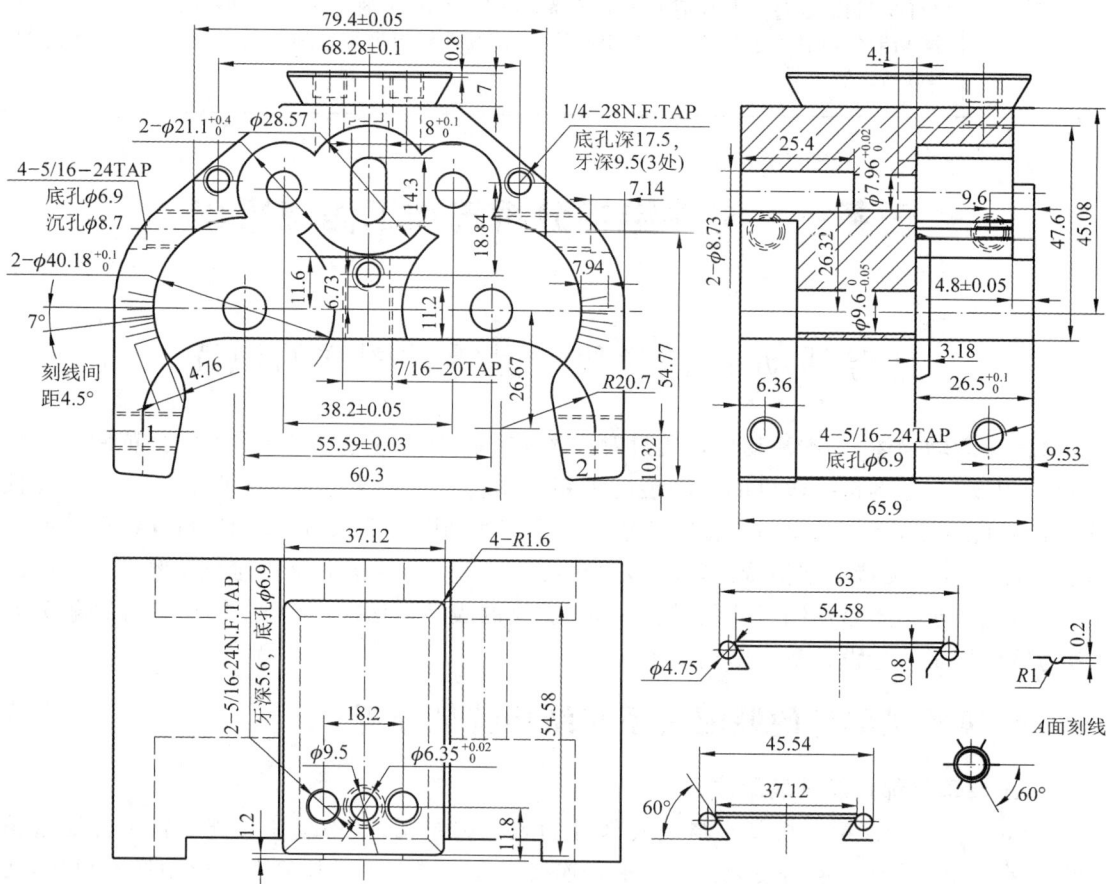

图 5-2 基座零件图

由基座零件图可以看出,该零件有几处孔位尺寸、配合孔尺寸的精度要求较高,它们分别是 55.59 ± 0.03 mm(IT8～IT9)、38.2 ± 0.05 mm(IT9～IT10),销轴孔 $\phi9.6_{-0.05}^{0}$ mm(IT9～IT10),与连接臂间隙配合的孔 $\phi40.18_{0}^{+0.1}$ mm(IT10),后侧孔 $\phi6.35_{0}^{+0.02}$ mm(IT8)。所有螺纹孔均为美制螺纹,需按图纸要求选配好对应的美制丝锥。前侧 $R20.7$ mm、宽 26.5 mm 的让位槽需用 T 形槽刀加工,因余量较大,加工具有一定难度,从前侧到后侧贯穿孔的底孔台肩较

深，同样给加工增加了难度。后侧燕尾槽用燕尾槽刀加工，刻度线可采用尖刀或球刀加工。整个零件从尺寸精度和加工难易程度考虑，采用数控铣床或加工中心加工比较合适。

3.连接臂零件的结构特征

如图 5-3 所示为连接臂零件的工程图样。

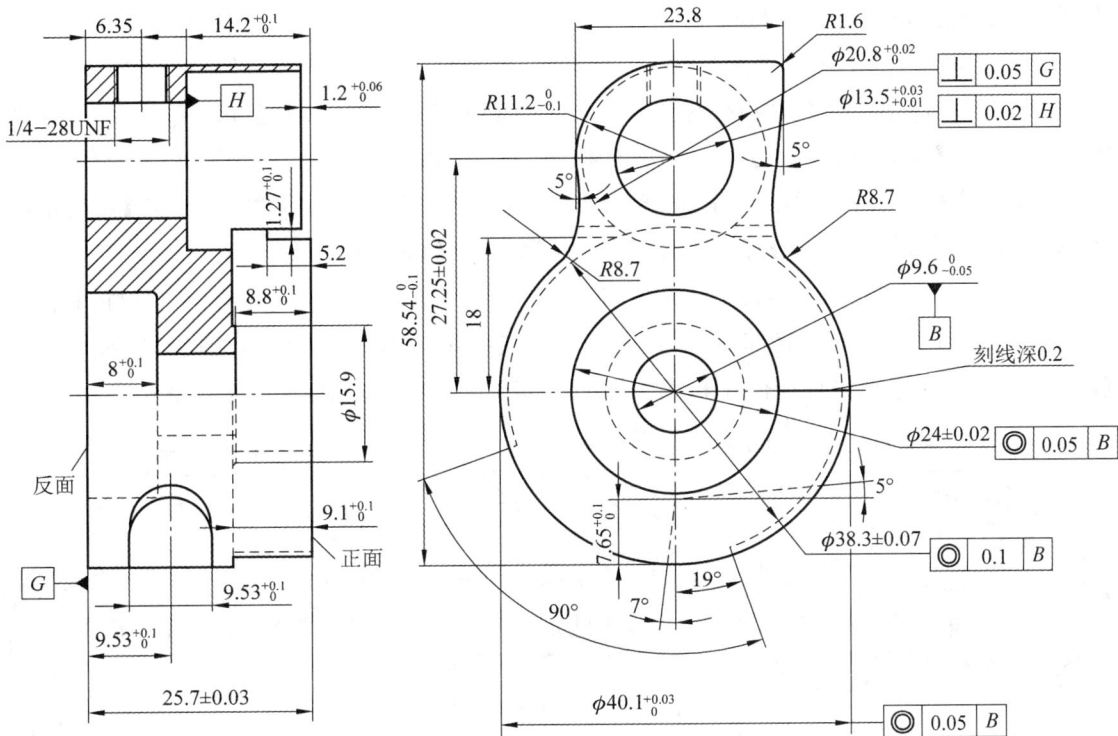

图 5-3　连接臂零件图

该零件具有较复杂的外形轮廓和一定位置精度要求的槽、孔，除上、下两面加工内容之外，还有侧孔及侧面槽形需要加工。零件小而不便于夹持，且有薄壁，加工有一定的难度，需要使用数控铣床或加工中心进行加工。该零件批量生产时，$\phi20.8_{0}^{+0.02}$ mm 孔的精度要求为IT7 级，需要定制铣刀进行插铣加工；$\phi13.5_{+0.01}^{+0.03}$ mm 孔的精度要求为 IT7～IT8 级，需要定制专用铰刀进行加工；$\phi24\pm0.02$ mm 孔的精度要求为 IT8～IT9 级，可用标准合金立铣刀进行插铣加工，其余尺寸精度要求相对偏低。在几何公差方面，$\phi24\pm0.02$ mm 孔与 $\phi9.6_{-0.05}^{0}$ mm 孔有一定的同轴度要求，$\phi13.5_{+0.01}^{+0.03}$ mm 孔与底平面有垂直度要求，$\phi20.8_{0}^{+0.02}$ mm 孔与底平面 G 有垂直度要求，有相互位置关系的槽孔需要在一次装夹中加工出来。侧面螺孔为美制螺纹，需预钻底孔后采用美制丝锥加工；侧面斜槽有一定的角度方位要求，需要采用带数控转台的卧式数控铣床或制作专用夹具定向加工；正面宽 $1.27_{0}^{+0.1}$ mm 的窄槽可在侧面加工时用三面刃锯片铣刀加工。

二、搓丝机产品零件工程图识读

在清晰了解搓丝机主要部件的装配关系以及基座与连接臂零件的独特结构特征后，为了顺利开展后续加工工作，准确采集加工所需信息显得尤为关键。加工信息涵盖了基础的公英制尺寸转换、螺纹规格、零件各部位具体加工要求等多方面内容。这些信息不仅是解答后续问题的基础,更是制定合理加工工艺的重要依据。

仔细识读基座零件、连接臂零件工程图样,并自行查阅文献资料了解公英制螺纹的区别、英制与公制转换关系、图示表达方法及识图规则。在充分熟悉其结构特征的基础上,根据图样识读结果,回答以下问题。

(1) 公英制尺寸的转换关系是:1 英寸=(   )毫米【0.254;2.54;25.4;254】。

(2) 1/4-28N.F.TAP 是指公称直径为(   )【0.25;6.35;6.325】mm、每英寸 28 牙即螺距为(   )【28;2.8;0.907】mm 的美制细牙螺孔,需使用对应制式的丝锥进行攻牙。

(3) 基座(图 5-2)图样中尺寸 55.59 mm 是两(   )【ϕ9.6;ϕ6.35;M6.35】孔的中心距,后侧 ϕ6.35 mm 销轴孔的有效铰孔段深度是(   )【1;0.55;0.16】in。

(4) 图 5-4 所示为基座零件中需定制刀具做特别加工处理的结构特征部分,它包括非标精铰孔特征 AB、ϕ40.18 mm 底部成形槽特征(   )【AB;C;D;E;F】、后侧燕尾槽特征(   )【AB;C;D;E;F】、前侧中部让位 T 形槽特征(   )【AB;C;D;E;F】以及各美制螺孔特征 E。

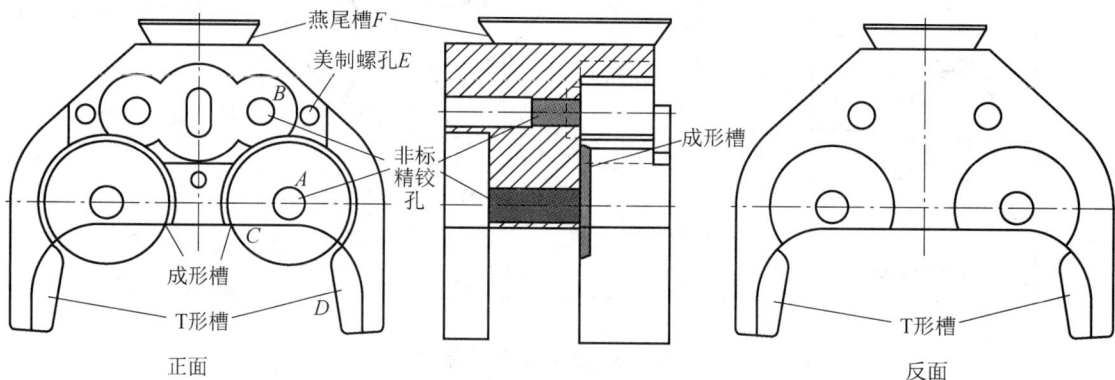

图 5-4 基座结构特征分析

(5) 图 5-5 所示为连接臂零件的结构特征示意图,包括可用常规刀具加工的台阶面特征、沉孔槽特征 CD、环形浅台特征 F、开口环槽特征 E 以及需特别加工处理的非标精铰孔特征 AB、侧面斜槽特征(   )【AB;C;D;E;F;G;H】、窄槽特征(   )【AB;C;D;E;F;G;H】、美制螺孔特征等。

任务活动 2:基座及连接臂零件结构特征分析

【任务活动描述】 此活动聚焦于对基座及连接臂零件加工特征要素的深入分析。学习者需依据零件图纸,结合材料特性,分析零件在数控铣削加工中需采取的工艺措施。针对基座零件,应明确各加工表面的结构特征和尺寸精度要求,并据此确定专用刀具的定制需求,例如各类铰刀、T 形槽刀等。对于连接臂零件,同样需要分析其加工难点,确定所需专用刀具及辅助工装,例如专用铰刀、锯片铣刀及工艺对刀板等。最后,根据分析结果,准确填写基

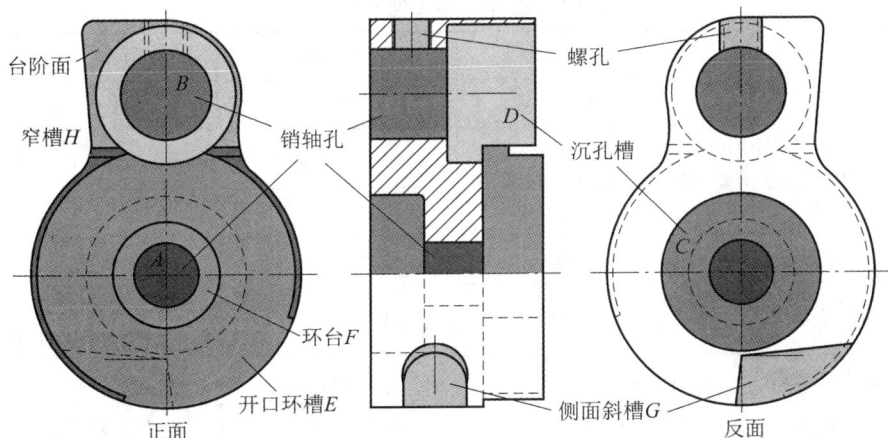

图 5-5　连接臂结构特征分析

座及连接臂零件加工特征要素分析表格,全面梳理零件加工的关键信息。

由基座零件图(图 5-2)可以看出,其轮廓描述清晰,尺寸标注完整。材料为 42CrMo,切削加工性能稍差,需做调质处理以改善加工性能。

通过上述对图纸的分析,其数控铣削中需采取以下几点工艺措施:

(1)工件上 $\phi 9.6_{-0.05}^{0}$ mm 孔、$\phi 6.35_{0}^{+0.02}$ mm 孔需预钻孔后用定制专用铰刀精铰。

(2)前侧 $R20.7$ mm、宽 26.5 mm 的让位槽需定制 T 形槽刀进行加工,刀具厚度即为 26.5 mm,考虑余量较大,应在径向分次逐步减少余量进行加工。

(3)从前侧到后侧贯穿的深台阶底孔,应在上部槽形还未加工时先行加工,以避免先挖槽后钻头经过空端时产生漂移。

(4)因涉及多次换面装夹加工,应先将 $\phi 9.6_{-0.05}^{0}$ mm 销轴孔加工到位,制作一个简单的"一面两销"定位夹具作为每道工序的定位基准;若为批量生产,则必须制作专用工装,以适应快速装夹定位。

针对基座零件的结构特征,除所需的各种标准钻头和铣刀之外,还需定制一些专用刀具。大致包括:加工 $\phi 9.6_{-0.05}^{0}$ mm、$\phi 6.35_{0}^{+0.02}$ mm 孔的专用铰刀;加工前侧 $R20.7$ mm、宽 26.5 mm 让位槽的 T 形槽刀;加工 $\phi 40.18_{0}^{+0.1}$ mm 底部孔的成形槽刀;加工后侧燕尾槽的燕尾槽刀;加工各螺孔的美制丝锥。

如图 5-3 所示,连接臂零件的材料为 42CrMo,和基座零件一样,需做调质处理以改善加工性能。

针对连接臂零件的结构特征,除所需的各种标准钻头和铣刀之外,还需定制一些专用刀具。大致包括:加工 $\phi 9.6_{-0.05}^{0}$ mm、$\phi 13.5_{+0.01}^{+0.03}$ mm 孔的专用铰刀;加工 1/4-28UNF 螺孔的美制丝锥;加工 $1.27_{0}^{+0.1}$ mm 窄槽的锯片铣刀。另外,为方便周侧斜槽的加工,还需设计制作专用工艺对刀板或专用工装。

针对上述几何特征结构及其加工实现的可行性分析,在表 5-1 和表 5-2 所示的工艺分析卡片中选填未定内容。

表 5-1　基座零件工艺分析卡片

零件名称	零件工艺分析卡片	零件图号	产品归属行业	产品用途	生产性质
基座		E-16451-M	汽车	搓丝机	小批
材料性能分析	材料:42CrMo 加工性能稍差,需调质处理以改善加工性能,控制硬度在 265~285HBW		主要成分含量		坯料来源
					客户提供
加工表面	结构特征	结构尺寸/mm	尺寸精度	结构分析及加工工艺建议	
正面	后排孔系 1	2-ϕ7.96$^{+0.02}_{0}$(通)	IT7~IT8	先钻底孔至 ϕ7.7~ϕ7.8 mm,再使用专用铰刀铰	
	后排孔大端	2-ϕ8.73,深 25.4	自由	扩钻	
	孔间距	38.2±0.05	IT9~IT10	精度由程序控制机床保证	
	前排孔系 2	2-ϕ9.6$^{0}_{-0.05}$	IT9~IT10	先钻底孔至 ϕ9.3~ϕ9.5 mm,再使用专用铰刀铰	
	孔间距	55.59±0.03	IT8~IT9	精度由程序保证	
	前排大槽孔	2-ϕ40.18$^{+0.1}_{0}$, 深 26.5$^{+0.1}_{0}$	（　　）【<IT10;IT10;>IT10】	粗铣后精修	
	外形轮廓	未知,见 CAD 模型		线切割加工	
	后排大槽孔	2-ϕ21.1$^{+0.4}_{0}$, ϕ28.57,深 26.5$^{+0.1}_{0}$	IT13~IT14	粗铣后精修	
	台阶面	79.4×（　　）【45.08;33.48;47.6】 深 4.8±0.05	IT9~IT10	构建矩形边廓并从缺口外下刀挖槽	
	腰圆槽	14.3×8,深 4.1	自由	用 ϕ（　　）【≤8;>8】键槽铣刀铣削	
	螺纹孔	1/4-28N.F 牙深 9.5, 底孔深 17.5		先钻底孔至 ϕ5.4 mm,再用美制丝锥攻丝	
反面	螺纹孔	2-5/16-24N.F 牙深 5.6, 底孔 ϕ6.9,孔距 18.2		先钻底孔至 ϕ6.9 mm,再用美制丝锥攻丝	
	阶梯孔	ϕ6.35$^{+0.02}_{0}$(通)	IT7~IT8	先钻底孔至 ϕ6.1 mm,再使用专用铰刀铰	
	燕尾	角度 60°,高（　　）【5.6;6.9;7.11】	自由	用燕尾槽刀沿矩形边廓做外形铣削	
	燕尾边廓	54.58×（　　）【37.12;45.54;63】 转角 2-R1.6	自由		

表 5-2　连接臂零件工艺分析卡片

零件名称	零件工艺分析卡片	零件图号	产品归属行业	产品用途	生产性质
连接臂		C-19988-M	汽车	搓丝机	小批
材料性能分析	材料:42CrMo 加工性能稍差,需调质处理以改善加工性能,控制硬度在 265~285HBW		主要成分含量		坯料来源
					客户提供

加工表面	结构特征	结构尺寸/mm	尺寸精度	结构分析及加工工艺建议
反面	孔 1	$\phi 13.5^{+0.03}_{+0.01}$	IT7～IT8	先钻底孔至 $\phi 13.2$～$\phi 13.4$ mm,再使用专用铰刀铰
	沉孔	$\phi 24 \pm 0.02$,深 $8^{+0.1}_{0}$	IT8～IT9	钻后粗、精铣
	孔间距	27.25 ± 0.02	IT8～IT9	精度由程序保证
	孔 2	$\phi 9.6^{0}_{-0.05}$	IT9～IT10	先钻底孔至 $\phi 9.3$～$\phi 9.5$ mm,再使用专用铰刀铰
	外形轮廓	长 $58.54^{0}_{-0.1}$,宽 $\phi 40.1^{+0.03}_{0}$,过渡弧 $R8.7$,转角 $R1.6$	最高 IT7	线切割加工或轮廓铣削
正面	沉孔	$\phi 20.8^{+0.02}_{0}$,深 $14.2^{+0.1}_{0}$	( )【IT7;IT8～IT9;IT10】	钻后粗、精铣,或使用专用铰刀铰
	窄槽	宽 $1.27^{+0.1}_{0}$,深 5.2	IT12	用 $\phi 1$ mm 铣刀铣削或竖放后用锯片铣刀铣削
	台阶面	位置尺寸 18,深 $1.2^{+0.06}_{0}$	IT11	用立铣刀或面铣刀铣削
	槽孔	$\phi 38.3 \pm 0.07$,深 $9.1^{+0.1}_{0}$	IT10～IT11	用立铣刀粗、精铣
	浅凸台	$\phi 15.9$,高( )【8.8;9.1;0.3】	IT11～IT12	凸台以上用大刀铣,凸台以下用直径不大于 ϕ( )【10;12;16】mm 铣刀
	槽缺口	角度 90°,定位角度 19°	自由	缺口应延伸为敞口槽再进行铣削
侧表面	螺孔	1/4-28UNF 通孔,定位尺寸 6.35		先钻底孔至 ϕ( )【5.4;6.35;6.5】mm,再用美制丝锥攻丝
	斜槽	宽 $9.53^{+0.1}_{0}$,壁底夹角 12°(5°和 7°斜槽)	IT11～IT12	使用 $\phi 8$ mm 铣刀分( )【1;2;3】次偏转装夹后铣削

任务活动 3:零件总体加工工艺草案设计

【任务活动描述】 本活动要求学习者分别为基座和连接臂零件设计总体加工工艺草案。对于基座零件,需综合考虑材料特性、结构特点及加工难点,合理规划加工顺序,例如从反面沉孔加工开始,逐步推进到正面加工、外形切割及各面的精细加工等。同时,明确每道工序的加工工艺内容、所需刀具、装夹方法及设备,并准确填写机械加工工艺过程卡。对于连接臂零件,鉴于其小尺寸、薄壁及复杂结构的特点,需设计多件组合加工与线切割分离的工艺方案,同样明确各工序的具体安排并完善机械加工工艺过程卡,以确保零件加工的高效性与准确性。

一、基座零件的总体加工工艺方案

零件为块状厚料,材料 42CrMo 的切削加工性能稍差,锻打后需要进行调质处理以改善材料性能,控制硬度在 265～285HBW,且要求调质处理透彻,使得零件中心部位易于切削。将毛坯锻成方料后,上下平面应先粗铣再用平面磨床磨削到厚度尺寸。由于料厚较大,整个外形采用正反面接刀铣削既困难又不易保证外观质量,因此可考虑用线切割工艺来加工外形到位。垂直方向的燕尾槽也可一起预切出来,但为了保证整个燕尾槽的形状连续性要求,线切割燕尾槽部分应留单边0.2 mm的余量,待以后用燕尾槽刀一次连续走刀得到完整的燕尾槽形。

基座零件铣削加工先从反面开始,将反面沉孔粗、精加工到位,且将定位基准用的两销轴孔 $\phi 9.6_{-0.05}^{\ 0}$ mm 先加工出来,待反面所有加工内容完成后再翻面以"一面两销"定位对正面沉孔做粗切和半精修,以减轻后续线切割加工的切削量。由于从反面到正面有一贯通孔,根据孔形要求需从反面做深孔钻削和锪孔,由于该孔被正面沉孔槽隔断为两部分,若先加工沉孔再从反面钻孔则易产生漂移,无法保证孔位和孔形尺寸,因此在工艺安排上先不加工正面的沉孔槽,待反面钻孔完成后再加工正面沉孔槽。采用线切割加工将反面割出后,即可开始反面的加工。

整个基座零件的加工顺序安排为:反面沉孔粗、精加工→正面粗沉孔加工→线切割加工外形→反面孔加工→正面粗、精加工→正面加工→侧面加工→后续辅助工序。

请补充选填基座零件总体机械加工工艺安排表,见表5-3,使方案完整。

二、连接臂零件的总体加工工艺安排

由于连接臂零件小且有薄壁,进行内外槽形加工时夹持也极不方便,可考虑多件组合加工后由线切割加工外轮廓并实现分割的工艺安排。采用较大矩形尺寸进行备料,在废料区增添工艺销孔,作为正反面加工的定位基准。在割出外形后,再对单件进行侧面槽孔的加工。这种工艺方法既解决了夹持问题,又降低了坯料的成本,还通过线切割分离的方式,有效避免了薄壁加工时可能出现的变形问题。

请补充选填连接臂零件总体机械加工工艺安排表,见表5-4,使方案完整。

任务活动 4:方案交流及任务规划

【任务活动描述】 该活动分为两个主要部分。首先,学习者需针对基座与连接臂零件已制定的工艺方案进行问题分析。对于基座零件,需思考毛坯备料、外形加工方式、基准选择、预切加工方式、异形孔加工顺序、燕尾槽加工细节以及批量生产时的效率提升等问题。对于连接臂零件,则需考虑零件夹持、几何公差保证、基准确定、侧面斜槽加工方式、窄槽加工效率以及在特定机床条件下的加工策略等问题。然后,基于问题分析结果,学习者通过小组交流研讨,重新审视并合理选择加工工艺方法,完成基座与连接臂零件总体加工工艺表格的填写,进一步优化工艺方案,深化对零件加工工艺的理解与掌握。

学习者针对基座与连接臂零件的工艺问题进行组内交流,优化工艺方案,合理选择两个零件加工工艺方法的参数,并分别设计零件的机械加工工艺过程卡。

一、基座与连接臂零件工艺方案问题分析

1. 基座零件的工艺方案问题分析

整个基座零件参考加工顺序安排为:前期备料→反面沉孔粗、精加工→正面粗沉孔加工→线切割加工外形→反面孔加工→正面粗、精加工→正面加工→侧面加工→后续辅助工序。

表 5-3 基座零件总体机械加工工艺简卡

续表

工序	工序名称	加工工艺内容	刀具/工具	装夹方法	设备
1	备料	φ100 mm圆棒料			锯床
2	锻	锻:126 mm×100 mm×74 mm(7.4 kg)			锻锤
3	热处理	热处理:调质至265~285HBW			热处理炉
4	铣四面	铣四面:126 mm×95 mm×66.5 mm	φ80 mm面铣刀	虎钳	普通铣床
5	磨上下面	磨上下大平面:厚度为65.9±0.01 mm	砂轮	磁力吸盘	平面磨床
6	反面沉孔铰孔	钻中心孔、预钻孔、粗沉孔、铰孔、沉孔精修	中心钻(前φ9.2~φ9.4 mm,后φ7.6~φ7.8 mm),铰刀(前φ9.53 mm,后φ7.96 mm),立铣刀	◎虎钳 ○常规压板 ○一面两销	◎数控铣床 ◎加工中心 ○线切割机
7	正面粗沉孔	钻中心孔、预钻孔、粗沉孔、粗沉孔/半精修	中心钻φ(小于8;10~17;大于40)mm钻头,φ16~φ25 mm立铣刀	◎虎钳 ○常规压板 ○一面两销	◎数控铣床 ○加工中心 ○线切割机
○9 ○10 ○11	反面孔加工	钻中心孔、预钻孔、攻螺纹底孔、锪孔、攻丝7/16-20TAP、刻线	中心钻,三种钻头(φ6、φ8.7、φ9.5 mm)、美制丝锥、SR1 mm球刀	○虎钳 ○常规压板 ◎一面两销	数控铣床/加工中心
○9 ○10 ○11	正面孔加工	钻中心孔、钻孔、铰孔、攻丝5/16-24UNF、铣燕尾槽、铰孔	中心钻,两种钻头(φ6.1、φ6.9 mm),φ(5、6.35、6.9;7.94)mm铰刀、美制丝锥、燕尾槽制槽刀	◎虎钳 ○常规压板 ○一面两销	◎数控铣床 ◎加工中心 ○线切割机
8	轮廓分离	切割外轮廓	φ0.12 mm钼丝或φ0.2 mm铜丝	○虎钳 ○常规压板 ◎一面两销	○数控铣床 ○加工中心 ◎线切割机
○9 ○10 ○11	正面精加工	预钻孔、铣T形凹槽、粗精加工沉孔及键槽、加工T形凹槽、攻丝1/4-28NF、槽底成形加工、刻字、刻线	φ17 mm钻头,两种铣刀(φ16、φ8 mm),φ(4.5、4;6.35;28)mm底孔钻头、美制丝锥、成形槽刀、SR1 mm球刀	◎虎钳 ○常规压板 ○一面两销	◎数控铣床 ◎加工中心 ○线切割机
12	左右侧面加工	钻中心孔、钻底孔、沉孔、攻丝5/16-24	中心钻,φ6.9 mm钻头、φ8 mm铣刀、美制丝锥	◎虎钳 ○常规压板 ○一面两销	◎数控铣床 ◎加工中心 ○线切割机
13	雕刻	刻标记字	激光束		激光切割机
14	钳工	去毛刺等			
15	检验				
16	表面处理	表面发黑处理			

表 5-4 连接臂零件总体机械加工工艺简卡

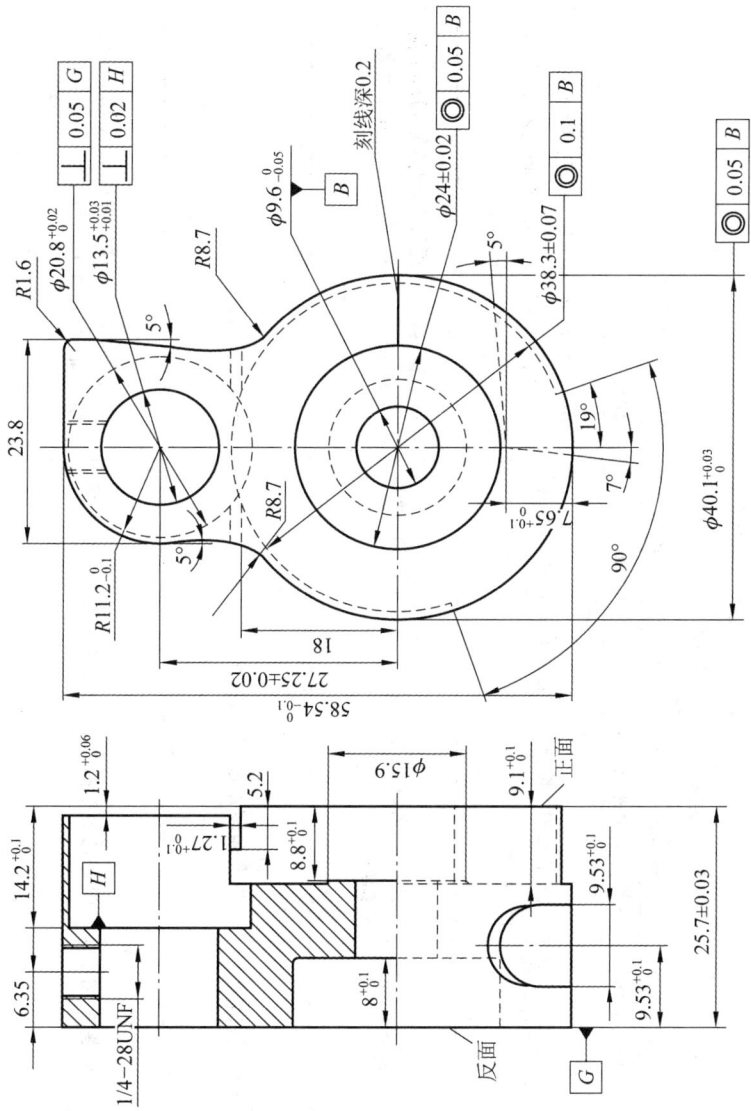

续表

工序	工序名称	加工工艺内容	刀具/工具	装夹方法	设备
1	备料	φ100 mm圆棒料			锯床
2	锻	锻:156 mm×75 mm×32 mm（三件组合）			锻锤
3	热处理	热处理:调质 265～285HBW			热处理炉
4	铣四面	铣四面:156 mm×68 mm×26.2 mm	φ80 mm面铣刀	虎钳	普通铣床
5	磨上下面	磨上下大平面:厚度 25.7±0.01 mm	砂轮	磁力吸盘	平面磨床
6	反面沉孔铰孔	钻中心孔、预钻孔、粗沉孔、铰孔、沉孔精修、刻线	中心钻、φ9.3 mm 钻头、φ7.8 mm钻头、φ（　）【7.96/9.6/13.5】mm 铰刀、φ8 mm铰刀、φ12～φ16 mm立铣刀	◎虎钳 ○常规压板 ○一面两销 ○工艺板	加工中心
7	正面槽孔加工	钻中心孔、预钻孔、铰孔、铣台阶面、铣缺口及环槽	中心钻、φ（　）【9.3;12;13.3】mm 预铰孔钻头、φ13.5 mm 铰刀、φ16 mm 立铣刀、φ10 mm立铣刀	◎虎钳 ○常规压板 ○一面两销 ○工艺板	加工中心
○8 ○9	侧面斜槽加工	两次偏转角度装夹、铣槽	φ8 mm 铣刀	○虎钳 ○常规压板 ○一面两销 ◎工艺板	数控铣床
10	侧面螺孔加工	钻中心孔、钻孔、攻丝 1/4-28UNF、铣管槽	中心钻、φ（　）【4;5.6;6.35】mm 钻头、美制丝锥、锯片铣刀	○虎钳 ○常规压板 ○一面两销 ◎工艺板	数控铣床
○8 ○9	轮廓分离	线切割或外形铣	电极丝或 φ10～φ16 mm 铣刀	○虎钳 ○常规压板 ○一面两销 ◎工艺板	线切割机或数控铣床
11	钳工	去毛刺等			
12	检验				
13	表面处理	表面发黑处理			

（1）基座零件毛坯采用矩形块料，由圆棒料锻打而成，前期备料的工序安排遵循固定的顺序。

（2）由于料厚较大，整个外形采用正反面接刀铣削既困难又不易保证外观质量，因此可考虑用线切割加工到位，为此，应确保毛坯外轮廓至少有上下前后四个规整表面，以便于夹压。

（3）为使后续工序具有统一的基准，第一道工序应将基准加工出来。根据零件的结构形状特点，选择"一面两销"的基准较为合适。

（4）考虑到线切割加工的效率问题，有必要先进行一定切削量的预切加工。

（5）由于前后侧、左右侧表面间的贯通孔涉及异形表面的穿越，这些孔形的加工有必要考虑如何避开穿越异形表面的问题，其安排的时机涉及总体设计的顺序是否合理。

（6）线切割加工外形时虽然可以对后侧表面的燕尾槽一起预切，但为保证整个燕尾槽形的连续性，线切割燕尾槽部分应适当预留单边余量，待以后用燕尾槽刀一次连续走刀得到完整的燕尾槽形。

（7）前侧摆杆活动让位槽应使用 T 形槽刀在正面加工。加工时需在已线切割出外形轮廓的基础上进行，且加工区段应避开前侧主体表面，以防止出现接刀痕。

（8）在考虑批量生产时，应适当选用能提高预切效率的刀具及夹压定位方式。

2. 连接臂零件的工艺方案问题分析

整个连接臂零件参考加工顺序安排为：前期备料→正面粗、精加工→反面粗、精加工→外形加工→侧面槽孔加工→后续辅助工序。

（1）零件小而不便于夹持，且有薄壁，加工有一定的难度，进行内外槽形加工时夹持也极不方便，可考虑多件组合加工后由线切割加工外轮廓并实现分割的工艺安排（采用线切割分离外形可解决薄壁加工变形问题）。

（2）零件图样上孔槽加工有一定的几何公差要求，有相互位置关系的槽孔需要在一次装夹中先后加工出来。

（3）为使后续工序具有统一的基准，第一道工序应将基准加工出来。根据零件的结构形状特点，选择"一面两销"的基准较为合适。

（4）侧面斜槽有一定的角度方位要求，需要采用带数控转台的卧式数控铣床或制作专用夹具定向加工。单件试制时，可设计特殊对刀辅具，通过偏转角度后进行两次加工得到。

（5）正面宽 $1.27^{+0.1}_{0}$ mm 的窄槽若使用小尺寸立铣刀加工，其效率低下，若安排在侧面加工时用三面刃锯片铣刀加工，可大大提高其加工效率。

（6）因零件厚度不大，且外轮廓中凹弧部半径 R 较大，可采用数控铣削方式加工外形轮廓。

（7）在仅具备三轴机床条件时，可设计专用辅具通过两次角度偏转实现侧面斜槽的加工，且零件外轮廓可与该辅具实施配作加工，但其对刀找正问题需要设计探讨。

（8）通过角度偏转进行侧面斜槽加工时，若采用分工序批量生产方式，可考虑简化结构的辅具设计。

二、基座与连接臂零件工艺规划

基于上述对基座与连接臂零件工艺方案的细致剖析，我们清晰地认识到当前方案存在诸多待优化之处。接下来，我们将围绕这些问题，有针对性地开展工艺规划工作。从加工方法的重新甄选,到工艺流程的合理重组,再到工装夹具的巧妙设计,每一个环节都需要精心考量。通过组内积极的交流研讨,结合实际生产条件与零件质量要求,合理选择加工工艺方法,为后续顺利完成基座与连接臂零件机械加工工艺过程卡的设计筑牢根基,从而进一步深化对这两种零件加工工艺的理解与把握。

据此,学习者可进行小组交流研讨,完成表 5-5 和表 5-6 的工艺设计,以加深对基座与连接臂零件加工工艺的理解。

表 5-5　基座零件总体加工工艺选择

零件名称	数控加工工艺设计	零件图号	材质
基座		E-16451M	42CrMo

序号	特征区部位	加工工序关联性	工序安排建议（单选）	工艺设计缘由（多选）
1	非标精铰孔 A（2处）	既可随反面一起加工,也可随正面一起加工	○正面第一个工序 ○反面第一个工序 ○反面后续工步 ○正面后续工步	□作为后续工序的"一面两销"精基准 □孔离该基准面近,铰制有优势 □T形槽距该基准面近,铣削工艺性好 □该面加工内容少,便于控制精度
2	非标精铰孔 B（2处）	既可随反面一起加工,也可随正面一起加工	○正、反面第一个工步 ○前、侧面后续工步 ○正、反面后续工步	□作为后续工序"一面两销"基准的备选 □孔离该基准面近,铰制有优势 □T形槽距该基准面近,铣削工艺性好 □该面加工内容少,便于控制精度
3	T 形槽（2处）	既可随反面一起加工,也可随正面一起加工	○正、反面第一个工步 ○前、侧面后续工步 ○正面后续工步	□T形槽距该表面近,铣削工艺性好 □T形槽在外轮廓分离后方可进行后续加工 □T形槽在该表面可用标准T形槽刀做插铣加工 □T形槽在该表面可用定制刀具加工
4	外形轮廓	可随正反面一起铣削加工,或单独做线切割分离加工	○正、反面第一个工步 ○第一道工序后线切割加工 ○正面后续工步	□厚度偏大,外形需正反面对接铣 □厚度大且有凹形尖角,需线切割 □T形槽及前侧加工需先做外形分离

序号	特征区部位	加工工序关联性	工序安排建议（单选）	工艺设计缘由（多选）
5	成形槽 C	随正面一起铣削加工	○正面第一个工步 ○反面第一个工步 ○正面后续工步 ○反面后续工步	□正面槽孔加工后即可成形加工 □应在外轮廓分离后方可进行后续加工 □随该面可用标准燕尾槽刀加工
6	燕尾槽 F	外形线切割时可加工，或随后侧面一起铣削加工	○第一道工序后进行线切割 ○后、侧面后续工步 ○后、侧面第一个工步	□随线切割即可加工全部燕尾 □随线切割只能加工部分燕尾 □随后侧面可加工全部燕尾 □随后侧面只能加工部分燕尾

表 5-6　连接臂零件总体加工工艺选择

零件名称	数控加工工艺设计		零件图号	材质
连接臂			C-19988M	42CrMo

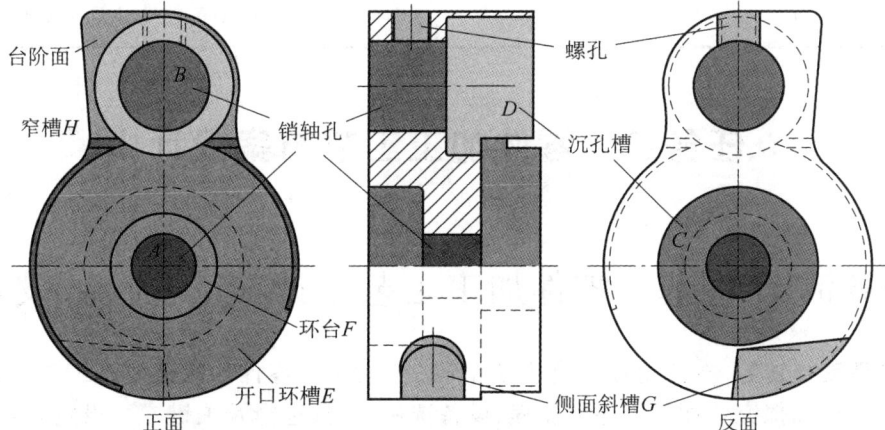

正面　　　反面

序号	特征区部位	加工工序关联性	工序安排建议（单选）	工艺设计缘由（多选）
1	销轴孔 A	既可随反面一起加工，也可随正面一起加工	○正面第一个工步 ○反面第一个工步 ○正面后续工步 ○反面后续工步	□随反面沉孔槽 C 一起加工，保证同轴度 □孔离该基准面近，铰制有优势 □与 B 孔一起作为"一面两销"基准 □该面加工内容少，便于控制精度
2	销轴孔 B	既可随反面一起加工，也可随正面一起加工	○正面第一个工步 ○反面第一个工步 ○正面后续工步 ○反面后续工步	□已设有工艺基准孔，无须用作基准 □孔离该基准面近，铰制有优势 □与沉孔槽 D 一起加工，保证垂直度 □该面加工内容少，便于控制精度

序号	特征区部位	加工工序关联性	工序安排建议（单选）	工艺设计缘由（多选）
3	窄槽 H	可随正面一起加工，也可随侧面螺孔一起加工	○随反面用立铣刀加工 ○随反面用锯片铣刀加工 ○随侧面用锯片铣刀加工 ○随侧面用立铣刀加工	□窄槽就在顶面上，只能立铣加工 □顶面立铣时效率低 □侧立后用锯片铣削方式，可获得高效率
4	外形轮廓	可在正反面完成后单独做外形铣加工，或采用线切割分离加工	○随第二面一起铣加工 ○正反面加工后线切割 ○正反面加工后铣加工	□采用线切割分离可节省毛坯用料 □外形铣需与侧槽用工艺板配作 □线切割分离效率较低 □外形铣需正反对接加工
5	侧面斜槽 G	使用专用夹具进行两次定位铣削或四轴加工定向铣削	○侧立后一次铣加工 ○侧立后两次偏转定位铣加工 ○侧立用四轴定向铣	□设计辅具后用普通数铣即可加工 □使用四轴机床也需设计专用辅具 □使用四轴机床时一次装夹即可 □使用数铣时需两次装夹

◀ 任务二　零件加工工艺方案设计 ▶

任务活动1：基座零件加工工艺设计与工艺参数设置

【任务活动描述】　本活动旨在使学习者深入掌握基座零件的数控加工工艺。通过既定的工艺方案，详细探究各加工工序的流程、设备选用、刀具选择及关键参数设定，学习者能够清晰理解每个加工环节，并顺利编制基座零件的加工工序卡，为后续搓丝机零件的整体加工奠定坚实基础。在学习过程中，需重点关注各工序的先后顺序、不同加工方式的应用场景，以及工艺参数对加工质量和效率的影响。

一、基座零件的加工工艺方案设计

如前所述，整个基座零件的加工顺序安排为：反面沉孔粗、精加工→正面粗沉孔加工→线切割加工外形→底面孔加工→正面粗、精加工→顶面加工→侧面加工→后续辅助工序。

1. 反面沉孔粗、精加工

反面的粗、精加工是为了给后续工序提供加工定位基准（$2-\phi 9.6_{-0.05}^{0}$孔），图5-6所示是该工序尺寸示意图。本工序毛坯是经过前后侧铣削和上下面磨削的，可用台钳装夹固定，按点中心→钻引孔→扩孔→锪孔→粗沉孔→铰孔→沉孔精修的工步顺序在数控铣床或加工中心上进行加工。由于零件刚性较大，后续工序中粗切产生的影响较小，因此本工序已将反面的粗、精加工全部内容都预先完成。定位基准孔由专用铰刀加工以保证精度，后续工序按

"基准统一"的工艺原则，全部采用"一面两销"的定位方式。

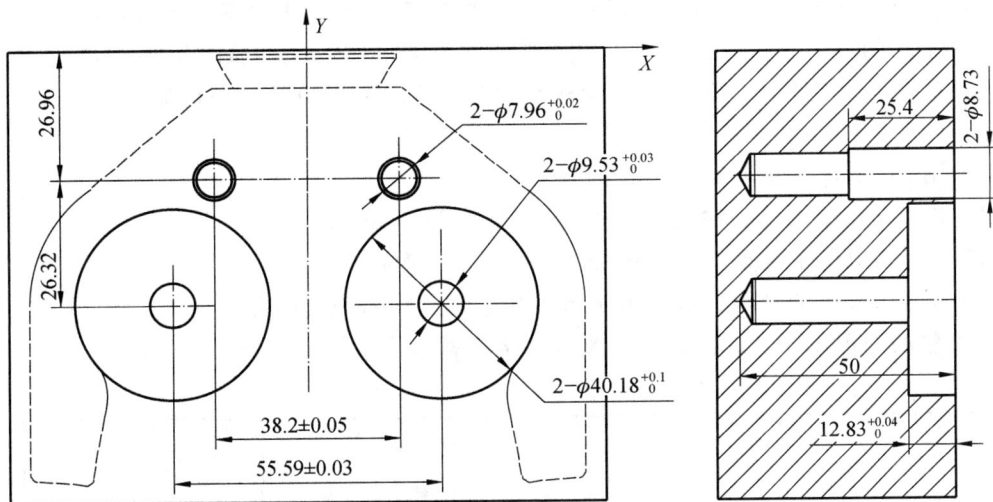

图5-6 反面沉孔粗、精加工工序图

本工序的加工工序卡片见表5-7。

表5-7 反面沉孔粗、精加工工序卡片

工厂名称		产品图号或代号		零件名称		零件图号	
		E-16451		基座		E-16451-M	
工序	程序编号			夹具名称	使用设备		车间
6				台钳	XH713A		数控
工步	工步内容		刀具号	刀具	主轴转速/(r/min)	进给速度/(mm/min)	切削深度/mm	备注
1	定心钻点中心		T1	$\phi16$ mm 定心钻	500	50	-1.5	
2	钻引孔：2-$\phi7$ mm，深50 mm		T2	$\phi7$ mm 钻头	800	20	-50	
3	锪孔：2-$\phi8.73$ mm，深25.4 mm		T3	$\phi8.7$ mm 锪孔钻	1000	50	-25.4	
4	钻引孔：2-$\phi9.3$ mm，深50 mm；扩孔：2-$\phi17$ mm，深12.9 mm		T4 T5	$\phi9.3$ mm、$\phi17$ mm 钻头	800	20	-50，-12.9	
5	粗沉孔：2-$\phi38$ mm，深12.5 mm		T6	$\phi38$ mm 键槽铣刀	300	30	-12	
6	铰孔：2-$\phi9.53^{+0.03}_{0}$ mm，2-$\phi7.96^{+0.02}_{0}$ mm，深46 mm		T7 T8	$\phi9.53^{+0.03}_{0}$ mm、$\phi7.96^{+0.02}_{0}$ mm 铰刀	600	20	-46	
7	沉孔精修：2-$\phi40.18^{+0.1}_{0}$ mm，深12.83$^{+0.04}_{0}$ mm		T9	$\phi16$ mm 合金立铣刀	1000	20	-12.83	
编制		审核		批准		年 月 日	共 页	第 页

2. 正面粗沉孔加工

正面粗沉孔加工主要是为了减轻后续线切割加工的切削量,以降低线切割成本,图5-7所示是该工序的加工尺寸示意图。本工序利用"一面两销"定位、压板螺钉夹固,按点中心→钻引孔→粗沉孔→沉孔半精修的工步顺序在数控铣床或加工中心上进行加工。其加工工步安排如下:

(1) 用 $\phi16$ mm 的定心钻点中心;

(2) 用 $\phi17$ mm 的钻头钻两个引孔,钻孔深度 26.5 mm;

(3) 用 $\phi38$ mm 的键槽铣刀插铣加工沉孔,沉孔深度 25.8 mm;

(4) 用 $\phi16$ mm 的合金立铣刀半精修沉孔到直径 $\phi39.6$ mm,深度为 26.2 mm。

本工序的加工工序卡片作为课业要求由学习者自行填写。

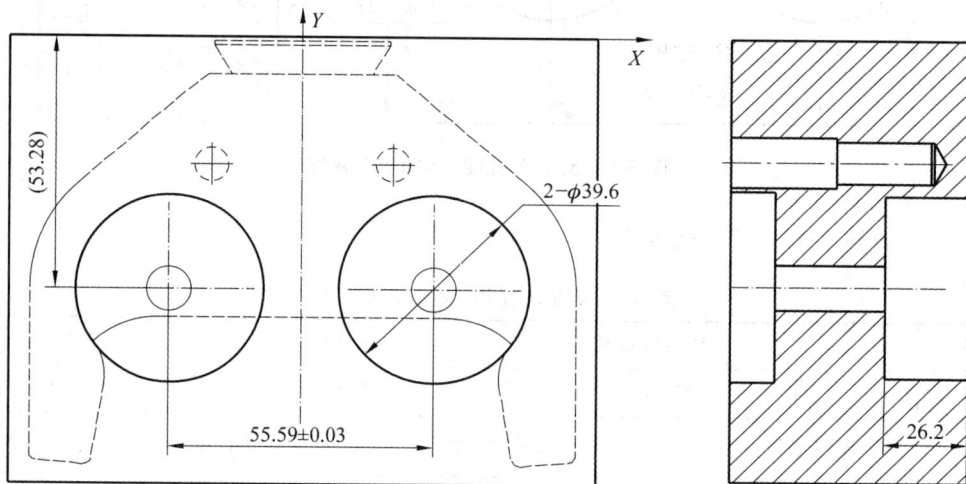

图 5-7　正面粗沉孔加工工序图

3. 底面孔加工

经线切割加工完成获得底面后,即可进行底面的钻孔及刻线加工。如图 5-8 所示,底面仅有一个贯穿至顶面的深孔加工,可采用"一面两销"定位、压板螺钉夹固,在卧式数控铣床上加工。其加工工步安排如下:

(1) 用 $\phi16$ mm 的定心钻点中心;

(2) 用 $\phi6$ mm 的钻头钻引孔,引孔深度为 48 mm;

(3) 用 $\phi8.7$ mm 的锪孔钻锪孔,锪孔深度为 47.6 mm;

(4) 用 $\phi9.5$ mm 的钻头扩钻螺纹底孔,扩孔深度为 20~40 mm;

(5) 用美制丝锥 7/16-20TAP 攻丝,攻丝深度为 11.2 mm;

(6) 用 $SR1$ mm 的球刀刻线,刻线深度为 0.2 mm。

本工序的加工工序卡片作为课业要求由学习者自行填写。

4. 正面粗、精加工

正面粗、精加工包括铣台阶面、钻引孔、粗加工沉孔、半精加工沉孔、粗加工 T 形凹槽、半精加工 T 形凹槽、攻丝、精修沉孔及槽、槽底成形加工、刻字、刻线等很多内容,工序图如图5-9所示。该工序以"一面两销"定位、压板螺钉夹固,在立式数控铣床上加工。正面三个螺

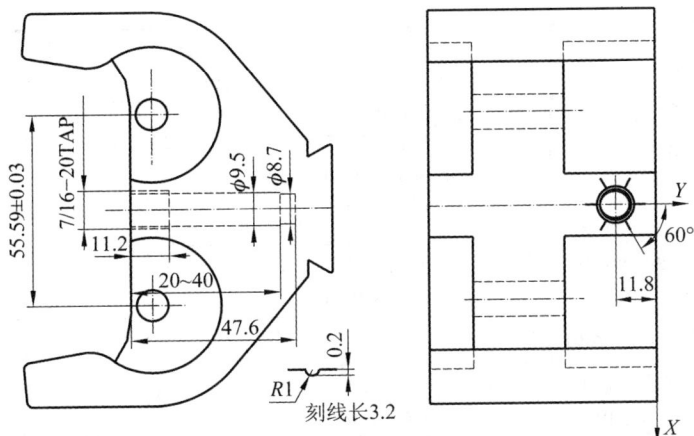

图 5-8　底面孔加工工序图

纹孔不在同一高度层,需先将台阶面铣削后才可钻引孔、攻螺纹。T 形凹槽处加工余量非常大,需采用专用 T 形槽刀由径向分次逐步减少余量进行加工,大余量 T 形凹槽加工完后才可安排所有精加工。另外,沉孔槽底部还需要成形刀做成形铣削,刻线和刻字均可采用 $SR1$ mm的球刀控制深度进行加工。

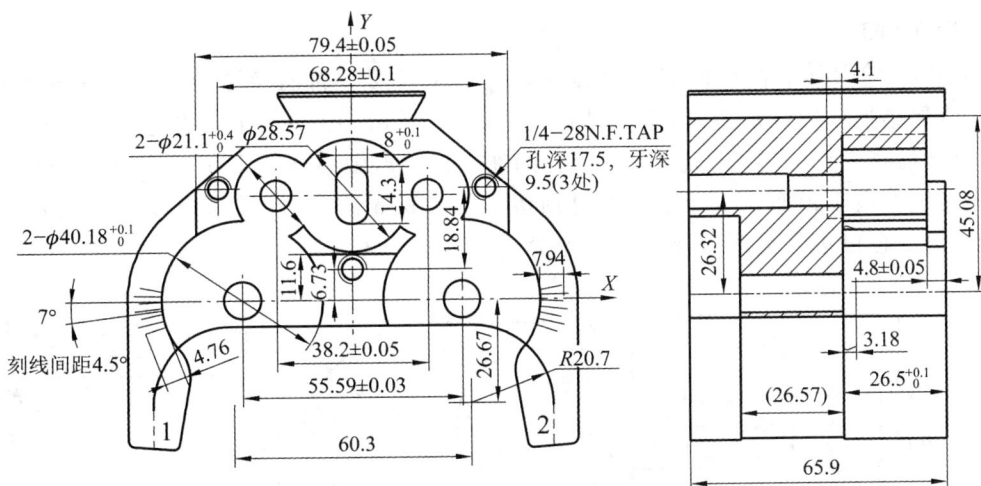

图 5-9　正面粗、精加工工序图

本工序的加工工序卡片见表 5-8。

表 5-8　正面粗、精加工工序卡片

工厂名称		产品图号或代号	零件名称	零件图号
		E-16451	基座	E-16451-M
工序	程序编号	夹具名称	使用设备	车间
6		台钳	XH713A	数控

续表

工步	工步内容	刀号	刀具规格	主轴转速/ (r/min)	进给速度/ (mm/min)	切削深度/ mm	备注
1	铣台阶面，深4.5 mm	T1	键槽刀 ϕ16 mm	500	40	−4.5	
2	钻引孔：3-ϕ17 mm， 深26.5 mm；3-ϕ5.4 mm， 深17.5 mm/22.5 mm	T2 T3	钻头 ϕ17 mm， ϕ5.4 mm	500	20	−26.5， −17.5/ −22.5	
3	粗加工沉孔：2-ϕ20 mm， ϕ26 mm，深26 mm	T4 T5	键槽铣刀 ϕ20 mm，ϕ26 mm	300	30	−26	
4	粗精铣凹弧槽R20.7 mm	T6	T形槽刀	300	20	−53.07	
5	半精修沉孔到ϕ20.7 mm， ϕ28 mm，深26.2 mm	T7	键槽铣刀 ϕ20 mm	450	20	−26.2	
6	攻丝1/4-28， 深9.5 mm/14.5 mm	T8	美制丝锥 1/4-28N.F.TAP	200		−9.5， −14.5	
7	精修各沉孔，台阶面， 粗、精铣腰形槽到尺寸	T9 T10	合金立铣刀 ϕ16 mm，ϕ8 mm	1000	20		
8	槽底成形加工	T11	成形铣刀	600	20	−26.5	
9	改装夹，刻字，刻线	T12	球刀 SR1 mm	1500	50	−0.2	
编制		审核		批准		年 月 日	共 页 第 页

5. 顶面加工

如图5-10所示，后侧顶面加工内容主要为燕尾槽形导轨面及该面上的三个孔的加工。侧面的燕尾槽形已由线切割进行过预加工，余量0.2 mm，由本工序完成整个燕尾槽的连续加工，以保证燕尾槽的连续一致性；三个孔的加工按照点中心→钻底孔→分别攻螺纹和铰孔的顺序完成。由于顶面在线切割加工时预留了0.2 mm的余量，最后应该用面铣刀铣削整个顶面，同时也可去除毛刺以保证顶面光滑。

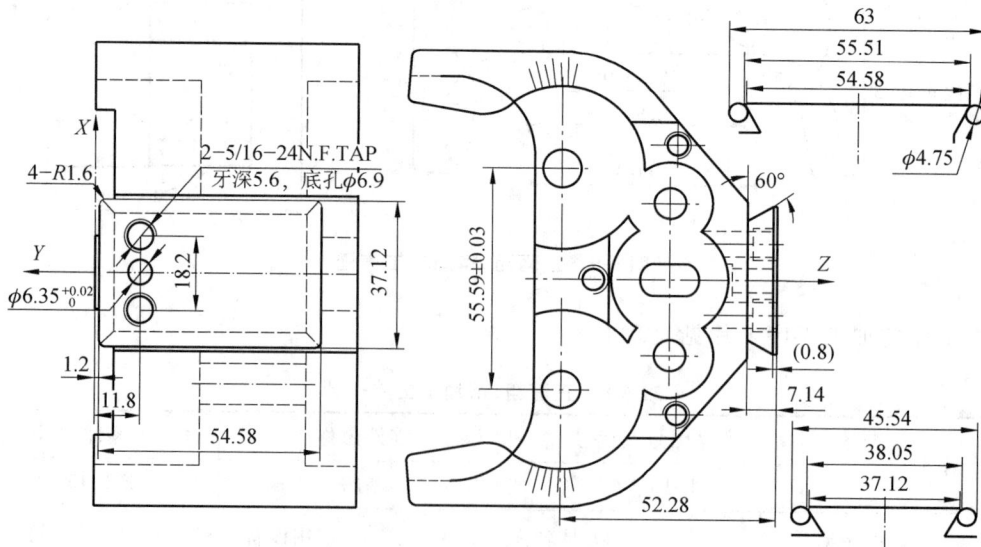

图 5-10 顶面加工工序图

本工序的加工工序卡片见表5-9。

表 5-9　顶面加工工序卡片

工厂名称		产品图号或代号 E-16451		零件名称 基座		零件图号 E-16451-M	
工序 6	程序编号		夹具名称 台钳		使用设备 XH713A		车间 数控
工步	工步内容	刀号	刀具规格	主轴转速/ (r/min)	进给速度/ (mm/min)	切削深度/ mm	备注
1	铣平面	T1	面铣刀 $\phi 80$ mm	800	30	0.5	
2	钻中心孔	T2	定心钻 $\phi 16$ mm	500	50	-1.5	
3	钻孔:$\phi 6.1$ mm, 深 14 mm	T3	钻头 $\phi 6.1$ mm	800	20	-14	
4	钻螺纹底孔:$\phi 6.9$ mm, 深 20 mm	T4	钻头 $\phi 6.9$ mm	800	20	-20	
5	粗精铣燕尾槽	T5	燕尾槽刀	400	20	-7.14	
6	攻丝:5/16-24N. F. TAP, 深 5.6 mm	T6	美制丝锥 5/16-24N. F. TAP	200		-5.6	
7	铰孔:$\phi 6.35^{+0.02}_{0}$ mm	T7	铰刀 $\phi 6.35^{+0.02}_{0}$ mm	600	20	-12	
8	铣外轮廓: 37.12 mm×54.58 mm	T8	立铣刀 $\phi 8$ mm	3000	600	1	
编制		审核		批准		年　月　日　共　页　第　页	

6. 侧面加工

如图 5-11 所示,左右侧面几个螺钉孔中,有两个是处在曲面部位的,不能用钻头直接引钻,需要先用刀刃过中心的铣刀以钻孔方式将沉孔加工出来后才可点孔、引孔、攻丝。侧面标记文字由于线条间距和深度不合适均无法采用刻字方法加工,可最后安排外协激光烧刻或用专用雕铣机加工。某一侧面加工工步安排如下:

（1）用 $\phi 8$ mm 的键槽铣刀加工曲面部位 2-$\phi 8.7$ mm 的沉孔,沉孔深 7.14 mm;

（2）用 $\phi 16$ mm 的定心钻点中心;

（3）用 $\phi 6.9$ mm 的钻头钻 2-$\phi 6.9$ mm 的螺纹底孔,孔深分别为 20 mm,32 mm;

（4）用美制丝锥 5/16-24TAP 攻丝,深度分别为 18 mm,30 mm。

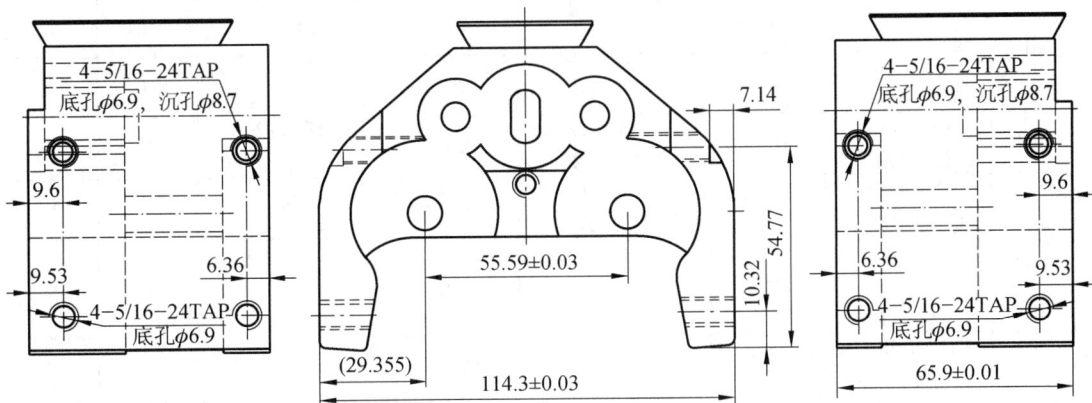

图 5-11　左右侧面加工工序图

本工序的加工工序卡片作为课业要求由学习者自行填写。

二、基座零件的数控加工工艺参数设置

通过对基座零件各加工工序的详细阐述,我们已经明确了每一步骤的基本操作和要求。接下来,学习者进行组内交流至关重要。在交流中,针对工艺设计规划方案展开讨论,这将直接影响到加工效率与零件质量。合理的刀路设计能够减少刀具磨损、提高加工精度,确保各表面的加工符合工艺标准。例如,在不同的加工工序中,如钻孔、铣削等,选择合适的刀路方式(如浅孔钻、深孔啄钻、挖槽粗铣、外形精铣等)对于提升加工效果具有重要意义。学习者就基座零件各表面的加工工序设计进行组内交流,讨论工艺设计规划方案,将所学知识应用到实践中,有助于学习者更深入理解基座零件的加工工艺,为实际生产中的操作提供准确指导。

学习者可根据上述工艺方案规划,补充选填表 5-10、表 5-11、表 5-12 中有关工序设计的未定内容。

表 5-10 反面沉孔粗、精加工工序卡片

零件名称	数控加工	零(部)件图号	零(部)件代号	工序名称		工序号
基座	工序卡片	E-16451M		反面沉孔粗精加工		3

材料名称	材料牌号
钢	42CrMo
机床名称	机床型号
加工中心	XH713
夹具名称	夹具编号
虎钳	

工步	工步内容	刀具	主轴转速/(r/min)	切削深度/mm	进给速度/(mm/min)	悬伸刀长/mm	每层切深/mm	切削行距/mm
1	点中心	ϕ16 mm 定心钻	500	-2	50	≥15	无	无
2	钻引孔	ϕ9.9 mm 钻头(前孔)	800	-50	20	≥55	无	无
3		ϕ7.7 mm 钻头(后孔)	800	-50	20	( )【≥12.83;≥25.4;≥55】	10	无
4	锪孔	ϕ8.7 mm 锪孔钻(后孔)	1000	( )【-12.5;-12.83;-25.4】	50	( )【≥12.83;≥25.4;>50】	无	无
5	铣沉孔槽	ϕ20 mm 铣刀(粗铣)	1500	( )【-12.5;-12.83;-25.4】	80	≥20	4	16
6		合金铣刀 ϕ( )【12~16】mm	2000	-12.83	50	≥20	无	10
7	精铰孔	(前)ϕ9.53 mm 铰刀	600	-46	20	≥50	无	无
8		(后)定制铰刀 ϕ( )【7.96;8.73;9.53】mm	600	-46	20	≥55	无	无

表 5-11　正面粗、精加工工序卡片

	数控加工工序卡片		零(部)件图号	E-16451M	零(部)件代号		工序名称	正面粗精加工	工序号	( )
材料牌号		42CrMo								
材料名称		钢								
机床型号		XH713								
机床名称		加工中心								
夹具编号										
夹具名称		一面两销、压板								

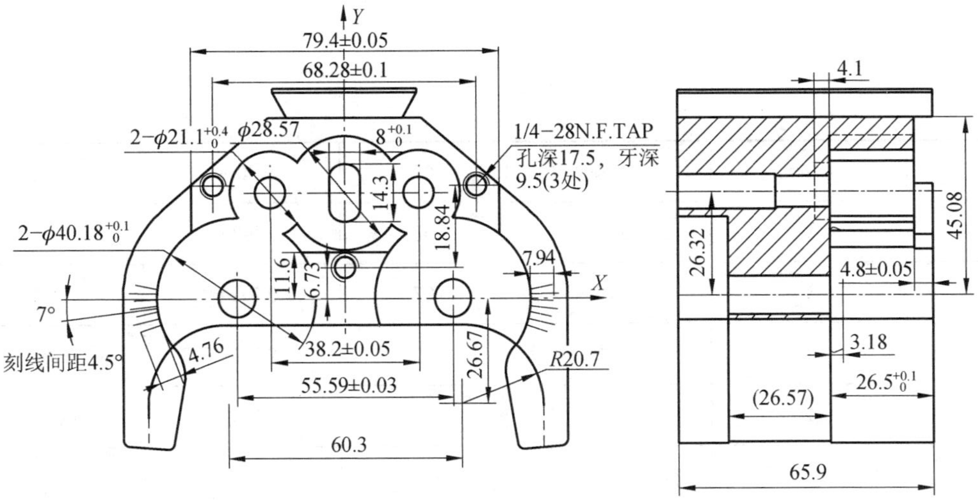

工步	工步内容	刀具	主轴转速 / (r/min)	切削深度 / mm	进给速度 / (mm/min)	悬伸刀长 / mm	每层切深 / mm	切削行距 / mm
1	铣合肩面	φ12 mm 立铣刀(粗)	500	−4.5	40	≥20	2.2	9
2		合金铣刀 φ( )【4;8;16】mm	1000	−4.8	30	≥20	无	6
3	点中心	φ16 mm 定心钻	500	−2(增量)	50	≥15	无	无

续表

工步	工步内容	刀具	主轴转速/(r/min)	切削深度/mm	进给速度/(mm/min)	悬伸刀长/mm	每层切深/mm	切削行距/mm
4	钻孔(5处)	φ17 mm 钻头	500	-18	150	≥20	10	无
5	攻螺纹(3处)	φ( )【4;5.4;6.35】mm 钻头	1000	-17.5(增量)	20	≥30	6	无
6		丝锥 1/4-28N.F	300	-9.5(增量)	0.91	≥30	无	无
7	铣T形槽(2处)	T形槽刀(定制)	300	-53.07	20	( )【≥26.5; ≥55;>65.9】	无	2
8	铣沉孔槽	φ20 mm 铣刀(粗铣)	1500	-26.3	80	≥30	4	16
9		φ16 mm 合金铣刀(精铣)	1000	-26.5	50	≥30	无	10
10	铣腰圆槽	φ8 mm 铣刀	1000	-30.6	20	≥35	无	无
11	铣成形槽	成形铣刀(定制)	600	-26.5	20	≥30	无	无
12	刻字刻线	球刀 SR1 mm	1500	-0.2	50	≥10	无	无

表5-12 反面沉孔粗、精加工工序卡片

| 零件名称 | 基座 | 数控加工工序卡片 | 零(部)件图号 | E-16451M | 工序名称 | 后侧燕尾面加工 | 工序号 | ( ) |

材料名称	钢	材料牌号	42CrMo
机床名称	卧式加工中心	机床型号	TH713
夹具名称	一面两销、压板	夹具编号	

工步	工步内容	刀具	主轴转速/(r/min)	切削深度/mm	进给速度/(mm/min)	悬伸刀长/mm	每层切深/mm	切削行距/mm
1	铣平面	φ40mm面铣刀	1000	0	150	缺省	无	无
2	铣燕尾	燕尾槽刀（定制）	400	【-5；-7.14；-0.8】	20	≥15	3.6	精0.5
3	钻中心孔	φ16mm定心钻	500	-2(增量)	50	≥15	无	无
4	钻铰孔	φ( )【4.2；5.1；6.1】mm钻头	800	-14	20	≥20	无	无
5	钻铰孔	φ( )【5；6.35；7.96】mm铰刀	600	-12	20	≥15	无	无
6	螺孔加工	φ( )【6.9；7；8】mm钻头	1000	-20	100	≥20	5	无
7	螺孔加工	丝锥5/16-24N.F	300	-5.6	1.06	≥10	无	无
8	精铣外形	φ16mm铣刀	2000	-1	100	≥10	无	无

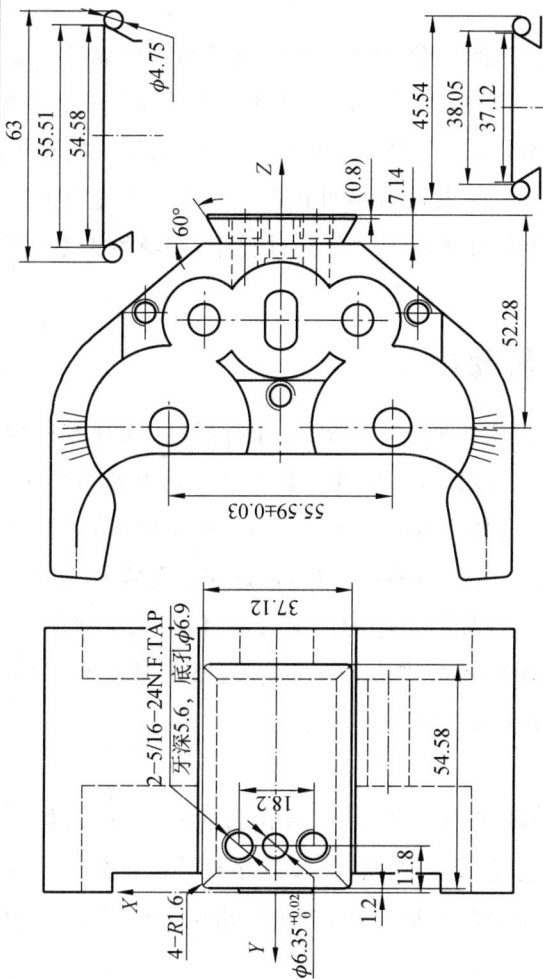

图中标注：

上图：63；55.51；54.58；φ4.75；60°；(0.8)；7.14；55.59 ± 0.03；52.28；Z
右侧：45.54；38.05；37.12

下图：37.12；2-5/16-24N.F.TAP 牙深5.6，底孔φ6.9；18.2；54.58；11.8；4-R1.6；$\phi6.35^{+0.02}_{0}$；1.2；X；Y

任务活动 2:连接臂零件加工工艺设计与工艺参数设置

【任务活动描述】 此活动聚焦于连接臂零件的加工工艺设计与参数设置。鉴于连接臂零件独特的结构特点与加工难点,学习者需按照既定的总体加工工艺安排,逐步剖析各加工工序,包括反面、正面、线切割及侧面槽孔加工等环节,深入探讨设备、刀具的选择及参数的设定。通过这一过程,学习者能够系统掌握连接臂零件的加工工艺,完成相关工序卡的编制,为搓丝机零件的整体数控加工提供有力保障。在分析过程中,要特别留意零件薄壁、几何公差等特性对加工工艺的影响。

一、连接臂零件的加工工艺设计

在完成基座零件加工工艺设计与工艺参数设置的深入探讨后,连接臂零件作为搓丝机的另一重要部件,其加工工艺设计与工艺参数设置同样不容忽视。与基座零件不同,连接臂零件具有独特的结构特点与加工难点,例如零件尺寸较小、存在薄壁结构,且部分部位对几何公差要求严格等。接下来,我们将像分析基座零件那样,依据连接臂零件的总体加工工艺安排(详见表 5-6),逐步剖析连接臂零件各加工工序的详细流程,包括从反面的工艺销孔、沉孔加工,到正面的槽孔加工,再到线切割外形分离以及侧面槽孔加工等各个环节,同时深入探讨各工序所需设备、刀具选用以及关键参数设定等内容。

1. 反面工艺销孔、沉孔加工

图 5-12 所示是按照三件组合排列的工序尺寸图,可利用台钳夹固方式,按点中心→钻引孔→钻穿丝孔→粗沉孔→铰孔→沉孔精修→刻线的工步顺序在数控铣床或加工中心上进行加工。加工工序卡片见表 5-13。大批量生产时,还可以进行错位对排以节省材料。

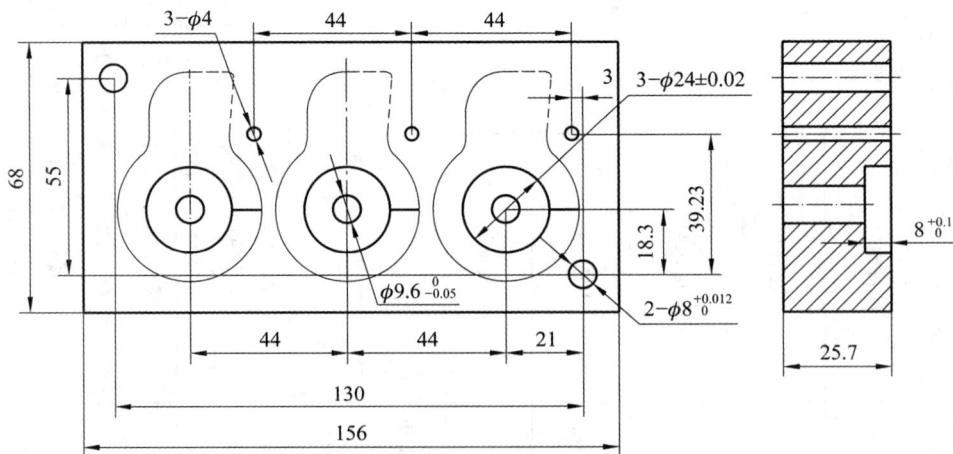

图 5-12 三件组合加工反面

表 5-13　反面工艺销孔、沉孔加工工序卡片

工厂名称		产品名称或代号		零件名称		零件图号	
				连接臂			
工序	程序编号		夹具名称	使用设备		车间	
6			台钳	XH713A		数控	
工步	工步内容	刀具号	刀具规格	主轴转速/(r/min)	进给速度/(mm/min)	切削深度/mm	备注
1	定心钻点中心	T1	$\phi16$ mm 中心钻	500	50		
2	钻工艺销孔:2-$\phi7.8$ mm	T2	$\phi7.8$ mm 钻头	800	20	30	
3	钻底孔 3-$\phi9.3$ mm	T3	$\phi9.3$ mm 钻头	800	20	30	
4	钻穿丝孔:3-$\phi4$ mm	T4	$\phi4$ mm 钻头	1200	10	28	
5	粗沉孔:$\phi22$ mm	T5	$\phi22$ mm 键槽铣刀	300	30	7.8	
6	沉孔精修:3-$\phi24\pm0.02$ mm	T6	$\phi12$ mm 合金铣刀	1000	20	8	
7	铰工艺销孔:2-$\phi8^{+0.012}_{0}$ mm	T7	$\phi8^{+0.012}_{0}$ mm 铰刀	600	20	28	
8	铰孔:$\phi9.6^{0}_{-0.05}$ mm	T8	$\phi9.6^{0}_{-0.05}$ mm 铰刀	600	20	28	
9	刻线	T9	$SR1$ mm 球刀	1500	50	0.2	
编制		审核	批准	年　月　日		共　页	第　页

2. 正面槽孔加工

图 5-13 所示是正面槽孔加工工序示意图,利用"一面两销"定位、压板螺钉固定,按粗沉孔→铣台肩→点中心→钻孔→铣缺口→铰孔→精修台肩面、沉孔→精修缺口、环槽的工步顺序在数控铣床或加工中心上进行加工。加工工序卡片见表 5-14。

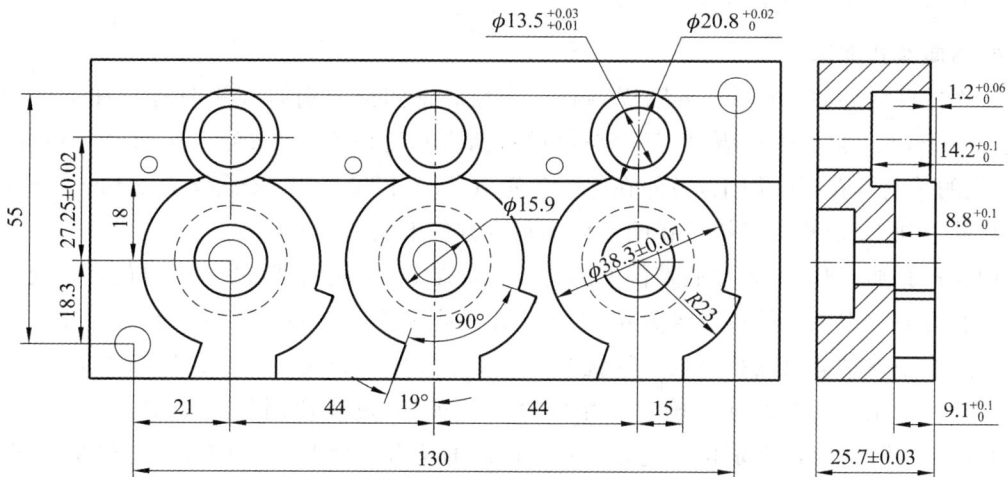

图 5-13　正面槽孔加工

表 5-14　正面槽孔加工工序卡片

工厂名称		产品名称或代号		零件名称		零件图号	
				连接臂			

工序	程序编号		夹具名称		使用设备		车间
7			一面两销/压板螺钉		XH713A		数控

工步	工步内容	刀具号	刀具规格	主轴转速/(r/min)	进给速度/(mm/min)	切削深度/mm	备注
1	沉孔：ϕ38 mm	T1	ϕ38 mm 键槽铣刀	280	20	8.6	
2	粗铣台肩面	T2	ϕ40 mm 立铣刀	280	30	1.0	
3	点中心	T3	ϕ16 mm 中心钻	500	50		
4	钻孔：ϕ13.3 mm	T4	ϕ13.3 mm 钻头	700	20	30	
5	沉孔：ϕ20 mm。铣缺口	T5	ϕ20 mm 键槽铣刀	300	30	14、7.8	
6	铰孔：$\phi13.5^{+0.03}_{+0.01}$ mm	T6	$\phi13.5^{+0.03}_{+0.01}$ mm 铰刀	600	20	28	
7	精修台肩面	T7	ϕ40 mm 合金铣刀	800	20	1.2	
8	精修沉孔：$\phi20.8^{+0.02}_{0}$ mm，ϕ38.3$\pm$0.07 mm。精修缺口	T8	ϕ12 mm 合金铣刀	1000	20	14.2、8.8	
9	精修 ϕ15.9 mm 浅凸台及缺口	T9	ϕ10 mm 合金铣刀	1200	20	9.1	

编制		审核		批准		年　月　日	共　页	第　页

3. 线切割割取外形

从穿丝孔开始逐件割取外形，以封闭轮廓形式切割能较好地预防开口变形问题，有利于保证外形精度和薄壁的质量。

4. 侧面槽孔加工

在连接臂零件的 ϕ40.1 mm 圆周侧有一个相对正侧位分别向两侧偏转 5°和 7°的斜槽，槽宽 9.53 mm。加工该斜槽时，至少需要进行两次角度偏摆；在与此正对的另一侧有 1/4-28UNF 的美制螺孔需要加工，另外在零件正面还有一个宽 1.27 mm、深 5.2 mm 的窄槽需用锯片铣刀加工，螺孔与窄槽可在同一偏摆角度方位下加工得到。

侧面槽孔加工时，需要按照零件上的孔位设计制作"一面两销"的专用定位工艺板，以方便定位和对刀。定位板结构及各方位加工控制关系如图 5-14、图 5-15 所示，按照转位铣侧斜槽→点中心→钻螺纹底孔→攻丝→铣窄槽的工步顺序在卧式转台数控铣床或加工中心上加工。按图示工艺要求设计并确定专用定位工艺板，通过线切割加工完成。利用"一面两销"的定位方式，使工件在定位工艺板上具有确定的位置。此时，各对刀面距离（$X_1 \sim X_3$、$Y_1 \sim Y_3$、$Z_1 \sim Z_3$）也即具有确定的尺寸值，从而可以方便地控制下刀深度和横向位置。

侧面槽孔加工工序卡片见表 5-15。

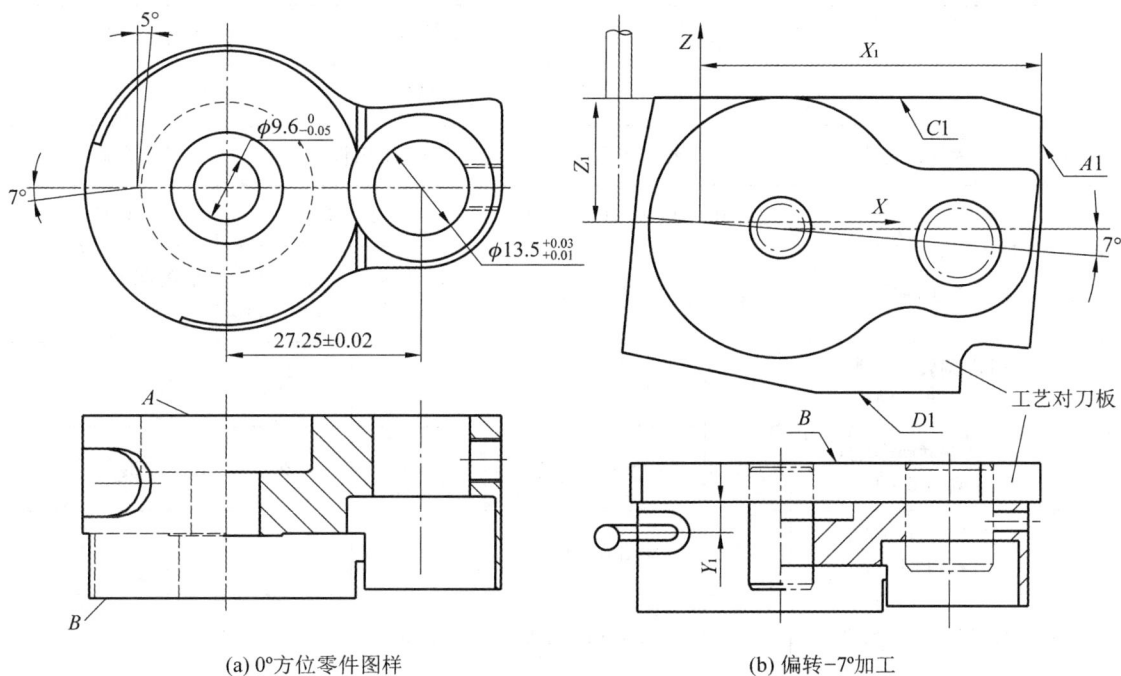

(a) 0°方位零件图样

(b) 偏转−7°加工

图 5-14 侧面槽孔加工(一)

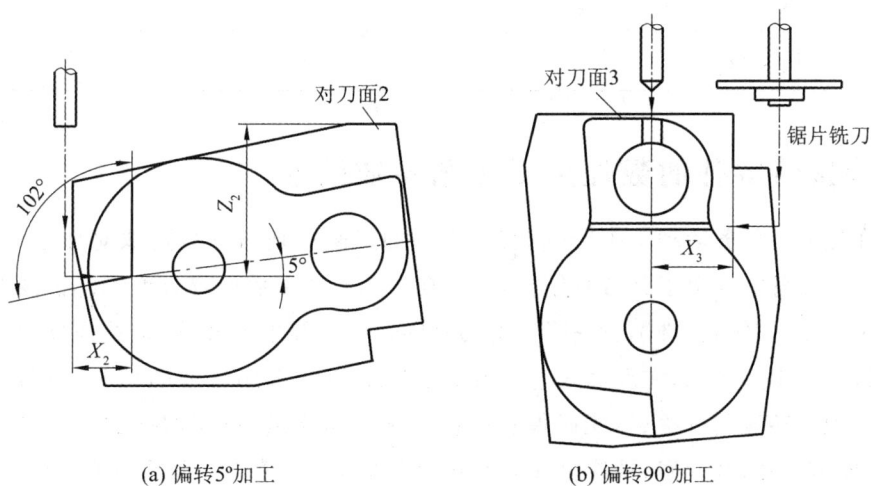

(a) 偏转5°加工

(b) 偏转90°加工

图 5-15 侧面槽孔加工(二)

表 5-15　侧面槽孔加工工序卡片

工厂名称		产品名称或代号		零件名称		零件图号	
				连接臂			

工序	程序编号		夹具名称		使用设备		车间
9			专用定位板/压板螺钉		TH6350		数控

工步	工步内容	刀具号	刀具规格	主轴转速/ (r/min)	进给速度/ (mm/min)	切削深度/ mm	备注
1	粗铣偏转−7°槽，偏转5°槽	T1	ϕ8 mm 立铣刀	800	30	Z_1/Z_2	
2	精铣偏转−7°槽，偏转5°槽	T2	ϕ8 mm 合金铣刀	1200	20	Z_1/Z_2	
3	转90°，点中心，孔口倒角	T3	ϕ16 mm 中心钻	500	50		
4	钻ϕ5.6 mm 底孔	T4	ϕ5.6 mm 钻头	900	20	−7	
5	攻丝:美制螺纹 1/4-28UNF	T5	美制丝锥	200		−6	
6	锯片铣槽:槽宽1.37 mm	T6	ϕ80 mm 锯片铣刀	200	20	−20.5	

编制		审核		批准		年　月　日	共　页	第　页

二、连接臂零件的数控加工工艺参数设置

正如在任务二任务活动1中所强调的,合理的工艺规划与参数选取对加工质量和效率影响重大。连接臂零件由于其自身结构特点,在加工工艺参数设置方面同样需要精细考量。不同的加工工序,如钻孔、铣削、铰孔等,对刀具的选择以及主轴转速、进给速度、切削深度等参数都有特定要求。例如,在反面工艺销孔、沉孔加工中,选用合适的钻头、铰刀及铣刀,并设置与之匹配的转速和进给量,能确保孔的精度和表面质量;正面槽孔加工时,针对不同的加工特征(如粗沉孔、铣台肩、精修沉孔等),相应调整工艺参数,以满足加工需求。在后续的线切割外形分离以及侧面槽孔加工环节,也需依据零件的形状、尺寸精度等要求,对工艺参数进行优化。通过对这些参数的深入分析与合理设定,学习者能够更好地理解连接臂零件的加工过程,进而在组内交流中,围绕刀路设计规划方案展开有效讨论,为完成工序设计未定内容提供有力支撑。

学习者通过组内交流讨论,补充选填表5-16、表5-17、表5-18中有关工序设计的未定内容。

表 5-16 连接臂零件加工工序简卡

零件名称	连接臂	数控加工工序卡片		零(部)件图号	C-19988M	零(部)件代号		工序名称	反面粗精加工	工序号	3

材料名称	钢	材料牌号	42CrMo
机床名称	加工中心	机床型号	XH713
夹具名称	平口钳	夹具编号	

工步	工步内容	刀具	主轴转速/(r/min)	切削深度/mm	进给速度/(mm/min)	悬伸刀长/mm	每层切深/mm	切削行距/mm
1	钻中心孔(8 处)	φ16 mm 定心钻	500	−2	50	≥15	无	无
2	钻铰工艺销孔	钻头 φ(【7；7.8；9.6】mm	500	−28	20	≥35	5	无
3	预钻孔	φ8 mm 铰刀	800	−27	20	≥35	无	无
4		φ9.3 mm 钻头	800	−30	20	(【≥8；≥25.7；≥35】	无	无
5	铣沉孔槽	φ20 mm 铣刀(粗铣)	1500	−7.8	80	≥20	3.8	4
6		合金铣刀 φ(【12~16】mm	2000	−8	50	≥20	无	6
7	精铰孔	φ9.53 mm 铰刀(定制)	600	−27	20	≥35	无	无
8	钻穿丝孔	φ4 mm 钻头	1200	−28	10	(【≥8；≥25.7；≥30】	3	无
9	刻线	SR1 mm 球刀	1500	−0.2	50	≥10	无	无

表5-17 连接臂零件加工工序简卡

零件名称	连接臂	数控加工工序卡片		工序名称	正面粗精加工	工序号	4
		零(部)件图号	C-19988M	零(部)件代号			

材料牌号	42CrMo
材料名称	钢
机床型号	XH713
机床名称	加工中心
夹具编号	
夹具名称	一面两销、压板

工步	工步内容	刀具	主轴转速/(r/min)	切削深度/mm	进给速度/(mm/min)	悬伸刀长/mm	每层切深/mm	切削行距/mm
1	铣台阶面	φ40 mm面铣刀(粗)	500	( )【-0.5;-1;-2】	40	≥20	无	无
2		合金铣刀 φ(　)mm【12~16】	2000	-1.2	50	≥20	无	【<4; 8~12;>14】
3	点中心	φ16 mm定心钻	500	-2(增量)	50	≥15	无	无
4	钻铰孔(3处)	φ13.3 mm钻头	700	-30	30	≥35	5	无
5		φ13.5 mm铰刀(定制)	600	( )【-11.5;-25.7;-27】	20	≥35	无	无
6	沉孔粗、精加工(3处)	φ12 mm立铣刀(粗加工)	500	-14	40	≥20	4	9
7		合金铣刀 φ(　)mm【12~16】(精加工)	2000	-14.2	50	≥20	无	9,0.5
8	铣敞口槽腔、内台(3处)	φ16 mm铣刀(粗铣)	500	-8.6,-9	40	≥20	4	10
9		φ10 mm合金铣刀	2500	-8.8,-9.1	30	≥20	无	(　)【<4;6~8;>10】

表5-18 连接臂零件加工工序简卡

零件名称	连接臂	零(部)件图号	C-19988M	零(部)件代号		工序名称	侧面槽孔加工	工序号	

数控加工 工序卡片									
材料牌号	42CrMo	材料名称	钢						
机床型号	XH713	机床名称							
加工中心									
夹具编号		夹具名称							

专用工艺板

每次安装均以φ13.5大销孔中心为原点

工步	工步内容	刀具	主轴转速/(r/min)	切削深度/mm	进给速度/(mm/min)	悬伸刀长/mm	每层切深/mm	切削行距/mm
1	铣侧面斜槽(-7°)	φ8 mm 铣刀	800	+4.832	50	≥35	3	无
2	铣侧面斜槽(+5°)	φ8 mm 铣刀	800	-3.456	50	≥35	【无;3~4;8】	无
3	螺孔加工(90°装夹)	φ16 mm 定心钻(带倒角)	500	-10	50	≥10	无	无
4		φ5.6 mm 钻头	1000	3	40	≥20	无	无
5		1/4-28UNF 丝锥	200	4	0.91	≥20	无	无
6	窄槽加工(90°)	φ80 mm 锯片铣刀(t=1)	200	-9.25	20	≥40	【0.2;0.27;1;1.2】	无

任务三 零件工艺装备的定制

任务活动1:搓丝机产品零件数控加工专用刀具设计

【任务活动描述】 本任务活动要求学习者探索搓丝机产品零件数控加工专用刀具设计领域。首先,需回顾基座与连接臂零件的复杂结构及加工要求,识别出各类专用刀具,如用于非标准小尺寸孔精加工的专用铰刀、用于特殊形状加工的T形槽刀与成形槽刀等。接着,依据零件局部特征,掌握T形槽刀、成形槽刀等特殊结构刀具的尺寸定制方法,这包括对切削刃部直径、刀杆半径、刃部高度等关键尺寸的精确考量。同时,借助活动引导卡,通过刀具类型匹配、尺寸设计阐述、绘图实践以及知识拓展思考等环节,全面提升对专用刀具定制的理解与实操能力,为搓丝机产品零件的高质量加工奠定坚实的刀具设计基础。

1. 基座与连接臂零件加工所涉及的专用刀具

从基座与连接臂零件局部结构特征加工的要求,可直观地判别选用的非常规刀具是:

(1) 非标准小尺寸孔 $\phi 9.53^{+0.03}_{0}$ mm、$\phi 6.35^{+0.02}_{0}$ mm、$\phi 7.96^{+0.02}_{0}$ mm、$\phi 13.5^{+0.03}_{+0.01}$ mm 等的精加工专用铰刀;

(2) 基座正面摆杆让位槽加工用T形槽刀、$\phi 40.18^{+0.1}_{0}$ mm 槽底成形结构加工用成形槽刀;

(3) 基座正面燕尾特征加工用燕尾槽刀;

(4) 连接臂正面宽1.27 mm窄槽加工用锯片铣刀。

另外,还有一些为适应批量加工而选用的高效粗切刀具,如$\phi 22$ mm、$\phi 26$ mm、$\phi 38$ mm等非常用尺寸系列的定制键槽铣刀,以及与零件加工要求一致的美制丝锥。

2. 特殊结构刀具的定制设计

对于专用铰刀、非常规尺寸的键槽铣刀等,通常采用简单的直柄或锥柄结构,只需按要求修磨切削刃部到设计尺寸即可。锯片铣刀、美制丝锥、60°燕尾槽刀等虽然不常用,但都可按标准尺寸规格定购,而T形槽刀、成形槽刀则必须根据零件局部结构特征尺寸的要求进行设计,绘制出刀具结构图样后申请定制。

1) T形槽刀的定制设计

如图5-16所示,按照T形槽刀所要加工的局部结构确定槽刀的结构尺寸。刀具切削刃部直径应不大于要切削部分的转角直径,即$R \leqslant 20.7$ mm;而刀杆部分的半径应不大于其圆心到直边的法向距离,即$r \leqslant 12.2$ mm;刃部高度直接按要切削的槽宽设计,即$h = 26.57$ mm;杆部到夹头的伸出长度应大于让位距离,即$h_1 \geqslant 26.5$ mm,且杆部在夹头内应有足够的装夹长度。

2) 成形槽刀的定制设计

如图5-17所示,在加工具有成形特征结构的$\phi 40.18^{+0.1}_{0}$ mm槽底时,定制设计的成形槽刀需满足以下要求:将20°锥延伸刃磨到4.5 mm高度,并在刃部适当保留一小台阶。同时,

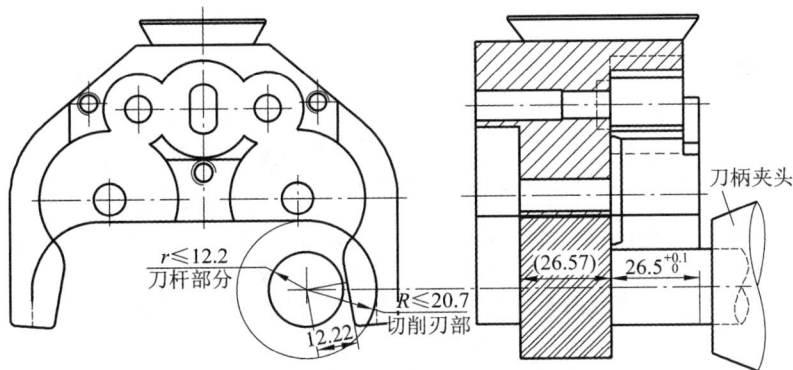

图 5-16　T 形槽刀的结构尺寸定制

将刀杆直径圆整为 $\phi 8$ mm，以确保刀杆不会与已加工的 $\phi 40.18^{+0.1}_{0}$ mm 槽孔侧壁发生干涉。

正面燕尾槽刀选用也是一样，应使刀刃高度大于要加工部分的高度。

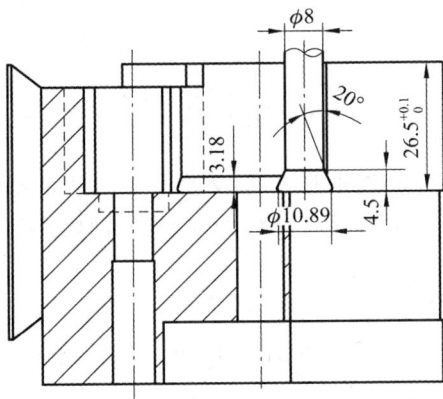

图 5-17　成形槽刀的结构尺寸定制

为了切实检验并巩固对专用刀具定制知识的掌握程度，深化对各类刀具的理解与应用能力，接下来请认真完成活动引导卡中的各项内容，详见表 5-19。学习者通过回答刀具类型匹配问题，能进一步明确不同刀具在零件加工中的精准适用场景；阐述尺寸设计相关内容，可强化对特殊结构刀具尺寸确定原则的理解；通过绘图设计，将理论知识转化为实际操作，提升动手能力。知识拓展部分则鼓励学习者深入思考刀具设计与应用中的常见问题并提出解决思路。

学习者能通过完成表 5-19 这一系列的任务，全面提升对专用刀具定制的理解与实操能力，为后续搓丝机产品零件的高质量加工提供坚实的刀具设计保障。

表 5-19　专用刀具定制设计活动引导卡

刀具 类型 匹配	1. 在基座零件加工中，用于正面摆杆让位槽加工的刀具是（　　　）。 A. 燕尾槽刀　　　　B. T 形槽刀　　　　C. 成形槽刀　　　　D. 键槽铣刀
	2. 对于连接臂正面宽 1.27 mm 窄槽加工，应选用的刀具是（　　　）。 A. 标准立铣刀　　　B. 专用铰刀　　　　C. 锯片铣刀　　　　D. 美制丝锥

续表

尺寸设计	1. 简述 T 形槽刀设计时，切削刃部直径、刀杆部分半径、刃部高度以及杆部到夹头伸出长度的确定原则。
	2. 针对正面 $\phi40.18$ mm 的圆柱槽底部 20°倒扣圆锥槽的加工，需设计成形槽刀，请确定成形槽刀的延伸刃高度和刀杆直径的取值范围，并说明理由。
绘图设计	1. 假设基座正面摆杆让位槽的转角直径为 20.7 mm，圆心到直边的法向距离为 12.2 mm，槽宽为 26.57 mm，让位距离为 26.5 mm。请绘制 T 形槽刀的草图，并标注出切削刃部半径 R、刀杆部分半径 r、刃部高度 h、杆部到夹头的伸出长度 h_1 等尺寸（尺寸数值需根据给定条件确定）。
	2. 已知正面槽孔中 $\phi40.18$ mm 的槽底成形结构，需设计成形槽刀。请绘制成形槽刀的草图，标注出 20°锥延伸刃磨高度、刀杆直径以及其他关键的尺寸（根据文本内容确定尺寸数值）。
知识拓展	1. 在实际生产中，若 T 形槽刀的切削刃部半径设计得过大，会对加工产生哪些不利影响？
	2. 对于专用铰刀和非常规尺寸的键槽铣刀，采用直柄或锥柄结构有什么好处？在修磨切削刃部时，需要注意哪些问题？

任务活动 2：基座零件的工装设计

【任务活动描述】 学习者通过前述工艺设计及工艺装备定制等相关知识，完成基座零件的工装夹具设计。首先以小组形式交流讨论并规划设计方案，然后进行工装夹具设计。

一、基座零件的装夹定位

基座零件的反面沉孔粗、精加工时使用毛坯面作粗定位基准，采用通用台钳或压板螺钉装夹即可，批量加工时应设置定位挡块进行定位。

当作为精基准的销轴孔加工完成后，可参照图 5-18(a) 制作"一面两销"的简单定位夹具。销孔在定位底板上具有确定的距离，X 方向利用定位底板的左右对中找正，Y 方向以前侧面对刀找正，Z 方向以底板上表面对刀或装夹工件后以工件上表面对刀。考虑到后侧燕尾槽加工的让刀需要，Y 向销孔至底板定位面边缘的距离应小于 45.08 mm，取 $40\sim43$ mm 的整数值。

夹具底板上的销孔亦采用反面销轴孔加工方式，用定制铰刀精铰获得，然后根据销孔配制两定位销，其中一销可做成削边销结构。整个装夹定位系统是先将定位底板打表找正（长边平行于 X 轴）后用螺钉锁紧在工作台上，对刀在定位底板上进行。插入定位销轴后以销轴对工件定位，再用压板螺钉将工件夹紧在夹具底板上。为方便装夹，定位底板上开设有多个螺钉孔。

后续工序均采用此结构的"一面两销"定位方式，符合基准统一原则，此"一面两销"定位方式与图纸设计基准重合，符合基准重合原则。

基座零件的正面粗沉孔、正面粗精加工在立式数控铣床或加工中心上进行，而 A 面、B 面及左右侧面加工在卧式加工中心上进行。立、卧式数控铣床的零件装夹定位结构如图 5-18(b)(c)所示。正面粗、精加工的前期应采用如图 5-18(b)所示的四角夹压方案，而刻线、刻字时应该改用如图 5-18(c)所示的三点夹压装夹方案，以让开刻线、刻字的加工区域，方便走刀加工。

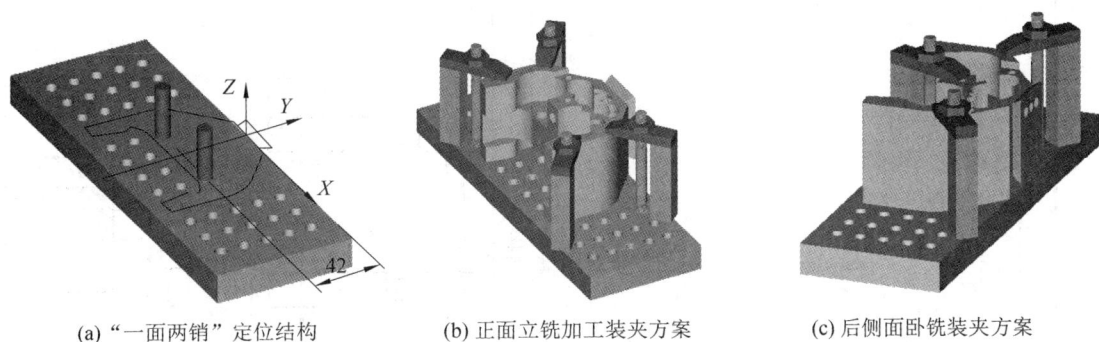

(a) "一面两销" 定位结构　　　(b) 正面立铣加工装夹方案　　　(c) 后侧面卧铣装夹方案

图 5-18　基座零件"一面两销"定位与装夹方案

学习者针对基座零件在正反面加工之后的侧面斜槽等后续加工内容，交流其工艺实现方式，并探讨所需的工艺装备方案。随后，完成以下工装设计测试题。

1.基座零件外形轮廓的前期线切割加工工序缺乏针对性的原因包括（　　）。

A.外轮廓包含难以加工的凹形转角

B.零件厚度较大，铣削难以确保尺寸一致性

C.线切割相较于铣削具有更高的加工效率

D.线切割后便于安排前侧面加工或 T 形槽加工

2.基座前侧面贯通孔加工工序的合理工艺顺序安排为（　　）。

A.在正面槽孔粗精加工之后进行　　　　B.在正面槽孔粗加工之前进行

C.在所有其他表面粗精加工之后进行　　D.在毛坯面加工后，所有面加工之前进行

3.基座零件"一面两销"装夹定位方案不适用于哪种表面的加工工序？（　　）

A.毛坯前期基准表面的铣/磨加工　　　　B.反面加工后的正面粗精加工

C.前侧表面孔的线切割加工　　　　　　D.后侧燕尾槽表面粗精加工

4.基座前侧让位 T 形槽加工工步的合适工序时机安排应当是（　　）。

A.前侧面加工时　　B.后侧面加工时　　C.正面加工时　　D.反面加工时

5.（多选）针对基座零件加工，属于需定制设计的工艺装备描述包括（　　）。

A.非标尺寸规格刀具和不常用尺寸规格的刀具

B."一面两销"简易夹具

C.常规刀具和常规夹具

D.工艺对刀辅具

二、基座零件的工装设计

为了确保之前学习的工艺设计和工艺装备定制知识能够有效地应用于实际操作，全面且深入地掌握基座零件工装夹具的设计要点，并提高对零件加工工艺与工装适配性的理解，现在请根据前文对基座零件装夹定位等方面的详细讲解，仔细完成表 5-20 的填写。通过这一过程，明确不同加工面、特征区部位对应的加工方式、工装名称及定制尺寸规格等关键信息，为后续在实际生产中设计和选用合适的工装夹具打下坚实基础，确保基座零件加工能够高效、精准地进行。

表 5-20　基座零件工装设计

零件名称	基座	数控加工工艺装备定制设计		零件图号	E-16451M

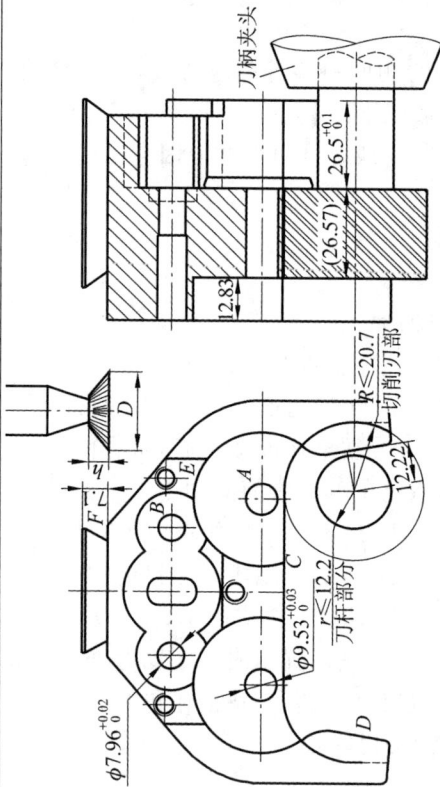

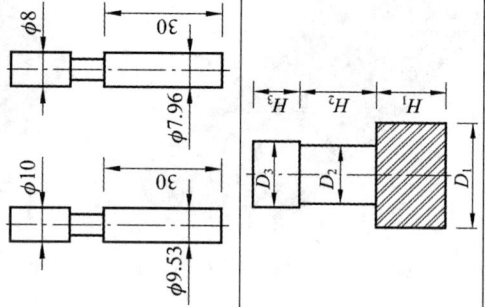

结构示意图

序号	加工面	特征区部位	加工方式	工装名称	定制尺寸规格/mm
1	反面	A 孔 ϕ9.53 mm	铰孔	非标铰刀	ϕ9.53
2	反面	B 孔 ϕ7.96 mm	铰孔	非标铰刀	ϕ7.96
3	正面	让位槽 D	轮廓铣削	T 形槽刀	$D_1=($【$>$41.4;40;$<$40】)　$D_2=($【$>$24.4;20$\sim$24;$<$18】)　$D_3=25$　$H_1=($【26.57;26.5;25.4】)　$H_2=($【$>$35;26.5$\sim$35;$<$26.5】)　$H_3\geqslant30$

续表

序号	加工面	特征区部位	加工方式	工装名称	定制尺寸规格/mm	结构示意图
4	正面	美制螺孔 E	攻丝	美制丝锥	1/4-28N.F	
5	正面	成形槽 C	轮廓铣削	成形槽刀	$D_1=10.9$ $D_2=$( )【<6;6~8;>8】 $D_3=8$ $H_1=$( )【<3.18;>6;2~5】 $H_2=$( )【>35,26.5~35;<26.5】 $H_3\geq20$	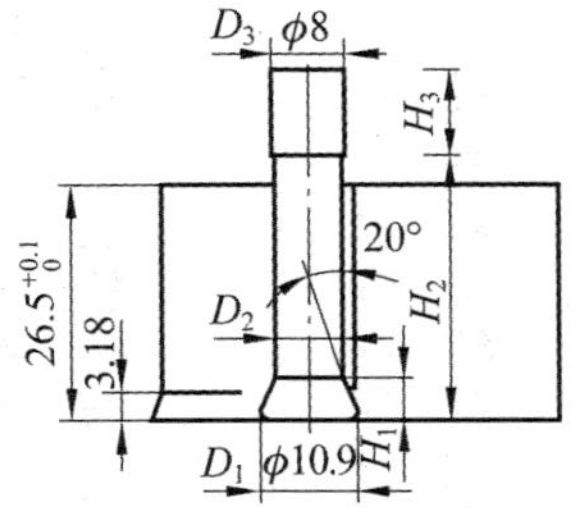
6	后侧面	燕尾槽 F	轮廓铣削	燕尾槽刀	当 $D=20$ mm 时，$h=8$ mm； 当 $D=25$ mm 时，$h=10$ mm	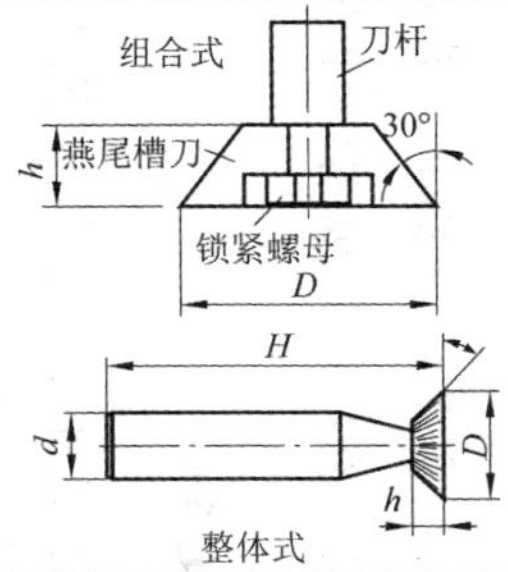
7	后侧面	美制螺孔 E 5/16-24 N.F. TAP	攻丝	美制丝锥	5/16-24 N.F. TAP	
8	后侧面	孔 φ6.35 mm	铰孔	非标铰刀	φ6.35	
9	前侧面	美制螺孔 E 7/16-20 TAP	攻丝	美制丝锥	7/16-20 TAP	
10		2-φ9.6 mm 定位销孔		"一面两销"夹具托板	$L=55.59$ $B=$( )【>45.08;40~44;<30】 $H=$( )【<12.83;22~35;>38】	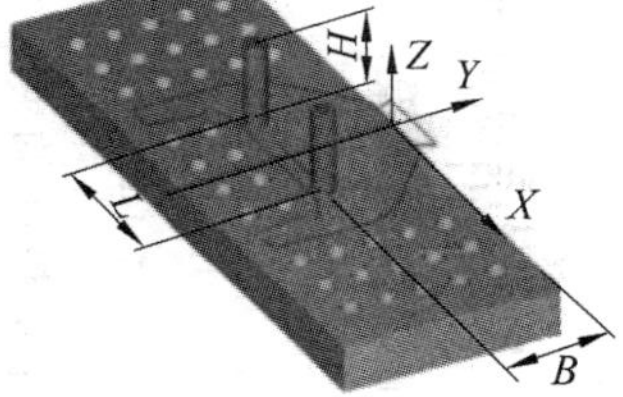

任务活动 3：连接臂零件工装设计

【任务活动描述】 学习者通过前述工艺设计及工艺装备定制等相关知识，完成连接臂零件工装夹具设计。首先以小组形式交流讨论并规划设计方案，然后进行工装夹具设计。

一、连接臂零件的装夹定位

图 5-19 所示是单个连接臂零件正面加工的装夹定位方案，由于零件尺寸较小，可用平口钳加垫铁的夹压定位方式，若用于批量生产，可在固定钳口加挡块，以实现左右方向的定位。

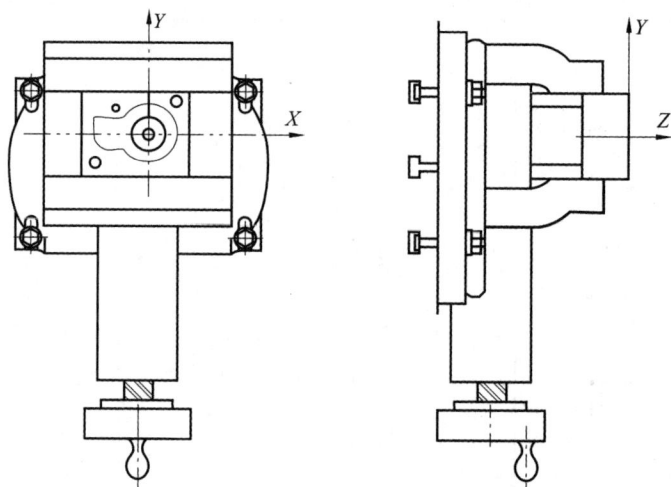

图 5-19　连接臂零件正面加工的装夹方案

图 5-20 所示是单个连接臂零件翻面加工时的装夹定位方案，由于正面已加工出零件上的两个孔，因此翻面加工时可利用这两个孔设计出"一面两销"的定位方案。但由于零件尺寸较小，亦可在毛坯余料的对角加工出两个标准尺寸的工艺销孔用于翻面的定位，用压板螺钉在余料位置处进行夹紧固定，对刀找正可在夹具上实现。三件组合加工时，其定位装夹方案与此类似。

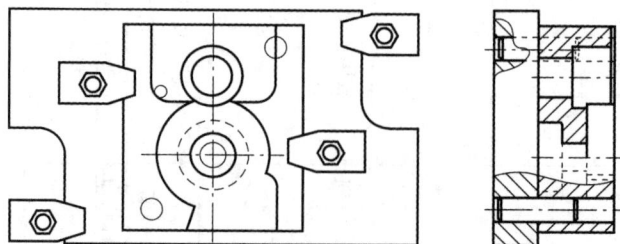

图 5-20　连接臂零件翻面加工时的装夹定位

图 5-21 所示是用于后续侧面斜槽加工的工艺对刀板,利用零件中已加工的两个孔和工艺板组成"一面两销"的定位方案,再将工艺板和零件一起用平口钳夹紧,靠工艺板上设置的不同支承面实现不同角度方位的摆放,从而实现偏转－7°、5°斜槽的加工及 90°角度方位的螺孔和窄槽加工。

图 5-22 所示为加工偏转－7°斜槽的装夹放置示意图,利用工艺对刀板的 D1 面支承,A1 面用于 X 方向的对刀,B 面用于 Y 方向的对刀,C1 面用于 Z 方向的对刀。同理,图 5-21 所示的 A2、B、C2、D2 面用以实现偏转 5°斜槽的支承及对刀;A3、B、C3、D3 面用以实现 90°偏转加工螺孔与窄槽的支承及对刀。

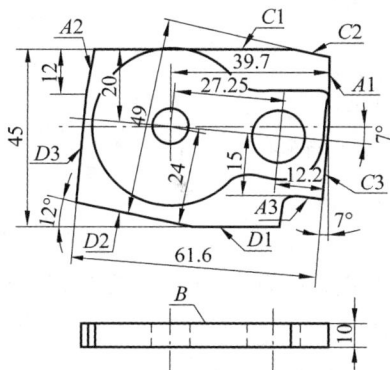

图 5-21 工艺对刀板的设计

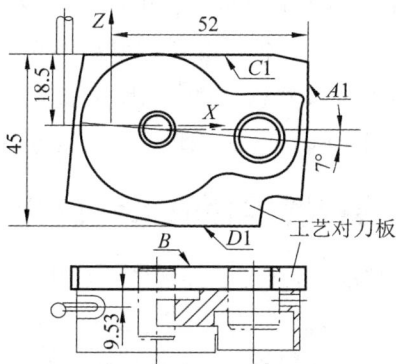

图 5-22 侧面斜槽加工的对刀定位

学习者针对连接臂零件在正反面加工之后的侧面斜槽等后续加工内容,交流其工艺实现形式并探讨所需工艺装备方案。随后完成以下工装设计测试题。

1. 对于连接臂零件正面宽 1.27 mm 的窄槽加工,较为合适的工艺设计安排应为(   )。

A. 反面加工时使用 $\phi 1$ mm 铣刀进行立铣

B. 正面加工时使用 $\phi 1$ mm 铣刀进行立铣

C. 侧面加工时使用 $\phi 1$ mm 铣刀进行立铣

D. 侧面加工时使用锯片铣刀进行侧铣

2. 连接臂零件的"一面两销"装夹定位方案不适用于以下哪种工序?(   )

A. 正反面槽孔的粗、精加工

B. 毛坯外轮廓的铣削或线切割加工

C. 侧面斜槽加工

D. 侧面螺孔及窄槽的锯片铣加工

3. 针对连接臂零件侧面 102°的斜槽加工,以下工艺设计安排难以实现的是(   )。

A. 在三轴机床上一次装夹即可完成

B. 在四轴机床上一次装夹即可完成

C. 在三轴机床上两次装夹才可完成

D. 需要在两台三轴机床上先后完成

4.（多选）针对连接臂侧面槽孔加工设计的工艺对刀辅具，以下哪些描述是正确的？（　　）

A. 确保同一机床在多次偏转过程中夹具能够稳定支撑

B. 便于侧面斜槽及螺孔加工的三次装夹对刀

C. 分两台机床加工时必须使用侧面斜槽

D. 分两台机床加工时可以使用侧面斜槽

5.（多选）针对连接臂零件外形轮廓加工，以下分析描述较为合理的是（　　）。

A. 外轮廓无小圆弧凹转角，因而可采用铣削加工得到

B. 正面薄壁部位用线切割分离不易变形

C. 因外形尺寸较小，可考虑多件组合排列的布局设计

D. 多件组合设计时毛坯采用外形铣比线切割分离更省料

二、连接臂零件的工装设计

工艺基准面，即在零件加工进程中，用以明确其他点、线、面位置的基准平面。它在整个工艺环节里，是定位、测量以及对刀等关键操作的核心依据。

在加工连接臂零件的 5° 和 7° 凹槽时，需进行两次装夹定位。在实际数控加工过程中，必须精准对刀，以确保加工深度严格契合工程图的要求。这里所讨论的工艺基准面，不仅需要实现精确的定位功能，还必须承担对刀块的功能。

通过前期对连接臂零件装夹定位方案的深入研究以及相关练习，同学们对连接臂零件的加工工艺已有了一定的理解。接下来，需要依据这些知识，完成连接臂零件工装设计。这一任务将全方位检验读者对连接臂零件工装设计的掌握情况。

在设计工装夹具时，务必紧密关联每个特征区部位的加工方式，精确确定工装要求与定制设计内容。例如，针对宽 1.27 mm 窄槽的轮廓铣削，考虑到该窄槽的特殊性质，宜选用锯片铣刀侧立加工。此时，刀具直径（D）选 40 mm 较为合理，既能保证刀具刚性，又能适应窄槽的加工空间；刀具厚度（t）宜选 1 mm，以适配 1.27 mm 的槽宽；刀具切削刃有效高度（H_1）选 18 mm，以满足该部位的加工深度需求。对于斜槽以及不同角度偏转加工所涉及的辅助对刀工艺板相关内容，要依据对刀面及对刀尺寸的实际功能，从给定选项中精准筛选匹配项。例如，在进行偏转 +5° 斜槽的加工时，工艺板的工艺基准所对应的对刀面及对刀尺寸必须正确，以保证加工质量。

请根据上述提示和要求，填写连接臂零件工装设计表，见表 5-21。

表 5-21 连接臂零件工装设计表

零件名称	连接臂		零件图号	C-19988M	

数控加工工艺装备定制设计

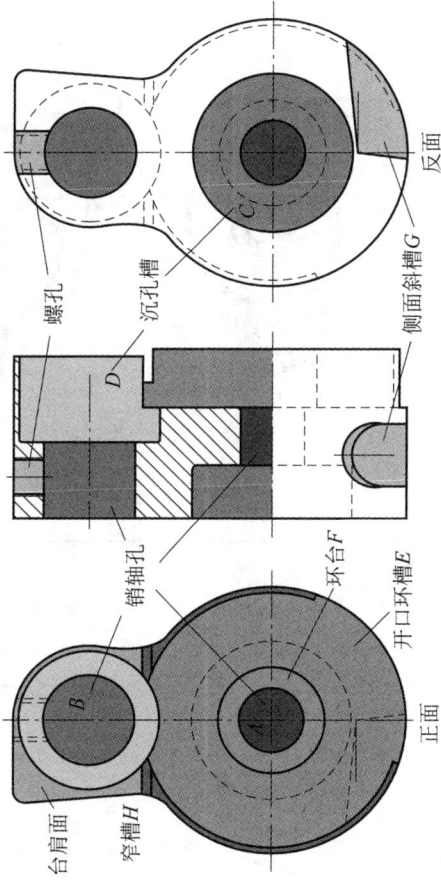

（图中标注：螺孔、沉孔槽、C、D、侧面斜槽 G、反面、台肩面、窄槽 H、B、销轴孔、环台 F、A、开口环槽 E、正面）

序号	特征区部位	加工方式	工装要求	加工面	工装结构示意图	定制设计
1	A 孔 φ9.6 mm	铰孔	非标铰刀	反面	φ10 30 φ9.6	D=φ9.6 mm
2	B 孔 φ13.5 mm	铰孔	非标铰刀	正面	φ12 30 φ13.5	D=φ13.5 mm

续表

序号	特征区部位	加工方式	工装要求	加工面	工装结构示意图	定制设计
3	宽 1.27 mm 窄槽	轮廓铣削	标准立铣刀 ○立铣刀 ○球刀 ○锯片铣刀 ○T形槽刀	正面 侧立	标准 	$\phi 1$ mm $D=($ 　$)$【20;40;80】mm $t=($ 　$)$【0.5;1;1.5】mm $H_1=($ 　$)$【11.2;18;25; 58.54】mm $H_2=20$ mm
4	美制螺孔 E	攻丝	美制丝锥	侧面		1/2-28UNF
5	102° 斜槽	轮廓铣削	标准立铣刀	偏转+5°的加工 偏转−7°的加工		$\phi 8$ mm

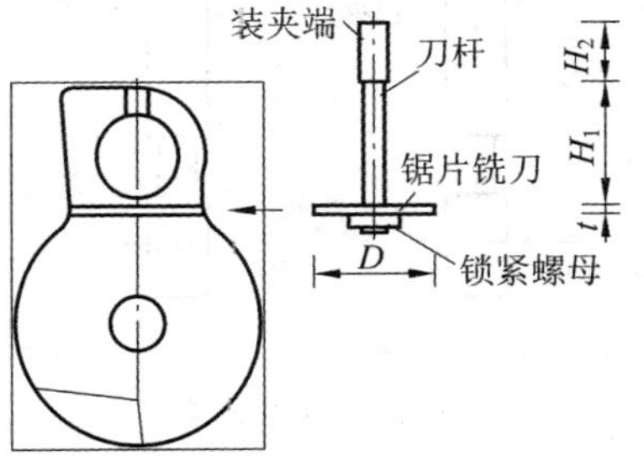

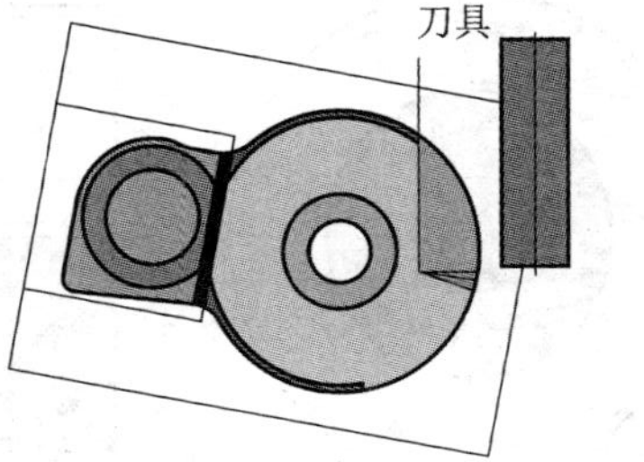

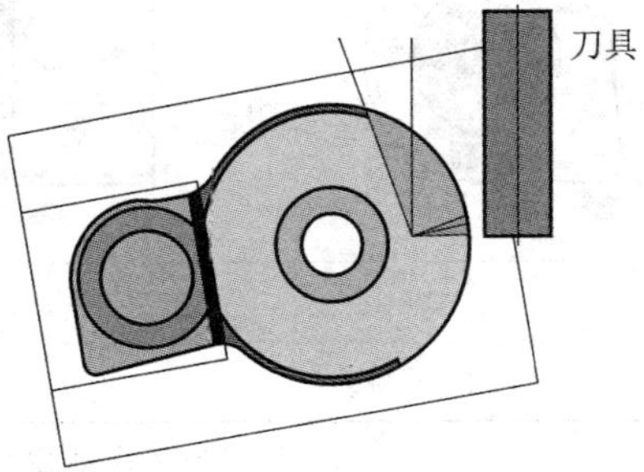

续表

序号	特征区部位	加工方式	工装要求	加工面	工装结构示意图	定制设计
6	第一次偏转	轮廓铣削	辅助对刀工艺板 A.X方向对刀面 B.Y方向对刀面 C.Z方向对刀面 D.X方向对刀尺寸 E.Y方向对刀尺寸 F.Z方向对刀尺寸	偏转+5°的加工	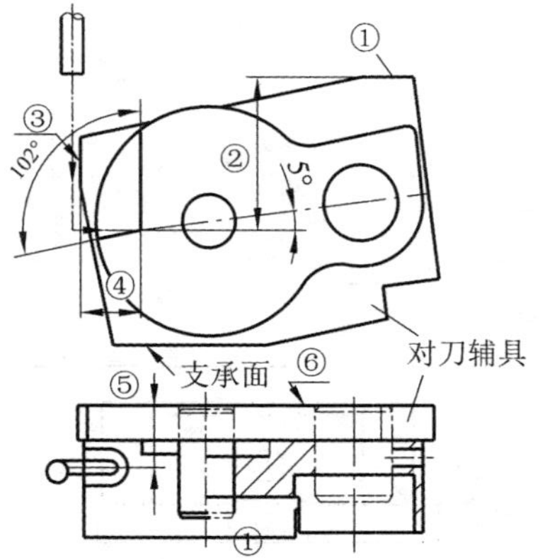	根据左图中工艺板的工艺基准号选择对应的对刀面及对刀尺寸： ①( ) ②( ) ③( ) ④( ) ⑤( ) ⑥( )
7	第二次偏转	轮廓铣削	辅助对刀工艺板 A.X方向对刀面 B.Y方向对刀面 C.Z方向对刀面 D.X方向对刀尺寸 E.Y方向对刀尺寸 F.Z方向对刀尺寸	偏转−7°的加工	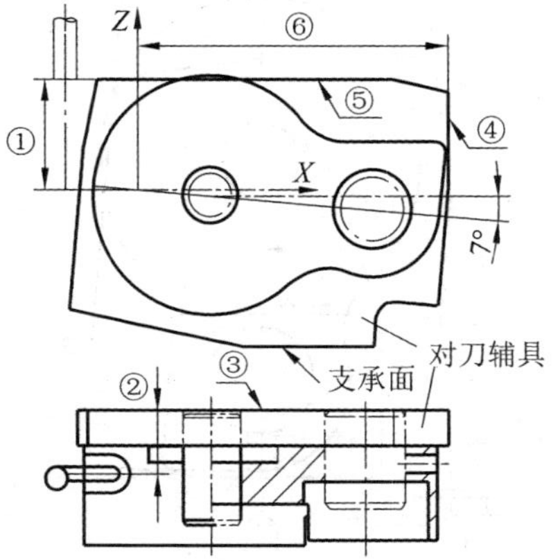	根据左图中工艺板的工艺基准号选择对应的对刀面及对刀尺寸： ①( ) ②( ) ③( ) ④( ) ⑤( ) ⑥( )

续表

序号	特征区部位	加工方式	工装要求	加工面	工装结构示意图	定制设计
8	第三次偏转	钻孔、攻丝、轮廓铣削	辅助对刀工艺板 A. X 方向对刀面 B. Y 方向对刀面 C. Z 方向对刀面 D. X 方向对刀尺寸 E. Y 方向对刀尺寸 F. Z 方向对刀尺寸	偏转 90°的加工	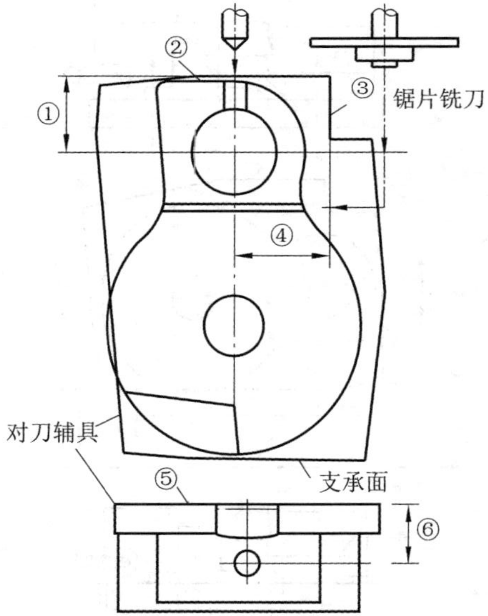 锯片铣刀 ③ ④ ② ① ⑤ ⑥ 支承面 对刀辅具	根据左图中工艺板的工艺基准序号选择对应的对刀面及对刀尺寸： ① （ ） ② （ ） ③ （ ） ④ （ ） ⑤ （ ） ⑥ （ ）

项目 6

综合实践：车铣复合零件加工工艺与工装设计

【项目导入】

学习载体对象	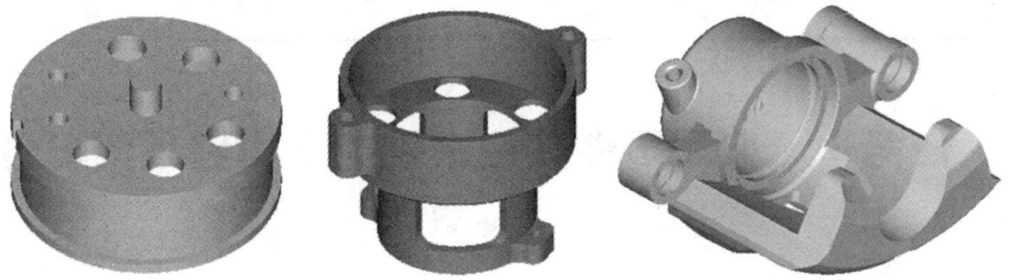
重难点	1. 数控车铣复合加工的实现方式； 2. 车铣方法选择及加工工艺方案的确定； 3. 车铣简易夹具设计与装调应用

【项目概述】

任务一 典型零件数控车铣加工信息采集与分析	**任务内容**：剖析车铣综合加工零件的典型结构特征，介绍车削中心的车铣复合加工及其实现方式，对比车削中心与附加四轴铣床的加工特点，给出护线盘和灯罩两种小批量生产零件的基本信息，包括用途、材料特性、技术要求等，并要求学习者依据零件工程图样，针对所选零件回答产品类型、材料成分、车削与铣削特征以及在车削中心加工时的钻铣方式等问题。 **任务目标**：引导学习者全面了解车铣综合加工零件的基础知识，建立车铣加工工艺与实际零件应用之间的联系认知体系，明确车铣综合加工零件的分类及其各自特点，理解车削中心在车铣复合加工中的优势，评估学习者对零件车铣加工特征的掌握情况，为深入分析零件车铣加工工艺和实际生产操作打下坚实基础。

任务二 典型零件数控车铣加工的工艺设计	**任务内容**：针对护线盘和灯罩零件，基于车铣加工工序的相关理论，深入分析其车铣工艺流程，拆解主要工序，明确各工步的性质。结合车间的生产设备条件，从提供的工序组合方案中挑选出可行的总体工序组合方案，并将选定的方案具体化，落实到工艺简卡的编制中，补充工艺过程卡中未确定的内容。 **任务目的**：引导学习者掌握根据零件特性和设备情况合理制定车铣加工工艺方案的方法，提升工艺规划能力，将抽象的工艺方案转化为具体可操作的生产指导文件，加深对零件车铣加工工艺流程的理解，同时提升工艺文件编制的实践能力。
任务三 典型零件的数控车铣加工工装设计	**任务内容**：聚焦于护线盘零件引线槽的加工，旨在设计一种弹性内胀式定心夹具和引线槽铣削夹具。通过对比分析不同设计方案的结构特点、优缺点以及关键尺寸的设定，深入探究卡钳体零件的车铣综合加工工艺设计、夹具设计（包括非对称回转夹具的动静平衡设计、各工序夹具的结构及操作要点）以及刀具设计（确定大圆弧基准面、支耳表面加工用定距双盘铣刀以及支耳孔铣削加工用T形槽刀的定制尺寸）。 **任务目的**：通过学习和实践护线盘与卡钳体零件工装设计，加深学习者对零件加工工装设计的理解，提升他们的实际操作能力，使他们能够全面掌握零件加工工艺设计的各个环节，具备根据零件特性制定有效的加工工艺、设计适当的夹具和刀具的能力，为将来从事相关机械加工领域工作打下坚实的基础。

任务一 典型零件数控车铣加工信息采集与分析

任务活动1：零件基本信息认知

【任务活动描述】 本任务活动旨在引领学习者全面了解车铣综合加工零件的基本信息，构建起车铣加工工艺与实际零件应用的关联认知体系。

首先，通过深入剖析典型零件，学习者可以清晰地掌握车铣综合加工零件在结构特征上的共性和特性。了解圆周面上不同类型的槽形、台阶面以及孔系分布，明确回转结构与非回转结构各自对应的加工方法，掌握车铣综合加工零件的两大类型划分依据及其各自特点，涵盖车铣工艺相对独立的零件加工和需要用车削中心进行车铣复合的零件加工，从而认识到不同类型零件在加工工艺选择、工装使用以及工序安排上的差异。

接着，深入介绍车削中心的车铣复合加工及其实现方式，学习者将知悉车削中心如何通过回转刀盘上的铣削动力头实现车削与铣削模式的切换，了解其径向铣削和轴向铣削的具体实现过程，以及 Y 轴运动控制功能对加工工艺范围的拓展作用，从而理解车削中心在车铣复合加工中的独特优势。同时，通过车削中心与附加四轴铣床加工的对比，学习者能更直观地认识到两者在加工工艺范围、工件装夹调试及加工局限性等方面的不同，为后续合理选择加工设备提供依据。

最后，给出护线盘和灯罩这两种小批量生产零件的详细基本信息，包括零件用途、材料特性、技术要求等。学习者需依据对这些信息的理解，结合零件工程图样，选择其中一个零件,参照图中结构特征编码,回答关于零件产品类型、材料成分、车削与铣削特征以及在车削中心加工时的钻铣方式等问题,以此检验学习者对零件车铣加工特征的掌握程度,为后续深入开展零件车铣加工工艺分析和实际生产操作打下坚实的基础。

一、车铣综合加工零件的典型结构特征组成

如图 6-1 所示的典型零件,都包含既需要车削加工又需要铣削加工的结构特征。这类零件在圆周面上具有一些规则或不规则的内外槽形、绕某回转轴均布或不均布的台阶面与轴/径向孔等,有些零件还具有难以装夹的不规则形状结构。由于其回转部分有较高的加工精度要求,需通过车削加工方式保证,其非回转结构特征则需要采用铣削加工来实现,甚至有些特征结构还需要机床带动工件边旋转边铣削加工或进行分度定位后再加工。

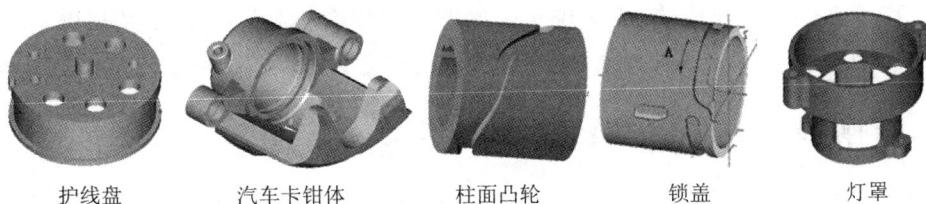

| 护线盘 | 汽车卡钳体 | 柱面凸轮 | 锁盖 | 灯罩 |

图 6-1 立式附加四轴加工的典型零件(一)

总体来说,需要车铣综合加工的零件大致可分为两大类型。

1. 车铣工艺相对独立的零件加工

这类零件的车削特征结构完全可以在普通车床或数控车床上实现加工,而其铣削特征则完全可以在一般三轴数控铣床上加工实现。

如图 6-1 所示的护线盘和卡钳体零件,其车铣结构特征可以相对独立地以一般车削和铣削的方式进行加工,虽然其外形结构可能是能采用通用工装夹持的规则形状,也可能是需制作专用工装的不规则形状,但因为它们的加工方式可以仅限于车削和铣削,无须结合旋转和铣削的复合运动,因此可以考虑采用车铣工序分离的加工方法。这类零件的车削工序可以在车床上完成,而铣削工序则在钻铣床上进行。车铣工序的安排顺序应综合考虑零件的总体结构特征、生产需求以及车间的加工条件等因素。

对于需要工件一边旋转一边铣削的零件结构,则可考虑采用四轴数控铣床完成铣削内容的加工,如图 6-1 中柱面凸轮、锁盖等零件。其零件的特点大致包括:

(1)主体呈回转结构,在回转柱面基础上有规则或不规则的凹凸槽岛、曲面等结构特征;

(2)主体架构为中小型回转盘套类或细长轴类结构,直径较小,局部有间断的不完全回转部分,无法仅通过车削方式实现加工;

(3)具有局部回转轴、套类结构的装夹部分,使用简易工装即可进行回转运动,从而实现多个特定角度方位几何结构特征的加工;

（4）主体结构虽无明显回转柱面特征，但表面及相关的几何结构特征是绕某回转轴线均布或不均布的；

（5）主体结构的回转特征不明显，但通过特定方法仍可确定相对的回转轴线，从而实现边旋转边加工或分度定位后再加工的复杂几何结构；

（6）多面体结构虽能用三轴机床通过分工序多面加工来实现，但采用一次装夹集中工序的四轴加工更易于保证各面间较高的相对位置关系要求。

2. 需用车削中心实施车铣复合的零件加工

上述车铣加工内容若使用车削中心机床，可在一次装夹后先后完成零件车削加工和铣削加工的部分或全部内容，从而实现车铣工艺的复合加工。

相比之下，车削中心可以实现带附加四轴铣床所能完成的全部铣削内容。由于车铣加工是在一次装夹下先后完成的，既实现了工序的有序组合，提高了效率，又减少了多次装夹重新对刀所带来的误差，从而有效地保证了零件的精度。

二、车削中心的车铣复合加工及其实现方式

车削中心是一种以车削加工模式为主，添加铣削动力刀头后又可进行铣削加工的车铣复合加工机床。在回转刀盘上安装铣削动力刀头，当其转至工作刀位时，即可接受动力电机传递过来的回转运动。此时，可切换至铣削控制模式，将装夹工件的回转主轴转换为回转进给的 C 轴，便可对回转零件的圆周表面及端面等进行铣削类加工。当车削刀具转至工作位，切换至车削控制模式，则主轴可高速回转，实施车削加工。尽管常规车削中心只有三轴，但在一定程度上它也能完成附加四轴所能够完成的加工内容。图 6-2 所示是车削中心上各类刀具在刀盘上安装的情形。

图 6-3 所示是车削中心电主轴的结构图，其回转主轴即为电机转子，主轴直接采用伺服驱动控制，无传动装置，能较好地实现主轴和 C 轴的转换。图 6-4 为回转刀盘上用来安装车削加工刀具的可换式车刀刀座，包括外圆车刀刀座及内孔车刀刀座。图 6-5 为铣削加工用可换式动力刀座，包括刀盘动力直接传递的轴向切削钻铣刀刀座、通过锥齿轮垂直换向传递的径向切削钻铣刀刀座，以及角度可调的钻铣刀刀座。

图 6-2 车削中心刀具的安装

图 6-3 电主轴结构

外圆刀座　内孔刀座

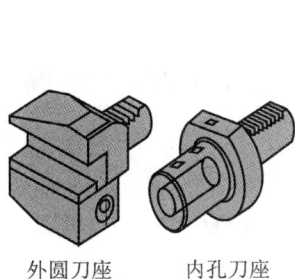

图 6-4　回转刀盘可换式车刀刀座

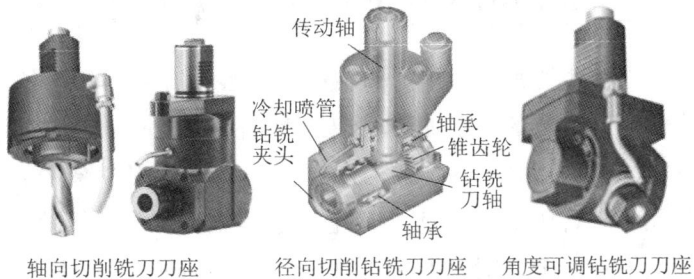

轴向切削铣刀刀座　径向切削钻铣刀刀座　角度可调钻铣刀刀座

传动轴
冷却喷管
钻铣夹头
轴承
锥齿轮
钻铣刀轴
轴承

图 6-5　回转刀盘可换式动力刀座

　　如图 6-6 所示,在车削中心上可有径向铣削和轴向铣削两种实现方式。轴向铣削时,动力传递不需要变向即可驱动铣刀做旋转运动,刀轴与 Z 轴平行,用于深度切入。通过 X 轴和 C 的协同工作,完成轴向轮廓的铣削加工。而在径向铣削时,铣削动力头内的锥齿轮传动使得旋转运动能够实现 90°换向,刀轴垂直于回转轴线,X 轴负责深度切入,Z 轴和 C 轴配合完成柱面轮廓的铣削加工。如图 6-7 所示,当车铣复合机床具有 Y 轴运动控制功能时,其加工工艺范围将更宽。

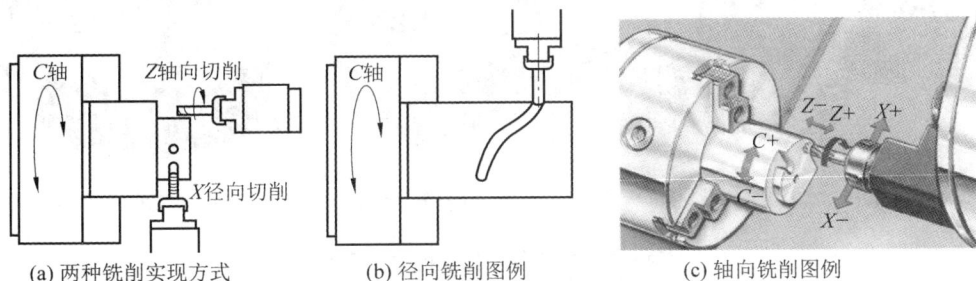

(a) 两种铣削实现方式　(b) 径向铣削图例　(c) 轴向铣削图例

图 6-6　车削中心的径向和轴向铣削实现方式

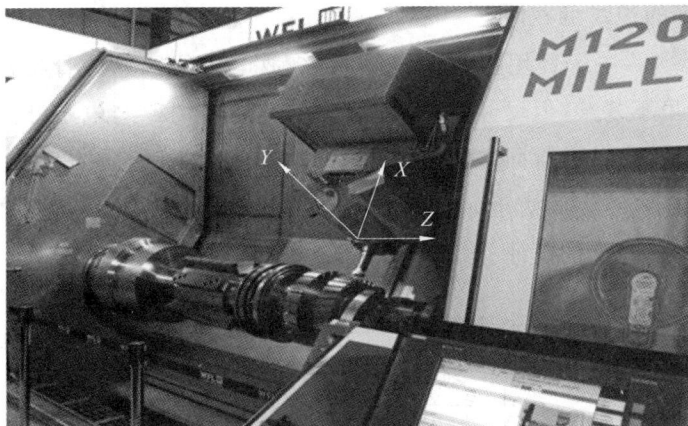

图 6-7　车削中心 Y 轴运动控制功能

三、车削中心加工与附加四轴铣床加工的比较

车削中心加工与附加四轴铣床加工具有共同的特征，都可以在工件做旋转运动的同时实施去除材料的切削加工，因而对工件都需进行绕回转轴线的装夹和调试。相比之下，四轴加工工艺应用具有一定的局限性，由于附加四轴铣床的旋转轴线呈水平放置，而主轴刀具轴线始终垂直于工作台面，因此它只能实施垂直于旋转轴线的径向外圆柱面上的铣削加工，如回转圆柱面上规则或不规则的凹凸槽岛、曲面等。对于平行于旋转轴线方向的孔系和内外轮廓的铣削加工，则需重新装夹，由三轴机床实现。如图 6-8 所示，车削中心在加工工艺范围方面比四轴铣床更宽泛，它既可以实施车削工艺的加工，也可以实施径向特征的钻铣加工，还可以实现轴向特征的钻铣加工，带 Y 轴控制功能的车铣复合机床还可以实施刀轴相对于回转轴线有偏移的复杂结构特征的钻铣加工。

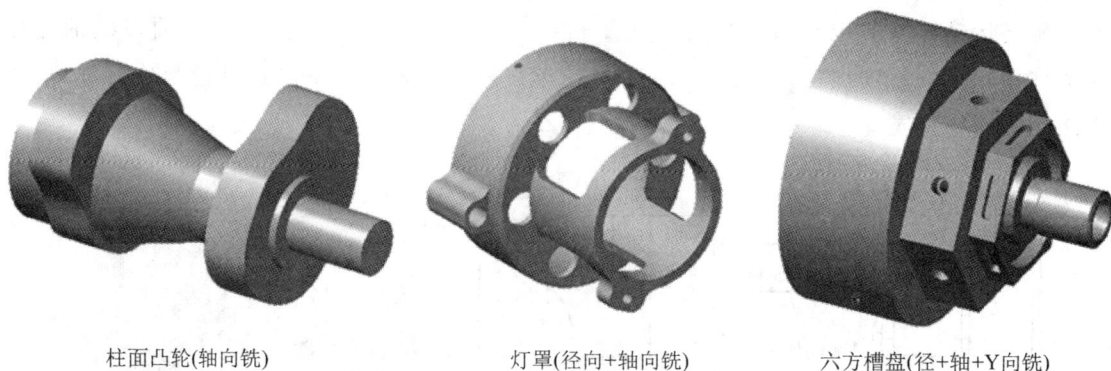

柱面凸轮(轴向铣)　　　　灯罩(径向+轴向铣)　　　　六方槽盘(径+轴+Y向铣)

图 6-8　车铣复合加工的典型零件

四、车铣综合加工载体零件的基本信息

1. 小批量生产的护线盘零件

表 6-1 中图示为一电子秤用护线盘零件，是绕放电磁线圈用的骨架护盘。该零件主体呈回转结构，形状虽不复杂，但尺寸精度要求较高，其盘腔内壁与电子秤磁芯有间隙配合要求，线圈绕放槽部位为薄壁，除回转主体结构之外，底盘盘面上还有几种尺寸规格的孔，用于与托盘连接和定位，线圈绕放槽至底盘间还开有引线槽，用于线圈漆包线的引入和引出，并考虑了漆包线防破损的结构设计。

表 6-1　护线盘零件基本信息

零件名称	零件工艺分析卡片	零件图号	产品用途	生产性质	任务来源
护线盘			电子秤线圈骨架	批量	外协

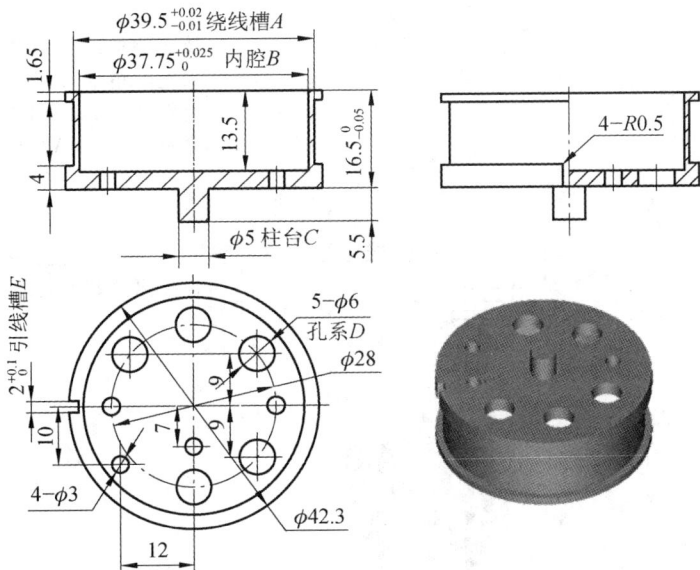

技术要求：
材料：2014 铝合金
涂覆：

客户提出的其他要求：

材料：2014 铝合金
主要成分：

合金元素	质量分数/（%）	合金元素	质量分数/（%）	合金元素	质量分数/（%）
Cu	3.9～5	Zn	0.25	Si	0.5～1.2
Mn	0.4～1.2	Cr	0.1	Fe	0.7
Mg	0.2～0.8	Ti	0.15	Al	余量

材料性能分析

加工性能：添加一定合金元素形成的铝合金在保持纯铝质轻等优点的同时还能具有较高的强度，R_m 值可达 235～600 MPa。铝合金同时具有良好的塑性，比强度（强度与密度的比值 R_m/ρ）胜过很多合金钢，具有良好的切削加工性能

2. 小批量生产的灯罩零件

表 6-2 中图示为灯罩零件，是某航潜仪表中信号灯的护罩。该零件两端内腔均为回转孔，两端外部均为带凸耳分隔的圆柱面，中部为回转结构的台阶槽，总体呈"工"字型结构；两端凸耳上设计有螺孔、定位孔及腔内沉孔孔系，用于和其他部件的连接和配装；右侧圆周方向有几处矩形圆周槽，用于内装灯泡照明的采光。

表 6-2　灯罩零件基本信息

零件名称	零件工艺分析卡片	零件图号	产品用途	生产性质	任务来源
灯罩		265A	信号灯护罩	小批	外协

续表

大小端及凸耳A

6-φ8 孔系B
φ39

70°
3处
30°

10
2-M3
45
65
58

φ52 −0.1 −0.2

1×45°
外沟槽E
矩形周槽D
18
3槽
5

2-φ3.8 +0.05
1
5
2-φ5
2-M6
1.5

台阶腔孔C
φ48
φ30
φ35

14
18
42

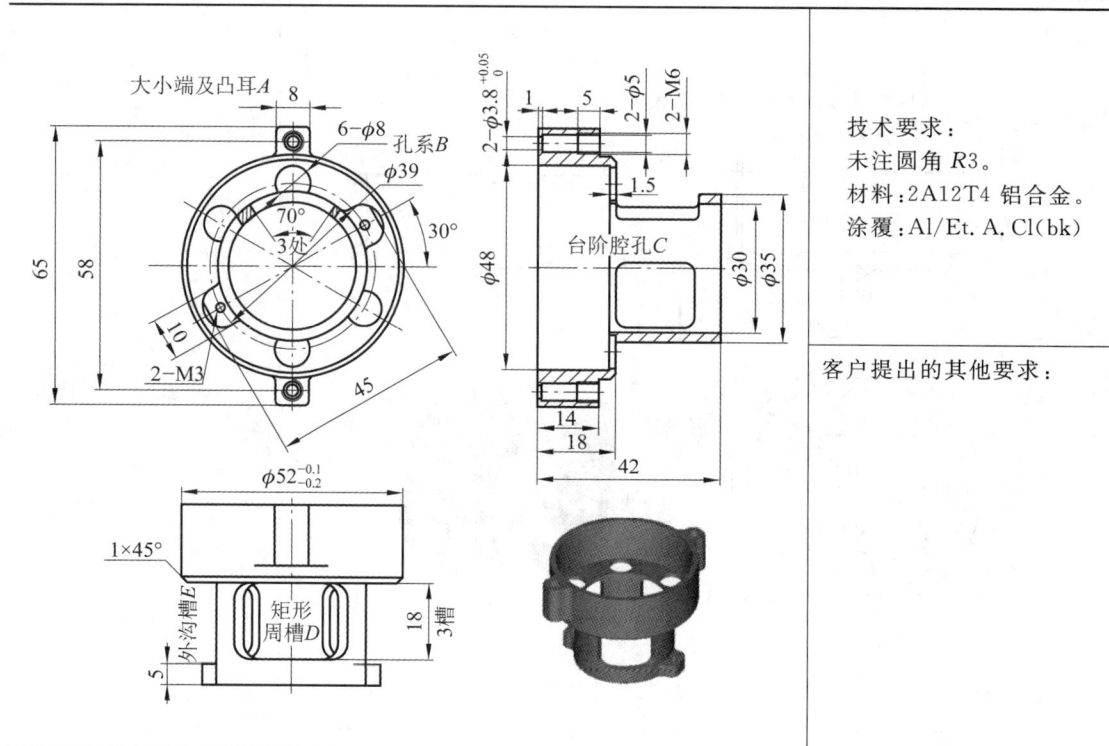

技术要求：
未注圆角 R3。
材料：2A12T4 铝合金。
涂覆：Al/Et. A. Cl(bk)

客户提出的其他要求：

材料：2A12T4 铝合金 主要成分：					
合金元素	质量分数/（%）	合金元素	质量分数/（%）	合金元素	质量分数/（%）
Cu	3.8～4.9	Zn	0.25	Si	0.5
Mn	0.3～0.9	Cr	0.1	Fe	0.5
Mg	1.2～1.8	Ti	0.15	Al	余量

材料性能分析

加工性能：相当于 LY12，主要合金元素为铜，称为硬铝，具有很高的强度和良好的切削加工性能，但耐腐蚀性较差。广泛应用于飞机结构（蒙皮、骨架、肋梁、隔框等）、铆钉、导弹构件、卡车轮毂、螺旋桨元件及其他各种结构件

在先前的讨论中，我们已经探讨了车铣综合加工零件的典型结构特点、车削中心的车铣复合加工技术及其实施方法、车削中心加工与附加四轴铣床加工的对比分析，以及护线盘和灯罩这两种零件的基础信息。这使我们对车铣加工技术及其相关零件有了全面的了解。接下来，我们将深入研究零件的工程图样，学习者将对特定零件的加工特性进行详细分析，以便更深刻地理解车铣加工技术在实际零件生产中的应用。

通过阅览上述零件工程图样了解各零件结构之后，学习者可选择其中护线盘或灯罩零件为主要对象，根据对所选择学习对象相关信息的认知，参照图中所标示的结构特征编码，简要回答以下问题。

（1）你所选【护线盘；灯罩】是产品【电子秤；航潜仪表】中的零件，材料为【2014；45#；QT500；2A12T4】，主要成分是铝（Al）。

（2）该零件【护线盘；灯罩】中【ABCDE；ABC；ABD；ACE；BD；CE；DE；E】特征是需要

车削加工实现的,【ABCDE;ABC;ABD;ACE;BD;CE;DE;E】则是需要铣削加工实现的。

(3) 若该零件【护线盘;灯罩】采用车削中心加工时,【A;B;D;E;AB;AD;BD;DE】需要径向钻铣削加工,【A;B;D;E;AB;AD;BD;DE】需要轴向钻铣加工。

任务活动 2:零件车铣加工工艺分析

【任务活动描述】　本任务活动聚焦于对护线盘和灯罩这两种零件的车铣加工工艺进行深入探讨。首先,针对护线盘零件,我们将全面审视其结构特征,包括有高精度要求的盘腔内壁、薄壁的线圈绕放槽、底盘盘面上的多种规格孔以及带圆弧过渡的引线槽等。通过细致分析这些特点,我们将确定各部分适用的加工方法,例如车削、铣削(钻)加工等,并在工艺分析过程中,精确判定各加工步骤的顺序及工艺关键点,完成工艺分析卡片中未确定内容的填写,深入掌握车铣综合加工在该零件上的实际应用。对于灯罩零件,同样需要详尽分析其结构。从可车削加工的内腔回转孔、可通过车削预切后铣削加工的带凸耳分隔圆柱面,到需要钻铣加工的凸耳上各类孔以及需四轴铣削加工的右侧矩形圆周槽等,都需逐一梳理。在分析过程中,需明确各加工表面的尺寸精度要求,合理选择加工工艺及刀具,如车削时的刀具选择、铣削沉孔时立铣刀或锪孔钻的应用等,并完成灯罩零件工艺分析卡片中相关内容的填写。通过对这两种零件车铣加工工艺的分析,旨在提升学习者对车铣综合加工工艺的理解与应用能力,为实际生产中的零件加工工艺制定提供坚实支持。

一、护线盘零件的车铣结构特征分析

电子秤用护线盘零件主体呈回转结构,形状虽不复杂,但尺寸精度要求较高,其盘腔内壁与磁芯有间隙配合要求,线圈绕放槽部位为薄壁,壁厚约 0.85 mm。除回转主体结构之外,底盘盘面上还有两种尺寸规格的孔,共 9 个,线圈槽至底盘间还开有一宽 2 mm 的引线槽。从结构形状来看,该零件回转主体部分为车削特征,且需要划分粗精车工序,其薄壁结构还要进行防变形的工艺设计;底盘上的孔则需要铣削(钻)加工;为防止尖角割伤漆包线而引发短路,引线槽口采用了 R0.5 mm 圆弧过渡的设计,这就需要定向进行铣削加工。由此可知,该零件是典型的车铣综合加工的应用案例。

学习者在分析其加工工艺的同时需完成工艺分析卡片表 6-3 中未确定内容。

二、灯罩零件的车铣结构特征分析

该灯罩零件的内腔为回转孔,通过车削加工即可获得;两端的外部均为带有凸耳的圆柱面,由于凸耳尺寸较小,可以先计算包容直径并进行粗车,形成较大的圆柱面,随后通过铣削加工来完成轮廓的制作;中部的台阶槽均为回转结构,同样适合使用车削加工;凸耳上的螺孔、定位孔以及腔内的沉孔则需通过钻铣加工来完成,可以在铣削两端轮廓的两次装夹过程中分别加工;右侧圆周方向的 3 处矩形圆周槽则需采用四轴铣削加工技术来制作。由此可见,该零件是车铣综合加工技术应用的一个典型实例。

学习者在分析其加工工艺的同时需完成工艺分析卡片表 6-4 中未确定内容。

表 6-3　护线盘零件车铣加工工艺分析卡片

零件名称	护线盘	零件图号		产品归属行业	仪器仪表	产品用途	电子秤线圈骨架	生产性质	批量	坯料来源	客户提供
零件工艺分析卡片						主要成分含量					
材料性能分析	材料：2014 铝合金 加工性能：添加一定合金元素形成的铝合金在保持纯铝质轻等优点的同时还能具有较高的强度，R_m 值可达 235～600 MPa。铝合金同时具有良好的塑性，比强度（强度与密度的比值 R_m/ρ）胜过很多合金钢，具有很好的切削加工性能										

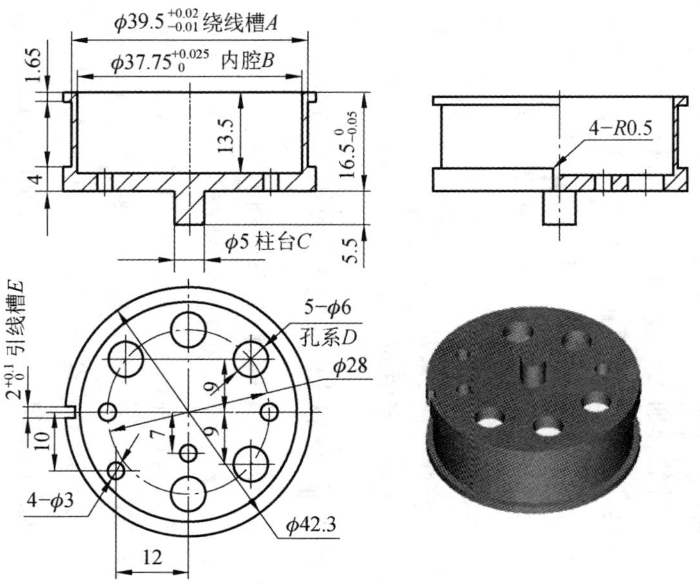

续表

加工表面	结构特征		结构尺寸	尺寸精度	加工工艺分析及车铣建议
内表面	孔系		5-φ6 mm,在φ28 mm圆周上,通孔	自由	直接按孔位钻孔即可
			2-φ3 mm,孔距尺寸为【7;10;12;28】mm,通孔		
	内腔		$\phi 37.75^{+0.025}_{0}$ mm,深13.5 mm	IT7	钻后粗精镗

正确的工艺解析是( )。
A. 可先钻铣孔系,再车内腔
B. 孔系需在内腔车削后钻铣
C. 内腔精车粗车后必需二次装夹
D. 内腔粗车精车后可作为定位基准

外表面	外圆		$\phi 42.3$ mm,长 $16.5^{0}_{-0.05}$ mm	IT9~IT10	粗精车,长度到位
	柱台		φ5 mm,高5.5 mm	自由	
	绕线槽		$\phi 39.5^{+0.02}_{-0.01}$ mm,宽10.85 mm,薄壁厚0.875 mm	IT7~IT8	粗车后精切,防止薄壁变形

正确的工艺解析是( )。
A. 外圆加工到位后用硬爪夹夹紧车内腔
B. 精车内腔后用反爪夹紧车外圆
C. 精车内腔后使用弹性内胀夹具夹紧车外圆
D. 外表面的加工不可在同一工序中完成
E. 绕线槽须用槽刀粗切

| 外表面 | 引线槽 | | 宽 $2^{+0.1}_{0}$ mm,深1.4 mm | IT11~IT12 | 用φ2 mm平刀分两次对四处R0.5 mm的转角进行铣削加工 |

不正确的工艺解析是( )。
A. 与孔系钻铣方向不同
B. 需使用夹具辅助铣
C. 可采用车铣复合即可铣
D. 每层一次走刀即可走刀
E. 每层需要两次走刀

综合工艺及可行性分析	从结构形状来看,该零件主体为回转体结构,应以车削加工为主。基于尺寸精度考虑,需通过粗、精车实现。工艺设计,宜在精车时采用弹性内胀夹具;底盘上的孔及引线槽则需要通过钻铣加工实现,且由于引线槽口有几处R0.5 mm的圆弧转角,若采用工序分散的安排,则钻铣应在两次装夹下完成,并需考虑相对方位的装夹定位问题

表 6-4 灯罩零件车铣加工工艺分析卡片

零件名称	零件工艺	产品归属行业	产品用途	生产性质	
灯罩	分析卡片	仪器仪表	信号灯护罩	小批	
	零件图号				坯料来源
	265A		主要成分含量		客户提供

材料性能分析

材料:2A12T4 铝合金

加工性能:相当于 LY12,主要合金元素为铜,称为硬铝,具有很高的强度和良好的切削加工性能,但耐腐蚀性较差。广泛应用于飞机结构(蒙皮、骨架、肋梁、隔框等)、铆钉、导弹构件、卡车轮毂、螺旋桨元件及其他各种结构件

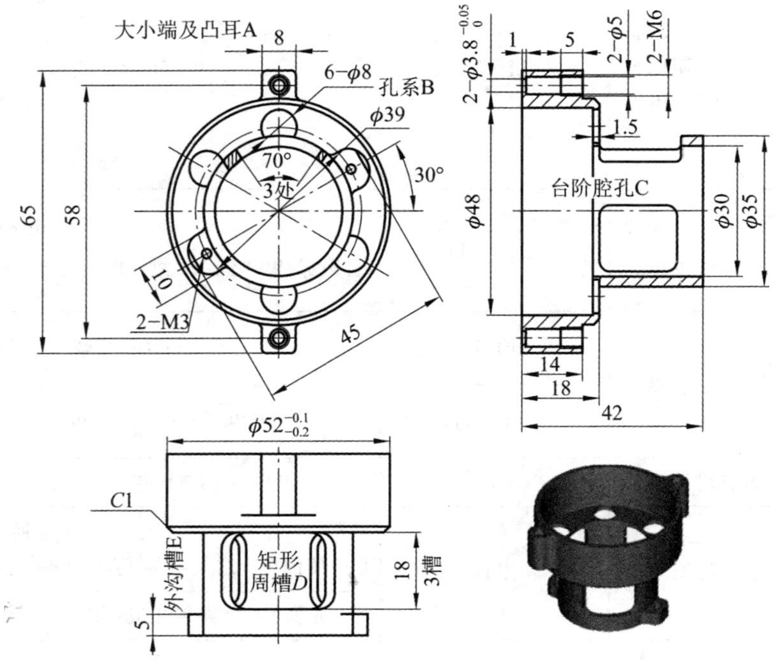

技术要求：
未注圆角 R3。
涂覆：Al/Et. A. Cl(bk)

其他要求：

续表

加工表面	结构特征	结构尺寸	尺寸精度	加工工艺分析及改进建议
内表面	内腔 C	φ48 mm，深 16.5 mm；φ30 mm，深 25.5 mm（通孔）	自由	钻孔后车削镗孔
	孔系 B	6-φ8 mm，沉孔，φ39 mm，圆周均布，深 1.5 mm	自由	平底，车内腔后，平刀铣或预钻后锪孔
	螺孔	2-M3，孔距 39 mm，角度方位 30°，深 5 mm	7H	钻底孔后攻丝。底孔尺寸为 φ【2.2；2.5；2.8；3】mm
	定位孔	口部 2-φ3.8$^{+0.05}_{0}$ mm，深 1 mm，孔距 58 mm	IT9～IT10	钻底孔后铰孔。底孔尺寸为 φ【3.8；3.85；3.2；3.5】mm
		反面 2-φ5 mm，深 13 mm；口部 M6，深 5 mm	螺纹 7H	预钻 φ4.5 mm，深 13 mm 的中心孔，使用扩孔钻扩孔至 φ5 mm，孔口用 φ5.2 mm 钻头扩孔至孔深 5 mm，最后攻螺纹 M6
外表面	大端凸耳	φ52$^{-0.1}_{-0.2}$ mm，长 18 mm	IT9～IT10	整圆结构对向凸耳被对向凸耳分隔而无法直接按包容凸耳的尺寸计算，粗车外圆后再利用 C 轴，精铣外轮廓。大端直径车至 φ46.1 mm。4 mm×φ52 mm 的长柱面部分的加工方式为【外圆车；端面车；径向铣；轴向铣】
		对向凸耳，宽 8 mm，厚 14 mm，边距 65 mm	自由	粗车外圆后，精铣外轮廓。
	小端凸耳	φ35 mm，长 24 mm	自由	直径车至 φ65.5 mm，小端直径车至 φ46.1 mm。凸耳外廓的切削方式为【外圆车；端面车；径向铣；轴向铣】
		对向凸耳，宽 10 mm，厚 5 mm，边距 45 mm		
	外沟槽 E	φ35 mm，宽 19 mm	自由	粗车圆柱面至 φ46.1 mm，精切 φ35 mm，宽 19 mm 的底槽，在 φ65.5 mm 圆柱面上切出 φ52 mm 的槽，宽 14 mm 的槽，倒角 C1
		φ52 mm，宽 4 mm，倒角 C1	自由	切削方式为【外圆车；端面车；径向铣；轴向铣】
	矩形周槽	3 处均布，矩形槽宽 18 mm，包容角 70°	自由	用 φ6 mm 铣刀，通过四轴分度铣槽
综合工艺及可行性分析	从结构形状来看，该零件外轮廓预车外轮廓（包容凸耳），并切出中段台阶槽。零件上其他孔、槽及非回转特征必须通过铣削加工得到，其中沉孔需使用立铣刀或铣刀在车削中心上铣削。零件壁厚强度足够，车削时使用通用卡爪夹紧即可，但由于铣削特征结构无法在一次装夹情况下加工完成，为保证二次装夹时的相对位置关系，应考虑装夹定位问题。			

◀ 任务二　典型零件数控车铣加工的工艺设计 ▶

任务活动 1：护线盘零件车铣工艺剖析及选择

【任务活动描述】　本活动旨在引导学习者基于对车铣加工工序相关概念的理解，深入剖析护线盘零件的车铣工艺。学习者需回顾前一任务中护线盘零件的结构特征及加工工艺建议，在此基础上，依据工序集中与分散的原理，对护线盘零件的车铣加工基本工序进行分解，明确各工步的性质。同时，结合车间现有的生产设备条件，从给定的工序基本组合方案中，筛选出切实可行的总体工序组合方案。通过这一过程，学习者能够掌握根据零件特性和设备情况制定合理车铣加工工艺方案的方法，提升工艺规划能力。

对于车铣综合加工的零件，由于其工艺性质的不同，原则上应分别进行车削和铣削工序的集中组合。然而，随着具备车铣复合加工能力的车削中心的出现，可以在一次装夹中实现车铣工序的集中组合。这不仅更容易满足相对位置精度的要求，而且有效地减少了夹具的数量，从而降低了生产成本。

对于需要大批量生产的多工序零件，组织流水线生产是常见做法。在这一过程中，工序的集中组合必须考虑生产节拍的匹配性。应当计算出每个工序乃至每个工步的加工时间，并以各工序时间大致相等为原则，合理调整工序间的工步并进行集中重组。这样做是为了防止因某个工序耗时过长而导致生产瓶颈的出现。因此，进行工序分散的设计安排是必要的。

根据前一任务对护线盘零件车铣加工特征结构的分析，除盘面孔系及引线槽需用铣削加工之外，其余均可用车削加工完成。在批量生产过程中，首道工序可采用直径 $\phi45$ mm 的长棒料进行粗车，以形成内外轮廓，并精车内腔至所需尺寸。随后，以车槽方式粗略加工左侧小柱台，并进行切断分离。绕线槽部分可根据所选用的车刀副偏角大小自然形成锥度角过渡，同时确保各部位留有足够的精车余量。后续工序可利用已精车至 $\phi37.75$ mm 的内腔作为定位基准，采用弹性内胀夹具进行装夹，以防止薄壁部件的变形。由于底盘盘面孔系和周侧引线槽的加工方位呈正交状态，因此需要通过两次装夹的分散工序来完成加工。护线盘零件的总体工艺安排详见表 6-5。在工序组合方面，外轮廓的粗车、内腔的粗精车以及切断分离可合并为一个工序。若使用车削中心，后续的外轮廓精车、轴向孔系加工以及径向引线槽的铣削加工可在一次装夹中完成。这种方法不仅节省了夹具数量、简化了夹具结构，还避免了因工序分散而导致的铣引线槽工序需额外制作定位元件和夹具的麻烦。

学习者可参照表 6-5 进行护线盘零件车铣加工基本工序的分解，回答工步代号所指的工步内容，并根据车间具有的生产设备条件，在所列举的工序基本组合方案中选择一个可行的总体工序组合方案。

表 6-5　护线盘零件车铣加工基本工序设计

××厂	机械加工 工艺过程卡	产品型号		零(部)件图号	265A
		产品名称	信号灯护罩	零(部)件名称	灯罩

车削加工基本工步内容

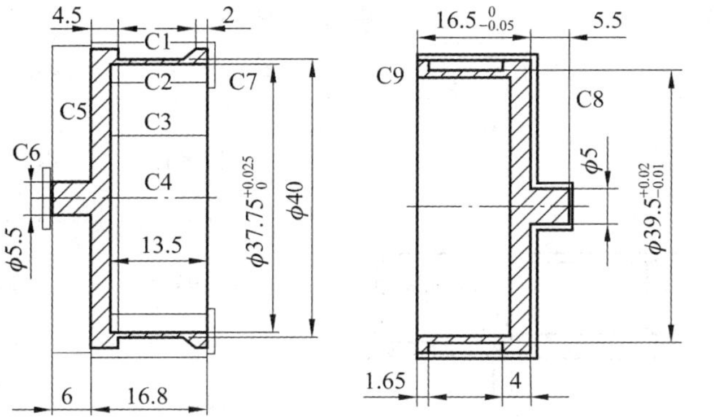

C1:【　】
C2:【　】
C3:【　】
C4:【　】
C5:【　】
C6:【　】
C6:切断
C7:平端面
C8:【　】
C9:【　】

选项:
1. 钻底孔
2. 粗车外圆
3. 精车外圆
4. 切槽
5. 精切槽
6. 粗车孔
7. 精车孔

钻铣加工基本工步内容

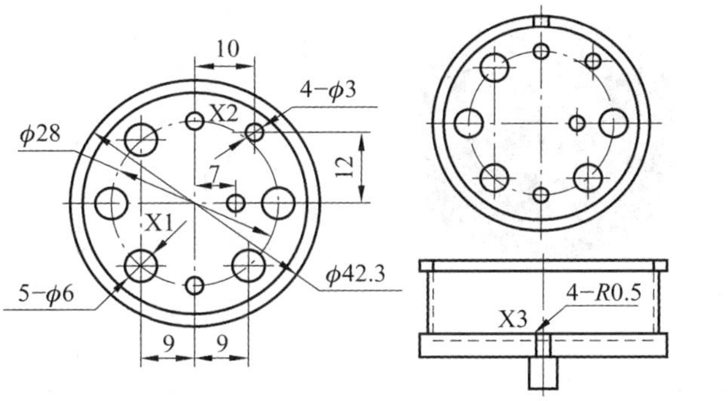

X1:【　】
X2:【　】
X3:【　】

选项:
1. 铣引线槽
2. 钻小孔系
3. 钻大孔系

你具有的生产 设备条件	○只有数控车铣　　○有车削中心

| 可列举的车铣
工序基本组合
方案 | A. C1+C2+C3+C4+C7
B. C5+C6
C. C8+C9
D. X1+X2(铣床)
E. X1+X2(车削中心)
F. X3(铣床)
G. X3(车削中心) | 你选择的总体工序组合工艺草案是
○A+B+C+D+F
○A+C+D+F
○A+C+E+G
○自定义 |

任务活动 2:护线盘零件车铣加工工艺简卡设计

【任务活动描述】　在选择护线盘零件总体工序组合方案后,本活动要求学习者将选定的工艺草案落实到具体的工艺简卡编制中。学习者需依据方案内容,详细填写对应工艺过程卡中的未确定内容,包括各工序的具体加工内容、装夹方法以及所使用的设备等信息。通过编制工艺简卡,学习者能够将抽象的工艺方案转化为具体可操作的生产指导文件,加深对护线盘零件车铣加工工艺流程的理解,同时提升工艺文件编制的实践能力。

学习者按上述选定的总体工序组合工艺草案,回答对应工艺过程卡中未确定内容,完成总体工艺简卡的编制,见表 6-6 和表 6-7。

表 6-6　护线盘零件车铣加工工艺过程卡(方案 1)

××厂	机械加工 工艺过程卡	产品型号		零(部)件图号	
		产品名称	电子秤	零(部)件名称	护线盘

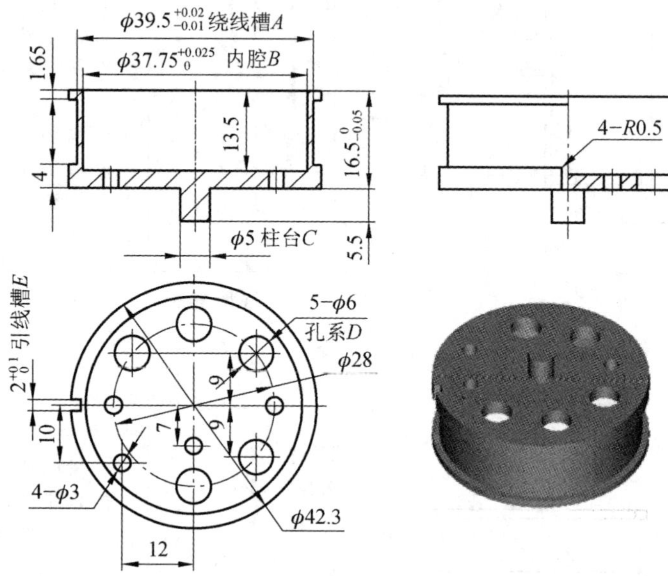

材料名称	铝合金
材料牌号	2014
编制	
会签	
审核	
批准	

你所选择的方案是:
A+B+C+D+F　或　A+C+D+F

方案补充描述:方案一是在完成工序"A粗车外廓精车内腔"后,直接调头加工,使用专用夹具即内胀夹具进行装夹定位,完成后续工序加工。方案二是在完成工序"A粗车外廓精车内腔"后继续完成工序"B切槽切断",使用专用夹具即内胀夹具进行装夹定位,完成后续工序加工

工序	工序内容	工序草图	加工工序内容	装夹方法	设备
1	备料	棒料 ϕ45 mm×L	锯床下料		带锯机
2	A 粗车外廓 精车内腔	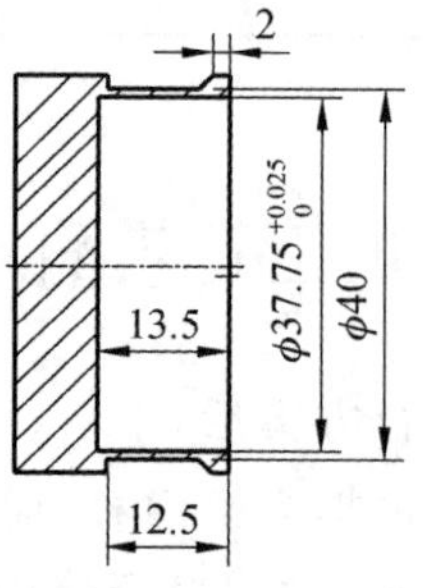	C1:粗车外圆和外槽 C4:钻底孔 C3:粗车内孔 C7:平端面 C2:精车内孔	三爪卡盘	数控车床

工序	工序内容	工序草图	加工工序内容	装夹方法	设备
2-/3-	B 切槽切断	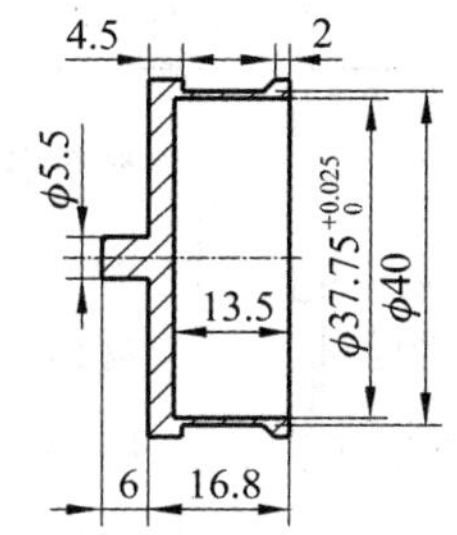	C5：切槽 C6：切断	三爪卡盘	数控车床
3	C 调头精车各处	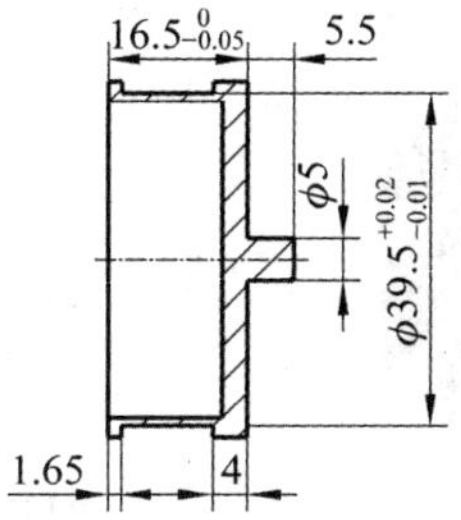	C8：精车外圆柱台到位 C9：精切外槽到位 注：A 工序后可调头合做 B、C 工序	○通用正爪 ○通用反爪 ○内胀夹具（平） ○内胀夹具（立）	○数控铣床 ○四轴铣床 ○数控车床 ○车削中心
4	D 底盘孔系加工	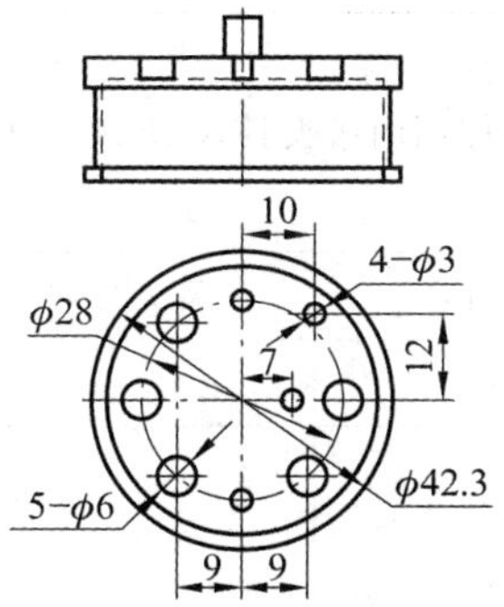	X1：铣钻 $\phi6$ mm 孔系 X2：铣钻 $\phi3$ mm 孔系	○通用正爪 ○通用反爪 ○内胀夹具（平） ○内胀夹具（立）	○数控铣床 ○四轴铣床 ○数控车床 ○车削中心
5	F 引线槽加工	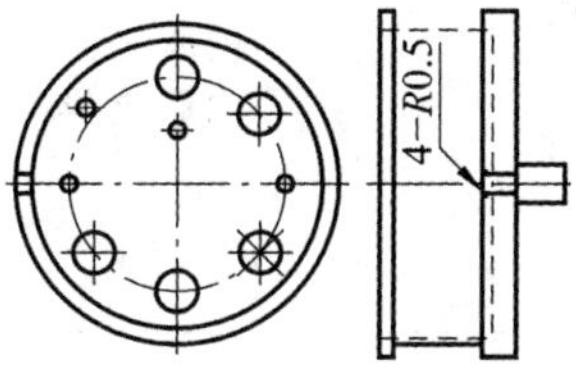	X3：铣引线槽	自制铣槽夹具	数控铣床
5-				○通用正爪 ○通用反爪 ○内胀夹具（平） ○内胀夹具（立）	四轴铣床
6	检验		检具检测尺寸		
7	表面处理				
8	检验入库				

表6-7 护线盘零件车铣加工工艺过程卡（方案2）

××厂	机械加工 工艺过程卡	产品型号		零(部)件图号	
		产品名称	电子秤	零(部)件名称	护线盘

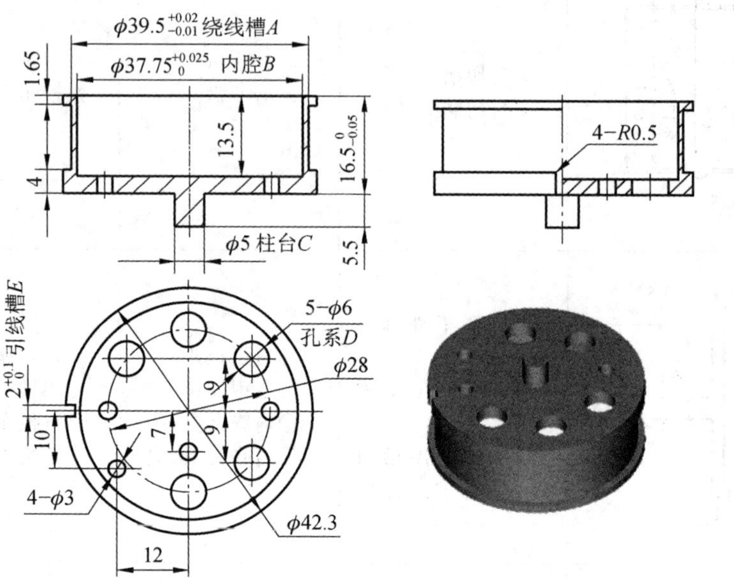

材料名称	铝合金
材料牌号	2014
编制	
会签	
审核	
批准	

你所选择的方案是： A＋C＋E＋G	方案补充描述： A工序后需使用内胀夹具，C、E、G工序可在车削中心上合并加工

工序	工序内容	工序草图	加工工序内容	装夹方法	设备
1	备料	棒料 $\phi45$ mm×L	锯床下料		带锯机
2	A 粗车外廓 精车内腔	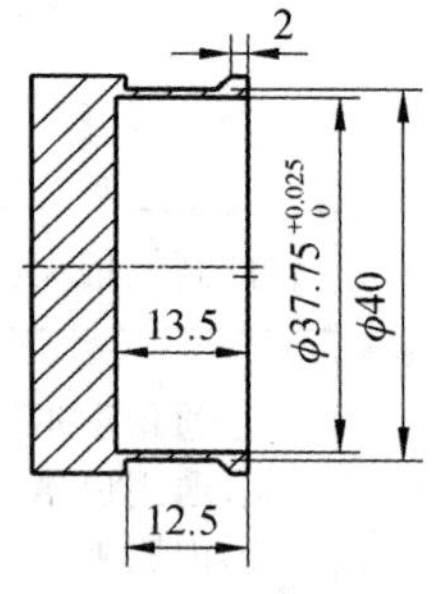	C1：粗车外圆和外槽 C4：钻底孔 C3：粗车内孔 C7：平端面 C2：精车内孔	○通用正爪 ○通用反爪 ○内胀夹具（平） ○内胀夹具（立）	数控车床
3-1	C 调头 精车各处	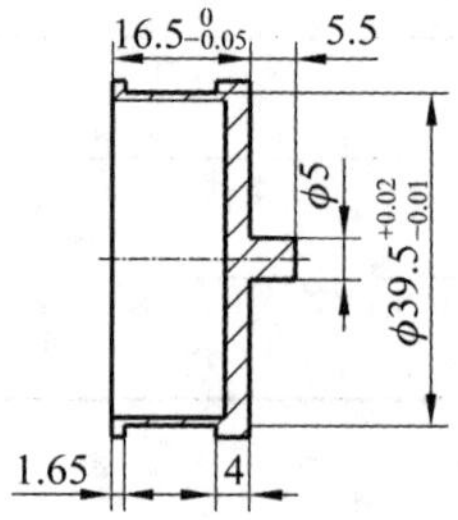	C8：精车外圆柱台到位 C9：精切外槽到位 注：A工序后可调头合做B、C工序	○通用正爪 ○通用反爪 ○内胀夹具（平） ○内胀夹具（立）	○数控铣床 ○四轴铣床 ○数控车床 ○车削中心

工序	工序内容	工序草图	加工工序内容	装夹方法	设备
3-2	D 底盘孔系加工	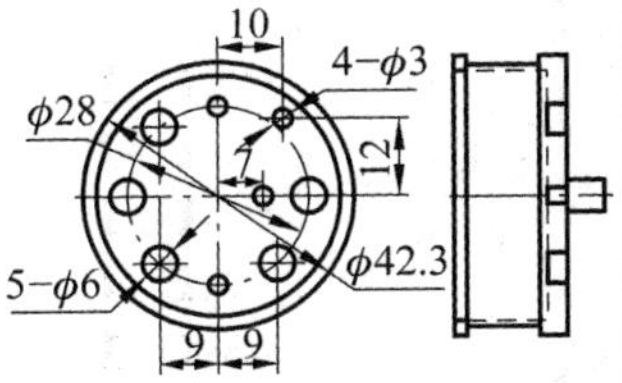	X1：铣钻 $\phi6$ mm 孔系 X2：铣钻 $\phi3$ mm 孔系	○通用正爪 ○通用反爪 ○内胀夹具（平） ○内胀夹具（立）	○车削中心
3-3	F 引线槽加工	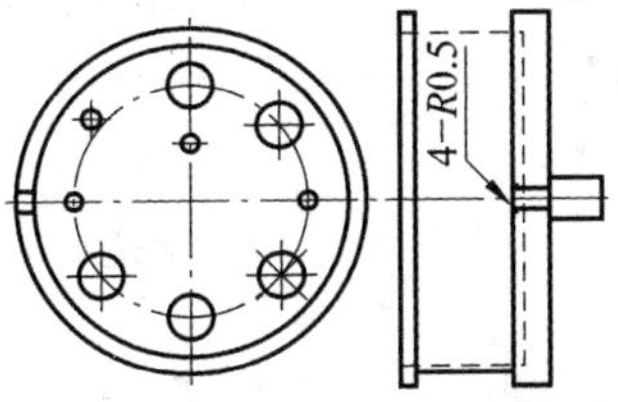	X3：铣引线槽	○通用正爪 ○通用反爪 ○内胀夹具（平） ○内胀夹具（立）	车削中心
4	检验		检具检测尺寸		
5	表面处理				
6	检验入库				

任务活动 3：灯罩零件车铣工艺剖析及选择

【任务活动描述】 此活动聚焦于灯罩零件的车铣工艺分析与选择。学习者需参考本项目任务一对灯罩零件的工艺分析结果，全面梳理其加工内容，包括车削和钻铣加工的各个环节。与护线盘零件类似，学习者要对灯罩零件车铣加工基本工序进行分解，明确各工步的性质，并依据车间的生产设备条件，从众多工序基本组合方案中挑选出适合灯罩零件加工的总体工序组合方案。这一活动有助于学习者将所学的车铣加工工艺知识应用到不同结构的零件上，进一步强化工艺方案制定的能力。

由前一任务对灯罩零件的工艺分析可知，虽然该零件两端外轮廓圆柱面均为非完整的回转结构，但仍可按包容尺寸计算，先做车削预切加工，即与内孔、中段台阶槽一起由车削加工完成。该零件基本加工内容包括车小端外圆、切台阶槽、车小端内孔、车大端外圆、车大端内腔、钻铣大端腔内孔系、钻铣大端凸耳及其孔系、钻铣小端凸耳及其孔系、分度铣削小端 3 个周向矩形槽等。这些加工内容可有选择地进行组合。

学习者可参照表 6-8 进行灯罩零件车铣加工基本工序的分解，回答工步代号所指的工步内容，并根据车间具有的生产设备条件，在所列举的工序基本组合方案中选择一个可行的总体工序组合方案。

表 6-8　灯罩零件车铣加工基本工序设计

××厂	机械加工工艺过程卡	产品型号		零（部）件图号	265A
		产品名称	信号灯护罩	零（部）件名称	灯罩

	车削加工基本工步内容
	C1:【　】　C2:【　】　C3:【　】　C4:【　】　C5:【　】　C6:切小端面　C7:平端面 　　选项:　1.钻底孔　2.车外圆　3.切外槽　4.车 $\phi48$ mm 孔　5.车 $\phi30$ mm 孔

	钻铣加工基本工步内容
	X1:【　】　X2:【　】　X3:【　】　X4:【　】　X5:【　】　X6:小凸耳孔 　　选项:　1.大凸耳孔　2.小凸耳孔　3.大端轮廓　4.小端轮廓　5.周侧矩形槽　6.腔内孔系

你具有的生产设备条件	○只有数控车铣　　○有 1 台车削中心 ○有 2 台车削中心
可列举的车铣工序基本组合方案	A. C1+C2 B. C3+C4+C6 C. C5+C7 D. X1+X6+X3(铣床) E. X1+X6+X3(车削中心) F. X2(四轴铣床) G. X2(车削中心) H. X5+X4(铣床) I. X5+X4(车削中心)　　你选择的总体工序组合工艺草案是 ○AB+C+D+F+H ○ABC+D+F+H ○AB+C+D+G+I ○A+BC+E+G+I ○自定义

任务活动 4:灯罩零件车铣加工工艺简卡设计

【任务活动描述】　如同护线盘零件的工艺简卡设计,本活动要求学习者根据选定的灯罩零件总体工序组合工艺草案,完成工艺简卡的编制。学习者需认真填写工艺过程卡中的各项内容,确保工艺简卡能够准确反映灯罩零件的车铣加工工艺过程。同时,通过编制不同方案的工艺简卡,学习者能够对比分析各方案的优缺点,如不同方案在设备使用、工序集中程度、精度保证以及工作节拍等方面的差异,从而更加深入地理解车铣加工工艺方案的设计要点,为实际生产中的工艺决策提供有力支持。

　　学习者按上述选定的总体工序组合工艺草案,回答对应工艺过程卡中未确定内容,完成其总体工艺简卡的编制,见表 6-9、表 6-10、表 6-11。

表 6-9 灯罩零件车铣加工工艺过程卡(方案 1,2)

××厂	机械加工 工艺过程卡	产品型号		零(部)件图号	265A
		产品名称	信号灯护罩	零(部)件名称	灯罩

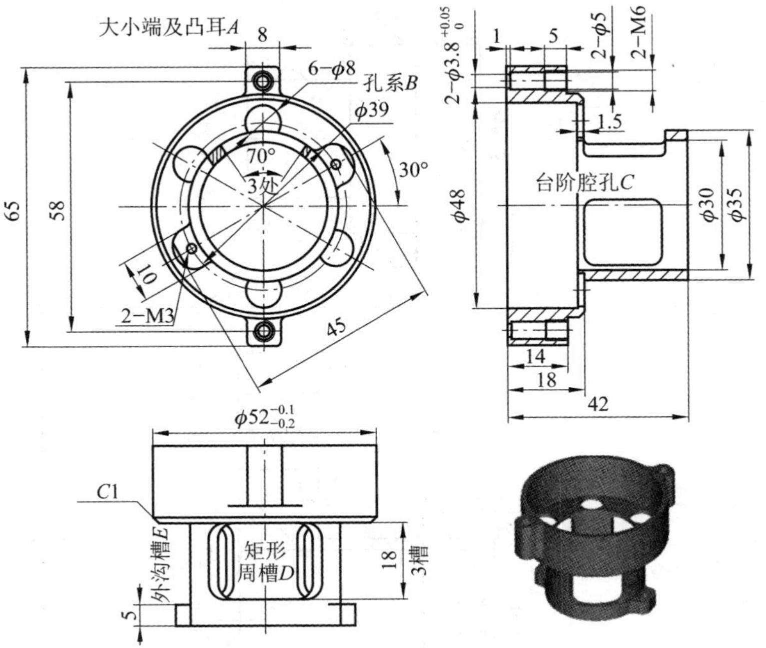

		材料名称	铝合金
		材料牌号	2014
		编制	
		会签	
		审核	
		批准	

大小端及凸耳A

孔系B

台阶腔孔C

矩形周槽D

工序草图

方案补充描述:
2-/3-是 ABC 合并的组合方案

你所选择的方案是:
AB+C+D+F+H 或 ABC+D+F+H

工序	工序内容	加工工序内容	装夹方法	设备
1	备料	锯床下料	棒料 φ45 mm×L	带锯机

工序	工序内容	工序草图	加工工序内容	装夹方法	设备
2	A＋B 车小端	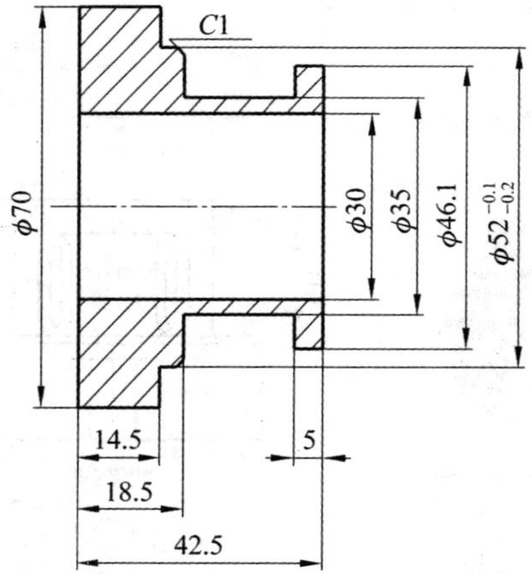 $\phi52^{-0.1}_{-0.2}$；$\phi46.1$；$\phi35$；$\phi30$；C1；5；42.5；14.5；18.5；$\phi70$	C1:车外轮廓阶台，小端包容直径为 $\phi46.1$ mm C2:切槽到位 C4:预钻孔 C3:车内腔 $\phi30$ mm 到位，长度及阶台留余量 0.5 mm	○正爪卡盘 ○反爪卡盘 ○内胀夹具 ○压板螺钉	数控车床
3	C 调头 车大端	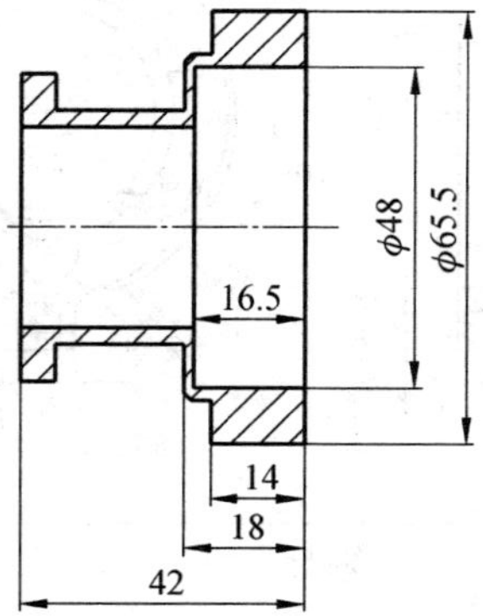 $\phi65.5$；$\phi48$；16.5；14；18；42	C5:镗孔 $\phi48$ mm 到位，车包容外圆至直径 ϕ（70；65.5；65；52）mm C7:平端面到尺寸	三爪卡盘或自制夹具	数控车床

续表

工序	工序内容	工序草图	加工工序内容	装夹方法	设备
2- /3-	A,B,C 车大小端	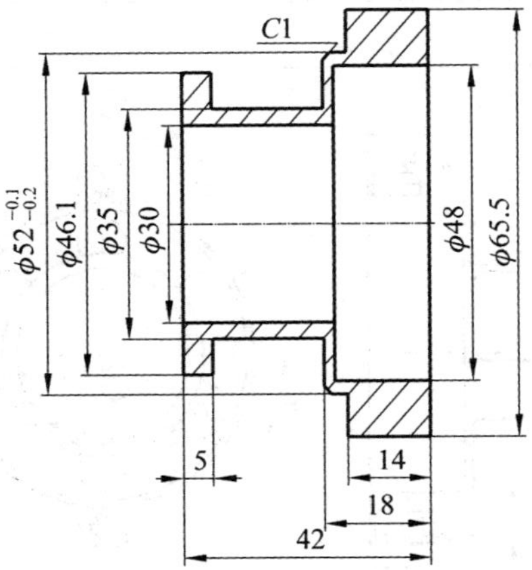	C4:预钻孔 C1:车外轮廓阶台,小端包容 尺寸为 ϕ46.1 mm,大端包容尺 寸为 ϕ( )【70;65.5;65;52】 mm C2:切槽到位 C3:车内腔 ϕ30 mm 到位 C5:镗孔 ϕ48 mm 到位 C7:平端面到尺寸 C6:切断,零件长度到位	○正爪卡盘 ○反爪卡盘 ○内胀夹具 ○压板螺钉	数控车床
4	F 铣周侧矩形槽	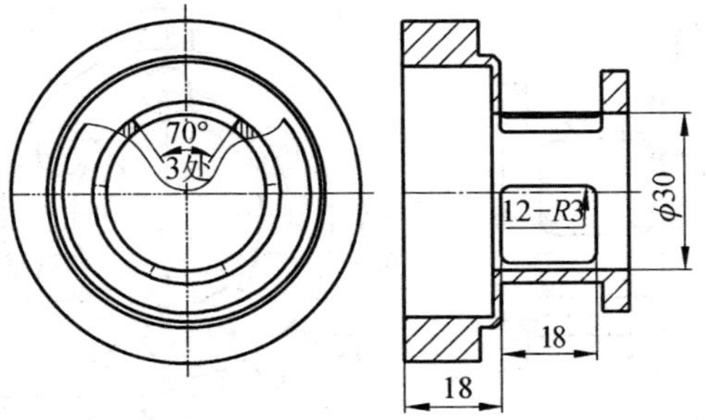	X2:铣 3 处周侧矩形槽	○正爪卡盘 ○反爪卡盘 ○内胀夹具 ○压板螺钉	四轴铣床

续表

工序	工序内容	工序草图	加工工序内容	装夹方法	设备
5	H 铣大端凸耳、孔系	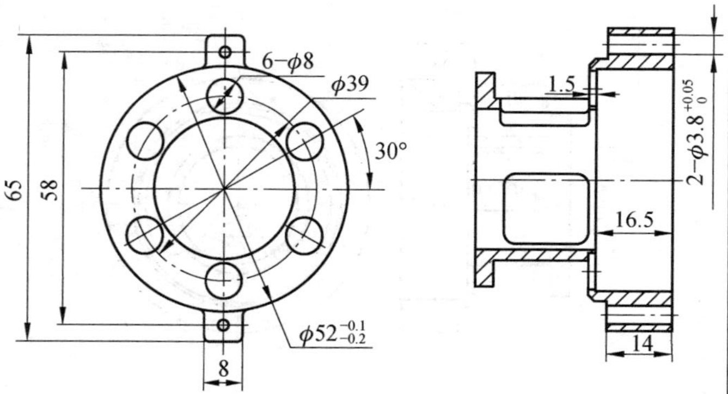 2-φ3.8 $^{+0.05}_{0}$；16.5；1.5；14；6-φ8；φ39；30°；φ52 $^{-0.1}_{-0.2}$；8；58；65；φ35	X5:铣大端凸耳到位 X4:钻铣孔、铰孔到位	压板螺钉	○数控车床 ○车削中心 ○加工中心 ○四轴铣床
6	D 铣小端凸耳、孔系	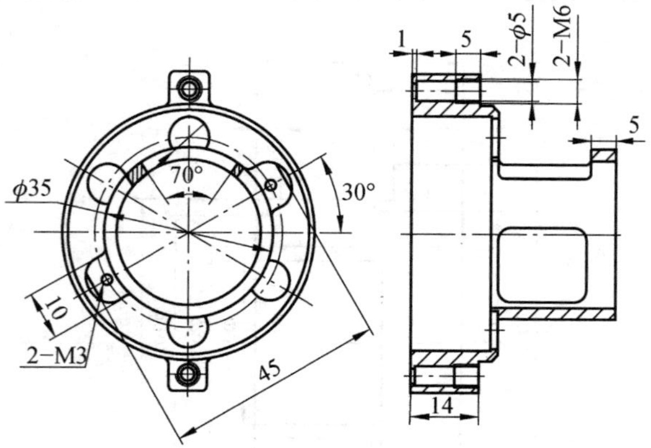 5；2-M6；2-φ5；5；1；14；30°；A5；70°；10；2-M3；φ35	X1:铣小端凸耳 X3:大端钻孔、攻丝 X6:小端钻孔、攻丝	○正爪卡盘 ○反爪卡盘 ○内胀夹具 ○压板螺钉	加工中心
7	检验		检具检测尺寸		
8	表面处理		涂覆:Al/Et. A. Cl(bk)		
9	检验入库				

表 6-10 灯罩零件车铣加工工艺过程卡（方案 3）

××厂	机械加工工艺过程卡	产品型号		零(部)件图号		265A
		产品名称	信号灯护罩	零(部)件名称		灯罩
				材料名称		铝合金
				材料牌号		2014
				编制		
				会签		
				审核		
				批准		

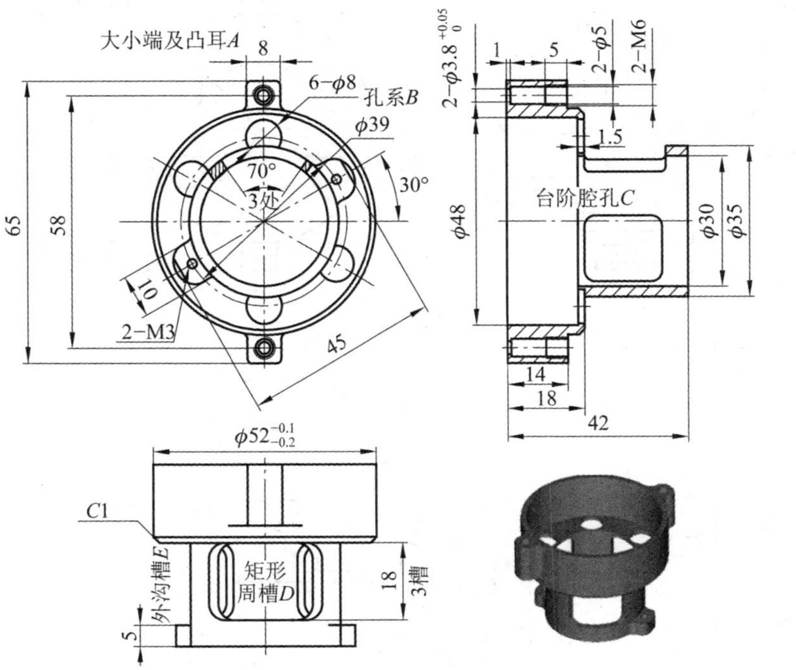

大小端及凸耳 A 6-φ8 孔系 B φ39 30° 45 70° 3孔 10 2-M3 58 65

φ52$^{-0.1}_{-0.2}$ 矩形周槽 D 小矩形槽 E C1 18 3槽 5

信号灯护罩 φ35 φ30 2-M6 1.5 2-φ5 台阶腔孔 C 5 42 14 18 1 φ48 2-φ3.8$^{+0.05}_{0}$

方案补充描述：
除基本车铣之外，另有一台车削中心

工序	工序内容		加工工序内容	装夹方法	设备
			锯床下料		带锯机

你所选择的方案是：
AB+C+D+G+I

工序	工序内容	工序草图		
1	备料	棒料 φ45 mm×L		

续表

工序	工序内容	工序草图	加工工序内容	装夹方法	设备
2	A+B 车小端	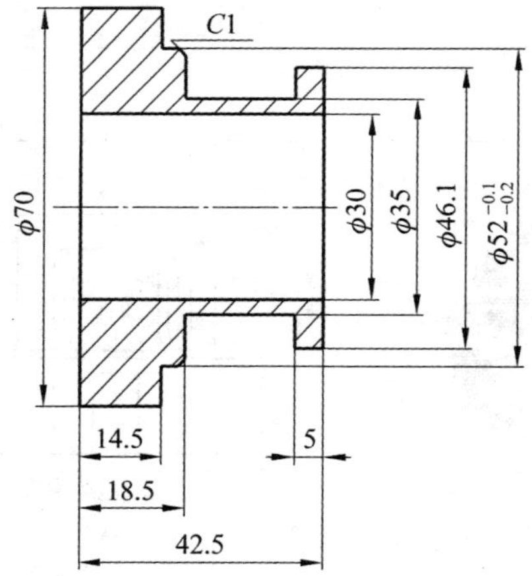	C1:车外轮廓阶台,小端包容直径至φ( )【52;46.1;45;35】mm C2:切槽到位 C4:预钻孔 C3:车内腔φ30 mm到位,长度及阶台留余量0.5 mm	○正爪卡盘 ○反爪卡盘 ○内胀夹具 ○压板螺钉	数控车床
3	C,G,I 车铣大端凸耳,孔系,铣周槽	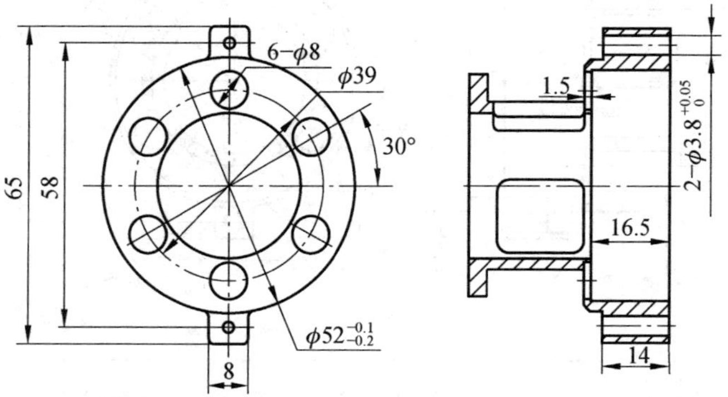	C5:镗孔φ48 mm到位,车包容外圆直径至φ( )【70;65.5;65;52】mm C7:平端面到尺寸 X5:铣大端凸耳到位 X4:钻孔,铰孔到位 X2:铣3处周侧矩形槽	三爪卡盘或自制夹具	○数控车床 ○车削中心 ○加工中心 ○四轴铣床

续表

工序	工序内容	工序草图	加工工序内容	装夹方法	设备
4	D 铣小端凸耳、孔系	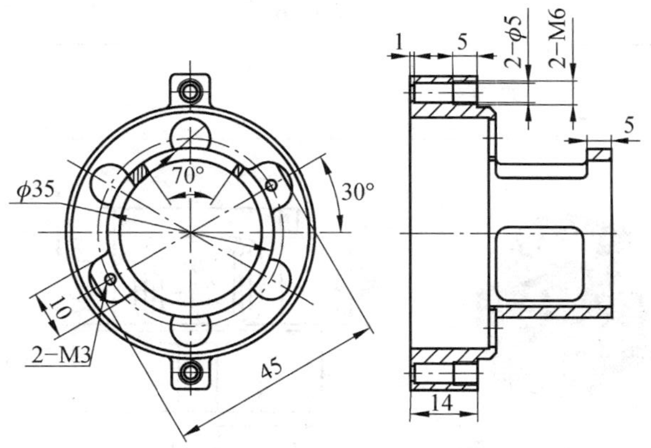	X1:铣小端凸耳 X3:大端钻孔、攻丝 X6:小端钻孔、攻丝	○正爪卡盘 ○反爪卡盘 ○内胀夹具 ○压板螺钉	加工中心
5	检验		检具检测尺寸		
6	表面处理		涂覆:Al/Et. A. Cl(bk)		
7	检验入库				

表6-11　灯罩零件车铣加工工艺过程卡（方案4）

××厂	机械加工 工艺过程卡	产品型号		零(部)件图号	265A
		产品名称	信号灯护罩	零(部)件名称	灯罩
				材料名称	铝合金
				材料牌号	2014
				编制	
				会签	
				审核	
				批准	

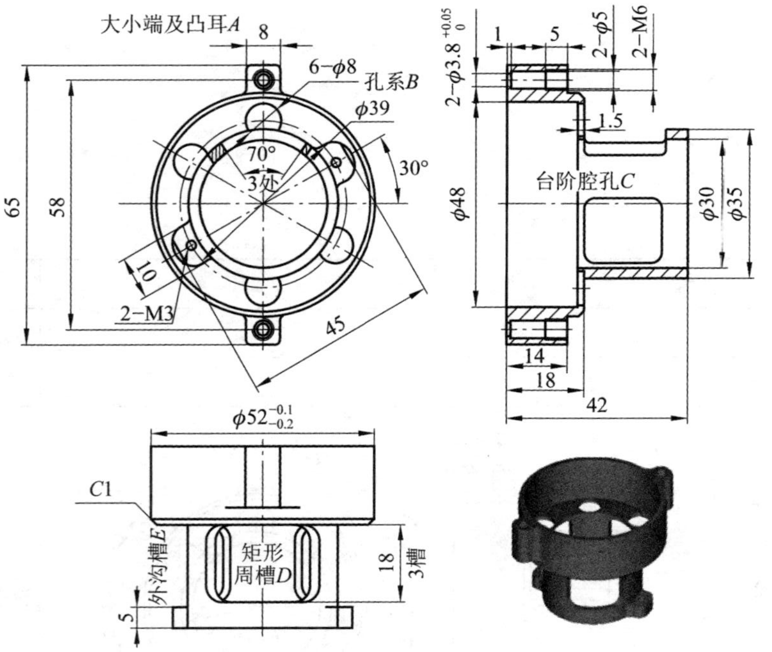

（零件图）

台阶腔孔C　2-M6　2-φ5　φ35　φ30　42　18　14　1　5　1.5　2-φ3.8 $^{+0.05}_{0}$　φ48

大小端及凸耳A　6-φ8 孔系B　φ39　30°　45　70°　3孔　10　2-M3　58　65　8

$\phi52^{-0.1}_{-0.2}$　矩形周槽D　18　3槽　小六方E　C1　5

方案补充描述：
除基本车铣之外，另有两台车削中心

	装夹方法	设备
加工工序内容		带锯机
锯床下料		

你所选择的方案是：
A＋BC＋E＋G＋I

工序	工序内容	工序草图
1	备料	棒料 φ45 mm×L

续表

工序	工序内容	工序草图	加工工序内容	装夹方法	设备
2	B,C,I 车铣大端	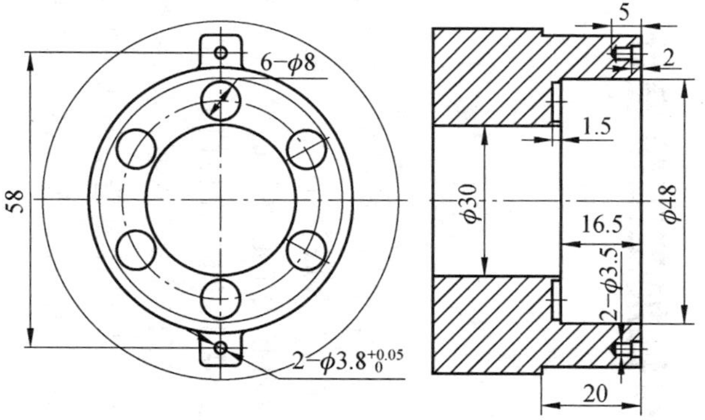	C4 预钻孔 C3 车内腔 φ30 mm 到位 C7 平端面到尺寸 C5 镗孔 φ48 mm 到位 X5 铣大端凸耳到位 X4 钻铰孔、铰孔到位	○正爪卡盘 ○反爪卡盘 ○内胀夹具 ○压板螺钉	○数控车床 ○车削中心 ○加工中心 ○四轴铣床
3	A,E,G 调头、车铣小端、周槽	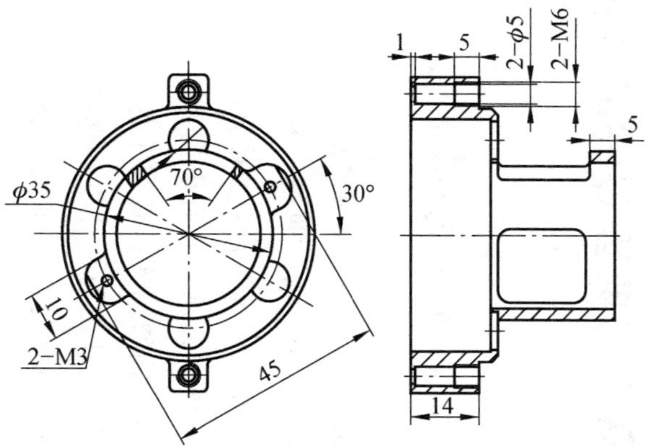	C1 车小端台阶，外圆车包容尺寸【52；46.1；45；35】mm C2 切外槽到位 X1 铣小端凸耳 X3 大端钻孔、攻丝 X6 小端钻孔、攻丝 X2 铣周侧矩形槽	○正爪卡盘 ○反爪卡盘 ○内胀夹具 ○压板螺钉	○数控车床 ○车削中心 ○加工中心 ○四轴铣床
4	检验		检具检测尺寸		
5	表面处理		涂覆：Al/Et. A. Cl(bk)		
6	检验入库				

以上方案 2 与方案 1 相比，就是将两次装夹分别车大小端的工序集中在一次装夹下完成，最后通过切断工步实现与长棒料的分离。这两个方案仅需一台配备附加 A 轴的立式加工中心来完成三个周槽的铣削工作，其余工序则可利用数控铣床和数控车床进行加工，特别适合没有车削中心的生产环境。在批量生产时，应根据各工序所需时间来决定工作节拍，并对个别工序的顺序进行适当调整。由于大端凸耳两侧的柱面是通过圆弧插补铣削来实现的，这在确保加工精度方面存在一定的挑战。相比之下，采用普通铣床的分度摆转式加工或许更容易保证加工精度，尽管这可能会降低对工作节拍的适应性。

方案 3 和方案 4 的工序较为集中，其中大端凸耳两侧圆柱面采用 C 轴分度摆转铣削方式加工，这种方式相较于圆弧插补铣削更能确保尺寸精度要求，但需要使用成本较高的车削中心设备。相对而言，方案 3 对车削中心的使用更为节约，仅大端柱面凸耳和周槽加工由车削中心实现，小端凸耳则通过插补铣削完成。在方案 3 中，先车削小端再调头铣削大端凸耳时，切削力较大，容易导致加工部位和装夹部位变形，因此车铣的顺序应根据实际情况进行调整。方案 4 在大端车削加工后，仅进行切削力较小的孔系加工，将位置关系变化较多的槽孔和大小端凸耳加工集中在一次装夹中完成，这更容易保证这些结构特征的相对位置关系。采用两台车削中心使工序更为集中，避免了多次装夹带来的误差，且夹具用量更省，但工作节拍不匹配会一定程度地影响到生产效率，因此，方案 3、4 应根据实际设备情况并充分考虑工作节拍的匹配而合理选用。

◀ 任务三　典型零件的数控车铣加工工装设计 ▶

任务活动 1：引线槽加工简易夹具分析设计

【任务活动描述】 本任务活动聚焦于护线盘零件引线槽加工的简易夹具分析与设计。首先，鉴于护线盘零件绕线槽的薄壁回转结构特性，在精车及底盘孔系加工中，需以首道工序精车出的内腔壁作为定位基准，这就引出了对弹性内胀式定心夹具的设计需求。学习者要深入研究如机动楔式夹爪自定心机构、液性塑料定心夹紧机构、弹性筒夹式定心夹紧机构等多种自定心夹紧装置的结构特点与工作原理。在此基础上，参考这些机构，针对护线盘零件的装夹定位要求，设计出简易弹性内胀夹具，并考虑夹具设计制造中的诸多要点，如斜面配合精度、弹性楔套的淬火处理、尺寸精度控制以及开口槽的设计等，以确保夹具的可靠性与实用性。

其次，针对引线槽铣削与盘面孔系加工下刀方向正交这一难点，学习者需分别探讨在不同设备条件下的引线槽铣削夹具设计方案。当生产车间不具备兼顾轴向铣削与径向铣削功能的车削中心时，若使用四轴数控机床，需在简易夹具上添加定位销以实现引线槽铣削；若只能选用三轴立式数控铣床，小批量生产时可设计特定的简易夹具。

最后，学习者要依据所学内容，对引线槽加工的简易夹具结构进行全面分析，以提升对零件加工工装设计的实践能力与理解深度。

一、护线盘零件弹性内胀式定心夹具设计

由于护线盘零件的绕线槽部位为薄壁回转结构,精车及加工底盘孔系时,应以第一道工序所精车出的内腔壁作定位基准,采用弹性内胀夹具进行装夹。

图 6-9 所示为机动楔式夹爪自定心机构。当工件以内孔及左端面在夹具上定位后,气液缸通过拉杆使瓣式夹爪左移,由于本体上斜面的作用,夹爪左移的同时向外胀开,将工件定心并夹紧;反之,夹爪右移时,在弹簧卡圈的作用下收拢,将工件松开。这种定心夹紧机构的结构紧凑,定心精度一般可达 $\phi 0.02 \sim \phi 0.07$ mm,比较适用于工件以内孔作定位基面的半精加工工序。

图 6-10 展示了一种液性塑料定心夹紧机构。该机构以工件的内孔作为定位基面,起直接夹紧作用的薄壁套筒被压配在夹具体上,并形成了一个环形槽。环形槽内注满了液性塑料。当旋转螺钉推动柱塞对腔体施加压力时,液性塑料会向四周传递压力。在压力的作用下,薄壁套筒会发生均匀的径向弹性变形,从而实现对工件的定心夹紧。限位螺钉的作用是限制加压螺钉的行程,以防止薄壁套筒因超负荷而产生塑性变形。这种定心机构结构紧凑,操作简便,定心精度高,精度可达 $\phi 0.005 \sim \phi 0.01$ mm。它主要用于定位基面直径大于 18 mm、尺寸公差为 IT7～IT8 级的工件的精加工或半精加工。

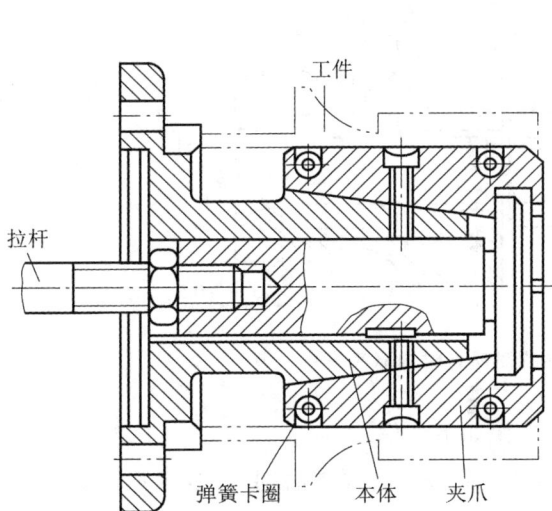

图 6-9 机动楔式夹爪自定心机构

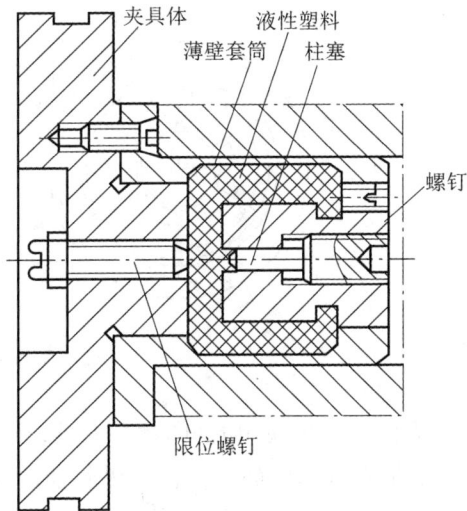

图 6-10 液性塑料定心夹紧机构

图 6-11 所示弹性筒夹式定心夹紧机构也是以工件内孔为定位基面的,适合长径比 L/d 远大于 1 的工件。弹性筒夹的两端均为带开口槽的簧瓣结构,旋转螺母时,其端面推动锥套,同时推动弹性筒夹左移,锥套和夹具体的外锥面同时迫使弹性筒夹的两端簧瓣向外均匀扩张,从而将工件定心夹紧。反向转动螺母,带动锥套,便可卸下工件。这种定心夹紧机构的结构简单,体积小,操作方便迅速,因而应用十分广泛。其定心精度可稳定在 $\phi 0.04 \sim$ $\phi 0.10$ mm 之间。为保证弹性筒夹正常工作,工件定位基面的尺寸公差应控制在 0.1～

0.5 mm范围内,一般适用于精加工或半精加工场合。

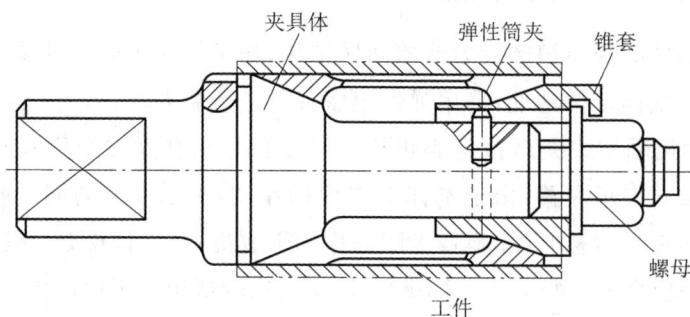

图 6-11　弹性筒夹式定心夹紧机构

　　针对护线盘零件薄壁加工的装夹定位要求,参照上述自定心夹紧装置的结构,在适当简化结构的基础上,设计如图 6-12 所示的简易弹性内胀夹具。将夹具本体的一端做成弹性楔套的形式,由线切割割出 6 个开口槽,与变形区段分隔孔孔口匹配。锁紧螺母时,楔头拉杆的楔头迫使弹性楔套向外扩张,从而将工件夹紧。松开螺母时,弹性楔套复原,工件即可取出。夹具本体可直接装夹在三爪卡盘上,小批量生产时,可用扳手从卡爪缝处锁紧螺母,大批量生产时可与机床气液动装置连接以实现机动控制。

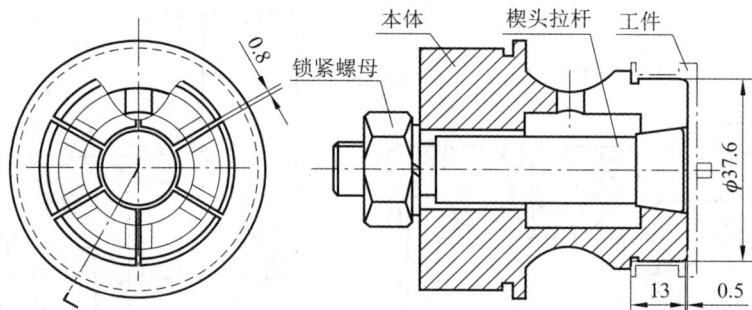

图 6-12　护线盘零件的简易弹性内胀夹具

　　为保证夹具使用的可靠性,夹具设计制造应作如下考虑:

　　(1) 夹具本体的弹性楔套内斜面和拉杆的楔头应按配合要求磨削,且锥度不能太小。

　　(2) 夹具本体的弹性楔套部位应淬火以保持弹性。

　　(3) 弹性楔套上安装工件的外圆面应精车或磨削至光滑,且在自由状态下应比零件内腔壁尺寸小 0.15～0.2 mm。

　　(4) 弹性楔套安装工件的高度应比内腔壁深度小 0.5 mm,以便为盘面通孔的钻铣加工预留适当的过盈量。

　　(5) 为便于线切割加工,弹性楔套开口槽宜设计为偶数个(如 4 个或 6 个),开口槽宽0.8 mm,且前端应开设相应的变形区段分隔孔,以控制弹性楔套的变形区域。

　　该弹性内胀简易夹具可用于精车工序、盘面孔系钻铣加工工序(在数控铣床工作台上安装三爪卡盘后再夹持此夹具）；若选用车削中心，则可将精车、孔系加工和引线槽铣削的几个工序集中，用此夹具在一次装夹下先后完成全部后续加工内容，孔、槽的相互位置关系可由程序控制。

二、引线槽铣削夹具设计

由于引线槽铣削与盘面孔系加工的下刀方向是正交的，在没有轴向铣削和径向铣削相互兼顾的车削中心的情况下，引线槽铣削和盘面孔系加工必须分两道工序实施。若使用四轴立式或卧式数控机床，在上述简易夹具的弹性楔套或楔头拉杆上添加 1～2 个定位销，以盘面孔系加工的某孔定位夹紧后实现引线槽的铣削加工，如图 6-13 所示。由于弹性楔套有 0.15～0.2 mm 的扩张量，定位销应按 ϕ5.8 mm 设计，夹具装调时将两销面用百分表在 X 方向调至平直即可。若拟将定位销设置在楔头上，则楔头和夹具本体间应制作定位键和键槽，以防楔头拉杆相对夹具体旋转位移而影响引线槽在零件上的位置。

若只能选用三轴立式数控铣床来加工引线槽，在小批量生产时，可设计如图 6-14 所示简易夹具。定位心轴通过螺钉和销钉固定在夹具本体上，同时，定位销还用于对工件的定位，定位心轴的外圆面及定距深度按工件尺寸配作，工件通过 2 个夹件螺钉固定在定位心轴上。由于每次上下工件时都需要装卸夹件螺钉，因此该简易夹具并不适合用于大批量生产。

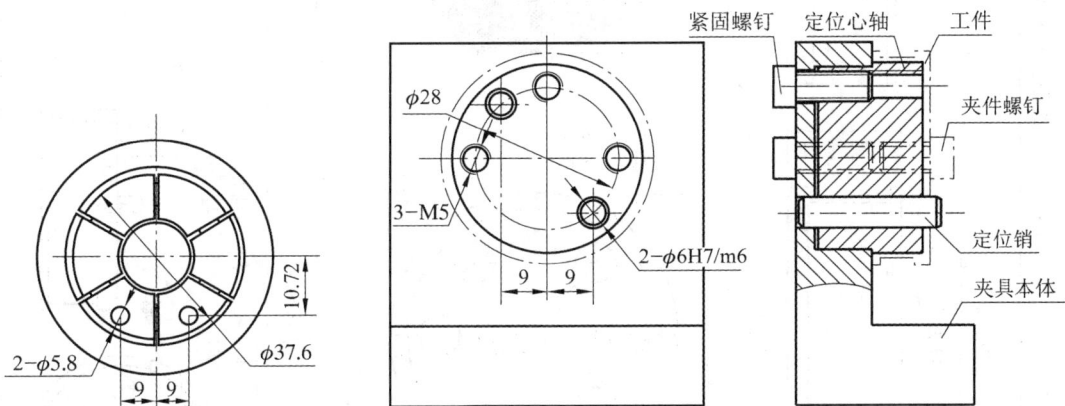

图 6-13　铣线槽夹具定位销孔设计　　　　图 6-14　小批量生产铣引线槽用简易夹具

通过研究护线盘零件弹性内胀式定心夹具和引线槽铣削夹具的多种设计方案，我们深刻理解了不同夹具结构在满足零件加工需求方面的独特性和适用性。这些夹具设计的考量因素包括零件的结构特性、加工流程以及设备条件等多个维度。接下来，我们将所学知识应用于实际分析，进一步加深对引线槽加工简易夹具结构的认识，明确不同设计方案在结构特性、方案优劣以及关键尺寸设定等方面的区别，为将来自主设计夹具打下坚实的基础。

在学习上述内容后，对引线槽加工进行简易夹具结构的分析和设计，回答表 6-12 中未确定内容项。

表 6-12　引线槽简易夹具结构分析与设计

零件结构图样（标注：定位销孔、定位面、引线槽、锁紧螺孔、走刀路线、4-R0.5、$\phi39.5^{+0.02}_{-0.01}$、$\phi37.75^{+0.025}_{0}$、$16.5^{0}_{-0.05}$、5.5、13.5、$\phi5$、1.65、4、$5-\phi6$、$\phi28$、$\phi42.3$、6、6、L、$4-\phi3$、12、10、$2^{+0.1}_{0}$）

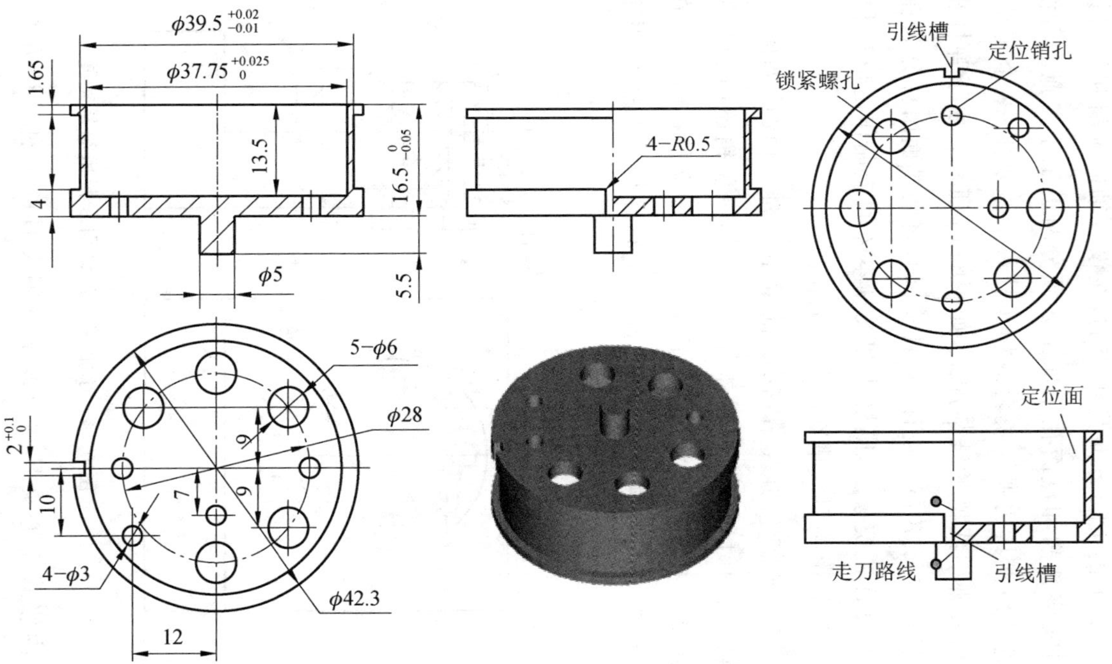

项目名称	结构图示	结构特点	方案优缺点
引线槽设计　圆弧槽形设计	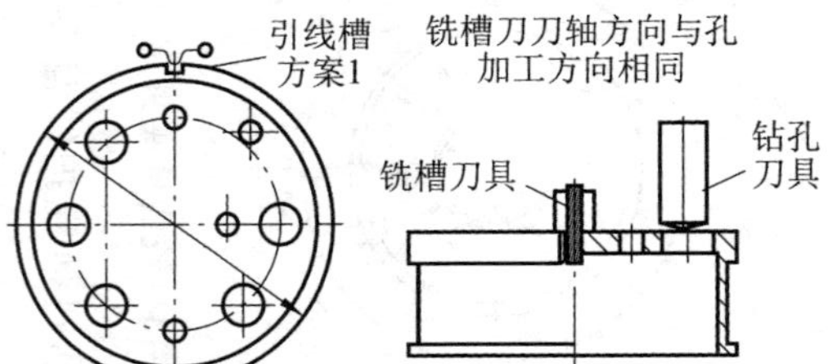 （标注：引线槽方案1、铣槽刀刀轴方向与孔加工方向相同、钻孔刀具、铣槽刀具）	引线槽为弧面，但接合处依然存在尖角棱边，有割破漆包线造成短路的风险	弧槽的设计方向允许在孔系加工工装夹过程中同时进行铣槽作业，无须额外装夹

续表

项目名称		结构图示	结构特点	方案优缺点
引线槽设计	直槽弧棱设计(定型)	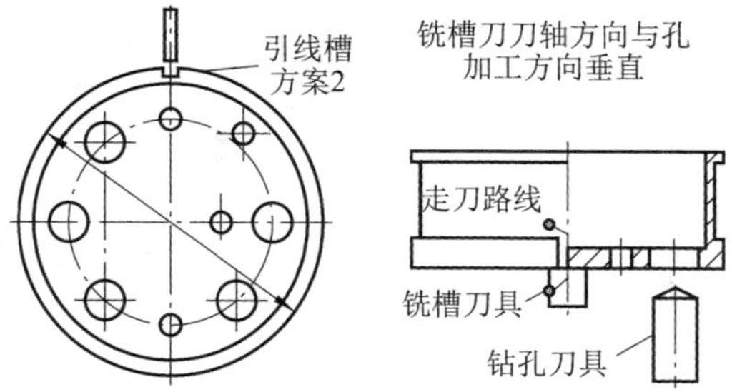 引线槽方案2;铣槽刀刀轴方向与孔加工方向垂直;走刀路线;铣槽刀具;钻孔刀具	引线槽为直槽,但接合处棱边为弧面过渡,避免了割破漆包线造成短路的风险	引线槽与盘面孔系(形状;刀路;刀轴;对称)轴)正交,数控铣床不能在一次装夹中完成所有加工工序;需自制夹具;用车削中心时可在一次装夹下完成所有加工工序
装夹方案设计	零件装夹要求分析	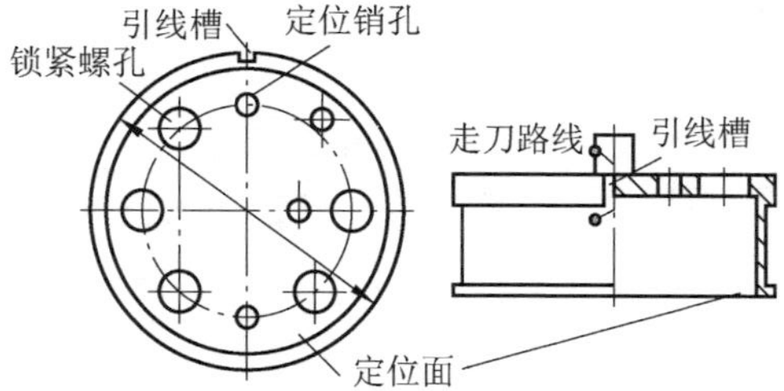 引线槽;定位销孔;锁紧螺孔;定位面	定位面:内腔和底面 两销:选其中2个小孔作为定位销孔 夹紧:选其中几个大孔作为锁紧螺钉过孔	装夹定位方式(六点定位:两点正交面;一面两销;一面一销)孔位布局:保证引线槽正对刀轴方向
	简易夹具设计	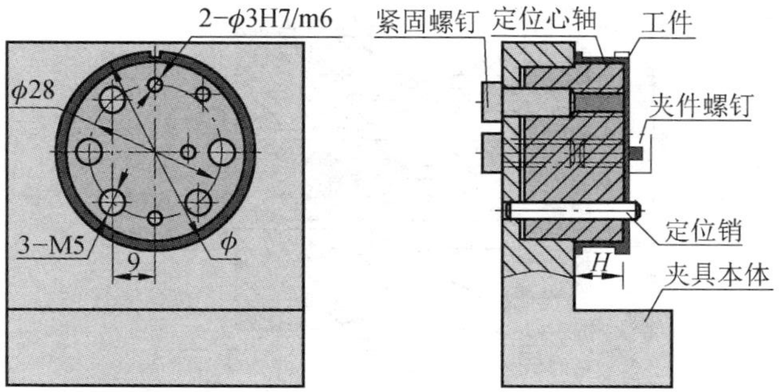 夹件螺钉;定位销;夹具本体;工件;紧固螺钉;定位心轴;2-φ3H7/m6;3-M5;φ28;9;φ;H	夹具分心轴与本体两部分,可直接利用现有的紧固螺孔和定位销孔进行联结;心轴定位面直径为φ37.75 mm,心轴台阶高度H为( )【2;5.5;13.5;16.5】mm	心轴与本体分开设计时,仅磨配心轴即可,这样易控制装夹定位尺寸,且更换方便。生产批量不大时,心轴可直接在本体上做出,但配合面直径不方便磨配

项目名称	结构图示	结构特点	方案优缺点
装夹方案设计 — 弹性内胀夹具设计	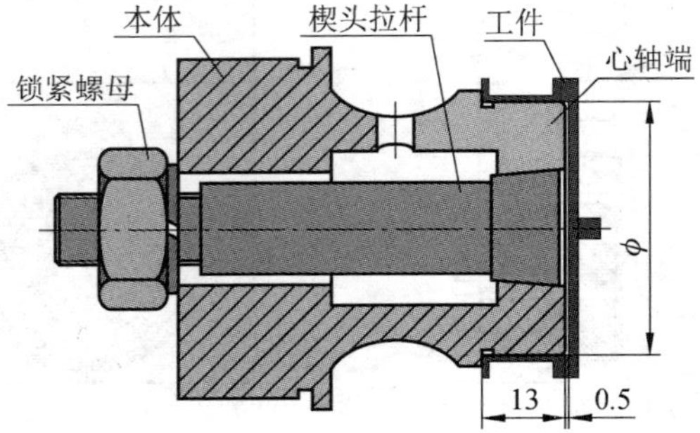	因工件装夹端有弹性内胀变形量，定位心轴应比零件内径（　）【稍小】，相等；稍大】，考虑同时加工盘面通孔的让刀要求，心轴合阶高度应比内腔深度小	盘面孔系和引线槽需在一次装夹下加工，否则难以保证槽与孔位间的相对位置关系，需使用（　）【数控车床；数控铣床；车削中心；四轴铣床】加工

自主设计的夹具
（草图）

任务活动 2：卡钳体零件加工工艺设计的拓展学习

【任务活动描述】 本任务活动旨在通过对卡钳体零件加工工艺设计的深入探究，全面提升学习者对车铣综合加工工艺、夹具设计以及刀具设计的理解与应用能力。通过完成本任务活动，学习者将系统地掌握卡钳体零件加工工艺设计的各个环节，具备根据零件特点制定合理加工工艺、设计合适夹具和刀具的能力，为今后从事相关机械加工工作打下坚实基础。

一、卡钳体零件车铣综合加工工艺设计

在车铣综合加工工艺设计阶段，学习者必须深入分析卡钳体零件因其特殊形状结构铸造毛坯所导致的工艺复杂性。明确各个加工工序的执行顺序至关重要，例如首先使用普通铣床和专用刀具进行大圆弧基准面的铣削，随后进行缸孔的车削、支耳销孔的铣削以及进油孔和排气孔的加工等。同时，学习者需要理解不同工序组合的可行性及其优缺点，例如采用组合刀具进行缸孔车削以实现高效加工，以及在卧式四轴转台机床上一次装夹完成进油孔与排气孔加工的优势。此外，还需考虑在车削中心进行缸孔车削和支耳销孔铣钻铰组合加工时可能遇到的挑战和经济因素。通过完成相应的活动引导卡题目，学习者能够加深对工艺顺序、设备与刀具选择以及工序组合的理解，并学会从宏观角度规划零件的加工工艺。

由于卡钳体零件采用异形结构的铸造毛坯，因此每道工序都会使用到装夹定位的工装夹具。分析其加工工艺可知，该零件需要进行缸孔车削、支耳销孔铣削加工、进油孔加工和排气孔加工等。安排工序顺序时，应先用普通铣床和专用刀具进行大圆弧基准面的卧式铣削，接着以此面为基准，利用车削中心或全功能数控车床的定向功能，让各车削刀具从固定方位避让进入后再作缸孔车削；然后在立式加工中心上先后进行两支耳销孔的铣削、钻铰加工；最后分别实施进油孔、排气孔的铣、钻、铰及攻丝等工序的加工。其总体工艺安排见表6-13。

在车铣工序组合方面，缸孔车削可采用组合刀具、成形刀具实现工步组合的高效加工；进油孔与排气孔加工若安排在卧式四轴转台机床上，可通过一次装夹先后完成。在车削中心行程许可的条件下，从原理上可以进行缸孔车削和两支耳销孔的铣、钻、铰孔组合加工，但这将对夹具避让设计及刀具长度等方面提出更高的要求，且不容易保证销孔精度，从经济角度考虑可行性较差。

清晰合理的车铣综合加工工艺设计是确保卡钳体零件加工质量与效率的基础。而每一道工序的顺利开展，都离不开与之适配的工装夹具。接下来，我们将聚焦于卡钳体零件车铣加工夹具设计环节，深入探究不同工序所使用的夹具结构、夹具设计原理以及如何依据零件特性和加工要求对夹具进行优化，从而进一步完善卡钳体零件的整体加工工艺体系。

学习者通过对夹具设计的学习，认真完成表6-14的任务，更好地理解工艺设计与实际生产操作之间的紧密联系，为后续的刀具设计以及整个加工流程的顺畅运行提供有力支撑。

表 6-13 卡钳体零件车铣加工工艺过程卡

××厂	机械加工工艺过程卡	产品型号		零(部)件图号		卡钳体	材料名称	球墨铸铁
		产品名称	汽车制动缸	零(部)件名称			材料牌号	QT500-7

编制　会签　审核　批准

Ra 3.2
Ra 3.2
R129
Ra 12.5
Ra 1.6
M
20.5
8
8
65
139
8
42.5
45
52.5
1
φ63
φ66.7 +0.05 +0.02
φ80
R5

$\phi80.8_{-0}^{0}$
$\phi76.7_{+0}^{+0.3}$
C0.5
C0.2
2.5
$4.5_{-0.15}^{0}$
$0.5_{-0.05}^{+0.15}$
10.4±0.1
1.85
M放大
0.4
30°
60°
$R0.5_{-0.2}$
$R0.5_{-0.2}$
C0.5
C0.5
$\phi66.7_{+0}^{+0.05}$ +0.02
$\phi71.68_{+0}^{+0.1}$
$\phi72.68_{-0}^{+0.1}$
0.5
4.19±0.05

φ31
φ31
104
172±0.15
150
R40
R25
R43.5
R130.5
R164
60°
120°
M10×1-6H
C1
1.5
9.5
24
43

B向
44.0
11.5
8.5
M10×1-6H
C1
φ4
28
120°

两端φ22.8±0.1
Ra 6.3
Ra 6.3
12
$\phi20.7_{+0}^{+0.036}$ +0.015
Ra 1.6
1.5
1.5
6
6
φ22.7 +0.1
2
B
Ra 3.2
4.25
26
2

两端φ22.8±0.1
$\phi22.7_{+0}^{+0.1}$
Ra 1.6
6
φ29
6
1.5
1.5
12
30
52
Ra 3.2
$\phi20.7_{+0}^{+0.036}$ +0.015
Ra 1.6

续表

工序	工序内容	工序草图	刀具/工具	装夹方法	设备
1	铸造毛坯				
2	铣基准、大圆弧面	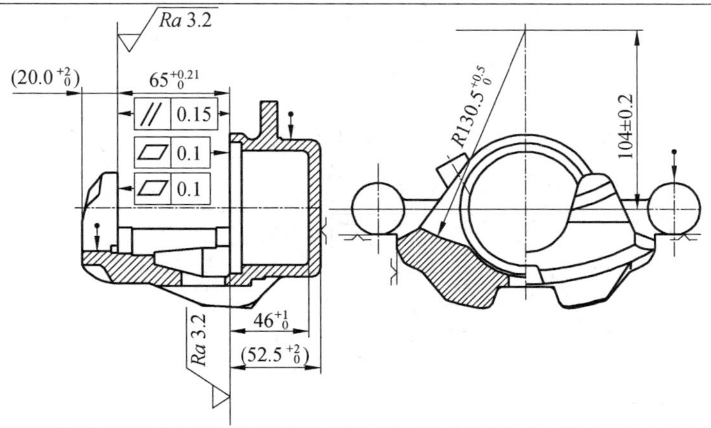	专用双盘三面刃铣刀	专用夹具	卧式普通铣床
3	缸孔粗精车	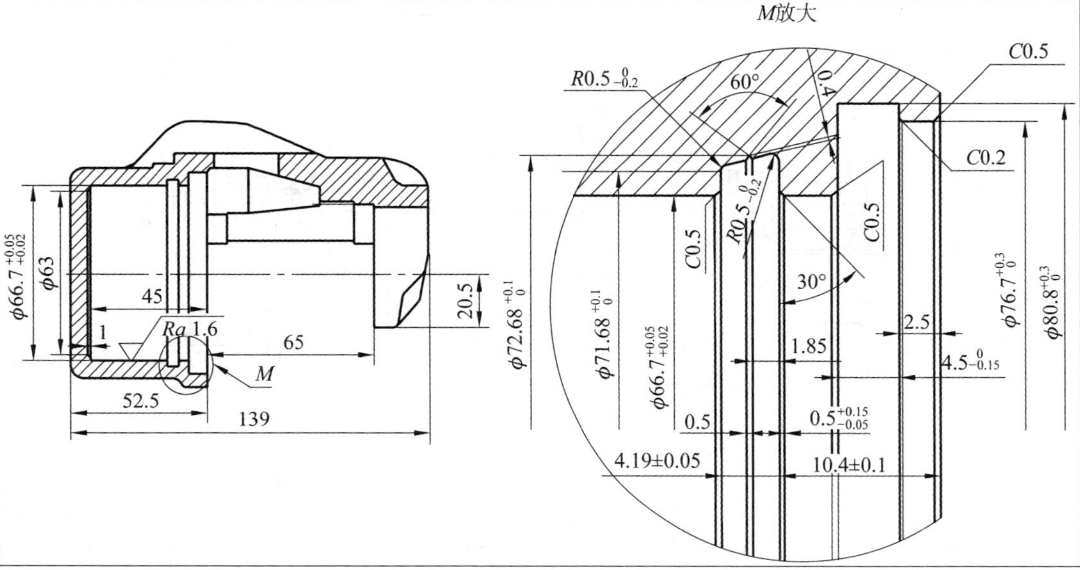	定制:粗镗刀、扩孔倒角组合刀具、防尘槽成形车刀、预切/精切油封槽刀具、精镗刀具	液压夹具	车削中心

续表

工序	工序内容	工序草图	刀具/工具	装夹方法	设备
4	铣支耳及销孔加工	两端 $\phi22.8\pm0.1$ $\phi20.7^{+0.036}_{+0.015}$ $Ra\,1.6$；$Ra\,3.2$；52；$\phi20.7^{+0.036}_{+0.015}$ $Ra\,1.6$；$\phi22.8\pm0.1$ 两端；$\phi20.7^{+0.036}_{+0.015}$；$Ra\,6.3$；22；$Ra\,6.3$；$\phi20.7^{+0.036}_{+0.015}$ $Ra\,1.6$；172.0	定距双盘铣刀 $\phi20.5$ mm 钻头,T形槽刀 定制铰刀	专用夹具	加工中心
5	铣平面及钻进油孔	$11.8^{+1.2}_{0}$；9.5 min；M10×1—6H；$C1$；$Ra\,3.2$；$\phi5^{+0.03}_{0}$ $Ra\,3.2$；43；$60°$；24 ± 0.5	面铣刀 90°中心钻 $\phi9$ mm, $\phi4.8$ mm 钻头,M10 丝锥 $\phi5$ mm 铰刀	专用夹具	加工中心

续表

工序	工序内容	工序草图	刀具/工具	装夹方法	设备
6	钻排气孔	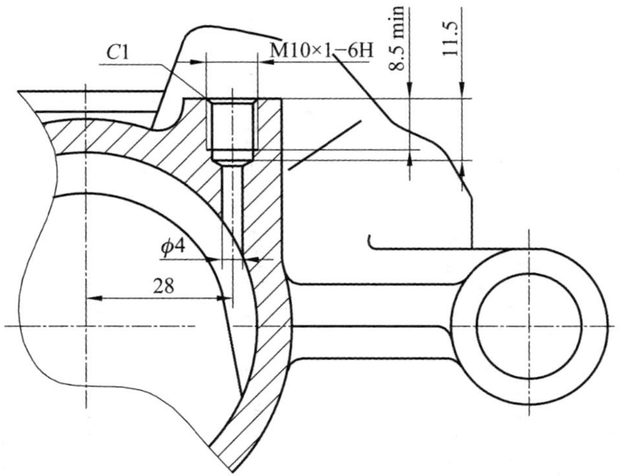	面铣刀 90°中心钻 φ9 mm, φ4 mm 钻头 M10 丝锥	专用夹具	加工中心
7	去毛刺、检验		专用量具		
8	酸洗、表面处理				
9	检验入库				

表 6-14　卡钳体零件车铣综合加工工艺设计活动引导卡

类别	题目
工艺顺序	1.卡钳体零件加工起始工序是(　　)。 A.缸孔车削　　　B.铸造毛坯　　　C.铣支耳销孔　　　D.铣基准大圆弧面
	2.完成缸孔车削后,接下来进行的工序是(　　)。 A.钻排气孔　　　B.铣平面及钻进油孔　　　C.铣支耳及销孔加工　　　D.去毛刺、检验
设备与刀具	1.铣基准大圆弧面时,使用的设备和刀具分别是(　　)。 A.卧式普通铣床、专用双盘三面刃铣刀　　　　B.车削中心、粗镗刀 C.加工中心、定距双盘铣刀　　　　D.卧式四轴转台机床、面铣刀
	2.缸孔粗精车工序中,不会用到的刀具是(　　)。 A.防尘槽成形车刀　　B.90°中心钻　　C.精镗刀具　　D.扩孔倒角组合刀具
工序组合	1.加工进油孔与排气孔时,若想在一次装夹的情况下先后完成,可选用的设备是(　　)。 A.车削中心　　B.立式加工中心　　C.卧式四轴转台机床　　D.卧式普通铣床
	2.在车削中心行程许可时,将缸孔车削和两支耳销孔的铣、钻、铰等工序进行组合加工,存在的问题不包括(　　)。 A.夹具避让设计难度高　　　　B.刀具长度要求高 C.加工效率低　　　　D.销孔精度不易保证
知识拓展	1.卡钳体零件采用异形结构铸造毛坯,这对加工工艺产生了哪些影响?
	2.从经济角度分析,为何在车削中心行程许可时,将缸孔车削和两支耳销孔的铣、钻、铰等工序进行组合加工的可行性较差?

二、卡钳体零件车铣加工夹具设计

对于车铣加工夹具设计,学习者要掌握非对称回转夹具的动静平衡设计原理与方法,包括借助 CAD 软件分析重心、设置配重平衡块等,以及如何通过简单方法检验静平衡和动平衡效果。针对卡钳体缸孔车削加工夹具,需了解其以特定基准面定位、利用液压动力与浮动压爪进行夹紧、配置限位挡块和让位槽等关键结构设计,以及这些设计如何适应大批量生产的装夹需求。此外,还要熟悉其他工序加工夹具,如支耳销孔铣削、排气孔钻铣和进油孔钻铣加工夹具的定位方法、夹紧结构以及操作要点。通过活动引导卡的题目,学习者可以更深入地理解各种夹具设计的特点和应用场合,从而掌握如何根据零件的结构特点和加工需求来优化夹具设计。

1. 缸孔车削加工夹具

1）非对称回转夹具及其动静平衡设计

如图 6-15 所示阀管接头零件采用不规则铸件毛坯，先镗铣加工底部 $\phi 124^{+0.1}_{0}$ mm 等孔口表面后，以此为定位基准，通过专用夹具装夹在数控车床主轴上进行右侧管口各表面的车削加工。

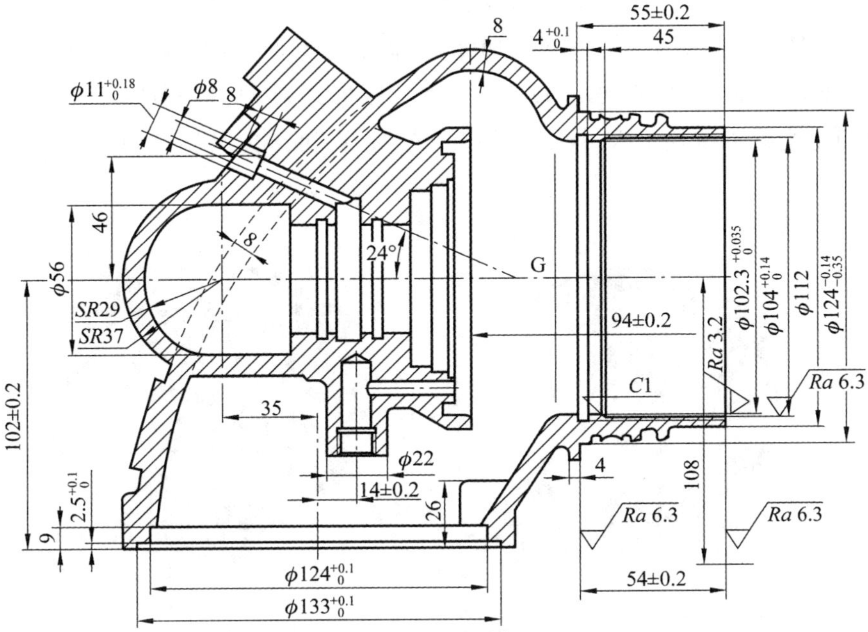

图 6-15 阀管接头零件图样

对于此类不规则外形的毛坯，在车床的装夹定位中，要确保待车削部位的轴心线与主轴同心方可实施车削回转加工，毛坯在夹具体上的放置位置应按此要求设计，其装夹定位元件相对主轴轴线大多呈非对称的偏心布置。由于夹具部件及毛坯装夹组合后的重心相对于主轴轴线存在偏移，其回转运动将呈不平衡状态，严重影响切削加工时的受力状况，刀具易损坏且加工精度不易保证，高速回转时更易引发安全事故。

这种非对称回转夹具通常应进行动、静平衡的设计，若其主要工作在低速区段，至少应充分保证其静平衡和低速区段的动平衡。回转夹具的平衡通常以设计配重平衡调节块的形式实现，在夹具主体元件偏重一方的对侧加设配重平衡块，并开设腰圆槽以便于进行周向局部调整，或对偏重一方进行减料的去重设计。设计时，可借助 CAD 设计软件绘制夹具的 3D 实体模型，分析整个模型的重心，以使重心尽可能趋近回转轴线为原则，指导设计配重平衡块大小及布置方位。回转夹具的动、静平衡可采用如下方法粗略检验。

（1）静平衡：夹具安装到车床主轴并装夹好工件后，若手动拨转主轴能令夹具在任意角度方位停止，则静平衡效果较好；若总是在固定的某一角度方位停止，说明重心偏向此方位轴线的正下方，应在此方位的正上方处添加配重平衡块。

（2）动平衡：夹紧工件坯料后，令主轴以较低的速度作回转运动并逐步提高转速，观察转动的平稳性、主轴声音、机床的振动大小及主轴发热状况等，在工件车削加工工艺要求的转速范围内能平稳运转即可满足其动平衡要求，否则仍需调整配重平衡块的大小及方位。

图 6-16 所示是为上述阀管接头的数控车削加工设计的夹具，适用于小批量生产。其夹具体装夹在数控车床的主轴卡盘上，铸件毛坯则以底部 $\phi 124^{+0.1}_{0}$ mm 孔及端面在定位心套上定位，由限位销限制其转动自由度，采用压板螺钉将坯件夹紧在托板上；托板用螺销钉固定在夹具体上，两侧再辅以筋板加强，托板表面到回转轴线距离为 102 mm，以保证车削加工的回转表面与主轴同心；夹具体上与托板正对的另一侧加设配重平衡块，由 CAD 辅助确定配重平衡块的尺寸大小及位置布局，在机床夹具调试时再进行动静平衡的微调。

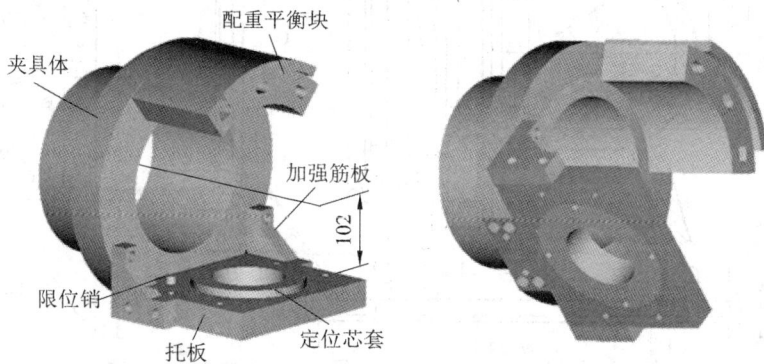

图 6-16 阀管接头的车削加工夹具

2）卡钳体缸孔车削加工夹具

图 6-17 所示是为卡钳体缸孔车削加工设计的夹具，可在车削中心或全功能数控车床上代替三爪卡盘使用。和上述阀管接头车削加工夹具一样，铸件毛坯的装夹定位支承元件偏置在夹具体的一侧，对向的另一侧必须加设配重平衡块。按照工艺设计，毛坯以上一道工序所加工的 R130.5 mm、宽 65 mm 的大圆弧基准面定位，由液压动力源带动拉钩，再通过杠杆带动浮动压爪，对卡钳体的悬臂护翼实施夹紧；定位支承元件悬臂焊接固定在夹具体上，内侧留足放置缸体毛坯的空间，刀具入口处开设 U 形让位槽以方便刀具进入，侧面设计有限位挡块，以限制毛坯沿大圆弧面周向摆转的自由度，保证毛坯悬臂护翼前端的 U 形钩翅与定位支承元件的 U 形槽对正，以便于实现刀具的定向进入；在夹具体的浮动压爪一侧，设置可局部调整的配重平衡块；为适应悬臂护翼毛坯表面的铸造误差，压爪设计成可摆转一定角度的浮动结构。工作时，按压卡盘液压夹紧开关，拉钩即可带动压爪夹紧毛坯，加工完成后，松开液压夹紧开关，压爪自动抬起即可取卸工件，操作简单快捷，适合大批量生产的零件定位装夹要求。

2. 卡钳体其他工序加工夹具

图 6-18 所示是为卡钳体支耳销孔铣削加工设计的夹具。工件放置在定位心柱组合体

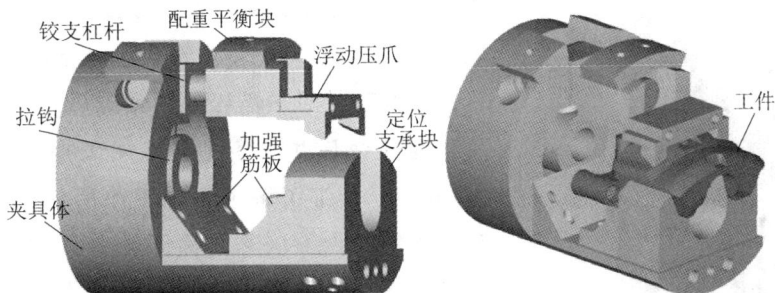

图 6-17 卡钳体缸孔车削加工夹具

上,以心柱和阶台对上一工序加工的缸孔口进行定位,分别限制 X、Y、Z 向移动自由度和 X、Y 向转动自由度;以组合体前侧两平面对卡钳体的悬臂护翼进行定位,限制 Z 向转动自由度。心柱下方应为卡钳体悬臂护翼的钩翅预留避让空间。在机床工作台上安装该夹具时,以平面为夹具安装基准(在设计夹具时为对刀校正基准),通过打表找正的方法保证侧面与机床 X 轴平行。使用该夹具加工时,将工件放置在夹具体上,通过摆转压板压住缸底坯面,然后用锁紧螺母夹紧。取卸工件时,只需松开锁紧螺母,然后将压板摆开即可。压板下方安装了弹簧,这样在松开压板后,压板不会跌落,从而提高了夹压操作的效率。

图 6-19 所示是为卡钳体排气孔钻铣加工设计的夹具。工件水平放置在定位心柱上,以心柱、阶台为基准对缸孔进行定位,同时以定位销对支耳销孔进行定位,限制其转动自由度。由于工件呈卧式放置,夹紧力作用在水平方向,因此该夹具采用丝杠螺母副锁紧的设计。工作时,按定位要求放好工件,旋动锁紧把手,压块在丝杠螺母副的作用下前行,压住缸底坯面后再加力锁紧。取卸工件时只需松开锁紧把手,使压块离开即可。

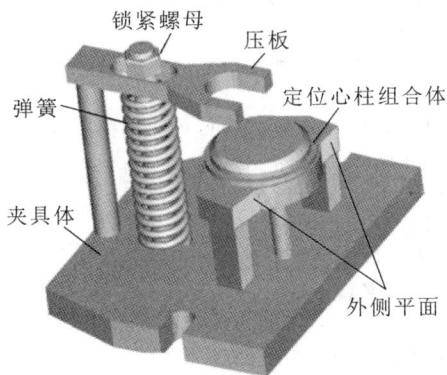

图 6-18 卡钳体支耳销孔铣削加工夹具

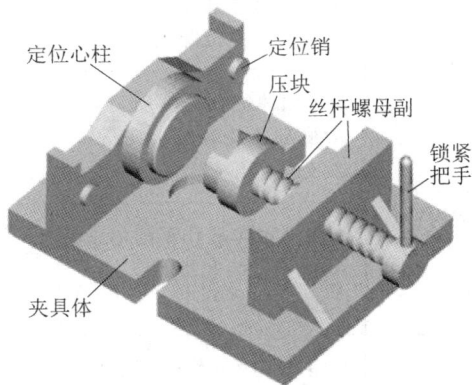

图 6-19 卡钳体排气孔钻铣加工夹具

图 6-20 所示是为卡钳体进油孔钻铣加工设计的夹具。工件按一定角度方位水平放置在定位心柱上,以心柱、阶台对缸孔进行定位,同时由定位柱销对已加工出的支耳销孔实施角度方位的定位,以限制工件的六个自由度,主基准和前几道工序一样,还是缸孔台阶,符合基准统一原则。工件呈卧式放置,夹紧力仍作用在水平方向。该夹具采用压板螺钉夹紧方

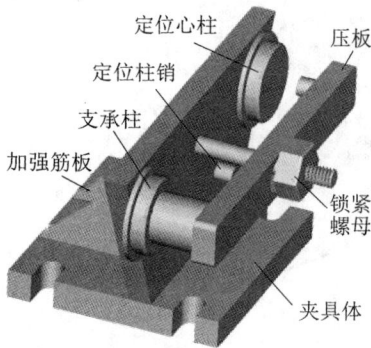

定位心柱
定位柱销
支承柱
加强筋板
压板
锁紧螺母
夹具体

图 6-20　卡钳体进油孔钻铣加工夹具

式，工作时，按定位要求放好工件，摆转压板使其前端压住缸底坯面，尾端垫放在支承柱上，旋动锁紧螺母锁紧。取卸工件时只需松开锁紧螺母，使压板脱离即可。

通过对卡钳体零件车铣加工夹具设计的深入探究，我们已详细了解了不同工序所使用夹具的精妙设计与关键要点。从非对称回转夹具的动静平衡设计，到各工序夹具独特的定位方式、夹紧结构及操作要点，这些设计无一不是紧密围绕零件结构特性与加工要求来展开的，它们是确保卡钳体零件加工精度与效率的关键所在。为了进一步巩固和深化对这些夹具设计知识的理解，我们精心准备了卡钳体零件加工夹具设计活动引导卡。这一引导卡将以问题的形式，从缸孔车削夹具的平衡设计、结构特点，到其他工序夹具的定位方式、操作要点等多个维度，引导大家进行深入思考与分析。

通过完成表 6-15 的任务，学习者将更加清晰地把握不同夹具设计的核心要点，理解它们在实际加工中的应用逻辑，从而为工艺设计和工艺优化积累经验。

表 6-15　卡钳体零件加工夹具设计活动引导卡

类别	题目
缸孔车削夹具平衡设计	1.非对称回转夹具进行动静平衡设计的主要原因是（　　）。 A.提高加工效率　　B.保证加工精度，减少刀具损耗，避免发生事故 C.降低夹具制造成本　　D.使夹具外观更美观 2.检验非对称回转夹具的静平衡时，若主轴总是在固定角度方位停止，应（　　）。 A.在该方位正下方添加配重　　B.在该方位正上方添加配重 C.减少该方位配重　　D.调整定位元件位置
缸孔车削夹具结构特点	1.卡钳体缸孔车削加工夹具中，毛坯的定位基准是（　　）。 A.底部孔及端面　　B.R130.5 mm、宽 65 mm 的大圆弧基准面 C.支耳销孔　　D.缸孔口 2.将卡钳体缸孔车削加工夹具的压爪设计成浮动结构的目的是（　　）。 A.便于安装和拆卸　　B.适应悬臂护翼毛坯表面的铸造误差 C.提高夹紧力　　D.减少夹具重量
其他工序夹具定位方式	1.卡钳体支耳销孔铣削加工夹具中，限制 Z 向转动自由度的是（　　）。 A.心柱和阶台　　B.组合体前侧两平面　　C.压板　　D.锁紧螺母 2.卡钳体进油孔钻铣加工夹具中，限制工件六个自由度的定位方式是（　　）。 A.以心柱、阶台对缸孔进行定位，定位柱销对支耳销孔进行定位 B.仅以心柱和阶台对缸孔进行定位 C.以定位销对支耳销孔进行定位 D.以组合体前侧两平面对悬臂护翼进行定位

类别	题目
其他工序夹具操作要点	1.卡钳体支耳销孔铣削加工夹具中,压板下方放置弹簧的作用是( )。 A.增加夹紧力　　　　　　　　B.使压板松开后不会跌落,提高夹压操作效率 C.防止压板损坏　　　　　　　D.调整压板位置
	2.卡钳体排气孔钻铣加工夹具采用丝杠螺母副锁紧设计,是因为( )。 A.工件呈卧式放置,夹紧力作用在水平方向　　B.这种设计成本低 C.操作更简单　　　　　　　　　　　D.能更好地限制工件自由度
知识拓展	1.对比卡钳体缸孔车削加工夹具与阀管接头数控车削加工夹具,它们在结构和设计要点上有哪些相似和不同之处?
	2.在卡钳体零件加工中,不同工序的夹具设计是如何根据零件结构和加工要求进行优化的?

三、卡钳体零件车铣加工刀具设计

在车铣加工刀具设计方面,学习者需重点研究大圆弧基准面、支耳表面加工用定距双盘铣刀以及支耳孔铣削加工用T形槽刀的结构,依据工序内容确定刀具定制的主要控制尺寸。这有助于学习者掌握根据加工工艺定制刀具的方法,认识到刀具设计与加工工艺的紧密联系。

正如我们在卡钳体零件加工过程中所看到的,夹具设计对于确保工件的精准定位和稳定夹紧至关重要,它是实现高质量加工的基础保障。而刀具作为直接作用于工件的关键部件,其性能和结构设计同样直接影响着加工的质量、效率以及成本。在深入学习夹具设计理论后,我们清晰地认识到不同工序对夹具的特殊要求。同样,每一道工序也对刀具提出了独特的设计需求。现在,我们将聚焦于卡钳体零件车铣加工刀具的设计环节。通过深入研究大圆弧基准面、支耳表面加工用定距双盘铣刀以及支耳孔铣削加工用T形槽刀的结构,结合工序内容,确定刀具定制的主要控制尺寸。通过以上分析,学习者不仅掌握了根据加工工艺定制刀具的方法,而且能深刻体会到刀具设计与整个加工工艺体系的紧密联系,从而进一步完善对卡钳体零件加工工艺的全面理解。

学习者在充分了解上述卡钳体零件工艺、夹具设计等内容的基础上,在表6-16中填写刀具定制的主要控制尺寸。

表 6-16　卡钳体零件加工专用刀具设计

零件名称	汽车卡钳体	零件图号	SG-2010

数控加工工艺装备定制设计

专用刀具结构示意图

三面刃盘铣刀　调整垫圈　定距双盘铣刀

R　B

定制尺寸

$B = ($　$)$ mm　【20；46；52.5；65】

$R = 130.5$ mm

工序草图

104 ± 0.2　$R130.5^{+0.5}_{0}$

46^{+1}_{0}　(52.5^{+2}_{0})

$65^{+0.21}_{0}$　$// \;|\; 0.15$　$\square \;|\; 0.1$　$\square \;|\; 0.1$

(20.0^{+2}_{0})

序号	工序内容
1	铣大圆弧基准面（普通铣床）

序号	工序内容	工序草图	专用刀具结构示意图	定制尺寸
2	铣支耳表面	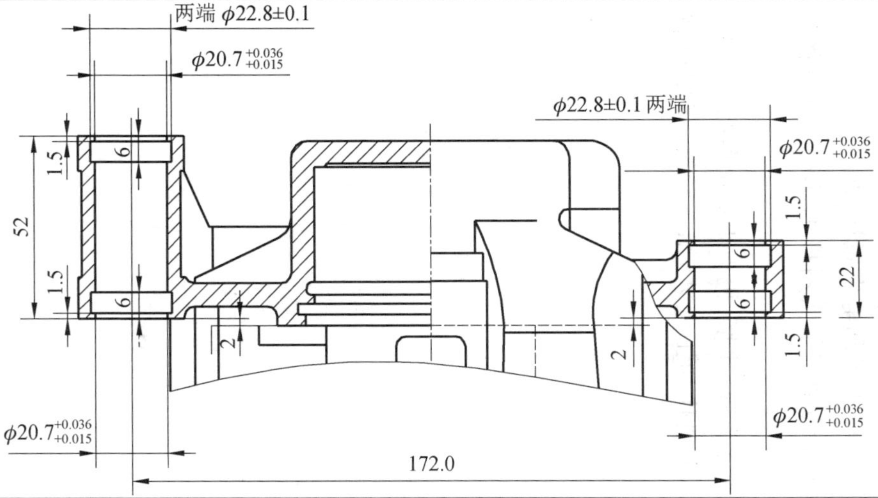 两端 $\phi22.8\pm0.1$；$\phi20.7^{+0.036}_{+0.015}$；$\phi20.7^{+0.036}_{+0.015}$；1.5；6；9；2；52；172.0；22	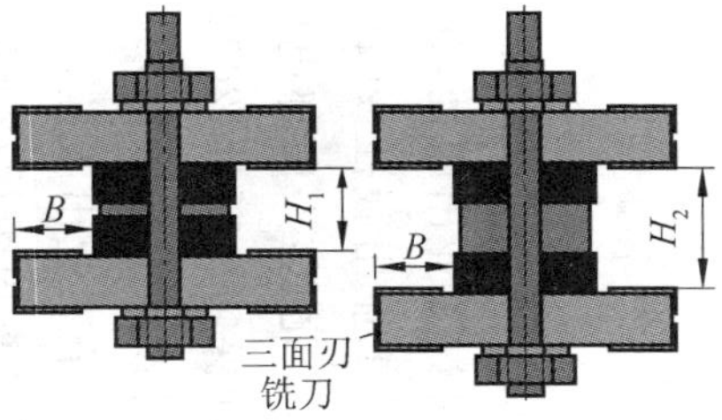 三面刃铣刀（H、B）；定距双盘铣刀（B、H_2）	$B\geqslant25$ mm（　） $H_1=$（　）mm【1.5；6；22；52】 $H_2=$（　）mm【1.5；6；22；52】
3	铣支耳销孔	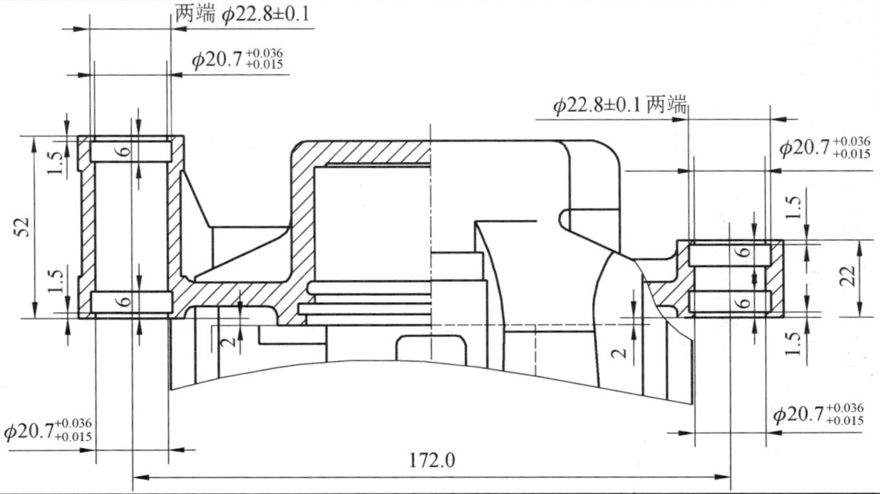 两端 $\phi22.8\pm0.1$；$\phi20.7^{+0.036}_{+0.015}$；$\phi20.7^{+0.036}_{+0.015}$；1.5；6；9；2；52；172.0；22	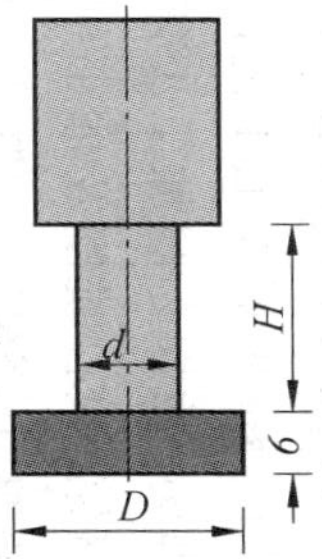 T形槽刀（D、d、H、6）	$D\leqslant$（　）mm【22.8；22；20.7；20】 $d\leqslant$（　）mm【22；20；16；6；2.5】 $H\geqslant45$ mm（　）

[1]　王军.机械零件的数控加工工艺[M].2版.北京:机械工业出版社,2020.

[2]　张建华.机械加工工艺设计基础[M].北京:机械工业出版社,2019.

[3]　李涛.数控车削加工工艺基础[M].北京:化学工业出版社,2020.

[4]　赵铭.数控铣削及加工中心加工工艺基础[M].北京:人民邮电出版社,2021.

[5]　韩鸿鸾.数控加工工艺学[M].北京:中国劳动保障出版社,2022.

[6]　赵长旭.数控加工工艺[M].西安:西安电子科技大学出版社,2006.

[7]　田萍.数控机床加工工艺及设备[M].北京:电子工业出版社,2005.

[8]　张绪祥,王军.机械制造工艺[M].北京:高等教育出版社,2007.

[9]　黄继昌.简明机械工人手册[M].北京:人民邮电出版社,2008.

[10]　陈云,杜齐明,董万福,等.现代金属切削刀具实用技术[M].北京:化学工业出版社,2008.

[11]　朱淑萍.机械加工工艺及装备[M].2版.北京:机械工业出版社,2008.

[12]　陈吉红,胡涛,李民,等.数控机床现代加工工艺[M].武汉:华中科技大学出版社,2009.